T0220345

# Tutorium Analysis 2 und Lineare Algebra 2

Florian Modler · Martin Kreh

# Tutorium Analysis 2 und Lineare Algebra 2

Mathematik von Studenten für Studenten erklärt und kommentiert

4. Auflage

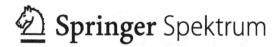 Springer Spektrum

Florian Modler
Hannover, Deutschland

Martin Kreh
Institut für Mathematik
University of Hildesheim
Hildesheim, Niedersachsen
Deutschland

ISBN 978-3-662-59225-0       ISBN 978-3-662-59226-7   (eBook)
https://doi.org/10.1007/978-3-662-59226-7

Die Deutsche Nationalbibliothek verzeichnet diese Publikation in der Deutschen Nationalbibliografie;
detaillierte bibliografische Daten sind im Internet über http://dnb.d-nb.de abrufbar.

Springer Spektrum
© Springer-Verlag GmbH Deutschland, ein Teil von Springer Nature 2011, 2012, 2015, 2019
Das Werk einschließlich aller seiner Teile ist urheberrechtlich geschützt. Jede Verwertung, die nicht
ausdrücklich vom Urheberrechtsgesetz zugelassen ist, bedarf der vorherigen Zustimmung des Verlags.
Das gilt insbesondere für Vervielfältigungen, Bearbeitungen, Übersetzungen, Mikroverfilmungen und
die Einspeicherung und Verarbeitung in elektronischen Systemen.
Die Wiedergabe von allgemein beschreibenden Bezeichnungen, Marken, Unternehmensnamen etc. in
diesem Werk bedeutet nicht, dass diese frei durch jedermann benutzt werden dürfen. Die Berechtigung
zur Benutzung unterliegt, auch ohne gesonderten Hinweis hierzu, den Regeln des Markenrechts. Die
Rechte des jeweiligen Zeicheninhabers sind zu beachten.
Der Verlag, die Autoren und die Herausgeber gehen davon aus, dass die Angaben und Informationen in
diesem Werk zum Zeitpunkt der Veröffentlichung vollständig und korrekt sind. Weder der Verlag, noch
die Autoren oder die Herausgeber übernehmen, ausdrücklich oder implizit, Gewähr für den Inhalt des
Werkes, etwaige Fehler oder Äußerungen. Der Verlag bleibt im Hinblick auf geografische Zuordnungen
und Gebietsbezeichnungen in veröffentlichten Karten und Institutionsadressen neutral.

Einbandabbildung: Carolyn Hall Abbildungen: Marco Daniel
Planung/Lektorat: Andreas Rüdinger

Springer Spektrum ist ein Imprint der eingetragenen Gesellschaft Springer-Verlag GmbH, DE und ist
ein Teil von Springer Nature.
Die Anschrift der Gesellschaft ist: Heidelberger Platz 3, 14197 Berlin, Germany

# Vorwort zur 4. Auflage

Und wieder einmal war es Zeit für eine neue Auflage unseres zweiten Bandes. Wie immer haben wir wieder alle bekannt gewordenen Fehler ausgebessert. Darüber hinaus gibt es aber auch einige neue und erweiterte Inhalte.

So haben wir im Kapitel zu Differentialgleichungen weitere Verfahren zur Lösbarkeit aufgenommen und zu den anderen Verfahren teils neue und ausführliche Beispiele ergänzt. Außerdem haben wir jeweils eine Beispielklausur zur Analysis 2 und zur Linearen Algebra 2 eingefügt, anhand derer ihr euer (hoffentlich) erworbenes Wissen testen könnt.

Wir wünschen wie immer viel Spaß und Erfolg beim Lernen :)

Hannover und Hildesheim
Mai 2019

Florian Modler
Martin Kreh

# Vorwort zur 3. Auflage

Eine neue Auflage beim Springer Spektrum Verlag bedeutet, dass auch wirklich etwas neu sein soll und nicht, dass nur Fehler verbessert wurden. Daher haben wir in dieser nun 3. Auflage natürlich auch Fehler verbessert, auf die uns viele Leser aufmerksam gemacht haben (wofür wir an dieser Stelle noch einmal herzlich danken möchten), aber auch viel Neues hinzugefügt.

- So gibt es ein ganz neues Kap. 15 über invariante Unterräume.
- Des Weiteren haben wir das Kap. 16 über die Normalformen ein wenig abgeändert und ergänzt, da wir jetzt ja die invarianten Unterräume als wichtiges Werkzeug für einige Beweise, die in der 2. Auflage fehlten, zur Verfügung haben.
- Außerdem wurde das Kap. 17 über die Tensoren erweitert und glatt geschliffen.

Nun aber genug der langen Rede. Wir wünschen euch viel Spaß mit der 3. Auflage des Buches!

Ach, eins noch: Danke an alle, die uns unterstützt haben!

Hannover und Hildesheim
April 2014

Florian Modler
Martin Kreh

# Vorwort zur 2. Auflage

Einige wundern sich vielleicht, wieso kurz nach dem Erscheinen der 1. Auflage von „Tutorium Analysis 2 und Lineare Algebra 2" schon die 2. Auflage erscheint. Dies wurde aufgrund der Klärung von urheberrechtlichen Problemen, auf die Herr Prof. Forster hingewiesen hat, erforderlich.

An dieser Stelle möchten wir uns noch einmal ausdrücklich bei Herrn Forster und Herrn Szymczak entschuldigen und hoffen, dass nun wieder alles in Ordnung ist.

Wir wollen noch darauf hinweisen, dass wir während unseres Studiums und bei den Tutorien, Übungen und Seminaren, die wir halten und gehalten haben, viel Literatur benutzt haben. Naturgemäß speist sich unser Wissen dementsprechend auch aus diesen Veranstaltungen. All diese Literatur können wir euch ausdrücklich empfehlen, denn neben einer Vorlesung sollte man nicht nur in ein Buch hineinschauen, sondern in mehrere. Zu nennen sind im Bereich Analysis 2 und der Linearen Algebra 2 vor allem [For11], [FS11], [Bär00], [Heu08], [Kön09], [Tim97], [Wil98], [MW10], [Fis09], [Beh07], [Beu09b] und viele weitere, die ihr im Literaturverzeichnis findet. Schaut einfach mal rein und sucht euch ein (oder mehr) zusätzliche Bücher aus.

Des Weiteren haben wir diese 2. Auflage dazu genutzt, um einige wenige Fehler auszubessern. Da das Buch noch nicht lange im Handel ist, sind wir immer wieder für Verbesserungsvorschläge, konstruktive Kritik und für Hinweise zu Fehlern dankbar. Wer also etwas gefunden hat, der möge sich bitte bei uns, am besten per E-Mail, melden.

Ein großer Dank geht außerdem an Jelto Borgmann, der wesentlich zur Verbesserung der 2. Auflage beigetragen hat!

Nun aber genug der großen Rede. Wir wünschen euch viel Spaß mit der 2. Auflage des Buches!

Hannover und Göttingen                                    Florian Modler
Juli 2011                                                 Martin Kreh

# Vorwort zur 1. Auflage

Endlich ist es soweit, unser zweites Buch ist erschienen, wenn ihr diese Zeilen lest. Nach dem großen Erfolg mit dem ersten Teil (siehe [MK18]) war es uns ein Vergnügen, eine Fortsetzung schreiben zu dürfen. Leider hat dies ein wenig gedauert, aber das Buch sollte ja auch gründlich verfasst und kontrolliert werden.

**Das Konzept bleibt das bewährte**

Das Konzept ist genau wie im ersten Band. Zunächst werden wir in jedem Kapitel die wichtigsten Definitionen und Sätze mit Beweisen geben. Im zweiten Teil findet ihr die Erklärungen zu den Definitionen, Sätzen und Beweisen mit vielen Abbildungen und Beispielen. Voraussetzung für das Verständnis sind Analysis 1 und Lineare Algebra 1. Solltet ihr da ein wenig Nachholbedarf haben, so können wir ein gutes Buch empfehlen :-).

**Inhalt**

Der Inhalt ist klassisch aufgebaut. So hoffen wir jedenfalls, denn bei den Vorlesungen Analysis 2 und der Linearen Algebra 2 gibt es größere Unterschiede von Universität zu Universität. Der wichtigste und größte Themenkomplex in der Analysis 2 ist jedoch die Analysis mehrerer Veränderlicher, die in den Kapiteln über stetige Abbildungen, differenzierbare Abbildungen, Extremwertberechnungen und implizite Funktionen behandelt wird. Wir starten dabei mit einem Kapitel über metrische und topologische Räume, um ein wenig die Grundlagen zu legen. Abgerundet wird der Analysis-Teil durch jeweils ein Kapitel über gewöhnliche Differentialgleichungen, Kurven und Untermannigfaltigkeiten. Wir geben daher also auch einen Ausblick in die (elementare) Differentialgeometrie und in die höhre Analysis. Solche Ausblicke sind im zweiten Semester wichtig, denn bald wird es ernst und ihr müsst euch entscheiden, in welche Richtung ihr euer Studium vertiefen wollt und wo eure Interessen liegen.

Der Lineare-Algebra-Teil sollte euch von den Themen her auch nicht überraschen: Wir starten mit euklidischen und unitären Vektorräumen, gehen weiter zu Bilinearformen und hermiteschen Formen, bis wir bei den Normalformen und der Jordan-Theorie angelangt sind, was man wohl als Höhepunkt jeder Linearen-Algebra-2-Vorlesung bezeichnen kann. Um den Weg bis dort hin ein wenig schmackhafter zu gestalten, geben wir noch Kapitel über zyklische Gruppen, Ringe und Quadriken und eins über die schönen Symmetriegruppen. Abgerundet wird der Lineare-Algebra-2-Teil durch das Tensorprodukt, das wir kurz anreißen werden.

Insgesamt umfasst dieses Buch 15 Kapitel, und wir hoffen, dass wir nichts vergessen haben und ihr damit neben der Vorlesung, dem Vorlesungsskript und anderen Büchern gut für diese beiden Vorlesungen gewappnet seid. Wir wünschen euch jedenfalls ganz viel Erfolg im zweiten (oder höheren) Semester. Bei Fragen könnt ihr gerne wieder unsere altbekannte Homepage

http://www.mathestudium-tutor.de[1]

besuchen, um eure Fragen im Forum loszuwerden, um Zusatzmaterial zu erhalten oder um uns einfach nur eure Meinung zu schreiben.

**Danksagungen**

Zu guter Letzt sei den Menschen gedankt, ohne die es dieses Buch gar nicht geben würde: den Korrekturlesern, den seelischen Unterstützern, den Grafikern und allen, die zum Entstehen und Erscheinen dieses Buches beigetragen haben.

Da hätten wir zum einen die großartigen Korrekturleser, die fast alles neben Studium und Beruf stehen und liegen gelassen haben, um Fehler auszubessern und uns auf Verbesserungswürdiges hinzuweisen. Na ja, ganz so extrem war es nicht, dennoch waren alle sehr bemüht und fix im Lesen, und dies waren: Dr. Florian Leydecker, Dominik Bilitewski, Stefan Hasselmann, Christoph Fuest, Fabian Grünig und Susanne Hensel. Außerdem geht ein Dank an Carolin Liebisch und Bernhard Gerl für die Ausbesserung des einen oder anderen Rechtschreibfehlers!

Carolyn Hall hat wieder ein wundervolles Cover von Florti in der Badewanne erstellt. Wir danken ihr sehr dafür, denn uns gefällt es ausgesprochen gut!

Und wer hat diese genialen und tollen ca. 70 Abbildungen in dem Buch erstellt? Natürlich, es war wieder Marco Daniel, dem wir zutiefst danken wollen, denn so reibungslos und problemlos klappt es mit keinem, außer mit ihm!

Ein weiteres sehr großes Dankeschön geht an unsere Lektoren Anja Groth und Dr. Andreas Rüdinger, ohne die ihr dieses Buch jetzt nicht in den Händen halten könntet. Ja, wir wissen, es ist deren Job, aber zum Job gehört es nicht unbedingt, dass die Atmosphäre und die Zusammenarbeit so gestaltet wird, dass es einfach nur Spaß macht, mit dem Verlag zusammenzuarbeiten.

Ein letzter Dank gilt unseren Familien, Freunden und Freundinnen, die uns immer unterstützt haben und ein paar Mal auf uns verzichten mussten, weil der Termin des Erscheinens und Druckens des Buches dann doch plötzlich immer näher rückte. Danke, ihr seid die Besten und Wertvollsten!

Nun aber genug der Reden, genießt das Buch, und für Fehlerhinweise sind wir, wie immer, sehr dankbar!

---

[1]Diese Webseite existiert inzwischen nicht mehr, hier könnt ihr also leider keine Fragen stellen. Ihr dürft uns aber gerne weiterhin eine Mail schreiben.

Wir hatten hierbei nämlich schon zahlreiche Unterstützer, die wir leider nicht alle namentlich nennen können. Ein Dankeschön gilt nun aber allen, die sich angesprochen fühlen.

Hannover und Kopenhagen                                                Florian Modler
November 2010                                                                Martin Kreh

# Inhaltsverzeichnis

# Metrische und topologische Räume

**1**

## Inhaltsverzeichnis

Meistens macht man in der Analysis 2 die ersten Bekanntschaften mit topologischen Grundbegriffen und lernt wichtige topologische und metrische Räume, den Begriff der Kompaktheit, die offenen und abgeschlossenen Kugeln und den Satz von Heine-Borel kennen. Diese Begriffe überfordern am Anfang einige Studenten, da sie sehr abstrakt und teilweise wenig anschaulich sind. Aber keine Panik: Wir werden diese wichtigen Grundbegriffe der Topologie einführen, erklären und anhand von einigen Abbildungen und Beispielen mit Leben füllen.

## 1.1 Definitionen

**Definition 1.1 (Metrik)**

Sei $M$ eine Menge. Eine **Metrik** ist eine Abbildung

$$d : M \times M \to \mathbb{R}$$

auf $M \times M$, für die folgende drei Axiome erfüllt sind:

i) Positive Definitheit: Für alle $x, y \in M$ gilt $d(x, y) \geq 0$. Gleichheit gilt genau dann, wenn $x = y$ ist.
ii) Symmetrie: Es gilt $d(x, y) = d(y, x)$ für alle $x, y \in M$.

© Springer-Verlag GmbH Deutschland, ein Teil von Springer Nature 2019
F. Modler und M. Kreh, *Tutorium Analysis 2 und Lineare Algebra 2*,
https://doi.org/10.1007/978-3-662-59226-7_1

iii) Dreiecksungleichung: Es gilt:

$$d(x, y) \leq d(x, z) + d(z, y) \quad \forall x, y, z \in M.$$

Das Paar $(M, d)$ nennen wir einen **metrischen Raum.**

---

**Definition 1.2 (offene, abgeschlossene Kugel)**
Seien $(M, d)$ ein metrischer Raum, $x_0 \in M$ und $r > 0$. Die Menge

$$U(x_0, r) := \{x \in M : d(x, x_0) < r\}$$

bezeichnen wir als **offene Kugel.** Die Menge

$$B(x_0, r) := \{x \in M : d(x, x_0) \leq r\}$$

wird als **abgeschlossene Kugel** bezeichnet. Ab und an sagen wir statt „Kugel" auch „Ball".

---

**Anmerkung** Genauer müsste man $d$-offen sagen, da die Offenheit – wie wir noch sehen werden – von der Metrik abhängt. Wenn klar ist, welche Metrik gemeint ist, lassen wir das $d$ einfach weg und sagen nur „offen".

---

**Definition 1.3 (Umgebung)**
Sei $(M, d)$ ein metrischer Raum. Eine Teilmenge $U \subset M$ heißt **Umgebung** eines Punktes $x \in M$, falls ein $\varepsilon > 0$ existiert, sodass $U(x, \varepsilon) \subset U$. Insbesondere ist $U(x, \varepsilon)$ selbst eine Umgebung von $x$. Man nennt $U(x, \varepsilon)$ die $\varepsilon$-**Umgebung** von $x$.

---

**Definition 1.4 (offene Menge)**
Eine Menge $\Omega \subset M$ eines metrischen Raums $(M, d)$ heißt **offen,** genauer $d$-offen, wenn zu jedem $x \in \Omega$ ein $\varepsilon > 0$ existiert, sodass $U(x, \varepsilon) \subset \Omega$.

**Definition 1.5 (abgeschlossene Menge)**
Eine Menge $A \subset M$ eines metrischen Raums $(M, d)$ heißt **abgeschlossen,** wenn das Komplement $M \setminus A$ offen ist. Für das Komplement schreibt man auch oft $A^c$.

**Definition 1.6 (Konvergenz)**
Sei $(x_n)_{n \in \mathbb{N}}$ eine Folge in $M$. Dann nennt man die Folge **konvergent** gegen den Punkt $x \in M$ genau dann, wenn Folgendes gilt:

$$\forall \varepsilon > 0 \, \exists N \in \mathbb{N} : d(x_n, x) < \varepsilon \, \forall n \geq N.$$

$x$ heißt in diesem Fall **Grenzwert** der Folge.

In Worten: Für alle $\varepsilon > 0$ existiert ein $N \in \mathbb{N}$ mit der Eigenschaft, dass $d(x_n, x) < \varepsilon$ für alle $n \geq N$.

**Definition 1.7 (Häufungspunkt)**
Sei $(x_n)_{n \in \mathbb{N}} \subset M$ eine Folge. Ein Punkt $x$ heißt **Häufungspunkt** der Folge $(x_n)_{n \in \mathbb{N}}$, wenn es eine konvergente Teilfolge von $(x_n)_{n \in \mathbb{N}}$ gibt, die gegen $x$ konvergiert.

**Definition 1.8 (Cauchy-Folge)**
Sei $(x_n)_{n \in \mathbb{N}} \subset M$ eine Folge. Wir sagen $(x_n)_{n \in \mathbb{N}}$ ist eine **Cauchy-Folge,** wenn es zu jedem $\varepsilon > 0$ ein $N \in \mathbb{N}$ gibt, sodass $d(x_m, x_n) < \varepsilon$ für alle $m, n \geq N$.

**Definition 1.9 (Vollständigkeit)**
Ist $K$ eine beliebige Teilmenge eines metrischen Raums $(M, d)$. Dann heißt $K$ **vollständig,** wenn jede Cauchy-Folge $(x_n)_{n \in \mathbb{N}} \subset K$ auch einen Grenzwert in $K$ besitzt. Ist $M$ selbst eine vollständige Menge, so heißt der metrische Raum vollständig.

**Definition 1.10 (Rand)**
Seien $(M, d)$ ein metrischer Raum und $A \subset M$ eine Teilmenge. Ein
Punkt $x \in M$ heißt **Randpunkt** von $A$, wenn für jedes $\varepsilon > 0$ sowohl
$U(x, \varepsilon) \cap A \neq \emptyset$ als auch $U(x, \varepsilon) \cap (M \setminus A) \neq \emptyset$ gilt. Wir definieren den
**Rand** $\partial A$ durch

$$\partial A := \{x \in M : x \text{ ist Randpunkt von } A\}.$$

**Anmerkung**  Der Rand ist also die Menge aller Randpunkte.

**Definition 1.11 (Inneres)**
Seien $(M, d)$ ein metrischer Raum und $A \subset M$ eine Teilmenge. Das **Innere**
von $A$ ist definiert als $\mathring{A} := A \setminus \partial A$.

**Definition 1.12 (Abschluss)**
Seien $(M, d)$ ein metrischer Raum und $A \subset M$ eine Teilmenge. Der **Abschluss**
von $A$ ist definiert als $\overline{A} := A \cup \partial A$.

**Definition 1.13 (offene Überdeckung)**
Seien $(M, d)$ ein metrischer Raum und $K \subset M$ eine beliebige Teilmenge. Sei
weiterhin $I$ eine beliebige Indexmenge, und mit $\mathcal{O}$ bezeichnen wir die Menge
aller offenen Teilmengen von $M$. Eine **offene Überdeckung** $(\Omega_i)_{i \in I}$ von $K$
ist eine Familie von offenen Teilmengen $\Omega_i$, deren Vereinigung die Menge $K$
umfasst, das heißt, $K \subset \bigcup_{i \in I} \Omega_i$, wobei $\Omega_i \in \mathcal{O}$ für alle $i \in I$.

**Definition 1.14 (überdeckungskompakt)**
Seien $(M, d)$ ein metrischer Raum und $K \subset M$ eine Teilmenge.

$K$ heißt **überdeckungskompakt,** wenn es zu jeder beliebig vorgegebenen
offenen Überdeckung $(\Omega_i)_{i \in I}$ eine endliche Teilüberdeckung gibt, das heißt
eine endliche Teilmenge $E \subset I$, sodass $K \subset \bigcup_{i \in E} \Omega_i$.

**Definition 1.15 (folgenkompakt)**
Seien $(M, d)$ ein metrischer Raum und $K \subset M$ eine beliebige Teilmenge. $K$ nennt man **folgenkompakt,** wenn jede Folge $(x_n)_{n \in \mathbb{N}}$ in $K$ eine konvergente Teilfolge in $K$ besitzt, das heißt, wenn der Grenzwert wieder in $K$ liegt.

**Definition 1.16 (total beschränkt, präkompakt)**
Seien $(M, d)$ ein metrischer Raum und $K \subset M$ eine Teilmenge. $K$ heißt **total beschränkt** oder **präkompakt,** wenn es zu jedem $\varepsilon > 0$ eine endliche Anzahl von Punkten $x_1, \ldots, x_n \in K$ und $n = n(\varepsilon) \in \mathbb{N}$ gibt mit $K \subset \bigcup_{i=1}^{n} U(x_i, \varepsilon)$.

**Definition 1.17 (beschränkt)**
Eine Teilmenge $K \subset M$ eines metrischen Raums $(M, d)$ heißt **beschränkt,** wenn ein $x \in M$ und ein $r \in \mathbb{R}$ existieren mit der Eigenschaft, dass $K \subset U(x, r)$.

**Definition 1.18 (Kompaktheit)**
Eine Teilmenge $K \subset M$ eines metrischen Raums $(M, d)$ heißt **kompakt,** wenn $K$ überdeckungskompakt ist.

**Anmerkung** Im Satz von Heine-Borel (siehe Satz 1.10) werden wir sehen, dass in metrischen Räumen die Überdeckungskompaktheit zu anderen Kompaktheitsbegriffen, wie zum Beispiel der Folgenkompaktheit, äquivalent ist. In den Erklärungen zu Definition 1.18 werden wir zeigen, dass es aber durchaus sinnvoll ist, mehrere Kompaktheitsbegriffe zu haben, weil es je nach Aufgabe einfacher ist, die Folgenkompaktheit oder die Überdeckungskompaktheit oder Ähnliches nachzuweisen.

Es ist möglich, einen abstrakteren Begriff eines Raums zu definieren. Wir hatten ja durchaus gesehen, dass sich gewisse Eigenschaften von metrischen Räumen nur durch offene Mengen beschreiben lassen. Dies wollen wir nun ausführen und die oben angeführten Definitionen allgemeiner fassen.

**Definition 1.19 (topologischer Raum)**
Seien $M$ eine Menge und $\mathcal{O} \subset \mathcal{P}(M)$ ein System von Teilmengen von $M$. $\mathcal{O}$ heißt eine **Topologie** auf $M$ und das Paar $(M, \mathcal{O})$ ein **topologischer Raum,** wenn folgende Axiome erfüllt sind:

i) $\emptyset, M \in \mathcal{O}$.

ii) $\Omega_1, \Omega_2 \in \mathcal{O} \Rightarrow \Omega_1 \cap \Omega_2 \in \mathcal{O}$.

iii) Ist $I$ eine beliebige Indexmenge, und sind $(\Omega_i)_{i \in I}$ Elemente von $\mathcal{O}$, dann ist auch $\bigcup_{i \in I} \Omega_i \in \mathcal{O}$.

Die Elemente der Topologie nennen wir **offen.**

**Definition 1.20 (offene Menge)**
Sei $(M, \mathcal{O})$ ein topologischer Raum. Dann nennt man eine Teilmenge $\Omega \subset M$ **offen,** wenn $\Omega \in \mathcal{O}$.

**Definition 1.21 (abgeschlossene Menge)**
Sei $(M, \mathcal{O})$ ein topologischer Raum. Eine Menge $A \subset M$ heißt **abgeschlossen,** wenn das Komplement $M \setminus A$ offen ist.

**Definition 1.22 (Umgebung)**
Sei $(M, \mathcal{O})$ ein topologischer Raum. Ist $p \in M$, so heißt $\Omega \in \mathcal{O}$ eine **offene Umgebung** von $p$, wenn $p \in \Omega$.

**Definition 1.23 (zusammenhängend)**
Sei $(M, \mathcal{O})$ ein topologischer Raum. Dann heißt dieser **zusammenhängend** genau dann, wenn es außer der leeren Menge $\emptyset$ und $M$ selbst keine zugleich offenen und abgeschlossenen Teilmengen von $M$ gibt.

**Definition 1.24 (Basis)**
Ist $B \subset \mathcal{O}$ ein System offener Teilmengen, so nennen wir $B$ eine **Basis** von $(M, \mathcal{O})$, wenn sich jede offene Menge $\Omega \in \mathcal{O}$ als Vereinigung von Mengen aus $B$ darstellen lässt.

**Definition 1.25 (Subbasis)**
Seien $(M, \mathcal{O})$ ein topologischer Raum und $B \subset \mathcal{P}(M)$ eine Familie von
Teilmengen von $M$. Dann heißt $B$ eine **Subbasis** für $\mathcal{O}$ genau dann, wenn
die Familie

$$D := \left\{ \bigcap_{i=1}^{n} S_i : n \in \mathbb{N}, S_i \in B \right\}$$

aller endlichen Durchschnitte von Elementen aus $B$ eine Basis für $\mathcal{O}$ ist.

Wir führen jetzt den Begriff der Norm ein und werden den Zusammenhang zur
Topologie und Metrik herausarbeiten.

**Definition 1.26 (Norm)**
Sei $V$ ein $K$-Vektorraum, wobei $K$ in der Regel entweder $\mathbb{R}$ oder $\mathbb{C}$ sein soll.
Eine Abbildung

$$|| \cdot || : V \to K$$

heißt **Norm,** wenn folgende drei Axiome erfüllt sind.

i) Positive Definitheit: $||v|| \geq 0$ für alle $v \in V$ und Gleichheit gilt genau
dann, wenn $v = 0$ gilt.
ii) Homogenität: $||\lambda \cdot v|| = |\lambda| \cdot ||v||$ für alle $\lambda \in K$ und für alle $v \in V$.
iii) Dreiecksungleichung: $||v + w|| \leq ||v|| + ||w||$ für alle $v, w \in V$.

Ist $|| \cdot ||$ eine Norm auf $V$, so heißt $(V, || \cdot ||)$ ein **normierter Vektorraum.**

**Definition 1.27 (Normenäquivalenz)**
Es seien $V$ ein Vektorraum und $| \cdot |$ und $|| \cdot ||$ seien zwei Normen auf $V$.
Dann heißen die Normen **äquivalent,** wenn zwei positive Konstanten $\mu$ und
$\lambda$ existieren, sodass

$$\lambda |v| \leq ||v|| \leq \mu |v| \quad \forall v \in V.$$

**Definition 1.28 (Banach-Raum)**
Sei $(V, || \cdot ||)$ ein normierter Vektorraum. Ist $V$ dann mit der durch $d(x, y) = ||x - y||$ definierten Metrik (siehe Satz 1.14) ein vollständiger metrischer Raum, so nennt man $(V, || \cdot ||)$ einen **Banach-Raum.**

**Definition 1.29 (Exponentialfunktionen von linearen Abbildungen)**
Seien $V$ ein Banach-Raum und $A$ ein beschränkter Endomorphismus. Dann setzen wir

$$e^{tA} := \sum_{k=0}^{\infty} \frac{t^k}{k!} A^k, \quad t \in \mathbb{R}.$$

## 1.2    Sätze und Beweise

Die Sätze 1.1–1.4 gelten für topologische und für metrische Räume. Wir führen den Beweis jeweils für metrische Räume. Für topologische Räume gelten die Sätze aufgrund der Definition.

**Satz 1.1**
*Sei $(M, d)$ ein metrischer Raum. Der Durchschnitt von endlich vielen offenen Mengen ist dann wieder offen.*

**Vorsicht** *Der Durchschnitt von unendlich vielen offenen Mengen muss nicht wieder offen sein, siehe dazu die Erklärungen zu diesem Satz.*

▶    **Beweis** Gegeben seien ein metrischer Raum $(M, d)$ und zwei offene Mengen $\Omega_1$ und $\Omega_2$. Wir wollen nun zeigen, dass $\Omega_1 \cap \Omega_2$ offen ist. Sei $x \in \Omega_1 \cap \Omega_2$. Da nach Voraussetzung $\Omega_1$ und $\Omega_2$ offen sind, existieren $\varepsilon_1$ und $\varepsilon_2 > 0$ mit $U(x, \varepsilon_1) \subset \Omega_1$ und $U(x, \varepsilon_2) \subset \Omega_2$. Wir wählen nun $\varepsilon := \min\{\varepsilon_1, \varepsilon_2\}$. Es gilt $U(x, \varepsilon) \subset \Omega_1 \cap \Omega_2$. Induktiv folgt nun die Behauptung.          q.e.d.

### Satz 1.2
*Sei $(M, d)$ ein metrischer Raum. Die Vereinigung von beliebig vielen offenen Mengen ist wieder offen.*

▶ **Beweis** Sei $I$ eine beliebige Indexmenge, und für jedes $\alpha \in I$ sei $\Omega_\alpha$ eine offene Teilmenge. Ist $x \in \bigcup_{\alpha \in I} \Omega_\alpha$, so existiert ein $\alpha \in I$ mit $x \in \Omega_\alpha$ und dann auch ein $\varepsilon > 0$ mit $U(x, \varepsilon) \subset \Omega_\alpha$. Daraus folgt, dass

$$U(x, \varepsilon) \subset \bigcup_{\alpha \in I} \Omega_\alpha$$

und folglich die Behauptung. q.e.d.

### Satz 1.3
*Sei $(M, d)$ ein metrischer Raum. Dann ist die Vereinigung endlich vieler abgeschlossener Mengen wieder abgeschlossen.*

**Vorsicht** Die Vereinigung von unendlich vielen abgeschlossenen Mengen ist im Allgemeinen nicht wieder abgeschlossen, siehe dazu wieder die Erklärungen zu diesem Satz.

▶ **Beweis** Sei $(M, d)$ ein metrischer Raum und seien $U_0, U_1, \ldots, U_n, n \in \mathbb{N}$, abgeschlossene Mengen mit $U_i \subset M$ für alle $i = 1, \ldots, n$. Dann sind die Komplemente $M \setminus U_0, M \setminus U_1, \ldots, M \setminus U_n$ nach Definition offene Mengen. Nach Satz 1.1 wissen wir, dass der Durchschnitt von endlich vielen offenen Mengen wieder offen ist, das heißt $\bigcap_{i=1}^{n} M \setminus U_i$ ist eine offene Menge, und aus den Regeln von De Morgan folgt nun, dass

$$\bigcap_{i=1}^{n} M \setminus U_i = M \setminus \bigcup_{i=1}^{n} U_i$$

offen ist. Also ist die Menge $\bigcup_{i=1}^{n} U_i$ abgeschlossen. Alles gezeigt. q.e.d.

### Satz 1.4
*Sei $(M, d)$ ein metrischer Raum. Der Durchschnitt beliebig vieler abgeschlossener Mengen ist wieder abgeschlossen.*

▶ **Beweis** Sei $(M, d)$ ein metrischer Raum und seien $U_0, U_1, \ldots$ beliebig viele abgeschlossene Mengen mit $U_i \subset M$ für alle $i \in I$, wobei $I$ eine Indexmenge ist. In unserem Fall ist $I = \mathbb{N}$. Dann sind die Komplemente $M \setminus U_0, M \setminus U_1, \ldots$ offene Mengen. Wir wissen bereits, dass die Vereinigung von beliebig vielen offenen Mengen wieder offen ist (Satz 1.2), das heißt, $\bigcup_{i \in I} M \setminus U_i$ ist eine offene Menge, und aus den Regeln von De Morgan folgt nun, dass

$$\bigcup_{i \in I} M \setminus U_i = M \setminus \bigcap_{i \in I} U_i$$

offen ist. Also ist die Menge $M \setminus M \setminus \bigcap_{i \in I} U_i = \bigcap_{i \in I} U_i$ abgeschlossen; fertig.                                                          q.e.d.

---

**Satz 1.5 (hausdorffsche Trennungseigenschaft)**
*Sei $(M, d)$ ein metrischer Raum. Dann gibt es zu je zwei beliebigen Punkten $x, y \in M$, mit $x \neq y$ Umgebungen $U$ von $x$ und $V$ von $y$ mit $U \cap V = \emptyset$.*

---

**Anmerkung** Wir nennen den Raum, der diese Eigenschaft besitzt, dann auch hausdorffsch. Viele Räume besitzen diese Eigenschaft. Beispielsweise die metrischen Räume, wie wir sehen werden. Für topologische Räume ist dies aber im Allgemeinen falsch.

▶ **Beweis** Wir definieren $\varepsilon := \frac{1}{3} \cdot d(x, y)$. Dann ist $\varepsilon > 0$, und $U := U(x, \varepsilon)$, $V := U(y, \varepsilon)$ sind dann disjunkte Umgebungen von $x$ bzw. $y$. Denn wäre der Schnitt nichtleer und gäbe es also einen Punkt $z \in U \cap V$, so würde aus der Dreiecksungleichung folgen, dass

$$3\varepsilon = d(x, y) \leq d(x, z) + d(z, y) < \varepsilon + \varepsilon = 2\varepsilon,$$

also $3\varepsilon < 2\varepsilon$. Dieser Widerspruch beweist die Behauptung.            q.e.d.

---

**Satz 1.6**
*Offene Bälle $U(x_0, r)$ in einem metrischen Raum $(M, d)$ sind offen.*

---

▶ **Beweis** Sei $x \in U(x_0, r)$. Wir definieren $\varepsilon := r - d(x, x_0)$. Dann ist $\varepsilon > 0$ und $U(x, \varepsilon) \subset U(x_0, r)$, denn für $y \in U(x, \varepsilon)$ gilt wegen der Dreiecksungleichung

$$d(y, x_0) \leq d(y, x) + d(x, x_0) < \varepsilon + d(x, x_0) = \varepsilon - \varepsilon + r = r.$$

Es gilt also $U(x, \varepsilon) \subset U(x_0, r)$ und damit ist gezeigt, dass $U(x_0, r)$ offen ist.                                                                    q.e.d.

**Satz 1.7**
*Sei $(M, d)$ ein metrischer Raum. Eine Teilmenge $A \subset M$ ist genau dann abgeschlossen, wenn jedes $x \in M$, welches Grenzwert einer Folge $(x_n)_{n \in \mathbb{N}} \subset A$ ist, sogar schon in $A$ liegt.*

▶  **Beweis** Zwei Richtungen sind zu beweisen:

„$\Rightarrow$": Sei $A$ abgeschlossen, das heißt, $M \setminus A$ ist offen. Nach Definition der Offenheit (Definition 1.4) gibt es zu jedem $x \in M \setminus A$ ein $\varepsilon > 0$ mit $U(x, \varepsilon) \subset M \setminus A$. Sei weiter $(x_n)_{n \in \mathbb{N}} \subset A$ eine Folge. Dann gilt $x_n \notin U(x, \varepsilon)$ für alle $n \in \mathbb{N}$, und die Folge kann daher nicht gegen $x$ konvergieren. Also folgt die Hin-Richtung.

„$\Leftarrow$": Wir führen einen Widerspruchsbeweis: Wäre $A$ nicht abgeschlossen, das heißt $M \setminus A$ nicht offen, so gäbe es ein $x \in M \setminus A$ mit der Eigenschaft, dass für kein $n \in \mathbb{N}$ die Inklusion $U(x, 1/n) \subset M \setminus A$ richtig wäre. Zu $n \in \mathbb{N}$ existiert also ein $x_n \in A \cap U(x, 1/n)$. Dann konvergiert die Folge $(x_n)_{n \in \mathbb{N}}$ gegen $x$, denn es gilt $d(x_n, x) < \frac{1}{n}$. Nach Voraussetzung liegt der Grenzwert aber wieder in $A$. Dieser Widerspruch beweist die Rückrichtung.                q.e.d.

**Satz 1.8**
*Jede endliche Teilmenge eines metrischen Raums $(M, d)$ ist abgeschlossen.*

▶  **Beweis** Folgt sofort aus Satz 1.7.                                  q.e.d.

**Satz 1.9**
*Seien $(M, d)$ ein metrischer Raum und $A \subset M$ eine Teilmenge. Dann sind der Rand $\partial A$ und der Abschluss $\overline{A}$ abgeschlossen und das Innere $\mathring{A}$ offen.*

▶   **Beweis**

- Um zu zeigen, dass $\partial A$ abgeschlossen ist, bleibt zu zeigen, dass $M \setminus \partial A$ offen ist. Sei $x \in M \setminus \partial A$ beliebig, das heißt, $x$ ist kein Randpunkt. Daher existiert ein offener Ball $U(x, r)$, sodass $U(x, r) \cap A = \emptyset$ oder $U(x, r) \cap (M \setminus A) = \emptyset$ gilt. Nun zeigen wir, dass für dieses $r$ dann auch $U(x, r) \cap \partial A = \emptyset$ gilt. Dies sieht man so ein: Wäre $y \in U(x, r) \cap \partial A$, so würde wegen der Offenheit von $U(x, r)$ zunächst ein $\varepsilon > 0$ mit $U(y, \varepsilon) \subset U(x, r)$ existieren. Da dann aber $U(y, \varepsilon)$ wegen $y \in \partial A$ und nach Definition des Randes sowohl einen Punkt aus $A$ als auch einen Punkt aus $M \setminus A$ enthielte, träfe dies auch auf $U(x, r)$ zu. Dies ist ein Widerspruch, daher gilt $U(x, r) \cap \partial A = \emptyset$. Es folgt, dass $U(x, r) \subset M \setminus \partial A$, also ist $M \setminus \partial A$ offen und folglich $\partial A$ abgeschlossen.
- Um einzusehen, dass der Abschluss $\overline{A} = A \cup \partial A$ abgeschlossen ist, zeigen wir, dass $M \setminus (A \cup \partial A)$ offen ist. Dazu sei $x \in M \setminus (A \cup \partial A)$ beliebig. Es gilt nach einfachen mengentheoretischen Aussagen (man male sich ein Venn-Diagramm)

$$M \setminus (A \cup \partial A) \subset M \setminus A$$

und damit auch $x \in M \setminus A$. $x$ ist aber kein Randpunkt, also muss eine offene Kugel $U(x, r)$ mit $U(x, r) \cap A = \emptyset$ existieren, also $U(x, r) \subset M \setminus A$. Wie im ersten Teil folgt $U(x, r) \cap \partial A = \emptyset$ und damit ist

$$U(x, r) \subset (M \setminus A) \setminus \partial A = M \setminus (A \cup \partial A).$$

Also ist $M \setminus (A \cup \partial A)$ offen und $A \cup \partial A = \overline{A}$ abgeschlossen.

- Zum Schluss zeigen wir noch, dass $\mathring{A}$ offen ist. Wir definieren $B :=$ $M \setminus A$. Auf diese Mengen wenden wir nun das eben Bewiesene an. Es ergibt sich, dass $\overline{B}$ abgeschlossen ist. Da nun aber $\partial(M \setminus A) = \partial A$, ist

$$\overline{B} = B \cup \partial B = (M \setminus A) \cup \partial A = M \setminus \mathring{A}.$$

Also ist $\mathring{A} = M \setminus \overline{B}$ offen.

Wir sind fertig.                                                              q.e.d.

---

**Satz 1.10 (Heine-Borel (allgemeine Version))**
*Sei $(M, d)$ ein metrischer Raum. Dann sind für eine Teilmenge $K \subset M$ die folgenden Aussagen äquivalent:*

*i) $K$ ist überdeckungskompakt.*
*ii) $K$ ist folgenkompakt.*
*iii) $K$ ist total beschränkt und vollständig.*

**Anmerkung** Dieser Satz ist in topologischen Räumen nicht mehr korrekt.

▶ **Beweis** Wir wollen einen Ringschluss durchführen, daher sind drei Implikationen zu zeigen.

„$i$) $\Rightarrow$ $ii$)": Sei $K$ überdeckungskompakt, das heißt, zu jeder beliebig vorgegebenen offenen Überdeckung existiert eine endliche Teilüberdeckung. Wir haben zu zeigen, dass $K$ folgenkompakt ist. Dazu sei $(x_n)_{n\in\mathbb{N}}$ eine Folge in $K$. Angenommen $(x_n)_{n\in\mathbb{N}}$ besitzt keine in $K$ konvergente Teilfolge, dann existiert zu jedem $x \in K$ ein $r = r(x) > 0$, sodass $U(x, r(x))$ nur noch endlich viele Folgenglieder von $(x_n)_{n\in\mathbb{N}}$ enthält. Da dann aber

$$K \subset \bigcup_{x\in K} U(x, r(x))$$

und $K$ überdeckungskompakt ist, existiert eine endliche Teilmenge $E \subset K$ mit $K \subset \bigcup_{x\in E} U(x, r(x))$. Das kann aber nicht sein, da in wenigstens einer dieser endlich vielen Mengen unendlich viele Folgenglieder von $(x_n)_{n\in\mathbb{N}}$ liegen müssten. Oder anders: $\bigcup_{x\in E} U(x, r(x))$ enthält nur endlich viele Folgenglieder, aber $K$ unendlich viele und $K \subset \bigcup_{x\in E} U(x, r(x))$. Damit ist die erste Implikation gezeigt.

„$ii$) $\Rightarrow$ $iii$)": Sei $K$ folgenkompakt. Wir haben zu zeigen, dass $K$ total beschränkt und vollständig ist. Und los: Erst einmal bemerken wir, dass aus der Dreiecksungleichung ganz allgemein folgt, dass Cauchy-Folgen schon dann konvergent sind, wenn sie eine konvergente Teilfolge besitzen, und dieser Grenzwert stimmt dann auch mit dem Grenzwert der konvergenten Teilfolge überein. Sei $(x_n)_{n\in\mathbb{N}}$ eine Cauchy-Folge. Wegen der Folgenkompaktheit existiert eine in $K$ konvergente Teilfolge. Mit obiger Bemerkung folgt, dass $K$ vollständig ist. Wir zeigen nun noch, dass $K$ total beschränkt ist und zwar durch einen Widerspruchsbeweis. Angenommen $K$ wäre nicht total beschränkt, dann existiert ein $\varepsilon > 0$, sodass $K$ nicht von endlich vielen $U(x_i, \varepsilon)$ mit $x_i \in K$, $i \in E$, wobei $E$ eine endliche Menge ist, überdeckt werden kann. Sei $x_1 \in K$ beliebig. Induktiv definieren wir eine Folge $(x_n)_{n\in\mathbb{N}} \subset K$ mit $d(x_i, x_j) \geq \varepsilon$ für alle $i \neq j \in \mathbb{N}$. Dies können wir machen, denn nach Annahme existieren für jede Auswahl von $n$ Punkten $x_1, \ldots, x_n \in K$ noch Punkte $x \in K$ mit $x \notin \bigcup_{i=1}^{n} U(x_i, \varepsilon)$. Wir wählen jetzt für $x_{n+1}$ irgendeinen Punkt aus der Menge

$$K \setminus \left( \bigcup_{i=1}^{n} U(x_i, \varepsilon) \right)$$

aus. Die auf diese Weise erhaltene Folge muss wegen der Folgenkompaktheit eine konvergente Teilfolge besitzen. Dies ist aber ein Widerspruch zu $d(x_i, x_j) \geq \varepsilon$. Dieser Widerspruch beweist, dass $K$ total beschränkt ist, und damit ist $ii) \Rightarrow iii)$ gezeigt.

„$iii) \Rightarrow i$": Wollen wir einen Ringschluss durchführen, so bleibt jetzt noch eine letzte Implikation zu zeigen. Sei $K$ total beschränkt und vollständig. Wir zeigen, ebenfalls wieder durch einen Widerspruchsbeweis, dass $K$ dann auch überdeckungskompakt ist. Angenommen $K$ wäre nicht überdeckungskompakt, dann existiert eine offene Überdeckung $(U_i)_{i \in I}$ von $K$, welche keine endliche Teilüberdeckung besitzt. Sei $\eta > 0$. Weil $K$ total beschränkt ist, existieren eine endliche Menge $E$ und Punkte $\psi_i \in K$ mit $i \in E$ und

$$K \subset \bigcup_{i \in E} B(\psi_i, \eta).$$

So existiert aber wenigstens ein $i \in E$, sodass auch $K \cap B(\psi_i, \eta)$ nicht durch endlich viele der $U_i$ überdeckt wird, das heißt auch nicht überdeckungskompakt ist. Denn $(U_i)_{i \in I}$ ist natürlich eine offene Überdeckung von $K \cap B(\psi_i, \eta)$. Oder anders formuliert: Gebe es kein solches $i \in E$, dann wäre die Vereinigung der endlichen Teilüberdeckungen der $K \cap B(\psi_i, \eta)$ eine endliche Teilüberdeckung von $K$. Auf diese Weise erhalten wir nun iterativ eine Folge $(x_n)_{n \in \mathbb{N}} \subset K$ mit der Eigenschaft, dass $K \cap B(x_n, 1/2^n)$ nicht durch endlich viele der $U_i$ überdeckt wird und

$$K \cap B(x_{n+1}, 1/2^{n+1}) \subset K \cap B(x_n, 1/2^n).$$

Wegen der Inklusion gilt dann insbesondere

$$d(x_n, x_{n+1}) \leq \frac{1}{2^n} \ \forall n \in \mathbb{N}.$$

Hieraus folgt, dass $(x_n)_{n \in \mathbb{N}}$ eine Cauchy-Folge ist. Da $K$ nach Voraussetzung vollständig ist, konvergiert sie gegen ein $x \in K$. Hierzu gibt es ein $\alpha_x \in I$ mit $x \in U_{\alpha_x}$. Da $U_{\alpha_x}$ offen ist, existiert ein $\varepsilon > 0$, sodass $B(x, \varepsilon) \subset U_{\alpha_x}$. Da $(x_n)_{n \in \mathbb{N}}$ gegen $x$ konvergiert, existiert ein $n_0 \in \mathbb{N}$, sodass

$d(x_n, x) < \frac{\varepsilon}{2}$ für alle $n \geq n_0$. Für $y \in B(x_n, 1/2^n)$ mit $n \geq n_0$ folgt aus der Dreiecksungleichung

$$d(y, x) \leq d(y, x_n) + d(x_n, x) \leq \frac{1}{2^n} + \frac{\varepsilon}{2}.$$

Wählen wir daher $n_1 \in \mathbb{N}$ so groß, dass $\frac{1}{2^{n_1}} < \frac{\varepsilon}{2}$, so gilt für alle $n \geq \max\{n_0, n_1\}$ die Inklusion

$$B(x_n, 1/2^n) \cap K \subset B(x, \varepsilon) \subset U_{\alpha_x}.$$

Dies ist nun aber der gesuchte Widerspruch zur Konstruktion der $B(x_n, 1/2^n)$. Damit folgt, dass $K$ überdeckungskompakt ist.

Damit ist alles gezeigt.                                                    q.e.d.

**Satz 1.11**
*Seien $(M, d)$ ein metrischer Raum und $K \subset M$ kompakt. Dann ist jede abgeschlossene Menge $A \subset K$ auch kompakt.*

▶ **Beweis** Wir zeigen, dass $A$ folgenkompakt ist. Sei $(x_n)_{n\in\mathbb{N}} \subset A$ eine Folge. Da $K$ kompakt ist, also insbesondere folgenkompakt, und $A \subset K$ eine Teilmenge von $K$ ist, existiert eine Teilfolge von $(x_n)_{n\in\mathbb{N}}$, die gegen ein $x \in K$ konvergiert. Da nun $A$ abgeschlossen ist, folgt aus Satz 1.7, dass $x \in A$ ist. Damit ist $A$ folgenkompakt und nach dem Satz von Heine-Borel (Satz 1.10) kompakt.                                                    q.e.d.

**Satz 1.12**
*Sei $\mathbb{R}^n$ mit der Standardmetrik (euklidische Metrik) versehen. Dann ist eine Teilmenge $K \subset \mathbb{R}^n$ genau dann kompakt, wenn sie abgeschlossen und beschränkt ist.*

▶ **Beweis**

„$\Rightarrow$":  Sei $K$ kompakt, insbesondere nach Satz 1.10 und Definition 1.9 vollständig und total beschränkt. Da vollständige Mengen abgeschlossen und total beschränkte Mengen beschränkt sind, folgt die Hin-Richtung.

„⇐": Sei $K \subset \mathbb{R}^n$ beschränkt und abgeschlossen. Dann existiert ein $R > 0$, sodass $K \subset B(0, R)$. Da $K$ abgeschlossen ist, genügt es nach Satz 1.11 zu zeigen, dass $B(0, R)$ kompakt ist. Sei hierzu $(x_n)_{n \in \mathbb{N}} \subset B(0, R)$ eine Folge. Schreiben wir $x_k = (x_k^1, \ldots, x_k^n)$, $k \in \mathbb{N}$, so erhalten wir wegen

$$\|x_k\|^2 = \sum_{i=1}^n (x_k^i)^2 \leq R^2$$

insgesamt $n$ beschränkte Folgen in $\mathbb{R}$. Nach dem Satz von Bolzano-Weierstraß (siehe [MK18], Satz 8.5) existiert daher eine konvergente Teilfolge $(y_n)_{n \in \mathbb{N}}$ von $(x_n)_{n \in \mathbb{N}}$, sodass $(y_n^1)_{n \in \mathbb{N}}$, das heißt, die erste Komponenten der Folge $(y_n)_{n \in \mathbb{N}}$ konvergiert. Nach Auswahl einer weiteren Teilfolge $(z_n)_{n \in \mathbb{N}}$ von $(y_n)_{n \in \mathbb{N}}$ erhält man dann eine Teilfolge, bei der die ersten beiden Koordinatenfolgen $(z_n^1)_{n \in \mathbb{N}}, \ldots$ konvergieren. Wir meinen damit, dass wir eine weitere Teilfolge finden können, für die beide Komponentenfolgen konvergieren. Iterativ erhalten wir eine Teilfolge $(\tilde{x}_n)_{n \in \mathbb{N}}$ von $(x_n)_{n \in \mathbb{N}}$, bei der sämtliche Koordinatenfolgen in $\mathbb{R}$ konvergieren. Da eine Folge genau dann bezüglich $\| \cdot \|$ konvergiert, wenn die Koordinatenfolgen in $\mathbb{R}$ konvergieren, ist $(\tilde{x}_n)_{n \in \mathbb{N}}$ somit eine konvergente Teilfolge von $(x_n)_{n \in \mathbb{N}}$. Ferner ist $\|\tilde{x}_k\|^2 \leq R^2$ für alle $k \in \mathbb{N}$ und daher auch mit den Grenzwertsätzen

$$\|\lim_{k \to \infty} \tilde{x}_k\|^2 = \lim_{k \to \infty} \|\tilde{x}_k\|^2 \leq R^2.$$

Dies impliziert $\lim_{k \to \infty} \tilde{x}_k \in B(0, R)$ und daher ist $B(0, R)$ kompakt.                                                                                    q.e.d.

**Satz 1.13**
*Seien $(M, d)$ ein metrischer Raum und $\mathcal{O} := \{\Omega \subset M : \Omega \text{ ist } d - \text{offen}\}$. Dann ist $M$ mit diesem System $\mathcal{O}$ ein topologischer Raum, der hausdorffsch ist.*

▶   **Beweis** Den Beweis haben wir eigentlich schon geführt, als wir gezeigt haben, dass der Durchschnitt von endlich vielen und die Vereinigung von beliebig vielen offenen Mengen wieder offen ist (siehe die Sätze 1.1 und 1.2 und deren Beweise). Dennoch führen wir den Beweis der Vollständigkeit halber nochmal, indem wir die Axiome einer Topologie aus Definition 1.19 nachprüfen:

i) Die leere Menge $\emptyset$ ist in $\mathcal{O}$ enthalten, da es gar kein $x \in \emptyset$ gibt, für das ein $U(x, r) \subset \emptyset$ gefunden werden müsste. Auch die Menge $M$ selbst liegt in $\mathcal{O}$, da sie Umgebung jedes ihrer Punkte und damit sicherlich offen ist. Dies zeigt, dass Offenheit eben keine intrinsische Eigenschaft ist.

ii) Seien $\Omega_1$ und $\Omega_2$ offen. Dann existieren $\varepsilon_1$ und $\varepsilon_2$ und $x \in \Omega_1 \cap \Omega_2$ mit $U(x, \varepsilon_1) \subset \Omega_1$ und $U(x, \varepsilon_2) \subset \Omega_2$. Wähle $\varepsilon := \min\{\varepsilon_1, \varepsilon_2\}$. Dann ist auch

$$U(x, \varepsilon) \subset \Omega_1 \cap \Omega_2,$$

also ist $\Omega_1 \cap \Omega_2$ offen und insbesondere ist $\Omega_1 \cap \Omega_2 \in \mathcal{O}$.

iii) Seien $I$ eine beliebige Indexmenge und für $i \in I$ eine offene Teilmenge $\Omega_i$ gegeben. Ist $x \in \bigcup_{i \in I} \Omega_i$, so existiert ein $i \in I$ mit $x \in \Omega_i$ und dann auch ein $\varepsilon > 0$ mit $U(x, \varepsilon) \subset \Omega_i$. Daraus folgt

$$U(x, \varepsilon) \subset \bigcup_{i \in I} \Omega_i.$$

Nehmt euch für den Nachweis der Hausdorff-Eigenschaft zwei verschiedene Punkte $p, q \in M$ und setzt $r := \frac{1}{2} d(p, q) > 0$.                q.e.d.

---

**Satz 1.14**
*Sei $(V, \|\cdot\|)$ ein normierter Vektorraum. Dann wird durch*

$$d : V \times V \to \mathbb{K} \text{ mit } d(x, y) := \|x - y\|$$

*eine Metrik auf $V$ definiert.*

---

▶  **Beweis** Vergleiche Definition 1.1 und Definition 1.26.                q.e.d.

---

## 1.3     Erklärungen zu den Definitionen

Erklärung

**Zur Definition 1.1 einer Metrik:** Wie euch sicherlich in der Analysis 1 schon aufgefallen ist, untersucht man in der Analysis häufig Grenzwertfragen. Hierfür ist ein adäquater Konvergenzbegriff nötig, für den man aber Abstände bzw. Abweichungen messen muss, zum Beispiel wie weit bei einer Funktion der Form $f : M \to N$ zwischen zwei Mengen $M$ und $N$ die Funktionswerte $f(x)$ und $f(y)$ voneinander entfernt sind bzw. voneinander abweichen, wenn die Abweichungen von $x$ und $y$ in $M$ bekannt sind. Genau dies leistet der Begriff der Metrik. Ihr alle kennt schon eine Metrik, nämlich die sogenannte euklidische Metrik (also den elementargeometrischen Abstandsbegriff), die wir gleich noch einmal in den Beispielen genauer betrachten werden. Nun gibt es aber, wie wir auch noch sehen werden, viele weitere interessante und nützliche Metriken.

Für den einen oder anderen mag die Definition 1.1 einer Metrik vielleicht etwas kompliziert klingen. Die Idee dahinter ist aber mehr als simpel. Füllen wir die Definition doch einmal mit Leben und übersetzen die Sprache der Mathematik in die deutsche Sprache, die ihr alle versteht (hoffen wir jedenfalls :-)). Stellt euch Folgendes vor: Ihr steht gerade an eurer Universität am Haupteingang, zum Beispiel am wunderschönen Welfenschloss der Leibniz Universität Hannover (nein, wir wollen keine Werbung machen :-P). Wir schauen uns nun an, was die einzelnen Axiome i)−iii) in der Definition bedeuten.

i)  Das erste Axiom der positiven Definitheit fordert, dass der Abstand von euch zu irgendeinem Ort immer eine positive reelle Zahl ist und dass der Abstand von euch zu euch selbst null ist.

ii) Das Axiom der Symmetrie besagt nichts anderes, als dass der Abstand von eurer Universität, zum Beispiel Hannover, zu einer anderen Universität, zum Beispiel München, genauso groß ist, wie der Abstand von der Universität in München nach Hannover.

iii) Die Dreiecksungleichung kann man sich so verdeutlichen: Wenn ihr auf dem Weg von Hannover nach München einen Umweg über Berlin macht, dann müsst ihr euch nicht wundern, wenn ihr länger unterwegs seid.

Wir bemerken noch: Eigentlich benötigen wir aus dem ersten Axiom nur, dass $d(x, y) = 0 \Leftrightarrow x = y$. Denn daraus folgt dann mit der Dreiecksungleichung und der Symmetrie

$$0 = d(x, x) \leq d(x, y) + d(y, x) = 2 \cdot d(x, y),$$

also $d(x, y) \geq 0$.

▶ **Beispiel 1**  Wir wetten, dass jeder von euch einen metrischen Raum kennt (sollten wir diese Wette gerade verlieren, so schreibt uns eine Mail mit einem möglichen Wetteinsatz). Dass euch der Begriff der Metrik bzw. des metrischen Raums schon vertraut sein sollte, zumindest wenn ihr Analysis 1 gehört habt, zeigt das folgende erste einfache Beispiel:

• Die Menge der reellen Zahlen ist mit der Abstandsmetrik $d(x, y) := |x - y|$ ein metrischer Raum. Den Beweis habt ihr indirekt schon in [MK18] gelesen (solltet ihr dies getan haben), als wir die Dreiecksungleichung bewiesen und uns einige Eigenschaften des Betrags angeschaut haben.

- Die Metrik von oben kann man sehr leicht auf den $\mathbb{R}^n = \underbrace{\mathbb{R} \times \ldots \times \mathbb{R}}_{\text{n-mal}}$ übertragen.

  Für $x = (x_1, \ldots, x_n)$ und $y = (y_1, \ldots, y_n) \in \mathbb{R}^n$ setzen wir

  $$\|x\| := \sqrt{x_1^2 + \ldots + x_n^2}.$$

  Dann ist $d(x, y) := \|x - y\|$ eine Metrik. Als Übungsaufgabe solltet ihr die Axiome aus Definition 1.1 überprüfen. Die positive Definitheit und die Symmetrie sind fast geschenkt, nur die Dreiecksungleichung erfordert etwas mehr Arbeit. In der Erklärung zur Definition 1.26 der Norm präsentieren wir euch schon eine fast komplette Lösung. Anders geschrieben sieht die Metrik so aus:

  $$d(x, y) := \sqrt{\sum_{k=1}^{n} (x_k - y_k)^2}.$$

  Sie definiert auf der Menge $M := \mathbb{R}^n$ mit der Abbildung $d : \mathbb{R}^n \times \mathbb{R}^n \to \mathbb{R}$ eine Metrik. Auch sie hat einen besonderen Namen. Wir nennen sie die **euklidische Metrik** und wir schreiben statt $d$ auch oft $|\cdot|$. Der Punkt $\cdot$ soll andeuten, dass wir in $|\cdot|$ etwas einsetzen.
- Sei $M$ eine beliebige Menge. Die Abbildung

  $$d : M \times M \to \mathbb{R},$$

  $$d(x, y) := \begin{cases} 0, & \text{für } x = y \\ 1, & \text{für } x \neq y \end{cases}$$

  definiert eine Metrik auf $M$. Man bezeichnet sie als **diskrete Metrik**.
- Sei $M := \mathbb{R}^n$. Die Metrik

  $$d(x, y) := \max_{k=1,\ldots,n} |x_k - y_k|$$

  heißt **Maximumsmetrik.** Wenn wir den Begriff der Norm kennen (siehe Definition 1.26 und die entsprechende Erklärung), so werden wir eine „Verallgemeinerung" dieser Metrik auf dem Vektorraum der stetigen reellen Funktionen kennenlernen, nämlich die Maximumsnorm.
- Mit dem folgenden Beispiel wollen wir darlegen, wie ihr bei Übungsaufgaben vorgehen müsst, um zu zeigen, dass eine gewisse Abbildung eine Metrik definiert. Es ist klar, was ihr dann zu tun habt. Ihr müsst die positive Definitheit, die Symmetrie und die Dreiecksungleichung nachweisen.

  Wir zeigen jetzt, dass auf $\mathbb{R}_{>0} := (0, \infty)$ durch

  $$d : \mathbb{R}_{>0} \times \mathbb{R}_{>0} \to \mathbb{R}, \ d(x, y) := \frac{|x - y|}{xy}$$

eine Metrik definiert wird. Die Positive Definitheit folgt, da $|x - y| > 0$ für alle $x, y \in \mathbb{R}_{>0}$, sowie $xy > 0$, da $x, y \in \mathbb{R}_{>0}$. Außerdem ist ja $|x - y| = 0$ genau dann gleich Null, wenn $x = y$. Die Symmetrie folgt aus der Symmetrie der euklidischen Metrik $| \cdot |$. Die Dreiecksungleichung erfordert etwas Arbeit. Diese sieht man so ein: Zu zeigen ist, dass $d(x, y) \leq d(x, z) + d(z, y)$ für $x, y, z \in \mathbb{R}_{>0}$. Dafür beginnen wir mit der rechten Seite und erhalten

$$d(x, z) + d(z, y) = \frac{|x - z|}{xz} + \frac{|z - y|}{zy} \geq \left| \frac{x - z}{xz} + \frac{z - y}{zy} \right|$$

$$= \left| \frac{xy - yz + xz - xy}{xzy} \right| = \frac{|x - y|}{xy} = d(x, y).$$

Hierbei ging einfach nur die („normale") Dreiecksungleichung ein.

- Noch ein etwas anderes Beispiel. Wir wollen zeigen, dass

$$d(m, n) := \left| \frac{1}{m} - \frac{1}{n} \right|$$

eine Metrik auf $\mathbb{N}$ definiert. Die Positive Definitheit und die Symmetrie folgen wieder sofort (macht euch das klar!). Die Dreiecksungleichung sieht man so ein (Wir addieren geschickt Null): Seien $m, n, k \in \mathbb{N}$, so ergibt sich

$$d(m, n) = \left| \frac{1}{m} - \frac{1}{n} \right| = \left| \frac{1}{m} - \frac{1}{k} + \frac{1}{k} - \frac{1}{n} \right| = \left| \frac{1}{m} - \frac{1}{k} + \left( \frac{1}{k} - \frac{1}{n} \right) \right|$$

$$\leq \left| \frac{1}{m} - \frac{1}{k} \right| + \left| \frac{1}{k} - \frac{1}{n} \right| = d(m, k) + d(k, n).$$

- Seien $(M, d)$ und $(M', d')$ zwei metrische Räume. Auf dem kartesischen Produkt $M \times M'$ wird eine Metrik, die sogenannte **Produktmetrik** durch

$$d_{\text{Prod}}((x, x'), (y, y')) = \max(d(x, y), d'(x', y'))$$

definiert.

- Auf $\mathbb{R}$ werde ein $\tilde{d}$ definiert durch

$$\tilde{d}(x, y) := \arctan |x - y|.$$

Wir wollen beweisen, dass dies wirklich eine Metrik ist. Dazu weisen wir die entsprechenden Axiome nach.

i) Die Arkus-Tangens-Funktion hat genau eine Nullstelle, und zwar bei $x = 0$, denn bekanntermaßen (hoffen wir zumindest :-D) ist die Arkus-Tangens-Funktion streng monoton wachsend. Daher gilt für alle $x, y \in \mathbb{R}$:

$$\tilde{d}(x, y) = 0 \Leftrightarrow \arctan |x - y| = 0 \Leftrightarrow |x - y| = 0 \Leftrightarrow x = y.$$

ii) Die Symmetrie ist ebenfalls ziemlich leicht: Für alle $x, y \in \mathbb{R}$ gilt

$$\tilde{d}(x, y) = \arctan |x - y| = \arctan |y - x| = \tilde{d}(y, x).$$

Der Beweis ergibt sich im Wesentlichen also aus $|x - y| = |y - x|$; eine Tatsache, die wir seit Analysis 1 schon beherrschen.

iii) Die Dreiecksungleichung ist ein wenig schwieriger: Wir zeigen zunächst, dass $\arctan(x + y) \leq \arctan(x) + \arctan(y)$ für alle $x, y \geq 0$ gilt, da wir dies später noch benötigen. Wir wollen dies mit Hilfe von einfacher Integralrechnung zeigen.
Es gilt (dies sollte man ebenfalls wissen):

$$\arctan(x + y) = \int_0^{x+y} \frac{1}{1 + t^2} \, dt.$$

Mit Hilfe der Additivität des Integrals erhalten wir sofort

$$\arctan(x + y) = \int_0^{x+y} \frac{1}{1 + t^2} \, dt$$
$$= \int_0^x \frac{1}{1 + t^2} \, dt + \int_x^{x+y} \frac{1}{1 + t^2} \, dt.$$

Das erste Integral ist kein Problem, es ist gleich $\arctan(x)$. Nur für das zweite Integral müssen wir ein wenig arbeiten, und zwar knacken wir es, in dem wir $z := t - x$ substituieren. Wir erhalten so

$$\int_x^{x+y} \frac{1}{1 + t^2} \, dt = \int_0^y \frac{1}{1 + (z + x)^2} \, dz. \qquad (1.1)$$

Dies lässt sich nun durch $\int_0^y \frac{1}{1+z^2} \, dz$ nach oben abschätzen. Denn was stört bei (1.1)? Ja, richtig! Das „$+x$". Aber wir sind ja auch nur an einer Abschätzung interessiert. Genauer: Es gilt

$$\frac{1}{1 + (z + x)^2} \leq \frac{1}{1 + z^2}$$

für alle $x > 0$ (und $z > 0$, wir integrieren ja über positive $z$) und somit auch

$$\int_0^y \frac{1}{1 + (z + x)^2} \, dz \leq \int_0^y \frac{1}{1 + z^2} \, dz = \arctan(y).$$

Da haben wir den Beweis aber ziemlich auseinandergepflückt. Hier nochmals
auf einen Blick:

$$\arctan(x + y) = \int_0^{x+y} \frac{1}{1 + t^2} \, dt \text{ (das ist gerade der Arkus-Tangens)}$$

$$= \int_0^x \frac{1}{1 + t^2} \, dt + \int_x^{x+y} \frac{1}{1 + t^2} \, dt \text{ (Additivität)}$$

$$= \arctan(x) + \int_0^y \frac{1}{1 + (z + x)^2} \, dz \text{ (Substitution)}$$

$$\leq \arctan(x) + \int_0^y \frac{1}{1 + z^2} \, dz$$

(siehe obige Ungleichung für $x > 0$)

$$= \arctan(x) + \arctan(y).$$

Nun aber zurück zum Nachweis der Dreiecksungleichung:

$$\tilde{d}(x, z) = \arctan |(x - y) + (y - z)|$$

$$\leq \arctan (|x - y| + |y - z|)$$

$$\leq \arctan |x - y| + \arctan |y - z|$$

$$= \tilde{d}(x, y) + \tilde{d}(y, z) \; \forall x, y, z \in \mathbb{R}.$$

Im vorletzten Schritt ging gerade das ein, was wir oben in mühsamer Arbeit
erarbeitet haben. Fertig! ∎

**Erklärung**

**Zur Definition 1.2 der offenen und abgeschlossenen Kugel:** Die Begriffe der offenen und abgeschlossenen Kugel kann man sich relativ leicht im euklidischen Raum
bzw. in der Ebene verdeutlichen. Stellt euch in der Ebene einfach einen Kreis mit
Mittelpunkt $x_0$ und Radius $r > 0$ vor. Die offene Kugel beinhaltet alle Punkte, die
von dem Mittelpunkt $x_0$ einen Abstand kleiner als $r$ haben. Sie liegen also alle inner-
halb des Kreises und nicht auf dem Rand. Geht man nun zum dreidimensionalen
Raum über, so rechtfertigt dies auch den Begriff der Kugel. Analog macht man sich
den Begriff der abgeschlossenen Kugel klar und zwar als Kreis bzw. Kugel, bei der
der Rand „dazugehört". Zur abgeschlossenen Kugel sagt man auch oft abgeschlossener Ball. Das kommt daher, dass im Englischen zum Beispiel im Dreidimensionalen
begrifflich zwischen „sphere" (Kugeloberfläche) und „ball" (Vollkugel) unterschie-
den werden kann, während im Deutschen bei „Kugel" es nicht so klar ist. „Ball"
ist also wohl eine Anleihe aus dem Englischen. Graphisch sieht das in etwa so aus
wie in der Abb. 1.1 dargestellt. Das Gestrichelte in Abb. 1.1 soll andeuten, dass die
Randpunkte nicht dazugehören. Wir wollen hier eine kleine Warnung aussprechen:
Man darf sich die offenen bzw. abgeschlossenen Kugeln nicht als Kugeln in dem
Sinne vorstellen, wie der Begriff in unserem Sprachgebrauch benutzt wird. Um das

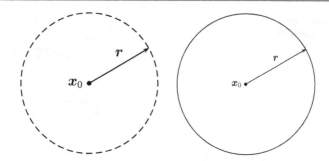

**Abb. 1.1** Veranschaulichung einer offenen und abgeschlossenen Kugel

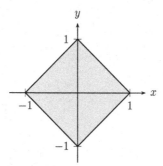

**Abb. 1.2** Man sieht hier die „Einheitskugel" der Metrik, die aus der Norm $|| \cdot ||_1 = \sum_{k=1}^n |x_k|$ hervorgeht. Das ist alles andere als eine Kugel, oder?

zu verdeutlichen, zeichnet doch einmal die Kugeln in der diskreten Metrik auf dem $\mathbb{R}^2$. Wir wollen für die Normen (siehe dazu auch Definition 1.26)

$$|\cdot|_1 := \sum_{k=1}^n |x_k|, \quad |\cdot|_2 := \left(\sum_{k=1}^n x_k^2\right)^{\frac{1}{2}} \quad \text{und} \quad |\cdot|_\infty := \max_{1 \le k \le n} |x_k|$$

im $\mathbb{R}^2$ die Einheitskugeln $B(0, 1) = \{x : |\cdot|_p \le 1\}$ mit $p = 1, 2, \infty$ skizzieren. Siehe dazu die Abb. 1.2, 1.3 und 1.4. Wir arbeiten hier jetzt mit Normen, weil jede Norm auf einen Vektorraum einen metrischen Raum durch $d(x, y) := ||x - y||$ bildet. Dies wird in der Erklärung zu Definition 1.26 auch deutlich werden.

---

**Erklärung**

**Zur Definition 1.3 der Umgebung:** Zur Erklärung soll die Abb. 1.5 dienen. Dies bedeutet also nur, dass man eine Teilmenge $U \subset M$ Umgebung von $x \in M$ nennt, wenn die entsprechende Kugel noch komplett in $U$ enthalten ist.

**Abb. 1.3** Hier sieht man die
„Einheitskugel" zur Norm
$\| \cdot \|_2 = \left( \sum_{k=1}^{n} x_k^2 \right)^{\frac{1}{2}}$

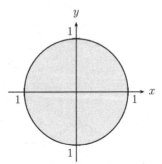

**Abb. 1.4** Und schlie-
ßlich die „Einheits-
kugel" zur Norm
$\| \cdot \|_\infty = \max_{1 \leq k \leq n} |x_k|$

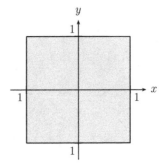

**Abb. 1.5** Umgebung $U$
eines Punktes $x \in M$

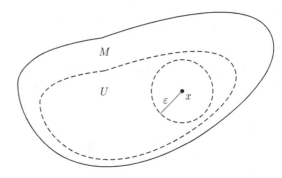

---

**Erklärung**

**Zur Definition 1.4 einer offenen Menge:** Wie kann man sich die Definition 1.4
vorstellen? Dies ist eigentlich recht einfach, wenn man die Definition 1.3 verstanden
hat. Malen wir uns ein Bildchen (siehe Abb. 1.6) und schauen, was diese Definition
aussagt: Sie sagt einfach nur, dass eine Menge $M$ offen heißt, wenn zu jedem Punkt
der Menge eine Umgebung in $M$ existiert, das heißt, zu jedem Punkt kann man eine
offene Kugel finden, sodass diese noch in der Menge $M$ liegt, egal wie „nah" der
Punkt $x \in M$ am Rand von $M$ liegt. Die leere Menge und die ganze Menge selbst sind
beispielsweise offen: Der ganze Raum $M$ ist offen, da $M$ Umgebung jedes Punktes
$x \in M$ ist. Die leere Menge ist offen, da es keinen Punkt $x \in \emptyset$ gibt, zu dem es eine
$\varepsilon$-Umgebung $U(x, \varepsilon) \subset \emptyset$ geben müsste. Anschaulich ist eine Menge offen, wenn

**Abb. 1.6** Die Menge $M$ ist
offen

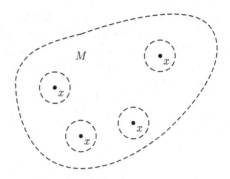

ihre Elemente nur von Elementen dieser Menge umgeben sind, das heißt also, kein
Element der Menge liegt auf dem Rand der Menge!

▶ **Beispiel 2** Aus der Analysis 1 wisst ihr, dass man ein Intervall $(0, 1)$ in den
reellen Zahlen offen nennt. Dann sollte dieses Intervall aber natürlich auch wirklich
offen sein. Dies gilt, denn jede reelle Zahl mit $0 < x < 1$ ist nur von den Zahlen mit
derselben Eigenschaft umgeben. Um dies einzusehen, wählt man beispielsweise als
Umgebung die Menge

$$\left(\frac{x}{2}, \frac{1}{2} + \frac{x}{2}\right).$$

∎

Man muss ein wenig mit dem Begriff der Offenheit aufpassen, denn ob eine Menge
offen ist oder nicht, hängt ganz stark von dem umgebendem Raum ab, in dem sie liegt.
Die rationalen Zahlen zwischen 0 und 1 bilden eine offene Menge in den rationalen
Zahlen, aber nicht in den rellen Zahlen!

▶ **Beispiel 3** Wir wollen jetzt noch zeigen, dass die offenen Mengen bezüglich der
Metrik $\tilde{d}$ aus dem letzten Punkt in Beispiel 1 dieselben sind wie bzgl. der Metrik
$d(x, y) = |x - y|$. Dies geht so: Mit $\tilde{U}(x, \varepsilon)$ bezeichnen wir eine offene Kugel mit
Mittelpunkt $x$ und Radius $\varepsilon$ bezüglich der Metrik $\tilde{d}$ und mit $U(x, \varepsilon)$ eine offene
Kugel bezüglich der Metrik $d$. Sei $U$ eine offene Menge bezüglich der Metrik $\tilde{d}$ und
$x \in U$. Dann gibt es nach Definition der Offenheit ein $\varepsilon_1 \in \left(0, \frac{\pi}{2}\right)$ mit $\tilde{U}(x, \varepsilon_1) \subset$
$U$. Wieso wir dieses $\varepsilon_1$ aus $\left(0, \frac{\pi}{2}\right)$ wählen, wird später noch deutlich werden. Mit
$\varepsilon_2 := \tan(\varepsilon_1) > 0$ erhalten wir dann

$$U(x, \varepsilon_2) = \{\xi \in \mathbb{R} : |x - \xi| < \tan(\varepsilon_1)\}$$
$$= \{\xi \in \mathbb{R} : \arctan |x - \xi| < \varepsilon_1\}$$
$$= \tilde{U}(x, \varepsilon_1) \subset U,$$

also ist $U$ offen bezüglich der Metrik $d$. Wieso man dieses $\varepsilon_2$ gerade als $\tan(\varepsilon_1)$ wählt, sieht man also eigentlich erst an der Rechnung, die wir gerade nachvollzogen haben. Man muss also ein wenig mit der Definition der Metrik spielen. Die andere Richtung geht fast genauso. Versucht euch erst dran und schaut erst danach in die folgenden Zeilen :-).

Sei nun umgekehrt $U$ eine offene Menge bzgl. der Metrik $d$ und $x \in U$. Dann existiert $\varepsilon_1 > 0$ mit $U(x, \varepsilon_1) \subset U$. Wir setzen $\varepsilon_2 := \arctan(\varepsilon_1) > 0$. Hier wird jetzt deutlich, wieso $\varepsilon_1 \in \left(0, \frac{\pi}{2}\right)$, denn sonst wäre der $\arctan(\varepsilon_1)$ nicht gescheit definiert. Jetzt erhalten wir sofort

$$\tilde{U}(x, \varepsilon_2) = \{\xi \in \mathbb{R} : \arctan|x - \xi| < \arctan(\varepsilon_1)\}$$
$$= \{\xi \in \mathbb{R} : |x - \xi| < \varepsilon_1\}$$
$$= U(x, \varepsilon_1) \subset U,$$

also ist $U$ offen bezüglich der Metrik $\tilde{d}$.                                            ∎

---

**Erklärung**

**Zur Definition 1.5 einer abgeschlossenen Menge:** Diese Definition bedarf keiner großen Erklärung. Wenn man zeigen möchte, dass eine Menge abgeschlossen ist, zeigt man einfach, dass das Komplement offen ist. Und wie man das macht, werden wir uns noch etwas später bei den Erklärungen zu den Sätzen und Beweisen im Abschn. 1.4 anschauen. Abgeschlossen ist eine Menge, wenn sie all ihre Häufungspunkte enthält. Eine wichtige Anmerkung müssen wir noch machen: Wählen wir als Raum $X$ zum Beispiel die Vereinigung der Intervalle $[0, 1]$ und $[2, 3]$ mit euklidischer Metrik, so sind in diesem Raum die Teilmengen $[0, 1]$ und $[2, 3]$ beide sowohl offen als auch abgeschlossen. Dabei ist wichtig, zu bemerken, dass Offenheit vom Raum abhängig ist! Außerdem ist in einem metrischen Raum die zugrundeliegende Gesamtmenge ebenso wie die leere Menge stets sowohl offen als auch abgeschlossen. Mengen können also durchaus beide Eigenschaften besitzen! Das heißt: Wenn eine Menge beispielsweise abgeschlossen ist, könnte sie auch noch offen sein! Schließt niemals, dass eine nicht offene Menge abgeschlossen sein muss oder Ähnliches. So ist zum Beispiel das Intervall $(1, 2]$ weder offen noch abgeschlossen. Ein weiteres Beispiel in diesem Zusammenhang.

▶ **Beispiel 4** Sei $X$ eine beliebige Menge. Dann wird ja durch $d(x, y) := 0$, falls $x = y$ und $d(x, y) := 1$, falls $x \neq y$ auf $X$ eine Metrik definiert, die sogenannte diskrete Metrik auf $X$. Jede Teilmenge von $X$ ist bzgl. dieser Metrik zugleich offen und auch abgeschlossen. Es reicht zu zeigen, dass jede Teilmenge von $X$ offen ist, da Abgeschlossenheit über die Komplementbildung definiert ist. Dies folgt aber sofort daraus, dass für alle $x \in X$ gilt:

$$U(x, 1/2) = \{y \in X : d(x, y) < 1/2\} = \{y \in X : x = y\} = \{x\} \subset X.$$

Wir bemerken noch für alle, die mit der Zahl $1/2$ nichts anfangen können: Die Zahl $1/2$ könnt ihr durch jede andere Zahl aus dem offenen Intervall $(0, 1)$ ersetzen und das Argument funktioniert genauso.  ∎

---

**Erklärung**

**Zur Definition 1.6 der Konvergenz einer Folge:** Als Erläuterung stelle man sich Folgendes vor: Sei $(M, d)$ ein metrischer Raum und sei $(x_n)_{n \in \mathbb{N}}$ eine Folge in $M$. Die Folge $(x_n)_{n \in \mathbb{N}}$ konvergiert gegen $x \in M$, wenn $\lim_{n \to \infty} d(x_n, x) = 0$. Der Abstand der Folgenglieder zum Grenzwert $x$ selbst wird also immer kleiner und ist im Grenzfall null. Wir schreiben $\lim_{n \to \infty} x_n = x$. Hierzu sollten wir noch erwähnen, dass sich der Limes auf die Konvergenz bezüglich der euklidischen Metrik in $\mathbb{R}$ bezieht. Die Definition sollte euch natürlich schon aus der Analysis 1 bekannt sein. Nur dass wir jetzt eine „allgemeinere" Metrik, also einen allgemeineren Abstandsbegriff, verwenden, die aber durchaus die aus Analysis 1 bekannte euklidische Metrik sein kann. So haben wir es jetzt ja bei vielen Definitionen gemacht: Das, was wir schon kannten, verallgemeinert. So funktioniert Mathematik, man möchte immer allgemeinere und bessere Resultate erzielen.

---

**Erklärung**

**Zu den Definition 1.7−1.9:** Wir wollen hierzu nicht viel sagen, sondern nur, dass wir die Definition schon aus der Analysis 1 kennen und dass wir hier wieder eine allgemeine Metrik verwenden. Wir verweisen auf unseren ersten Band [MK18].

---

**Erklärung**

**Zur Definition 1.10 des Randes:** Diese Definition verdeutlicht man sich am besten mithilfe eines Bildes, wie in Abb. 1.7 versucht. Ein Randpunkt ist also ein Punkt $x \in M$ von $A$, wenn der offene Ball um $x$ sowohl mit $A$ als auch mit $M \setminus A$ einen nichtleeren Schnitt besitzt. Vereinigen wir alle Randpunkte, so erhalten wir den Rand der Menge. Man sollte bei dem Begriff des Randes natürlich nicht immer nur Bilder von Gebieten des $\mathbb{R}^2$ im Kopf haben, denn es kann alles vorkommen: Der Rand ist gleich der Menge, der Rand ist eine echte Teilmenge der Menge, die Menge ist eine echte Teilmenge ihres Randes.

**Abb. 1.7** Der Rand einer Menge $A \subset M$

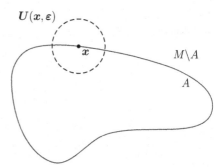

▶ **Beispiel 5**

• Beispielsweise ist $\partial \mathbb{Q} = \mathbb{R}$, denn in der Umgebung eines jeden Punktes $x \in \mathbb{R}$ liegen sowohl rationale Zahlen als auch irrationale Zahlen. Dies kennen wir aus der Analysis 1; man sagt $\mathbb{Q}$ liegt dicht in $\mathbb{R}$.

• Der Rand der Einheitskugel im $\mathbb{R}^n$

$$B(0, 1) = \{x \in \mathbb{R}^n : ||x|| \leq 1\}$$

ist gerade die Einheitssphäre

$$\partial B(0, 1) =: \mathbb{S}^{n-1} = \{x \in \mathbb{R}^n : ||x|| = 1\}.$$

Wir hoffen, dass der Begriff des Randes nun klarer geworden ist                              ■

---

**Erklärung**

**Zur Definition 1.11 des Inneren:** Das Innere einer Menge ist einfach nur die Menge ohne den Rand. Abb. 1.8 soll dies noch einmal darstellen.

---

**Erklärung**

**Zur Definition 1.12 des Abschlusses:** Der Abschluss einer Menge $A$ ist einfach nur das Innere und der Rand zusammen. Abb. 1.9 zeigt dies noch einmal in visueller Form.

**Abb. 1.8** Das Innere einer Menge $A$

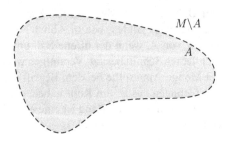

**Abb. 1.9** Der Abschluss einer Menge $A$

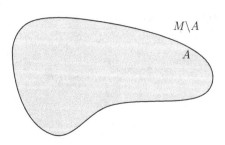

**Abb. 1.10** Eine offene
Überdeckung einer Menge

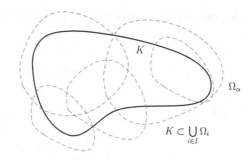

**Zur Definition 1.13 der offenen Überdeckung:** Die Definition 1.13 der offenen
Überdeckung macht man sich am besten mit einem Bild klar, wie in Abb. 1.10.
Wenn es möglich ist, $K$ durch offene Mengen zu überdecken, dann besitzt $K$ eine
offene Überdeckung.

▶ **Beispiel 6** Das folgende Beispiel soll eher eine versteckte Übungsaufgabe darstellen: Versucht aus der Überdeckung des offenen Intervalls $(0, 1)$ durch Mengen
der Form $\left(\frac{1}{n}, 1 - \frac{1}{n}\right)$ mit $n \in \mathbb{N}$ eine endliche Teilüberdeckung auszuwählen.

Um euch die Übungsaufgabe nicht wegzunehmen, geben wir nun eine andere
offene Überdeckung an und zeigen zunächst, dass diese eine offene Überdeckung
des Intervalls $(0, 1)$ ist und danach, dass diese Überdeckung keine endliche Teilüberdeckung besitzt, die das Intervall $(0, 1)$ überdeckt. Hieraus ergibt sich, dass $(0, 1)$
nicht überdeckungskompakt und damit nicht kompakt ist. Wir behaupten als erstes,
dass

$$\bigcup_{n=1}^{\infty} \underbrace{\left(\frac{1}{n+2}, \frac{1}{n}\right)}_{=:U_n}$$

eine offene Überdeckung vom Intervall $(0, 1)$ ist. Dazu ist zu zeigen, dass für alle
$x \in (0, 1)$ ein $n \in \mathbb{N}$ mit $x \in U_n$ existiert. Solch ein $n$ existiert aber mit $\frac{1}{n+2} < x$.
Wir verwenden nun das kleinste solche $n$, also $x \le \frac{1}{n+1}$. Dann gilt:

$$\frac{1}{n+2} < x \le \frac{1}{n+1} < \frac{1}{n} \Rightarrow x \in U_n.$$

Hieraus folgt nun, dass $\bigcup U_n$ eine Überdeckung von $(0, 1)$ ist. Dass diese auch noch
offen ist, ist klar, da die $U_n$ offene Intervalle sind.

Nun beweisen wir als zweites, dass von dieser offenen Überdeckung keine endliche Teilüberdeckung existiert. Dies ergibt unser Ziel, dass $(0, 1)$ nicht

kompakt ist. Dazu wählen wir eine endliche Indexmenge $I \subset \mathbb{N}$ aus. So existiert ein $n \in \mathbb{N}$ mit $n - 1, n \notin I$. Wegen

$$\left( \frac{1}{i+1}, \frac{1}{i} \right) \subset (0, 1) \setminus (U_{i-2} \cup U_{i+1}) \quad \text{und} \quad U_j \cap U_{j+i} = \emptyset$$

für jedes $j \in \mathbb{N}$ und $i \geq 2$ ist dann

$$\left( \frac{1}{n+1}, \frac{1}{n} \right) \subset (0, 1) \setminus \bigcup_{i \in I} U_i.$$

Das heißt, es fehlt mindestens das Intervall $\left( \frac{1}{n+1}, \frac{1}{n} \right)$, um $(0, 1)$ zu überdecken. Wir haben also eine offene Überdeckung angegeben, die keine endliche Teilüberdeckung besitzt. Daher ist $(0, 1)$ nicht überdeckungskompakt.

Dass $[0, 1]$ kompakt ist, zeigen wir in Beispiel 7.                                    ■

---

**Erklärung**

**Zur Definition 1.14 der Überdeckungskompaktheit:** In den folgenden Definitionen gibt es einige Kompaktheitsdefinitionen. Der Begriff der Kompaktheit ist schon aus der Analysis 1 bekannt. Ein abgeschlossenes und beschränktes Intervall nannten wir dort (siehe [MK18]) kompakt. Hier sollte man aber etwas vorsichtig sein. Was wir unter Kompaktheit genau verstehen, sehen wir jetzt. Die Definition 1.14 der Überdeckungskompaktheit wird oft falsch verstanden. Überdeckungskompaktheit bedeutet nicht, dass man $K$ überdeckungskompakt nennt, wenn man $K$ durch eine endliche Anzahl von offenen Mengen überdecken kann. Denn das ist sowieso immer möglich, nämlich durch die Menge selbst. Überdeckungskompaktheit bedeutet, dass zu *jeder beliebig vorgegebenen* offenen Überdeckung eine endliche Teilüberdeckung existieren muss. Dies haben wir gerade in Beispiel 6 gesehen: Es ist bei dem Intervall $(0, 1)$ nicht zu jeder offenen Überdeckung eine endliche Teilüberdeckung vorhanden, ebenso bei dem Intervall $(0, 1]$, wie wir gleich sehen werden! Dieses Intervall ist auf $\mathbb{R}$ nicht überdeckungskompakt, da die Überdeckung

$$\mathcal{U} := \left\{ \left( \frac{1}{n}, 1 + \frac{1}{n} \right) : n \in \mathbb{N} \right\}$$

zwar offen ist, $\mathcal{U}$ sich jedoch nicht auf eine endliche Teilüberdeckung reduzieren lässt. Beispielsweise kann auch die Überdeckung $\mathcal{U}' := \{ [1/n, 1] : n \in \mathbb{N} \}$ nicht auf eine endliche Teilüberdeckung reduziert werden, da, nach der Wegnahme von beliebig vielen Elementen von $\mathcal{U}'$, noch unendlich viele Elemente benötigt werden, um das Intervall $(0, 1]$ zu überdecken. Das Intervall $[0, 1]$ dagegen ist überdeckungskompakt.

▶ **Beispiel 7**   Wenn man zeigen will, dass das Intervall [0, 1] überdeckungskompakt ist, so muss man zeigen, dass jede offene Überdeckung eine endliche Teilüberdeckung besitzt. Da dies relativ schwierig ist, führt man einen Widerspruchsbeweis und verwendet Intervallschachtelung. Etwas genauer: Wir gehen davon aus, dass eine offene Überdeckung existiere, aus der keine endliche Teilüberdeckung ausgewählt werden kann. Teilen wir nun das Intervall in [0, 1/2] und [1/2, 1], dann kann man wenigstens eines dieser Intervalle nicht durch endlich viele Elemente aus der offenen Überdeckung überdecken. Sei zum Beispiel [0, 1/2] dieses Intervall, dann kann man auch dieses wieder teilen, und eine Hälfte können wir wieder nicht voll überdecken. Dieses setzen wir fort und wir erhalten eine Intervallschachtelung. Nun nutzen wir diese, um einen Widerspruch zu konstruieren.

Genauer geht dies so (wir haben diesen Beweis in [Kön09], S. 315, gefunden): Angenommen, $\{I_i\}$ sei eine offene Überdeckung des Intervalls [0, 1] derart, dass je endlich viele der $I_i$ das Intervall nicht überdecken. Ausgehend von irgendeinem Intervall $[a_1, b_1]$ mit $[0, 1] \subset [a_1, b_1]$ kann durch sukzessives Halbieren eine Intervallschachtelung konstruiert werden, deren sämtliche Intervalle $[a_n, b_n]$ die Eigenschaft besitzen, dass $[0, 1] \cap [a_n, b_n]$ nicht durch endlich viele der $I_i$ überdeckt wird.

Sei $a$ der durch diese Intervallschachtelung definierte Punkt und $\alpha_n$ irgendein Punkt in $[0, 1] \cap [a_n, b_n]$. Dann ist $a$ der Grenzwert der Folge $(\alpha_n)$. Nun liegt auch $a$ in [0, 1]. Folglich gibt es ein offenes Intervall $I$ der Überdeckung mit $\alpha \in I$. Für hinreichend großes $N$ gilt damit $[a_n, b_n] \subset I$. Dies widerspricht aber der Eigenschaft, dass $[0, 1] \cap [a_n, b_n]$ nicht durch endlich viele der $I_i$ überdeckt wird.

Ein anderer sehr kurzer Beweis, der uns auf dem Matheplaneten über den Weg gelaufen ist (http://www.matheplanet.com), ist der folgende: Es sei eine offene Überdeckung von [0, 1] gegeben. Sei $a \in [0, 1]$ das Supremum aller Zahlen, für die das Intervall $[0, a]$ von endlich vielen der gegebenen offenen Mengen überdeckt werden kann. Die Zahl $a$ selbst muss auch von irgendeiner der gegebenen offenen Mengen überdeckt werden. Der Fall $a < 1$ führt zu einem Widerspruch: Es gibt dann ein Intervall $(b, c)$, das $a$ enthält und Teilmenge von einer Überdeckungsmenge ist (das folgt aus der Überdeckungseigenschaft und aus der Offenheit der überdeckenden Mengen). Somit ist $b < a < c \leq 1$, und es gibt endlich viele Mengen, die das Intervall $[0, b]$ überdecken, und nun haben wir eine weitere Menge, die auch das Intervall $(b, c)$ noch überdeckt, und das bedeutet: Für jedes $d$ mit $a < d < c$ kann das Intervall $[0, d]$ von endlich vielen Mengen überdeckt werden. Dies ergibt wegen $d > a$ einen Widerspruch zur Definition von $a$. Also muss $a = 1$ sein. Dies hatten wir zu zeigen.   ∎

---

**Erklärung**

**Zur Definition 1.16 der totalen Beschränktheit:** Die Definition der totalen Beschränktheit klingt am Anfang vielleicht erst einmal recht kompliziert. Aber schauen wir uns genau an, was dort eigentlich steht und gesagt wird. Dort steht eigentlich nichts anderes, als dass man eine Menge $K$ total beschränkt nennt, wenn es möglich ist, $K$ durch eine endliche Anzahl an offenen Bällen mit vorgegebenem beliebigem Radius zu überdecken. Die Abb. 1.11 soll zum Verständnis beitragen.

**Abb. 1.11** Zur Erklärung
des Begriffes der totalen
Beschränktheit

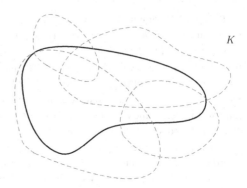

Während bei der offenen Überdeckung (siehe Definition 1.13) beliebig viele offene Bälle die Menge überdecken können, wird hier gefordert, dass endlich viele ausreichen müssen. Totalbeschränktheit stellt eine bestimmte Endlichkeitsbedingung an einen metrischen Raum dar. Da es sehr schwierig ist globale Eigenschaften von metrischen Räumen zu erhalten, gibt es den Begriff der Totalbeschränktheit. Dieser umgeht nämlich das Problem, dass eine Metrik durch eine äquivalente Metrik ersetzt werden kann, mit der der Raum dann endlichen Durchmesser besitzt. Die Totalbeschränktheit fordert nun, dass man den Raum in endlich viele Stücke unterteilen kann, von denen jedes eine vorgegebene Größe nicht überschreitet.

---

**Erklärung**

**Zur Definition 1.17 der Beschränktheit:** Bei der Definition der Beschränktheit gibt es einen Unterschied zur totalen Beschränktheit (siehe Definition 1.16). Zum Beispiel ist ein unendlicher Raum mit diskreter Metrik zwar beschränkt, aber niemals total beschränkt.

---

**Erklärung**

**Zur Definition 1.18 der Kompaktheit:** Diese Definition sagt, dass es verschiedene Kompaktheitsbegriffe gibt. Wir müssen aber keine Angst haben. Zumindest im $\mathbb{R}^n$ sind nach dem Satz von Heine-Borel (siehe Satz 1.10) alle Kompaktheitsbegriffe, die wir so kennen, äquivalent. Im $\mathbb{R}^n$ ist eine Menge genau dann kompakt, wenn sie abgeschlossen und beschränkt ist.

▶ **Beispiel 8** Wir wollen zeigen: Die Vereinigung von endlich vielen kompakten Teilmengen eines metrischen Raums ist wieder kompakt. Dies bewerkstelligen wir, indem wir die Überdeckungskompaktheit verwenden: Zunächst die Voraussetzungen: Seien $M$ ein metrischer Raum und $A_1, \ldots, A_n$ seien kompakte Teilmengen von $M$. Weiter setzen wir $A := \bigcup_{i=1}^{n} A_i$. Zu zeigen ist demnach, dass $A$ wieder kompakt ist. Des Weiteren bezeichnen wir mit $(\Omega_i)_{i \in \mathbb{N}}$ eine offene Überdeckung von $A$. Nun sind wir gerüstet, um den Beweis anzugehen.

Dass $(\Omega_i)_{i\in\mathbb{N}}$ eine offene Überdeckung von $A$ ist, bedeutet gerade $A \subset \bigcup_{i\in\mathbb{N}}\Omega_i$. Demnach ist also auch $A_i \subset \bigcup_{i\in\mathbb{N}}\Omega_i \ \forall i = 1,\ldots,n$, denn $A$ ist ja gerade die Vereinigung von all diesen $A_i$. Insgesamt ist also $(\Omega_i)_{i\in\mathbb{N}}$ eine offene Überdeckung für jede Menge $A_i$ mit $i = 1,\ldots,n$.

Nun geht es weiter: Nach Voraussetzung sind alle $A_i$ kompakt. Daher finden wir für alle $i \in \{1,\ldots,n\}$ ein $M_i \subset \mathbb{N}$ mit $|M_i| < \infty$ und $A_i \subset \bigcup_{j\in M_i}\Omega_j$. Hier nutzen wir einfach nur die Kompaktheit aus. Da nun

$$A = \bigcup_{i=1}^{n} A_i \subset \bigcup_{i=1}^{n}\bigcup_{j\in M_i}\Omega_j = \bigcup_{j\in\bigcup_{i=1}^{n} M_i}\Omega_j$$

und $|M_i| < \infty$ für alle $i \in \{1,\ldots,n\}$, muss auch $\left|\bigcup_{i=1}^{n} M_i\right| < \infty$ sein. Folglich ist $A$ kompakt.  ∎

Nun zu einem anderen Beispiel, bei dem wir mit der Folgenkompaktheit arbeiten werden. Die Aufgabe stammt aus dem sehr schönen Übungsbuch [FS11].

▶ **Beispiel 9**  Seien $M$ und $K$ (wie $M$odler und $K$reh :-D) kompakte Teilmengen vom $\mathbb{R}^n$. Wir wollen nun beweisen, dass die Menge $M + K$, definiert durch

$$M + K := \{x + y : x \in M, y \in K\}$$

dann ebenfalls kompakt ist. Wir wollen die Folgenkompaktheit zeigen; dies geht nach dem Satz 1.10 von Heine-Borel. Nach der Definition 1.15 der Folgenkompaktheit ist damit nur zu zeigen, dass jede Folge $(x_i)_{i\in\mathbb{N}}$ aus $M + K$ eine konvergente Teilfolge $(x_{i_k})_{k\in\mathbb{N}}$ besitzt, die gegen ein $c \in M + K$ konvergiert. Sei also $(x_i)_{i\in\mathbb{N}}$ eine beliebige Folge aus $M + K$. Da die Folge aus dieser Summe $M + K$ stammt, können wir nach Definition von $M + K$ jedes Folgenglied $x_i$ darstellen als

$$x_i = a_i + b_i \quad \text{mit } a_i \in M, \ b_i \in K.$$

$(a_i)_{i\in\mathbb{N}}$ ist eine Folge aus $M$ und $(b_i)_{i\in\mathbb{N}}$ eine Folge aus $K$. Da $M$ nach Voraussetzung kompakt ist, existiert nach dem Satz von Bolzano-Weierstraß (siehe [MK18], Satz 8.5) eine konvergente Teilfolge $(a_{i_k})_{k\in\mathbb{N}}$ von $(a_i)_{i\in\mathbb{N}}$, die gegen ein $a \in M$ konvergiert. Nun ist $(b_{i_k})_{k\in\mathbb{N}}$ eine Folge aus $K$ und da $K$ ebenfalls nach Voraussetzung kompakt ist, gibt es eine Teilfolge $(b_{i_{k_l}})_{l\in\mathbb{N}}$ von $(b_{i_k})_{k\in\mathbb{N}}$, die gegen ein $b \in K$ konvergiert. Schön, oder? Also haben wir insgesamt:

- $(b_{i_{k_l}})_{l\in\mathbb{N}}$ ist eine Teilfolge von $(b_i)_{i\in\mathbb{N}}$, die gegen ein $b \in K$ konvergiert.
- $(a_{i_k})_{k\in\mathbb{N}}$ ist eine Teilfolge von $(a_i)_{i\in\mathbb{N}}$, die gegen ein $a \in M$ konvergiert, und damit ist auch $(a_{i_{k_l}})_{l\in\mathbb{N}}$ eine Teilfolge von $(a_i)_{i\in\mathbb{N}}$, die gegen ein $a$ konvergiert. Wir können ja noch eine weitere auswählen.

Mit den Grenzwertsätzen folgt für die Teilfolge $(x_{i_{k_l}})_{l \in \mathbb{N}} = (a_{i_{k_l}} + b_{i_{k_l}})_{l \in \mathbb{N}}$ von $(x_i)$ damit

$$\lim_{l \to \infty} x_{i_{k_l}} = \lim_{l \to \infty} (a_{i_{k_l}} + b_{i_{k_l}}) = \lim_{l \to \infty} a_{i_{k_l}} + \lim_{l \to \infty} b_{i_{k_l}} = a + b \in M + K.$$

Wir haben daher die Folgenkompaktheit gezeigt, denn wir haben gerade eine Teilfolge angegeben, die gegen einen Wert in $M + K$ konvergiert. Es folgt, dass $M + K$ kompakt ist.                                                                       ∎

---

**Erklärung**

**Zur Definition 1.19 eines topologischen Raums:** Schauen wir uns an, was die einzelnen Axiome *i*)–*iii*) aus der Definition eines topologischen Raums bedeuten.

Axiom i)    sagt aus, dass die leere Menge und die Menge selbst zum topologischen Raum gehören.

Axiom ii)   besagt: Sind zwei Mengen Elemente der Topologie, so gehört auch deren Durchschnitt dazu. Der Durchschnitt zweier offener Menge ist also wieder offen. Dies werden wir in Satz 1.1 für metrische Räume sehen.

Axiom iii)  bedeutet nichts anderes, als dass die Vereinigung von beliebig vielen offenen Mengen wieder offen ist. Dies haben wir in Satz 1.2 für metrische Räume gezeigt.

Ein topologischer Raum oder eine Topologie ist also ein System von Teilmengen bzw. von offenen Mengen. Wir wollen uns noch ein paar Beispiele für Topologien bzw. topologischen Räumen ansehen.

▶ **Beispiel 10**

- Das einfachste Beispiel eines topologischen Raums ist die Menge der reellen Zahlen mit folgender Topologie: Das System der offenen Teilmengen ist so erklärt, dass wir eine Menge $\Omega \subset \mathbb{R}$ offen nennen, wenn sie sich als Vereinigung von offenen Intervallen darstellen lässt.

- **Trivialtopologie:** Jede Menge $M$ kann auf wenigstens zwei Arten zu einem topologischen Raum gemacht werden. Dazu definieren wir die **Klumpentopologie** $\mathcal{O}_1 := \{\emptyset, M\}$ und die **diskrete Topologie** $\mathcal{O}_2 := \mathcal{P}(M)$. In anderer Literatur wird $\mathcal{O}_1$ auch häufig die triviale oder indiskrete Topologie genannt. Der aufmerksame Leser möge überprüfen, ob die Axiome einer Topologie wirklich erfüllt sind.

- **Relativtopologie:** Ist $(M, \mathcal{O})$ ein topologischer Raum und $N \subset M$ eine Teilmenge, so induziert $\mathcal{O}$ auch eine Topologie auf der Teilmenge $N$ und zwar durch

$$\mathcal{O}_{|N} := \{\Omega \subset M : \Omega = N \cap \tilde{\Omega} \text{ mit } \tilde{\Omega} \in \mathcal{O}\}.$$

- **Produkttopologie:** Seien $(M_1, \mathcal{O}_1)$ und $(M_2, \mathcal{O}_2)$ zwei topologische Räume. Dann existiert auf

$$M := M_1 \times M_2 := \{(x_1, x_2) : x_1 \in M_1 \text{ und } x_2 \in M_2\}$$

eine induzierte Topologie $\mathcal{O}_1 \times \mathcal{O}_2$, die von der Basis

$$\{\Omega_1 \times \Omega_2 : \Omega_1 \in \mathcal{O}_1 \text{ und } \Omega_2 \in \mathcal{O}_2\}$$

erzeugt wird, die man Produkttopologie nennt. Das heißt $\mathcal{O}_1 \times \mathcal{O}_2$ besteht aus allen denjenigen Teilmengen von $M_1 \times M_2$, die sich als Vereinigung von kartesischen Produkten offener Mengen aus $M_1$ mit offenen Mengen aus $M_2$ darstellen lassen.

- **Allgemeine Produkttopologie:** Mit dem Begriff der Subbasis (siehe Definition 1.25) kann man die Produkttopologie verallgemeinern: Sei $I$ eine Menge und für jedes $i \in I$ sei $(M_i, \mathcal{O}_i)$ ein topologischer Raum. Dann nennt man die von der Subbasis

$$B := \left\{ \prod_{i \in I} L : (\forall i \in I : L_i \in \mathcal{O}_i) \wedge (\exists i_0 \in I : \forall i \neq i_0 : L_i = M_i) \right\}$$

  definierte Topologie $\prod_{i \in I} \mathcal{O}_i$ die Produkttopologie auf $\prod_{i \in I} M_i$ bezüglich der gegebenen Räume $(M_i, \mathcal{O}_i)$. Sie ist also die Familie aller derjenigen Produkte offener Mengen aus den jeweiligen Räumen, bei denen höchstens ein Faktor nicht gleich dem jeweiligen Gesamtraum ist.

- **Sierpinski-Raum:** Sei $M := \{0, 1\}$. Dann ist

$$\mathcal{O} := \{\emptyset, M, \{0\}\}$$

  eine Topologie auf $M$. Der topologische Raum $(M, \mathcal{O})$ heißt der Sierpinkski-Raum.

- **Euklidische Topologie:** Sei $M := \mathbb{R}^n$ der euklidische Standardraum und $d$ die übliche euklidische Metrik. Die dadurch erzeugte Topologie nennt man die euklidische Topologie. Diese euklidische Topologie auf $\mathbb{R}$ ist natürlich dieselbe wie die in Beispiel 1. ∎

Vielleicht zum Abschluss der Erklärung noch ein paar Worte: Die Topologie stellt im Grunde einen noch allgemeineren, noch abstrakteren Kontext für die für Metriken definierten Begriffe dar, wie beispielsweise offene, abgeschlossene Mengen und so weiter. Wenn man sich die Definition der Topologie anschaut und mit den Sätzen 1.1 und 1.2 über offene Mengen vergleicht, werden einen die Parallelen geradezu anspringen, und der clevere Leser bekommt vielleicht schon eine Idee, was genau eine Topologie macht. Eine Topologie verzichtet einfach gänzlich auf eine Metrik und arbeitet nur noch auf den offenen Teilmengen, die ohne den Begriff der Metrik neu definiert werden müssen. Dies tun wir in Definition 1.20. Eine Teilmenge von $M$ ist bezüglich der Topologie offen genau dann, wenn sie Element der Topologie ist.

Wir betonen hier noch einmal, dass es sich hierbei um eine Definition und keinen Satz handelt. Das heißt, wenn ihr eine Topologie gegeben habt, müsst ihr euch keine Gedanken darüber machen, ob die Elemente der Topologie offen sind. Das sind sie per Definition! Und so lässt sich auch verstehen, warum eine Metrik eine Topologie induziert. Habt ihr eine Topologie definiert, legt ihr automatisch fest, welche Mengen offen und damit auch, welche Mengen abgeschlossen zu sein haben. Habt ihr eine Metrik gegeben, dann müsst ihr einfach nur alle Mengen finden, die nach Definition 1.4 offen sind, und in einer Obermenge sammeln. Diese Obermenge stellt dann die durch die Metrik induzierte Topologie dar. Die drei Axiome aus Definition 1.19 bekommt ihr hierbei geschenkt.

Erklärung

**Zu den Definitionen 1.20, 1.21 und 1.22:** Diese Definitionen wollen wir nicht weiter erklären. Die Vorstellung ist in topologischen Räumen sowieso schwer. Daher haben wir die Definitionen der offenen und abgeschlossenen Menge bzw. der Umgebung zuerst für metrische Räume eingeführt, da dort eine Metrik (Abstandsfunktion) existiert, die uns eine gute Vorstellung gibt. Vergleiche also zur Erklärung auch die Definitionen 1.4, 1.5 und 1.3. Wir bemerken: In anderen Büchern werden meistens die Begriffe zuerst für topologische Räume definiert und dann auf metrische Räume übertragen.

Erklärung

**Zur Definition 1.23 des Zusammenhangs:** Hier bemerken wir nur: Es gibt noch eine dazu äquivalente Definition des Zusammenhangs: Sind $\Omega_1$, $\Omega_2 \in \mathcal{O}$ zwei Mengen mit $\Omega_1 \cap \Omega_2 = \emptyset$ und $\Omega_1 \cup \Omega_2 = M$, so nennt man $M$ zusammenhängend, wenn entweder $\Omega_1 = \emptyset$, $\Omega_2 = M$ oder $\Omega_1 = M$, $\Omega_2 = \emptyset$ gilt.

Erklärung

**Zur Definition 1.25 der Subbasis:** Wir bemerken hier die Beziehung zwischen Basis (Definition 1.24) und Subbasis: Jede Basis ist eine Subbasis, aber nicht umgekehrt. Mehr wollen wir dazu nicht sagen, denn so wichtig ist es nun auch nicht für die Analysis, sondern nur, wenn ihr Topologie vertieft.

Erklärung

**Zur Definition 1.26 einer Norm:** Für eine Vielzahl metrischer Räume gilt, dass sie zugleich Vektorräume sind und dass die Metrik durch eine Norm definiert ist. Zur Verdeutlichung der Norm-Definition ein paar Beispiele:

▶ **Beispiel 11**

● Der Standardvektorraum $\mathbb{R}^n$ mit der Norm

$$||x|| := \sqrt{\sum_{k=1}^{n} x_k^2}$$

und $x := (x_1, \ldots, x_n)$ ist ein normierter Vektorraum. Diese Norm $|| \cdot ||$ nennt man die **euklidische Norm.**

- Für endlich-dimensionale Räume $K^n$ sind die **p-Normen** definiert als

$$\|x\|_p := \left( \sum_{i=1}^{n} |x_i|^p \right)^{1/p}.$$

Dabei ist $p \geq 1$ eine reelle Zahl. Wieso können wir hier nicht fordern, dass $p < 1$ ist? Na ja, dafür lassen sich keine Normen definieren, wie ihr euch einmal überlegen solltet. Die $p$-Norm ist eine Verallgemeinerung von dem, was wir schon kennen, denn offensichtlich gilt:

$$\|x\|_1 = \sum_{i=1}^{n} |x_i| \quad \text{und} \quad \|x\|_2 = \sqrt{\sum_{i=1}^{n} |x_i|^2}.$$

- Wir betrachten für ein reelles Intervall $[a, b] \subset \mathbb{R}$ den Vektorraum der stetigen Funktionen $f : [a, b] \to \mathbb{R}$. Dann definiert man die **p-Norm** durch

$$\|f\|_p := \left( \int_a^b |f(x)|^p \right)^{\frac{1}{p}}.$$

Die Dreiecksungleichung beispielsweise zeigt man mithilfe der Minkowski-Ungleichung. Diese Begrifflichkeiten führen später in der Funktionalanalysis zum Begriff des Sobolev-Raums. Also noch genug Stoff für weitere Bücher :-). Bis dahin ist es aber noch ein Stückchen...

- Auf dem $\mathbb{R}^n$ können noch weitere Normen definiert werden, zum Beispiel die **Maximumsnorm** durch

$$\|x\|_\infty := \max\{|x_1|, \ldots, |x_n|\}$$

für $(x_1, \ldots, x_n) \in \mathbb{R}^n$. Die Maximumsnorm ergibt sich aus der $p$-Norm durch $p \to \infty$.

- Seien $M$ eine beliebige Menge und $B(M)$ der Vektorraum aller beschränkten reellwertigen Funktionen auf der Menge $M$. Dann ist durch

$$\|f\|_\infty := \sup\{|f(x)| : x \in M\} < \infty$$

eine Norm definiert, die man **Supremumsnorm** nennt. Weisen wir dies einmal nach. Die Eigenschaften $i)$ (positive Definitheit) und $ii)$ (Homogenität) aus Definition 1.26 sind trivial und geschenkt. Nur die Dreiecksungleichung macht etwas Arbeit:

$$\|f + g\|_\infty = \sup\{|f(x) + g(x)| : x \in M\} \leq \sup\{|f(x)| + |g(x)| : x \in M\}$$
$$\leq \sup\{|f(x)| : x \in M\} + \sup\{|g(x)| : x \in M\}$$
$$= \|f(x)\|_\infty + \|g(x)\|_\infty.$$

Man sollte sich jeden Schritt noch einmal klar machen, wieso er tatsächlich gilt und nicht einfach nur runterschreiben, ohne zu reflektieren. Bei der ersten Ungleichheit beispielsweise haben wir die Dreiecksungleichung des Betrages ausgenutzt.

Dies soll an Beispielen genügen.                                                        ■

Wir wollen jetzt noch die Begriffe der Norm und der Metrik in Beziehung setzen. Bei der Normdefinition hat man das Homogenitätsaxiom. Als Menge benötigen wir hier also einen linearen Raum, während man die Metrik auch für allgemeinere (metrische) Räume definieren kann. Aus jeder Norm lässt sich also eine Metrik erstellen, umgekehrt jedoch nicht (nicht einmal in linearen Räumen).

---

**Erklärung**

**Zur Definition 1.27 der Normenäquivalenz:** In einem etwas aufwendigen Beweis kann man zeigen, dass alle Normen im $\mathbb{R}^n$ äquivalent sind (siehe für einen Beweis zum Beispiel [Forster]). Dies gilt für andere Vektorräume aber im Allgemeinen natürlich nicht! Die Normäquivalenz definiert man gerade so wie man sie definiert, weil daraus ein paar nette Dinge folgen, beispielsweise ein gleicher Konvergenzbegriff, gleiche Topologien etc. Wieso? Ganz einfach: Sind zwei Normen äquivalent, so bilden die $\varepsilon$-Kugeln bzgl. der einen Norm eine Umgebungsbasis (Ein System von Umgebungen eines Punktes $x$ heißt *Umgebungsbasis* von $x$, wenn jede Umgebung $U$ von $x$ eine Umgebung aus diesem System der Umgebungen enthält). Demnach sind offene Mengen bzgl. der einen Norm auch offen bzgl. der anderen. Da solche Dinge wie Kompaktheit, Konvergenz, Stetigkeit, und so weiter nur von der Topologie abhängen, gelten sie dann auch bzgl. der äquivalenten Norm, wenn sie bzgl. einer Norm gelten.

▶ **Beispiel 12** Als Übung solltet ihr einmal die folgende Ungleichungskette für die Normen $||x||_p$ im $\mathbb{R}^n$ beweisen:

$$||x||_\infty \leq ||x||_p \leq ||x||_1 \leq \sqrt{n}||x||_2 \leq n||x||_\infty \quad (x \in \mathbb{R}^n) \qquad (1.2)$$

■

▶ **Beispiel 13** Wenn Normen äquivalent sind (und dies ist auf dem $\mathbb{R}^n$ ja nach unserer obigen Bemerkung für alle Normen erfüllt), so gibt es ein paar nette Eigenschaften. Zum Beispiel, dass offene Mengen bzgl. der einen Norm auch offen bzgl. der anderen Norm sind. Dazu wollen wir ein Beispiel angeben! Wir behaupten, dass im $\mathbb{R}^n$ die offenen Mengen bzgl. der euklidischen Norm $||\cdot||_2$ dieselben offenen Mengen liefert wie bzgl. der Maximumsnorm $||\cdot||_\infty$. Um dies zu zeigen, sei $U(x_0, r) = \{x \in \mathbb{R}^n : ||x - x_0||_1 < r\}$ die offene Kugel bzgl. der euklidischen Norm und $\tilde{U}(x_0, r) = \{x \in \mathbb{R}^n : ||x - x_0||_\infty < r\}$ sei die offene Kugel bzgl. der Maximumsnorm. Es gilt dann:

$$\tilde{U}(x_0, r/\sqrt{n}) \subset U(x_0, r) \subset \tilde{U}(x_0, r).$$

$U(x_0, r) \subset \tilde{U}(x_0, r)$ haben wir uns mehr oder weniger für einen Spezialfall im $\mathbb{R}^2$ schon in Abb. 1.3 und 1.4 überlegt. $\tilde{U}(x_0, r/\sqrt{n}) \subset U(x_0, r)$ folgt aus der Ungleichungskette (1.2). ∎

---

**Erklärung**

**Zur Definition 1.28 eines Banach-Raums:** Die Definition mag am Anfang etwas kompliziert klingen. Schauen wir uns ein paar Beispiele an.

▶ **Beispiel 14**  Wir behaupten, dass $(\mathbb{R}^n, || \cdot ||_\infty)$ ein Banach-Raum ist.

▶ **Beweis** Es ist klar, dass $(\mathbb{R}^n, || \cdot ||_\infty)$ einen normierten Vektorraum bildet. Bleibt nur noch die Vollständigkeit zu zeigen. Hierbei benutzen wir, dass $(\mathbb{R}, | \cdot |)$ ($| \cdot |$ bezeichnet euklidische Metrik bzw. die induzierte Norm) vollständig und damit ein Banach-Raum ist. Hieraus schließen wir jetzt, dass $(\mathbb{R}^n, || \cdot ||_\infty)$ ebenfalls einen Banach-Raum bildet, denn eine Folge im $\mathbb{R}^n$ ist genau dann bzgl. $|| \cdot ||$ eine Cauchy-Folge, wenn die Koordinatenfolgen Cauchy-Folgen in $(\mathbb{R}, | \cdot |)$ sind.                q.e.d.  ∎

▶ **Beispiel 15**  Seien $D \subset \mathbb{R}$ eine beliebige Menge und

$$B(D) := \{f : D \to \mathbb{R} : ||f|| = \sup |f(x)| < \infty\}$$

der Raum der beschränkten Funktionen mit der Supremumsnorm ausgestattet. Dann bildet $(B(D), || \cdot ||)$ einen Banach-Raum.

▶ **Beweis** Wir zeigen nur die Vollständigkeit. Der Rest sollte klar sein. Sonst zum Beispiel uns fragen :-)! Sei $(f_n)_{n \in \mathbb{N}} \subset B(D)$ eine Cauchy-Folge bzgl. der Norm $|| \cdot ||$. Nach Definition existiert also zu jedem $\varepsilon > 0$ ein $N \in \mathbb{N}$, sodass für alle $x \in D$ gilt:

$$|f_n(x) - f_m(x)| < \varepsilon \; \forall n, m \geq N. \tag{1.3}$$

Für jedes feste $x \in D$ bildet dann die Folge $(f_n(x))_{n \in \mathbb{N}}$ eine Cauchy-Folge in $\mathbb{R}$, die wegen der Vollständigkeit der reellen Zahlen gegen eine reelle Zahl konvergieren muss. Damit existiert eine Funktion $f : D \to \mathbb{R}$, welche punktweiser Limes von $(f_n)_{n \in \mathbb{N}}$ ist. Bildet man in der obigen Ungleichung (1.3) den Grenzübergang $m \to \infty$, so ergibt sich

$$||f_n - f|| < \varepsilon \; \forall n \geq N.$$

Dies bedeutet aber gerade (ihr erinnert euch an die Definition), dass $f_n$ gleichmäßig gegen $f$ konvergiert. Aus der Dreiecksungleichung folgt auch die Beschränktheit von $f$, denn

$$||f|| = ||f \underbrace{-f_N + f_N}_{=0}|| \leq ||f - f_N|| + ||f_N|| < \varepsilon + ||f_N|| < \infty.$$

Damit ist alles gezeigt. Hierbei haben wir benutzt, dass der Limes gleich-mäßig konvergenter stetiger Funktionen wieder stetig ist, siehe [MK18], Kap. 13.                                                                                q.e.d.
∎

▶ **Beispiel 16**   Seien $M \subset \mathbb{R}$ eine kompakte Menge und

$$\mathcal{C}^k(M) := \{f : M \to \mathbb{R} : f \text{ ist } k\text{-mal stetig differenzierbar}\}.$$

Auf $\mathcal{C}^k(M)$ definieren wir die Norm

$$||f|| := \sum_{i=0}^{k} ||f^{(i)}||_\infty.$$

Da stetige Funktionen auf kompakten Mengen ihr Supremum bzw. Infimum anneh-men (siehe Kap. 2, Satz 2.5), ist die Norm endlich. Man kann zeigen, dass $(\mathcal{C}^k(M), ||\cdot||)$ einen Banach-Raum bildet.

▶       **Beweis** Wir wollen euch dies als Übungsaufgabe überlassen. Dem inter-essierten Leser verraten wir den Beweis auf Mail-Anfrage. Tipp: Induktion kann helfen :-)!                                                            q.e.d.
∎

▶ **Beispiel 17**   Die Riemann-integrierbaren Funktionen auf einem kompakten Inter-vall bilden mit der Supremumsnorm einen Banach-Raum.

▶       **Beweis** Riemann-integrierbare Funktionen sind beschränkt. Wir wissen das aus der Analysis 1. Damit folgt aus Beispiel 15, dass eine Cauchy-Folge gleichmäßig gegen eine beschränkte Funktion $f$ konvergiert. Da der gleichmäßige Limes Riemann-integrierbarer Funktionen wieder Riemann-integrierbar ist, ist die Vollständigkeit gezeigt und damit die Behauptung bewiesen.                                              q.e.d.
∎

An den Beispielen haben wir gesehen, wieso Banach-Räume so interessant und wichtig sind. Diese sind halt vollständig und dies hat immer wieder nette Vorteile, die man ausnutzen kann, wie euch in einigen Beweisen bestimmt auffallen wird.

---

**Erklärung**

**Zur Definition 1.29 der Exponentialfunktion von linearen Abbildungen:** Es scheint auf den ersten Blick etwas ungewöhnlich, dass man in die Exponentialfunk-tion auch quadratische Matrizen einsetzen kann (Den Brückenschlag von linearen Abbildungen zu Matrizen kennt ihr aus der Linearen Algebra 1, denn dort hatten wir gesehen, dass man jeder linearen Abbildung zwischen endlichdimensionalen Vektor-räumen eine Matrix, die sogenannte Darstellungsmatrix, zuordnen kann). In unserer

Definition haben wir sogar unendlichdimensionale Vektorräume. Hier klappt dies aber trotzdem mit der Basiszuordnung. Aber ihr habt ja gesehen, dass man es durchaus sinnvoll definieren kann. Wir geben ein paar Eigenschaften ohne Beweis an, wobei der Leser natürlich, wie bei allen unbewiesenen Aussagen hier, aufgefordert ist, sich einen Beweis zu überlegen.

- Die Reihe für $e^{tA}$ konvergiert für jedes $t \in \mathbb{R}$ absolut.
- Die Funktion $t \mapsto e^{tA}$ ist differenzierbar, damit auch stetig in $\mathbb{R}$, und es gilt für die Ableitung

$$(e^{tA})' = Ae^{tA}.$$

- Man kann zeigen, dass

$$e^{(s+t)A} = e^{sA} \cdot e^{tA}, \ s, t \in \mathbb{R} \ \text{ und } \ e^0 = \mathrm{Id}_V.$$

- Ist $B$ auch ein beschränkter Endomorphismus, so gilt $AB = BA$ genau dann, wenn

$$e^{tA}e^{tB} = e^{t(A+B)} \ \text{ mit } t \in \mathbb{R}.$$

Zur Beschränktheit eines Endomorphismus siehe beispielsweise Satz 2.8. So viel: Jeder Endomorphismus endlichdimensionaler Vektorräume ist beschränkt.

---

**Erklärung**

**Zusammenhang Topologie, Metrik, Norm und Skalarprodukt:** Wir wollen in diesem Abschnitt noch einmal den Zusammenhang zwischen der Topologie, der Metrik und der Norm (und auch der Vollständigkeit halber des Skalarprodukts, das erst in Kap. 10 bzw. 11 eingeführt wird) erklären und erläutern, denn diese Begriffe werden immer wieder verwechselt, bzw. man liest Sätze wie „die durch die Metrik induzierten Topologie" oder ähnliches, weiß aber gar nicht genau, was dahinter steckt. Ein wenig hatten wir zwar immer schon bei den jeweiligen Definition 1.19, 1.1 und 1.26 gesagt, aber wir wollen das Geheimnis jetzt für ein- und alle mal aufdecken. Jeder metrische Raum ist auch ein topologischer Raum mit der durch die Metrik induzierte Topologie. Was genau bedeutet dies aber nun? Eine Topologie ist ja einfach nur ein System von offenen Mengen. Mithilfe der Metrik kann man sehr leicht offene Kugeln, sogenannte Umgebungen, definieren, und diese offenen Mengen packt man dann quasi zu einem System zusammen und hat sofort eine Topologie. Dies nennt man dann die durch die Metrik induzierte Topologie. Es muss aber nicht notwendigerweise zu jeder Topologie eine Metrik geben, die diese induziert. Ein normierter Raum unterscheidet sich jetzt von einem metrischen Raum dadurch, dass es sich um einen Vektorraum handeln muss. Wir müssen also insbesondere ein Nullelement haben und außerdem die Addition und auch die skalare Multiplikation. Dieses braucht man bei einem metrischen Raum eben nicht. Normen bilden einen Punkt aus einem Vektorraum in einen Körper ab. Dagegen bildet eine Metrik aus einer nichtleeren, aber sonst beliebigen Menge $X$ das Punktepaar $(x, y)$ in den Körper (bei uns $\mathbb{R}$) ab. Dennoch haben sie bis auf die Homogenität und die Symmetrie ähnliche Eigenschaften. Dass dies kein Zufall ist, zeigt dies, dass jede Norm eine Metrik durch $d(x, y) := \|x - y\|$ induziert. Jeder normierte Raum ist also auch ein metrischer Raum. Die Umkehrung ist falsch. Dies sieht man schon an den Voraussetzungen in der entsprechenden Definition, denn $X$ muss nicht einmal ein Vektorraum sein. Es gibt also Metriken, die nicht aus einer Norm induziert werden können. Beispiel 18 liefert ein Beispiel hierfür.

▶ **Beispiel 18**   Sei $d$ eine Metrik. Dann ist

$$\tilde{d}(x, y) := \frac{d(x, y)}{1 + d(x, y)}$$

nicht von einer Norm induzierbar, aber eine Metrik.                                        ■

Ähnliches kann man nun noch zwischen dem Skalarprodukt und der Norm herstellen. Durch $\|x\| := \sqrt{\langle x, x \rangle}$ lässt sich auf jedem Vektorraum eine Norm einführen. Man sagt, dass dies die durch das Skalarprodukt induzierte Norm ist. Jeder Vektorraum mit Skalarprodukt ist mit der durch das Skalarprodukt induzierten Norm ein normierter Raum und somit auch ein metrischer Raum. Die Umkehrung ist aber auch hier im Allgemeinen falsch. Eine Norm kann, muss aber nicht durch ein Skalarprodukt definiert sein.

Mithilfe der Parallelogrammungleichung kann man sich schnell überlegen, ob eine Norm durch ein Skalarprodukt induziert werden kann. In Abb. 1.12 haben wir versucht, diese Beziehungen noch einmal zusammenzufassen. Zum Abschluss noch zu einem Gegenbeispiel, das zeigt, wieso einige Umkehrungen in Abb. 1.12 nicht richtig sind.

**Abb. 1.12** Zusammenhang Topologie-Metrik-Norm-Skalarprodukt

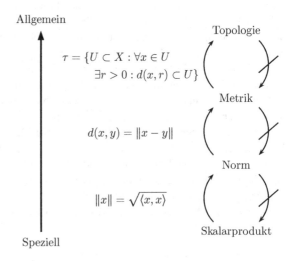

▶ **Beispiel 19** Die diskrete Metrik aus Beispiel 1 wird nicht durch eine Norm induziert. Das Paradebeispiel für die Notwendigkeit einer Topologie ist die Konvergenz in $\mathbb{R}^{\mathbb{R}}$, also die punktweise Konvergenz von Funktionenfolgen. Man kann zeigen, dass diese Konvergenz nicht durch eine Metrik beschrieben werden kann. ■

## 1.4 Erklärungen zu den Sätzen und Beweisen

**Erklärung**

**Zum Satz 1.1:** Um den Beweis zu verstehen, muss man sich eigentlich nur klarmachen, wieso $\varepsilon := \min\{\varepsilon_1, \varepsilon_2\}$ das Gewünschte leistet. Schneiden sich die beiden Mengen $\Omega_1$ und $\Omega_2$ nicht, erhalten wir die leere Menge, die sowieso offen und abgeschlossen ist. Sonst gibt es eine Schnittmenge $\Omega_1 \cap \Omega_2 \neq \emptyset$, und wenn man für diese Schnittmenge das $\varepsilon$ als das Minimum der beiden $\varepsilon_1$ und $\varepsilon_2$ wählt, so haben wir alles bewiesen und jeden Fall berücksichtigt. Im Beweis steht weiter, dass induktiv die Behauptung folgt. Dieses wollen wir noch einmal kurz erklären. Für zwei Mengen $\Omega_1$, $\Omega_2$ ist die Behauptung klar. Kommt nun noch eine dritte Menge $\Omega_3$ hinzu, so wählen wir die Schnittmenge $\Omega_1 \cap \Omega_2$ einfach als eine Menge, und wir sind wieder im Fall zweier Mengen.

Die Frage, die man sich jetzt noch stellen könnte, ist, ob der Durchschnitt von beliebig vielen offenen Mengen, also zum Beispiel der Durchschnitt von unendlich vielen offenen Mengen wieder offen ist. Dies ist im Allgemeinen falsch, wie das folgende Beispiel zeigt.

▶ **Beispiel 20** Es gilt

$$\bigcap_{n \in \mathbb{N}} \left( -\frac{1}{n}, \frac{1}{n} \right) = \{0\},$$

aber $\{0\}$ ist nicht offen, denn anschaulich bedeutet Offenheit einer Menge ja gerade, dass ihre Elemente nur von Elementen dieser Menge umgeben sind, das heißt also kein Element der Menge liegt auf dem Rand der Menge, aber dies ist offensichtlich bei $\{0\}$ erfüllt, denn die Menge besteht ja nur aus dem Punkt 0, und der Rand von $\{0\}$ ist 0 selbst. ■

Daher ist der Durchschnitt von beliebig vielen offenen Mengen im Allgemeinen nicht wieder offen! Zu guter Letzt noch eine Anmerkung: Durch die vollständige Induktion erhält man also die Aussage für eine beliebig große endliche Anzahl von Mengen, aber nicht für eine beliebig große Anzahl von Mengen. Man darf nicht denken, dass man mit der Induktion bis ins „Unendliche" kommt.

**Erklärung**

**Zum Satz 1.2:** Um den Beweis zu verstehen, muss man sich nur Folgendes klar machen: Wenn $U(x, \varepsilon) \subset \Omega_\alpha$, dann ist natürlich $U(x, \varepsilon)$ auch eine Teilmenge der großen Vereinigung $\bigcup_{\alpha \in I} \Omega_\alpha$.

Erklärung
**Zum Satz 1.3:** Wir hoffen, dass der Beweis ausführlich genug war. Man sollte sich nur noch einmal die Regeln von De Morgan (die Querstriche haben nichts mit Abschluss zu tun, sondern meinen hier natürlich das Komplement) verdeutlichen, die Folgendes besagen: Sei $I$ eine beliebige Indexmenge. Dann gilt

$$\left(\bigcap_{i \in I} A_i\right)^c = \bigcup_{i \in I} A_i^c \quad \text{bzw.} \quad \left(\bigcup_{i \in I} A_i\right)^c = \bigcap_{i \in I} A_i^c.$$

Hierbei bezeichnet das oben stehende „$c$" die Komplementbildung.

Wir bemerken wieder, dass die Vereinigung von beliebig vielen abgeschlossenen Mengen nicht unbedingt wieder abgeschlossen sein muss. Dazu betrachten wir das folgende Beispiel.

▶ **Beispiel 21**   Es gilt:

$$\bigcup_{n \in \mathbb{N} \setminus \{1\}} \left[\frac{1}{n}, 1 - \frac{1}{n}\right] = (0, 1),$$

aber $(0, 1)$ ist ein offenes Intervall, das bzgl. der Standardmetrik nicht abgeschlossen ist.

Erklärung
**Zum Satz 1.4:** Wir bilden uns ein, dass dieser Satz bzw. sein Beweis keine Erklärung benötigt :-). Sollte dies dennoch der Fall sein, dann schreibt uns eine E-Mail oder postet in unser Online-Angebot.

Erklärung
**Zur Hausdorff'schen Trennungseigenschaft (Satz 1.5):** Die Trennungseigenschaft verdeutlicht Abb. 1.13. Der Satz sagt aus, dass jeder metrische Raum hausdorffsch ist. Für topologische Räume (siehe Definition 1.19) ist dies im Allgemeinen falsch.

**Abb. 1.13** Metrische Räume sind hausdorffsch

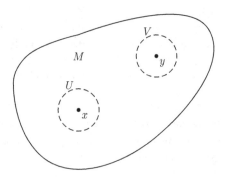

**Abb. 1.14** Wählen wir $\varepsilon$ als
$r - d(x, x_0)$, so gilt auf jeden
Fall $U(x, \varepsilon) \subset U(x_0, r)$

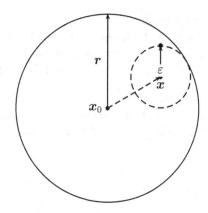

Erklärung

**Zum Satz 1.6, dass offene Bälle wieder offen sind:** Es wäre durchaus blöd, wenn
der Satz nicht gelten würde, denn dann würde eine offene Kugel den Namen „offen"
gar nicht verdienen. Der Beweis, den wir uns jetzt noch einmal anschauen wollen,
rettet aber die Würde der offenen Bälle :-). Um den Beweis zu verstehen, muss
man sich nur klar machen, was wir eigentlich tun müssen. Wir müssen uns einen
beliebigen Punkt $x$ aus der offenen Kugel $U(x_0, r)$ vorgeben und eine weitere offene
Kugel $U(x, \varepsilon)$ finden, sodass $U(x, \varepsilon) \subset U(x_0, r)$ ist. Das Einzige, was wir zu tun
haben, ist also die Angabe von $\varepsilon$. Dies wurde im obigen Beweis mit $\varepsilon := r - d(x, x_0)$
getan. Wie sind wir aber darauf gekommen? Na, schaut euch mal folgende Abb. 1.14
an, dann sollte es klar werden. Als Übungsaufgabe solltet ihr einmal zeigen, dass
abgeschlossene Bälle wirklich abgeschlossen sind.

Erklärung

**Zum Satz 1.9:** Dieser Satz wiederum ist auch irgendwie intuitiv klar, denn das Innere
sollte offen und der Abschluss abgeschlossen sein.

Erklärung

**Zum Satz von Heine-Borel (Satz 1.10):** Dieser Satz ist eigentlich eine Verallgemeinerung des Satzes 1.12, der nur besagt, dass eine Teilmenge des $\mathbb{R}^n$ genau dann
kompakt ist, wenn sie abgeschlossen und beschränkt ist. Wir haben aber gleich den
allgemeineren Fall angegeben, denn wir haben unter den Definitionen viele verschiedene Kompaktheitsbegriffe (siehe die Definitionen 1.14, 1.15 oder 1.17) kennengelernt. Der Satz von Heine-Borel (Satz 1.10) zeigt nun, dass diese ganzen Begriffe
äquivalent sind. Wenn ihr also zeigen wollt, dass eine Menge kompakt ist, so könnt
ihr euch aussuchen, ob ihr zeigt, dass die Menge folgenkompakt oder überdeckungskompakt ist. Dennoch sollte man von Fall zu Fall unterscheiden, was einfacher ist.
Siehe dazu beispielsweise den Beweis zu Satz 1.11.

---

Erklärung

**Zum Satz 1.13:** Jeder metrische Raum ist hausdorffsch (siehe Satz 1.5). Aber nicht jeder topologische Raum ist hausdorffsch. Dazu betrachtet $M := \{0, 1\}$ und die indiskrete Topologie oder auch die Sierpinski-Topologie.

---

Erklärung

**Zum Satz 1.14:** Jeder metrische Raum ist in kanonischer Weise ein topologischer Raum durch die von der Metrik induzierte Topologie.

# Stetige Abbildungen

**2**

## Inhaltsverzeichnis

In diesem Kapitel wollen wir stetige Abbildungen in metrischen und topologischen Räumen einführen und untersuchen. Dazu müssen wir natürlich zuerst klären, wie die Stetigkeit einer Abbildung zwischen topologischen Räumen überhaupt definiert ist. Die Stetigkeit zwischen metrischen Räumen kennen wir aber eigentlich schon aus der Analysis 1.

Im Folgenden seien $(M, d_M)$ und $(N, d_N)$ zwei metrische Räume und $f : M \to N$ eine Abbildung. Dabei werden vor allem Abbildungen der Form $f : \mathbb{R}^n \to \mathbb{R}^m$ untersucht, wobei $n$ und $m$ natürliche Zahlen sind. Oder aber auch einfach Abbildungen der Form $f : \Omega \subset \mathbb{R}^n \to \mathbb{R}^m$, wobei $\Omega \subset \mathbb{R}^n$. Wir sagen dazu Funktionen mehrerer Veränderlicher. Die meisten Definitionen und Sätze sind für allgemeine metrische Räume definiert. In den Erklärungen und Beispielen verwenden wir diese Sätze dann aber eher für den $\mathbb{R}^n$, weil dies in der Praxis und in euren Übungsaufgaben am häufigsten getan wird. Um die folgenden Definitionen und Sätze zu verstehen, wollen wir uns zunächst anschauen, was man unter solch einer Funktion versteht und wie man sie sich graphisch verdeutlichen kann, um eine gute Vorstellung davon zu erhalten.

© Springer-Verlag GmbH Deutschland, ein Teil von Springer Nature 2019
F. Modler und M. Kreh, *Tutorium Analysis 2 und Lineare Algebra 2*,
https://doi.org/10.1007/978-3-662-59226-7_2

## 2.1    Definitionen

**Definition 2.1 (Funktion mehrerer Veränderlicher)**
Eine reellwertige Funktion in mehreren Veränderlichen ist eine Abbildung
$f : \Omega \subset \mathbb{R}^n \to \mathbb{R}^m$.

**Definition 2.2 (Grenzwert einer Funktion)**
Seien $M$ und $N$ metrische Räume und $d_M$ und $d_N$ Metriken auf $M$ bzw. $N$.
Weiterhin sei $f : M \to N$ eine Abbildung. Der Limes (Grenzwert)

$$\lim_{x \to x_0} f(x) = a$$

existiert, wenn für jedes $\varepsilon > 0$ ein $\delta > 0$ existiert, sodass

$$d_N(f(x), a) < \varepsilon \quad \text{für alle } x \text{ mit } \quad d_M(x, x_0) < \delta.$$

**Anmerkung** $f$ besitzt keinen Grenzwert, wenn sich bei Annäherung an $x_0$ auf
verschiedenen Kurven (zum Beispiel Geraden) verschiedene oder keine Grenzwerte
ergeben.

**Definition 2.3 (Folgenstetigkeit)**
Eine Funktion $f : \mathbb{R}^n \to \mathbb{R}$ heißt im Punkt $x_0$ **(folgen)stetig**, wenn

$$\lim_{x \to x_0} f(x) = f(x_0)$$

ist. $f$ heißt (folgen)stetig, wenn $f$ in jedem Punkt aus dem Definitionsbereich
(folgen)stetig ist.

**Definition 2.4 (Stetigkeit in metrischen Räumen)**
$f$ heißt **(punktweise) stetig** im Punkt $x_0 \in M$, wenn gilt:

$$\forall \varepsilon > 0 \; \exists \delta > 0 : \; \forall x \in M \text{ mit } d_M(x, x_0) < \delta \text{ gilt } d_N(f(x), f(x_0)) < \varepsilon.$$

$f$ heißt **stetig**, wenn $f$ in jedem Punkt $x_0 \in M$ stetig ist.

**Definition 2.5 (gleichmäßige Stetigkeit in metrischen Räumen)**
$f$ heißt **gleichmäßig stetig,** wenn gilt:

$$\forall \varepsilon > 0 \; \exists \delta > 0 : \; \forall x, x' \in M \text{ mit } d_M(x, x') < \delta \text{ gilt } d_N(f(x), f(x')) < \varepsilon.$$

**Definition 2.6 ($\alpha$-Hölder-stetig)**
Für $0 < \alpha \leq 1$ heißt $f$ auf $M$ $\alpha$-**Hölder-stetig,** wenn es eine Konstante $C \geq 0$ gibt, sodass

$$d_N(f(x), f(x')) \leq C \cdot d_M(x, x')^{\alpha} \quad \forall x, x' \in M.$$

**Definition 2.7 (Lipschitz-Stetigkeit in metrischen Räumen)**
$f$ heißt **Lipschitz-stetig,** wenn es eine Konstante $L \geq 0$ gibt, sodass

$$d_N(f(x), f(x')) \leq L \cdot d_M(x, x') \; \forall x, x' \in M.$$

**Definition 2.8 (Stetigkeit zwischen topologischen Räumen)**
Seien $(M, \mathcal{O}_M)$ und $(N, \mathcal{O}_N)$ zwei topologische Räume. Dann nennt man eine Abbildung $f : M \to N$ zwischen diesen topologischen Räumen **stetig,** wenn die Urbilder von in $N$ offenen Mengen offen in $M$ sind, das heißt in Formelschreibweise: Wenn $f^{-1}(\Omega) \in \mathcal{O}_M$ für alle $\Omega \in \mathcal{O}_N$ gilt.

**Definition 2.9 (Homöomorphismus)**
Seien $(M, \mathcal{O}_M)$ und $(N, \mathcal{O}_N)$ zwei topologische Räume. Ist die Abbildung $f : M \to N$ bijektiv, und sind sowohl $f$ als auch die Umkehrabbildung $f^{-1}$ stetig, so nennt man $f$ einen **Homöomorphismus.** Man sagt: Die topologischen Räume sind **homöomorph,** wenn ein Homöomorphismus zwischen ihnen existiert.

**Definition 2.10 (Fixpunkt)**
Seien $(M, d)$ ein metrischer Raum und $f : M \to M$ eine Abbildung. Ein Punkt $m \in M$ heißt **Fixpunkt** von $f$, wenn $f(m) = m$ gilt.

**Definition 2.11 (Kontraktion)**
Sei $(M, d)$ ein metrischer Raum. Eine Abbildung $f : M \to M$ heißt **Kontraktion,** wenn eine Konstante $C \in [0, 1)$ für alle $x$ mit der Eigenschaft

$$d(f(x), f(y)) \leq C \cdot d(x, y)$$

existiert.

**Definition 2.12 (Operatornorm)**
Seien $(V, ||\cdot||_V)$ und $(W, ||\cdot||_W)$ zwei normierte Vektorräume und $L : V \to W$ eine lineare Abbildung. Die **Operatornorm** von $L$ ist definiert als

$$||L|| := \sup_{||v||_V = 1} ||L(v)||_W = \sup_{v \in V \setminus \{0\}} \frac{||L(v)||_W}{||v||_V}.$$

## 2.2 Sätze und Beweise

**Satz 2.1 (Zusammensetzung stetiger Funktionen)**
*Seien $(M, d_M)$, $(N, d_N)$ und $(L, d_L)$ drei metrische Räume und $f : L \to M$ sei stetig in $x_0 \in L$ und $g : M \to N$ sei stetig in $y_0 := f(x_0)$. Dann ist auch die Funktion $g \circ f : L \to N$ stetig in $x_0$. Weiterhin gelten für zwei metrische Räume $(M, d_M)$ und $(N, d_N)$ folgende Aussagen: Seien $f : M \to \mathbb{R}$ stetig in $x_0 \in M$ und $g : N \to \mathbb{R}$ stetig in $y_0 \in N$. Dann sind auch die Funktionen $f(x) + g(y)$, $f(x) - g(y)$, $f(x) \cdot g(y)$ und, sofern $g(y) \neq 0$, $\frac{f(x)}{g(y)}$ bezüglich der Produktmetrik (siehe Beispiel 1) auf $M \times N$ stetig im Punkt $(x_0, y_0)$.*

▶ **Beweis** Analog wie in Analysis 1, siehe [MK18]. q.e.d.

**Satz 2.2  (Zusammensetzung Lipschitz-stetiger Funktionen)**
*Seien $(M, d_M)$, $(N, d_N)$ und $(L, d_L)$ drei metrische Räume und $f : L \to M$ sei Lipschitz-stetig auf $L$ und $g : M \to N$ sei Lipschitz-stetig auf $M$. Dann ist auch die Funktion $g \circ f : L \to N$ Lipschitz-stetig auf $L$.*

▶  **Beweis** Es gibt nach Voraussetzung Konstanten $K_L > 0$ und $K_M > 0$ mit $d_N(g(y), g(y')) \le K_M d_M(y, y')$ für alle $y, y' \in M$ sowie $d_M(f(x), f(x'))$ $\le K_L d_L(x, x')$ für alle $x, x' \in L$. Dann gilt auch

$$d_N(g(f(x)), g(f(x'))) \le K_M d_M(f(x), f(x')) \le K_M K_L d_L(x, x')$$

für alle $x, x' \in L$, also ist $g \circ f$ Lipschitz-stetig mit Lipschitz-Konstante $K_L \cdot K_M$                                                                q.e.d.

**Satz 2.3  (Stetigkeitskriterium)**
*Seien $(M, d_M)$ und $(N, d_N)$ zwei metrische Räume und $f : M \to N$ eine Abbildung. Dann sind die folgenden Aussagen äquivalent:*

*i)  $f$ ist stetig.*
*ii)  Die Urbilder $d_N$-offener Mengen sind $d_M$-offen.*
*iii)  Die Urbilder $d_N$-abgeschlossener Mengen sind $d_M$-abgeschlossen.*

▶  **Beweis**
„$i) \Rightarrow ii$":  Seien $f$ stetig und $\Omega \subset N$ eine $d_N$-offene Menge. Ohne Einschränkung nehmen wir an, dass $\Omega \ne \emptyset$ und $f^{-1}(\Omega) \ne \emptyset$. Nun wählen wir ein $x_0 \in M$ mit $f(x_0) \in \Omega$, das heißt $x_0 \in f^{-1}(\Omega)$. Da $\Omega$ nach Voraussetzung $d_N$-offen ist, existiert ein $\varepsilon > 0$ mit $U(f(x_0), \varepsilon) \subset \Omega$. Da $f$ aber stetig nach $i)$ ist, existiert auch ein $\delta > 0$, sodass

$$d_N(f(x), f(x_0)) < \varepsilon$$

für alle $x \in M$ mit $d_M(x, x_0) < \delta$. Dies bedeutet aber nichts anderes, als dass für alle $x \in U(x_0, \delta)$ gilt, dass $f(x) \in U(f(x_0), \varepsilon)$. Da $U(f(x_0), \varepsilon) \subset \Omega$ und

$$f(U(x_0, \delta)) \subset U(f(x_0), \varepsilon) \subset \Omega,$$

folgt $U(x_0, \delta) \subset f^{-1}(\Omega)$, das heißt, $f^{-1}(\Omega)$ ist $d_M$-offen. Das war zu zeigen.

„$ii) \Rightarrow i$":      Es seien $x_0 \in M$ und $\varepsilon > 0$. Da $U(f(x_0), \varepsilon)$ $d_N$-offen ist, gilt nach Voraussetzung, dass $f^{-1}(U(f(x_0), \varepsilon))$ $d_M$-offen ist. Dies bedeutet aber gerade, dass ein $\delta > 0$ existiert mit

$$U(x_0, \delta) \subset f^{-1}(U(f(x_0), \varepsilon)).$$

Dann gilt aber für alle $x \in M$ mit $d_M(x, x_0) < \delta$ auch $d_N(f(x), f(x_0)) < \varepsilon$. Daher ist das $\varepsilon$-$\delta$-Kriterium erfüllt und folglich $f$ stetig.

„$ii) \Rightarrow iii$":     Dies folgt sofort aus Komplementbildung

$$f^{-1}(N \setminus \Omega) = M \setminus f^{-1}(\Omega).$$

Dies soll uns genügen.                                                q.e.d.

---

**Satz 2.4**
*Seien $(M, d_M)$ und $(N, d_N)$ zwei metrische Räume und $f : M \to N$ eine stetige Abbildung. Dann sind die Bilder $d_M$-kompakter Menge wieder $d_N$-kompakt.*

---

▶    **Beweis** Sei $K \subset M$ kompakt. Wir zeigen, dass $f(K)$ folgenkompakt ist. Nach dem Satz von Heine-Borel (Satz 1.10) ist dies äquivalent zu den anderen Kompaktheitsbegriffen, die wir in Kap. 1 eingeführt hatten. Sei hierzu $(y_n)_{n \in \mathbb{N}} \subset f(K)$ eine Folge und $(x_n)_{n \in \mathbb{N}} \subset K$ so gewählt, dass $f(x_n) = y_n$. Da $K$ kompakt ist, existiert eine Teilfolge $(x_{n_k})_{k \in \mathbb{N}}$ von $(x_n)_{n \in \mathbb{N}}$ und ein $x \in K$ mit $\lim_{k \to \infty} x_{n_k} = x$. Da $f$ stetig ist, folgt hieraus

$$y := f(x) = \lim_{k \to \infty} f(x_{n_k}) = \lim_{k \to \infty} y_{n_k}$$

und $y \in f(K)$. Daher existiert eine in $f(K)$ konvergente Teilfolge von $(y_n)_{n \in \mathbb{N}}$.                        q.e.d.

---

**Satz 2.5**
*Seien $(M, d)$ ein metrischer Raum und $f : M \to \mathbb{R}$ eine stetige Abbildung. Dann ist $f$ auf jeder kompakten Teilmenge $K \subset M$ beschränkt und nimmt ihr Supremum und Infimum an.*

▶ **Beweis** Da das Bild kompakter Mengen nach Satz 2.4 unter stetigen Abbildung wieder kompakt ist, und kompakte Mengen insbesondere beschränkt sind, ist $f$ auf $K$ beschränkt. Wir setzen

$$\lambda := \inf_{x \in K} f(x) \quad \text{und} \quad \mu := \sup_{x \in K} f(x).$$

Ist nun $(x_n)_{n \in \mathbb{N}} \subset K$ eine Folge mit $\lim_{n \to \infty} f(x_n) = \lambda$, so existiert wegen der Kompaktheit von $K$ eine Teilfolge $(x_{n_k})_{k \in \mathbb{N}}$ von $(x_n)_{n \in \mathbb{N}}$, die gegen ein $x \in K$ konvergiert. Für dieses $x$ gilt wegen der Stetigkeit von $f$ nun insgesamt

$$f(x) = \lim_{k \to \infty} f(x_{n_k}) = \lim_{n \to \infty} f(x_n) = \lambda,$$

also nimmt $f$ in $x$ sein Infimum an. Der Beweis für das Supremum geht genauso. Übungsaufgabe :-). q.e.d.

---

**Satz 2.6**
*Seien $(M, d_M)$ und $(N, d_N)$ zwei metrische Räume und $f : M \to N$ stetig. Dann ist $f$ auf jeder kompakten Teilmenge von $M$ sogar gleichmäßig stetig.*

---

▶ **Beweis** Wir führen den Beweis durch Widerspruch. Angenommen $f$ wäre nicht gleichmäßig stetig. Sei weiterhin $k \subset M$. Dann gäbe es ein $\varepsilon > 0$, sodass für alle $n \in \mathbb{N}$ Punkte $x_n$ und $x'_n$ existieren mit

$$d_M(x_n, x'_n) < \frac{1}{n} \quad \text{und} \quad d_N(f(x_n), f(x'_n)) \geq \varepsilon.$$

Da $K$ kompakt ist, existiert eine Teilfolge $(x_{n_k})_{k \in \mathbb{N}}$, die gegen ein $x \in K$ konvergiert. Wegen

$$d_M\left(x_{n_k}, x'_{n_k}\right) < \frac{1}{n_k}$$

gilt dann aber auch $\lim_{k \to \infty} x'_{n_k} = x$. Da $f$ andererseits stetig ist, folgt aus der Dreiecksungleichung

$$\lim_{k \to \infty} d_N\left(f(x_{n_k}), f(x'_{n_k})\right) \leq \lim_{k \to \infty} d_N\left(f(x_{n_k}), f(x)\right) + \lim_{k \to \infty} d_N\left(f(x), f(x'_{n_k})\right) = 0.$$

Dies ist aber ein Widerspruch zu $d_N\left(f(x_{n_k}), f(x'_{n_k})\right) \geq \varepsilon$ und beweist damit die Behauptung.                                                                q.e.d.

---

**Satz 2.7 (Banach'scher Fixpunktsatz)**
$(M, d)$ *sei ein vollständiger metrischer Raum und* $f : M \to M$ *eine Kontraktion. Dann besitzt* $f$ *genau einen Fixpunkt in* $M$.

---

▶ **Beweis**

**Eindeutigkeit:** Seien $m_1$ und $m_2$ zwei Fixpunkte von $f$. Wir zeigen, dass dann $m_1 = m_2$ gelten muss. Dies sieht man so: Es ist

$$d(m_1, m_2) = d(f(m_1), f(m_2)) \leq C \cdot d(m_1, m_2).$$

Hieraus folgt

$$\underbrace{(1 - C)}_{>0} \cdot d(m_1, m_2) \leq 0,$$

also

$$d(m_1, m_2) = 0 \Rightarrow m_1 = m_2.$$

**Existenz:** Wir wählen einen Punkt $m_0 \in M$ beliebig und eine Folge rekursiv definiert durch $m_{n+1} := f(m_n)$ mit $n \in \mathbb{N}$. Wir zeigen nun, dass $(m_n)_{n \in \mathbb{N}}$ eine Cauchy-Folge ist. Wählen wir $n, k \in \mathbb{N}$, so müssen wir abschätzen

$$d(m_{n+k}, m_n) \leq \sum_{i=n+1}^{n+k} d(m_i, m_{i-1}).$$

Es gilt:

$$d(m_i, m_{i-1}) = d(f(m_{i-1}), f(m_{i-2})) \leq C \cdot d(m_{i-1}, m_{i-2})$$
$$= C \cdot d(f(m_{i-2}), f(m_{i-3})) \leq C^2 \cdot d(m_{i-2}, m_{i-3}).$$

Rekursiv und induktiv ergibt sich

$$\ldots \leq C^{i-1} d(m_1, m_0) = C^{i-1} \cdot d(f(m_0), m_0).$$

Damit ist

$$d(m_{n+k}, m_n) \leq \sum_{i=n+1}^{n+k} d(m_i, m_{i-1}) \leq \sum_{i=n+1}^{n+k} C^{i-1} \cdot d(f(m_0), m_0)$$

$$= d(f(m_0), m_0) \cdot \sum_{i=n}^{n+k-1} C^i$$

$$\leq d(f(m_0), m_0) \sum_{i=n}^{\infty} C^i = C^n d(f(m_0), m_0) \frac{1}{1-C}.$$

Also ist $(m_n)_{n \in \mathbb{N}}$ eine Cauchy-Folge. Da $M$ nach Voraussetzung vollständig ist, gilt $m := \lim_{n \to \infty} m_n \in M$. Der Grenzwert existiert also in $M$. Da $f$ eine Kontraktion ist, ergibt sich nun die Behauptung aus der Rekursionsvorschrift

$$\lim_{n \to \infty} f(m_n) = f(m) \Rightarrow f(m) = m.$$

q.e.d.

**Satz 2.8**
*Eine lineare Abbildung $L : V \to W$ zwischen normierten Vektorräumen ist genau dann beschränkt, wenn sie stetig ist. Insbesondere sind stetige lineare Abbildungen zwischen normierten Vektorräumen auch lipschitz-stetig.*

▶ **Beweis**
„$\Rightarrow$": Sei $L$ ein beschränkter linearer Operator. Dann gilt für alle $v_1, v_2 \in V$ und $v_1 \neq v_2$

$$\frac{||L(v_1) - L(v_2)||_W}{||v_1 - v_2||_V} = \frac{||L(v_1 - v_2)||_W}{||v_1 - v_2||_V} < ||L|| < \infty.$$

Also ist $L$ lipschitz-stetig, und insbesondere stetig.

„$\Leftarrow$": Sei $L$ stetig. Dann ist $L$ auch im Punkt $0 \in V$ stetig und daher existiert ein $\delta > 0$ mit $||L(v') - L(0)||_W = ||L(v')||_W \leq 1$ für alle $v' \in V$ mit $||v'||_V < \delta$. Wir definieren $c := \frac{2}{\delta}$. Dann gilt für alle $v \in V$ mit $||v||_V = 1$ die Abschätzung

$$||L(v)||_W = ||c \cdot L(v/c)||_W = c \cdot ||L(v/c)||_W \leq c,$$

denn $||v/c||_V = \delta/2$. Demnach ist $L$ beschränkt.

Wir haben nun alles gezeigt.

q.e.d.

## 2.3    Erklärungen zu den Definitionen

Erklärung

**Zur Definition 2.1 einer Funktion mehrerer Veränderlicher:** Eine reellwertige
Funktion in mehreren Veränderlichen ist also einfach eine Abbildung $f : \mathbb{R}^n \to \mathbb{R}^m$.
Als Funktionsgleichung schreiben wir $f(x_1, \ldots, x_n)$. Was kann man sich darunter
vorstellen? Das ist ganz einfach. Die Funktion hängt einfach von mehreren Variablen,
wir sagen mehreren Veränderlichen $x_1, \ldots, x_n$, ab. Als Funktionswert erhalten wir
einen Vektor aus dem $\mathbb{R}^m$, also einen Vektor mit $m$ Einträgen. In der Analysis 1
haben wir Funktionen einer Veränderlicher, also Funktionen der Form $f : \mathbb{R} \to \mathbb{R}$
(oder auch $f : \mathbb{R} \to \mathbb{R}^m$) untersucht, beispielsweise $f(x) = x^2$. Nun hindert uns
doch aber nichts daran, Funktionen mit der Form $f : \mathbb{R}^n \to \mathbb{R}^m$ zu untersuchen,
und dies ist Gegenstand der Analysis 2, also beispielsweise $f : \mathbb{R}^2 \to \mathbb{R}$ gegeben
durch $f(x, y) = \frac{xy}{x^2+y^2}$. Diese Funktion besitzt zwei Veränderliche, nämlich $x$ und
$y$. Für $x$ und $y$ können wir entsprechend reelle Werte einsetzen. Solche Funktionen
können stetig oder differenzierbar (siehe Kap. 3) sein.

Wir werden nun zuerst ein paar Möglichkeiten geben, wie wir Abbildungen der
Form $f : \mathbb{R}^n \to \mathbb{R}$ visualisieren können. Im Allgemeinen wird durch $f(x, y)$ eine
Fläche im $x, y, z$-Raum beschrieben. Wir werden jetzt sogenannte Niveaulinien,
Flächen im Raum und Blockbilder studieren. Um noch eine Anschauung zu haben,
können wir natürlich nur Funktionen der Form $f : \mathbb{R}^2 \to \mathbb{R}$ bzw. $f : \mathbb{R}^3 \to \mathbb{R}$
$\mathbb{R}$ verdeutlichen, aber alle Konzepte lassen sich leicht verallgemeinern, nur ist die
Vorstellung dann wieder etwas schwieriger :-).

**Höhenlinien (oder auch Niveaulinien)**

▶ **Beispiel 22**  Wir wollen die durch die Funktion

$$z := f(x, y) = \frac{y}{1 + x^2}$$

beschriebene Fläche im Bereich

$$B := \{(x, y) : -2 \le x \le 2, \ -2 \le y \le 2\}$$

durch Höhenlinien verdeutlichen. Um Höhenlinien bzw. Niveaulinien zu berechnen,
setzen wir bestimmte Werte für $z = c$ ein und erhalten so eine Funktion in Abhängigkeit von $x$, die wir darstellen können. Vorstellen kann man sich die Höhenlinien
als eine Landkarte in einem Atlas.

Sei zum Beispiel $z = c = 0$. Dann folgt für die Funktion, dass $y = 0$. Also erhalten wir für $z = c = 0$ die $x$-Achse. Sei jetzt $z = c = \frac{1}{2}$. Es ergibt sich sofort

$$\frac{1}{2} = \frac{y}{1+x^2} \Rightarrow y = \frac{1}{2}(1+x^2),$$

also eine Parabel. Dieses Spielchen können wir weiter treiben und erhalten so die Tab. 2.1.

**Tab. 2.1** Weitere Höhenlinien mit bestimmten Werten

| Höhe | Definierte Gleichung | Beschreibung Normalform |
|---|---|---|
| $z = c = 0$ | $y = 0$ | $x$-Achse |
| $z = c = \frac{1}{2}$ | $2 \cdot y = 1 + x^2$ | Parabel $x^2 = 2 \cdot \left(y - \frac{1}{2}\right)$: Scheitel in $\left(0, \frac{1}{2}\right)$, Öffnung $p = 2$ |
| $z = c = 1$ | $y = 1 + x^2$ | Parabel $x^2 = 1 \cdot (y - 1)$: Scheitel in $(0, 1)$, Öffnung $p = 1$ |
| $z = c = \frac{3}{2}$ | $\frac{2}{3} \cdot y = 1 + x^2$ | Parabel $x^2 = \frac{2}{3} \cdot \left(y - \frac{3}{2}\right)$: Scheitel in $\left(0, \frac{3}{2}\right)$, Öffnung $p = \frac{2}{3}$ |
| $z = c = -\frac{1}{2}$ | $2 \cdot y = -\left(1 + x^2\right)$ | Parabel $x^2 = -2 \cdot \left(y + \frac{1}{2}\right)$: Scheitel in $\left(0, -\frac{1}{2}\right)$, Öffnung $p = -2$ |
| $z = c = -1$ | $y = -\left(1 + x^2\right)$ | Parabel $x^2 = -1 \cdot (y + 1)$: Scheitel in $\left(0, -\frac{1}{2}\right)$, Öffnung $p = 2$ |
| $z = c = -\frac{3}{2}$ | $\frac{2}{3} \cdot y = -\left(1 + x^2\right)$ | Parabel $x^2 = -\frac{2}{3} \cdot \left(y + \frac{3}{2}\right)$: Scheitel in $\left(0, -\frac{3}{2}\right)$, Öffnung $p = -\frac{2}{3}$ |

**Abb. 2.1** Höhenlinien am
Beispiel

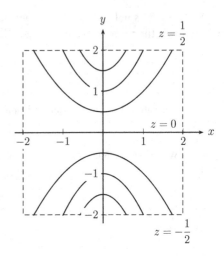

Die Abb. 2.1 verdeutlicht die Funktion. Wir schauen sozusagen von oben auf die
Funktion drauf. Erkennbar sind dann die Höhenlinien.

■

**Erklärung**

**Blockbild** Das Blockbild (die folgende Darstellung wird jetzt von uns immer so
bezeichnet) verdeutlichen wir uns ebenfalls an einem Beispiel.

▶ **Beispiel 23**  Wir betrachten die Funktion $z := f(x, y) = \frac{y}{1+x^2}$ und wollen nun
ein sogenanntes Blockbild der Funktion zeichnen. Um dies anzudeuten, wird für jede
Spante (Der Begriff des Spants stammt aus dem Schiffsbau. Wer dies nicht sofort
versteht, der frage einfach einmal wikipedia.de. Dort gibt es auch ein nettes Bildchen,
das den Begriff gut erklärt.) und für den Rand jeweils die Höhe $z = f(x_i, y)$ mit
$i \in \{0, 1, 2, 3, 4\}$ berechnet. Wir erhalten

$$z(x_0, y) = f(-2, y) = \frac{y}{5}, \ z(x_1, y) = f(-1, y) = \frac{y}{2}, \ z(x_2, y) = f(0, y) = y,$$

$$z(x_3, y) = f(1, y) = \frac{y}{2}, \ z(x_4, y) = f(2, y) = \frac{y}{5}.$$

Nun müssen wir noch für jede Spante und den Rand jeweils die Höhe $z = f(x, y_i)$
mit $i \in \{0, 1, 2, 3, 4\}$ berechnen. Es ergibt sich

**Abb. 2.2** Das Blockbild von
Beispiel 23 (links ohne und
rechts mit Höhenlinien)

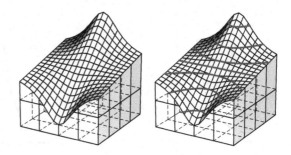

$$z(x, y_0) = f(x, -2) = \frac{-2}{1 + x^2}, \; z(x, y_1) = f(x, -1) = \frac{-1}{1 + x^2},$$

$$z(x, y_2) = f(x, 0) = 0, \; z(x, y_3) = f(x, 1) = \frac{1}{1 + x^2}, \; z(x, y_4) = f(x, 2) = \frac{2}{1 + x^2}.$$

Diese Funktionen zeichnen wir nun nacheinander in ein sogenanntes Blockbild ein.
Am besten man lässt sich dieses plotten. Die Abb. 2.2 verdeutlicht das oben Berechnete. ∎

**Erklärung**

**Schnitt mit Ebenen** Als Letztes verdeutlichen wir uns Funktionen mehrerer Veränderlicher durch den Schnitt mit Ebenen.

▶ **Beispiel 24** Sei eine Funktion gegeben durch

$$z = f(x, y) = \frac{1}{x^2 + y^2}.$$

Wir zeichnen den Schnitt mit einer Ebene, also setzen beispielsweise $x = $ const. bzw. $y = $ const. Genauer sogar $x = 0$ bzw. $y = 0$. In beiden Fällen erhalten wir

$$z = \frac{1}{y^2} \quad \text{bzw.} \quad z = \frac{1}{x^2}.$$

Graphisch ist dies völlig klar, wie Abb. 2.3 zeigt.

In Abb. 2.4 geben wir noch einmal die Höhenlinien und das Blockbild an. Beide Abbildungen verdeutlichen, dass wir bei den Höhenlinien quasi auf die Ebene drauf schauen. ∎

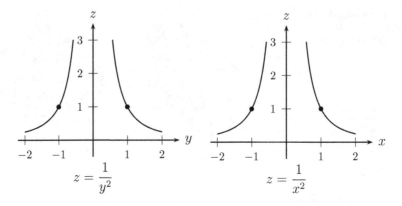

**Abb. 2.3** Schnitt mit einer Ebene am Beispiel. Links mit $x = 0$ und rechts mit $y = 0$

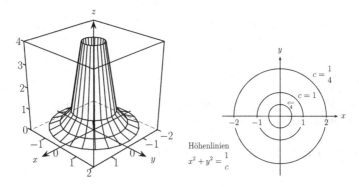

**Abb. 2.4** Links die Rotationsfläche als Blockbild und rechts die Funktion $f$ nochmals in Höhenlinien

---

**Erklärung**

**Zur Definition 2.2 des Grenzwertes einer Funktion:** Diese Definition entspricht ebenfalls dem, was wir aus der Analysis 1 für Funktionen einer Veränderlichen kennen. Dieses Konzept kann also ebenfalls leicht verallgemeinert werden. Aber wie weisen wir dies konkret nach? Betrachten wir ein Beispiel.

▶ **Beispiel 25**  Existiert der Grenzwert

$$\lim_{(x,y) \to (0,0)} \frac{xy}{e^{x^2} - 1}?$$

Um zu zeigen, dass der Grenzwert nicht existiert, müssen wir uns dem Punkt $(0, 0)$, also dem Nullpunkt im $\mathbb{R}^2$, nur auf zwei verschiedenen Arten annähern und zeigen, dass die entsprechenden Grenzwerte nicht übereinstimmen und damit der Limes gar nicht existieren kann.

Sei zunächst $y = 0$. Dann erhalten wir

$$\lim_{(x,0) \to (0,0)} f(x,0) = \lim_{(x,0) \to (0,0)} \frac{x \cdot 0}{e^{x^2} - 1} = \lim_{(x,0) \to (0,0)} 0 = 0.$$

Nun sei $y = x$. So ergibt sich mit zweimaligem Anwenden der Regeln von Hospital (siehe [MK18], Seite 180)

$$\lim_{(x,x) \to (0,0)} f(x,x) = \lim_{(x,x) \to (0,0)} \frac{x^2}{e^{x^2} - 1} = \lim_{(x,x) \to (0,0)} \frac{2x}{2x \cdot e^{x^2}}$$

$$= \lim_{(x,x) \to (0,0)} \frac{2}{2e^{x^2} + 4x^2 \cdot e^{x^2}} = 1.$$

Es kommen also verschiedene Grenzwerte heraus, damit existiert der Grenzwert $\lim_{(x,y) \to (0,0)} \frac{xy}{e^{x^2}-1}$ nicht. Eine kleine Anmerkung: Natürlich kann man bei $\lim_{(x,x) \to (0,0)} \frac{2x}{2x \cdot e^{x^2}}$ auch einfach direkt kürzen und muss nicht nochmals Hospital anwenden! ∎

---

**Erklärung**

**Zu den Definitionen 2.4–2.7 der Stetigkeit in metrischen Räumen:** Die Stetigkeit in metrischen Räumen überträgt sich aus der Definition, die ihr schon in der Analysis 1 kennengelernt habt (siehe wieder einmal [MK18]). Der Unterschied ist nur, dass wir für den Abstandsbegriff eine allgemeine Metrik verwenden. Auch hier gelten die bekannten Sätze, dass gleichmäßig stetige Funktionen auch stetig sind. Ebenso sind lipschitz-stetige oder $\alpha$-Hölder-stetige Funktionen stetig. Weiterhin gilt auch hier, dass die Zusammensetzung von stetigen Funktionen wieder stetig ist (siehe auch Satz 2.1). Alles nichts Neues. Wir wollen dennoch ein paar Beispiele geben und die Stetigkeit von Abbildungen der Form $f : \mathbb{R}^n \to \mathbb{R}^m$ nachweisen.

Ach, zuvor noch eine Anmerkung, wenn diese den meisten nicht sowieso schon klar war: Das $d_M$ deutet an, dass damit die Metrik auf $M$ bezeichnet werden soll. Analog für $d_N$.

Wie bei Funktionen einer Veränderlichen, also der Form $f : \mathbb{R} \to \mathbb{R}^n$, können wir auch bei Abbildungen mit mehreren Veränderlichen, das heißt $f : \mathbb{R}^n \to \mathbb{R}^m$ die Stetigkeit nachweisen. Die Definition 2.4 ist dafür leider ziemlich nutzlos bzw. unhandlich, da wir jetzt ja gerade Funktionen betrachten, in die wir einen Punkt aus dem $\mathbb{R}^n$ einsetzen und aus denen einen Punkt aus dem $\mathbb{R}^m$ erhalten. Vielmehr ist die äquivalente (die Äquivalenz haben wir nicht gezeigt, aber man kann sich dies einmal überlegen) Definition 2.3 wesentlich nützlicher, wie die folgenden Beispiele zeigen werden. Sinnvoll wird die Definition erst durch die Definition 2.2 des Grenzwertes.

▶ **Beispiel 26**   Wir wollen nachweisen, dass die Funktion

$$f(x, y) := \begin{cases} \frac{1-\cos(xy)}{y}, & \text{für } y \neq 0, \\ 0, & \text{für } y = 0 \end{cases}$$

überall stetig ist. Für $y \neq 0$ ist $f$ nach Satz 2.1 stetig als Zusammensetzung stetiger Funktionen. Hierfür müssen wir nichts weiter zeigen. Nur die Stetigkeitsuntersuchung für $y = 0$ ist interessant. Wir zeigen also die Stetigkeit auf der $x$-Achse, also für $y = 0$. Wir zeigen nun für beliebiges $x_0 \in \mathbb{R}$

$$\lim_{(x,y)\to(x_0,0)} f(x, y) = 0.$$

Hierzu verwenden wir Kenntnisse aus der Analysis 1, genauer die Taylorreihe der Kosinusfunktion, also

$$\cos(y) = \sum_{k=0}^{\infty} \frac{(-1)^k}{(2k)!} y^{2k}.$$

Es ergibt sich zunächst

$$f(x, y) = \frac{1 - \left(1 - \frac{1}{2!}x^2y^2 + \frac{1}{4!}x^4y^4 \mp \cdots\right)}{y} = \frac{1 - 1 + \frac{1}{2!}x^2y^2 - \frac{1}{4!}x^4y^4 \pm \cdots}{y}$$

$$= \frac{\frac{1}{2!}x^2y^2 - \frac{1}{4!}x^4y^4 \pm \cdots}{y} = \frac{1}{2!}x^2y - \frac{1}{4!}x^4y^3 \pm \cdots.$$

Wir haben die Funktion nun also umgeschrieben und können so den Grenzwert leicht berechnen. Es gilt:

$$\lim_{(x,y)\to(x_0,0)} f(x, y) = \lim_{(x,y)\to(x_0,0)} \frac{1}{2!}x^2y - \frac{1}{4!}x^4y^3 \pm \cdots = 0 = f(x_0, 0).$$

Damit ist $f$ überall stetig.

Merke also: Um die Stetigkeit einer Funktion zu zeigen, ist es eventuell nötig, die Funktion zuerst, beispielsweise mittels bekannter Taylorreihen oder ähnliches, so umzuschreiben, dass man den Grenzwert und damit die Stetigkeit leicht ermitteln kann.   ■

Für Grenzwertbestimmungen, also auch für Stetigkeitsuntersuchungen, ist es oft nützlich, die Funktion mittels Polarkoordinaten umzuschreiben. Vor allem bei rationalen Funktionen kann dies hilfreich sein. Schauen wir uns also noch einmal die Polarkoordinaten im $\mathbb{R}^2$ an (man kann sie also nur anwenden, wenn man im $\mathbb{R}^2$ arbeitet, sonst gibt es andere Koordinaten, wie Kugelkoordinaten), siehe dazu die Abb. 2.5.

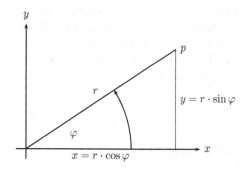

**Abb. 2.5** Die Polarkoordinaten

Man kann sich diese Koordinaten leicht herleiten. Wieso man jetzt aber zu anderen Polarkoordinaten übergeht, werden wir gleich sehen. Es kann nämlich sein, dass man so die Stetigkeit leichter nachweisen kann. Aus der Schulgeometrie wissen wir, dass

$$\cos \varphi = \frac{x}{r} \Leftrightarrow x = r \cdot \cos \varphi,$$

$$\sin \varphi = \frac{y}{r} \Leftrightarrow y = r \cdot \sin \varphi.$$

Hierbei ist $r$ die Länge des Vektors $(x, y)$ und $\varphi$ der Winkel, den $(x, y)$ mit der $x$-Achse einschließt. Nun lassen wir die Länge $r$ gegen Null konvergieren. Erhalten wir einen Grenzwert, der unabhängig vom Winkel ist, dann haben wir gezeigt, dass $f$ im Nullpunkt $(0, 0)$ stetig ist. Zeigen wir dies am nächsten Beispiel!

▶ **Beispiel 27** Wir betrachten die Funktion

$$f(x, y) := \begin{cases} xy \frac{x^2-y^2}{x^2+y^2}, & \text{für } (x, y) \neq (0, 0), \\ 0, & \text{für } (x, y) = (0, 0). \end{cases}$$

Zunächst ist klar, dass die Funktion für $(x, y) \neq (0, 0)$ stetig ist, da sie sich nur aus stetigen Funktionen zusammensetzt, siehe Satz 2.1. Die Frage ist nun, was passiert im Nullpunkt $(x, y) = (0, 0)$? Dazu schreiben wir die Funktion mit den Polarkoordinaten von oben um und erhalten

$$f(x, y) = (r \cos \varphi)(r \sin \varphi) \frac{r^2 \cos^2 \varphi - r^2 \sin^2 \varphi}{r^2 \cos^2 \varphi + r^2 \sin^2 \varphi}$$

$$= r^4 \cos \varphi \sin \varphi \frac{\cos^2 \varphi - \sin^2 \varphi}{r^2}.$$

Nun gilt

$$|f(x, y) - f(0, 0)| = \left| \frac{1}{2} r^2 \sin(2\varphi) \cos(2\varphi) \right| \leq \frac{1}{2} r^2,$$

denn $\sin(2\varphi) = 2\sin\varphi\cos\varphi$ bzw. $\cos(2\varphi) = \cos^2\varphi - \sin^2\varphi$, wenn man etwas nachdenkt oder in einer gut sortierten Formelsammlung nachschlägt. Viel einfacher sieht man dies natürlich daran, dass $\sin(2\varphi)$ und $\cos(2\varphi)$ jeweils durch 1 beschränkt sind. Dies haben wir gezeigt, um zu folgern, dass $\sin(2\varphi)\cos(2\varphi)$ beschränkt ist. Wir erhalten demnach

$$\lim_{(x,y)\to(0,0)} f(x,y) = \lim_{r\to 0} \frac{1}{2}r^2 \sin(2\varphi)\cos(2\varphi) = 0.$$

Daraus ergibt sich die Stetigkeit von $f$ im Nullpunkt und damit in jedem Punkt.                                                                                ∎

Merke hier:

- Um die Unstetigkeit nachzuweisen, bzw. um generell Grenzwerte zu berechnen, ist es manchmal zweckmäßig, die Funktion mittels Polarkoordinaten umzuschreiben. Man lässt hier die Länge $r$ gegen Null gehen und schaut, welchen Grenzwert wir dann erhalten.
- Es könnte durch eine Gleichungskette der Art $\lim_{(x,y)\to(0,0)} f(x,y) = \lim_{r\to 0} f(r\cos\varphi, r\sin\varphi)$ der Eindruck entstehen, dass man Stetigkeit im Punkte $(0,0) \in \mathbb{R}^2$ dadurch nachweisen kann, indem man für festes $\varphi$ den Grenzwert $\lim_{r\to 0} f(r\cos\phi, r\sin\phi)$ berechnet. Dies ist aber nicht richtig, denn es gibt durchaus Funktionen, die bei festem $\varphi$ für $r \to 0$ gegen 0 gehen, aber dennoch nicht stetig sind. Wir geben ein Beispiel, welches wir in [App09] gefunden haben.

▶ **Beispiel 28** Ein Beispiel für eine derartige (so genannte) radialstetige, aber nicht stetige Funktion ist die Funktion

$$f(x,y) = \begin{cases} \frac{x^2 y}{x^4 + y^2}, & \text{für } (x,y) \neq (0,0) \\ 0, & \text{für } (x,y) = (0,0). \end{cases}$$

Es ist

$$f(r,\varphi) = \begin{cases} \frac{r\cos^2\varphi\sin\varphi}{r^2\cos^4\varphi + \sin^2\varphi}, & \text{für } \neq 0 \\ 0, & \text{für } r = 0. \end{cases}$$

Demnach ist für $\sin\varphi = 0$ stets $f(r,\varphi) = 0$ und für $\sin\varphi \neq 0$ ist $\lim_{r\to 0} f(r,\phi) = 0$.

Unsere Funktion erscheint also bei Betrachtung mittels Grenzwert $\lim_{r\to 0} f(r\cos\varphi, r\sin\varphi)$ als stetig im Ursprung. In Wirklichkeit ist sie aber nur radialstetig im Ursprung, aber dort nicht stetig, denn bei Annäherung an den Ursprung längs der Parabel $y = x^2$ ergibt sich der Grenzwert $1/2$. So etwas haben wir weiter oben schon mal berechnet.                                                        ∎

Das heißt man kann in Polarkoordinaten ebenso wenig wie in kartesischen Koordinaten den zweidimensionalen Grenzwert durch einen iterierten Grenzwert ersetzen (erst $\varphi$ fest, aber beliebig, und dann $r \to 0$ gehen lassen).

In den nächsten Beispielen wollen wir die Unstetigkeit von Funktionen der Form $f : \mathbb{R}^2 \to \mathbb{R}$ zeigen. Hierbei geht man genauso vor, wie wir dies im Beispiel zum Grenzwert in den Erklärungen zu Definition 2.2 gemacht haben, denn es gilt: Die Funktion $f(x, y)$ ist bei $(x_0, y_0)$ unstetig, falls es zu zwei verschiedenen Kurven, zum Beispiel Geraden, durch $(x_0, y_0)$ bei Annäherung an $(x_0, y_0)$ verschiedene (oder keine) Grenzwerte gibt.

▶ **Beispiel 29**

● Wir behaupten, dass die Funktion $f(x, y) = \frac{xy}{e^{x^2} - 1}$ im Nullpunkt unstetig ist. Wir müssen uns nur mit zwei verschiedenen Geraden annähern. Die Rechnung haben wir schon in Beispiel 25 durchgeführt. Für $y = 0$ ergab sich

$$\lim_{(x,0) \to (0,0)} f(x, 0) = 0$$

und für $y = x$ entsprechend

$$\lim_{(x,x) \to (0,0)} f(x, x) = 1.$$

Daraus folgt die Unstetigkeit im Nullpunkt.

● Wir zeigen: Die Funktion

$$f(x, y) := \begin{cases} \frac{xy}{x^2 + y^2}, & \text{für } (x, y) \neq (0, 0) \\ 0, & \text{für } (x, y) = (0, 0) \end{cases}$$

ist im Nullpunkt unstetig. Die Stetigkeit für $(x, y) \neq (0, 0)$ ist wegen der Zusammensetzung stetiger Funktionen wieder klar. Um die Unstetigkeit im Nullpunkt nachzuweisen, nähern wir uns mithilfe verschiedener Geraden an und zeigen, dass die Grenzwerte nicht übereinstimmen.

– Annäherung auf der Geraden $y = 0$ ($x$-Achse):

$$\lim_{(x,0) \to (0,0)} f(x, 0) = \lim_{(x,0) \to (0,0)} \frac{x \cdot 0}{x^2 + 0^2} = 0.$$

– Annäherung auf der Geraden $x = 0$ ($y$-Achse):

$$\lim_{(0,y) \to (0,0)} f(0, y) = \lim_{(0,y) \to (0,0)} \frac{0 \cdot y}{0^2 + y^2} = 0.$$

– Annäherung auf der Geraden $y = x$:

$$\lim_{(x,x) \to (0,0)} f(x, x) = \lim_{(x,x) \to (0,0)} \frac{x^2}{x^2 + x^2} = \frac{1}{2}.$$

Also existiert der Grenzwert

$$\lim_{(x,y)\to(0,0)} \frac{xy}{x^2 + y^2}$$

nicht und damit folgt die Unstetigkeit von $f$ im Nullpunkt.

Merke: Um Unstetigkeit zu zeigen, nähere dich der Funktion mittels verschiedener Geraden an und zeige, dass die Grenzwerte nicht übereinstimmen, da dies die Unstetigkeit impliziert.

Auch die Unstetigkeit kann mittels Polarkoordinaten gezeigt werden. Ab und zu ist dies einfacher. Wir betrachten noch einmal dieselbe Funktion. Es gilt:

$$f(x, y) = f(r \cos \varphi, r \sin \varphi) = \frac{r^2 \sin \varphi \cos \varphi}{r^2 \sin^2 \varphi + r^2 \cos^2 \varphi}$$

$$= \sin \varphi \cos \varphi = \frac{1}{2} \sin(2\varphi).$$

Der Grenzwert

$$\lim_{r \to 0} f(r \cos \varphi, r \sin \varphi) = \lim_{r \to 0} \frac{1}{2} \sin(2\varphi) = \frac{1}{2} \sin(2\varphi)$$

ist abhängig von $\varphi$. Daher existiert der Grenzwert $\lim_{(x,y)\to(0,0)} f(x, y)$ nicht. Daraus folgt die Unstetigkeit.

Merke: Auch die Unstetigkeit lässt sich mittels Polarkoordinaten sehr gut demonstrieren. Dazu muss gezeigt werden, dass der entsprechende Grenzwert nicht existiert. Mit Polarkoordinaten zu arbeiten, bietet sich immer dann an, wenn man so besser oder einfacher zeigen kann, dass ein gewisser Grenzwert nicht existiert. ∎

Und noch eine letzte Anmerkung zur $\alpha$-Hölder-Stetigkeit: Diese ist nur für $\alpha \leq 1$ definiert. Warum nicht auch für $\alpha > 1$? Nun, angenommen, es gilt

$$|f(x) - f(y)| \leq C \cdot |x - y|^\alpha$$

für $\alpha > 1$ und $C > 0$. Dann gilt auch (mit der Dreiecksungleichung)

$$|f(x) - f(y)| \leq \left| f(x) - f\left(\frac{x + y}{2}\right) \right| + \left| f\left(\frac{x + y}{2}\right) - f(y) \right|$$

$$\leq C \cdot \left| \frac{y - x}{2} \right|^\alpha + C \cdot \left| \frac{x - y}{2} \right|^\alpha$$

$$= 2C \cdot \left| \frac{x - y}{2} \right|^\alpha = \frac{2C}{2^\alpha} |x - y|.$$

Da nun $\alpha > 1$ ist, ist $\frac{2C}{2^\alpha} < C$. Es gilt also auch $|f(x) - f(y)| \leq C' \cdot |x - y|^\alpha$ für ein $C' < C$. Jetzt machen wir Folgendes: Wir nehmen für unser $C$ am Anfang das Infimum aller möglichen Konstanten, die die Ungleichung erfüllen (dieses existiert und ist größer oder gleich 0, da die Menge der möglichen Konstanten wegen $C > 0$ nach unten beschränkt ist). Wenn nun dieses Infimum größer als 0 wäre, dann erhalten wir somit ein noch kleines $C$. Das kann nicht sein, also muss das Infimum gleich 0 sein. Damit gilt dann auch $|f(x) - f(y)| \leq 0 \cdot |x - y|^\alpha = 0$, also ist $f$ konstant. Daher macht $\alpha$-Hölder-Stetigkeit nur für $\alpha \leq 1$ Sinn.

---

**Erklärung**

**Zur Definition 2.8 der Stetigkeit zwischen topologischen Räumen:** Diese Definition wird durch Satz 2.3 motiviert und liefert eine Möglichkeit, wie man geschickt Stetigkeit zwischen topologischen Räumen definieren kann.

Dies gilt übrigens auch für metrische Räume $M$ und $N$. Eine Abbildung $f : M \to N$ ist genau dann im Punkt $x \in M$ stetig, wenn zu jeder Umgebung $V$ von $f(x)$ eine Umgebung $U$ von $x$ existiert mit $f(U) \subset V$. Und da dieses Stetigkeitskriterium nicht auf die Metriken von $M$ und $N$ Bezug nimmt, sondern nur mit Umgebungen und offenen Mengen arbeitet, kann man dies natürlich auch für topologische Räume definieren, und dies haben wir in Definition 2.8 getan.

---

**Erklärung**

**Zur Definition 2.9 des Homöomorphismus:** Um uns diese Definition zu erklären, geben wir ein paar Standardbeispiele an.

▶ **Beispiel 30**

● Wir betrachten als erstes den $\mathbb{R}^n$ und die offene Einheitskugel. Wir zeigen, dass der $\mathbb{R}^n$ und die offene Einheitskugel $U(0, 1) = \{x \in \mathbb{R}^n : ||x|| < 1\}$ homöomorph sind. Das Schwierige daran ist, den Homöomorphismus anzugeben. Beispielsweise ist ein Homöomorphismus $f : \mathbb{R}^n \to U(0, 1)$ gegeben durch

$$x \mapsto f(x) := \frac{x}{1 + ||x||}.$$

Diese Abbildung ist sicherlich stetig, da sie eine Zusammensetzung aus stetigen Funktionen ist. Außerdem ist sie bijektiv. Die Umkehrabbildung ist gegeben durch

$$f^{-1} : U(0, 1) \to \mathbb{R}^n, \ x \mapsto \frac{x}{1 - ||x||}.$$

Diese ist als Zusammensetzung von stetigen Funktionen wieder stetig.

● Wir möchten einen Homöomorphismus von der Einheitskugel $U(0, 1) = \{x \in \mathbb{R}^n : ||x|| < 1\}$ auf den offenen Würfel

$$V := \{(x_1, \ldots, x_n) \in \mathbb{R}^n : |x_i| < 1 \text{ für } i = 1, \ldots, n\} =: (-1, 1)^n$$

konstruieren und lassen uns von dem ersten Punkt in diesem Beispiel leiten.
Es sei $(x_1, \ldots, x_n)^T$ ein Vektor aus der $n$-dimensionalen Einheitskugel $U(0, 1)$.
Diesen Vektor wollen wir auf einen Vektor $(y_1, \ldots, y_n)^T$ abbilden und setzen
dabei für die Komponenten des Vektors

$$y_i = ||x|| \cdot \frac{x_i}{\max_{k=1,\ldots,n} |x_k|}.$$

Der Nullvektor ergibt natürlich Probleme, daher soll dieser auch wieder auf den
Nullvektor abgebildet werden. Wenn man dies so definiert, so ist $y$ ein Vektor in
$(-1, 1)^n$. Umgekehrt kommt man natürlich an $x$ zurück. Dazu brauchen wir nur
$y$ normieren, das heißt

$$x = \frac{y}{||y||} \cdot \max_{k=1,\ldots,n} |y_k|.$$

Die Idee dieser ganzen Konstruktionen kann man sich ganz gut im $\mathbb{R}^3$ verdeut-
lichen: Wir denken uns einen Strahl an Lichtstrahlen vom Ursprung zum jewei-
ligen Urbildpunkt der Kugel und bestimmen dann den Abstand zum Ursprung.
Dann teilt man die Strecke vom Ursprung zum Schnittpunkt des Strahls mit der
Würfelwand in dem entsprechenden Verhältnis. Dies liefert dann den gesuchten
Bildpunkt.                                                                      ∎

▶ **Beispiel 31**  Betrachten wir nun noch einmal ein Beispiel einer bijektiven steti-
gen Abbildung, deren Umkehrung nicht stetig ist, sodass die Abbildung damit kein
Homöomorphismus ist.
Wir definieren dazu zwei Mengen, und zwar

$$M := [0, 2\pi) \subset \mathbb{R} \quad \text{und} \quad N := \{(x, y) \in \mathbb{R}^2 : x^2 + y^2 = 1\} \subset \mathbb{R}^2.$$

Nun benötigen wir auf $M$ und $N$ natürlich noch Metriken. Auf $M$ nehmen wir einfach
die vom $\mathbb{R}$ und auf $N$ die vom $\mathbb{R}^2$ induzierte Metrik.
Wir betrachten die Abbildung

$$f : M \to N, \ t \mapsto (\cos(t), \sin(t))^T.$$

Anschaulich macht sie Folgendes: Stellt euch vor, ihr nehmt das Intervall $[0, 2\pi)$,
aufgefasst als Faden, in eure beiden Händen und haltet das jeweilige „Ende" mit der
einen und das andere mit der anderen Hand fest. Jetzt rollt $f$ diese gerade zu der
Kreislinie $S^1$ auf. Ihr nehmt diesen Faden also und macht daraus einen Kreis. Mehr
passiert da nicht.
Ebenso ist diese Abbildung (schon rein anschaulich) stetig und bijektiv. Die
Umkehrabbildung $f^{-1} : N \to M$ existiert also. Anschaulich kann man sich wieder
ganz gut klar machen, was diese eigentlich tut: Sie schneidet den Kreis ($S^1$, oder
einfach euer Faden als Kreis) an dem Punkt $(1, 0)$ auf und entrollt diesen einfach
wieder. Also sie kehrt das um, was ihr vorher gemacht.

Die Umkehrabbildung ist nun aber unstetig in dem Punkt $(1, 0)$. Dies sieht man so, wie ihr dies in Analysis 1 schon hoffentlich oft gemacht habt:
Betrachtet die Punktfolge

$$p_k := \left( \cos\left(2\pi - \frac{1}{k}\right), \sin\left(2\pi - \frac{1}{k}\right) \right)^T$$

mit $k \geq 1$. Diese konvergiert für $k \to \infty$ gegen den Punkt $(1, 0) = f(0)$. Die Folge $f^{-1}(p_k) = 2\pi - \frac{1}{k}$, $k \geq 1$ konvergiert aber nicht gegen 0, sondern gegen $2\pi$. Also kann $f^{-1}$ nicht stetig sein. ∎

---

**Erklärung**

**Zur Definition 2.10 des Fixpunktes:** Ein triviales und einfaches Beispiel ist das folgende.

▶ **Beispiel 32** Ist $f$ die Identität auf $M$, so sind alle Punkte $m \in M$ Fixpunkte von $f$. Das ist klar. ∎

---

**Erklärung**

**Zur Definition 2.11 der Kontraktion:** Offensichtlich sind Kontraktionen stetig. Dieses können wir sofort festhalten.

▶ **Beispiel 33**

- Ist $f$ die Identität, so ist dies keine Kontraktion. Man könnte jetzt sagen, dass es die Konstante $C = 1$ doch tut, denn es gilt

$$d(f(x), f(y)) = 1 \cdot d(x, y) = d(x, y),$$

  aber laut Definition 2.11 muss $C$ im halboffenen Intervall $[0, 1)$ liegen.
- Seien $M = \mathbb{R}$, $X = [1, 3]$ und $f(x) = \frac{1}{2}\left(x + \frac{2}{x}\right)$. Aus dem Mittelwertsatz, den ihr alle noch aus der Analysis 1 kennen solltet, ergibt sich

$$|f(x) - f(y)| = |f'(c)| \cdot |x - y|$$

  mit $x \leq c \leq y$. Aus $f'(x) = \frac{1}{2} - \frac{1}{x^2}$ ergibt sich $|f'(c)| \leq \frac{1}{2}$ für $1 \leq c \leq 3$. Also ist $f$ nach Definition 2.11 eine Kontraktion. ∎

---

## 2.4  Erklärungen zu den Sätzen und Beweisen

---

**Erklärung**

**Zum Satz 2.1, dass die Zusammensetzung stetiger Funktionen wieder stetig ist:** Um uns diese Definition zu verdeutlichen, betrachten wir ein paar Beispiele.

▶ **Beispiel 34**  Die Funktionen

$$f(x, y) = x^2 + y^2, \ g(x, y, z) = x^4 + \frac{2x^2}{y^2 + 1} + z,$$

$$h(x, y) = 4x^3y - 3xy^2 + 2y + 11, \ l(x, y) = \cos(xy)$$

sind stetig, da sie aus stetigen Funktionen zusammengesetzt sind.         ∎

Merke also: Um eine Funktion mehrerer Veränderlicher auf Stetigkeit zu untersuchen, sollte man zunächst einmal überprüfen, ob sie aus stetigen Funktionen zusammengesetzt sind. Daraus folgt dann die Stetigkeit der Funktion selbst.

---

**Erklärung**

**Zum Satz 2.2, dass die Zusammensetzung Lipschitz-stetiger Funktionen wieder
Lipschitz-stetig ist:** Dieser Satz kann als eine Art Erweiterung von Satz 2.1 ange-
sehen werden, wir wissen nun also, dass auch die Verknüpfung von zwei Lipschitz-
stetigen Funktionen wieder Lipschitz-stetig ist. Das kann man vor allem gut bei
Resultaten, die Lipschitz-Stetigkeit voraussetzen, benutzen (dies werden wir im
Kap. 6 über gewöhnliche Differentialgleichungen sehen).

---

**Erklärung**

**Zum Stetigkeitskriterium (Satz 2.3):** Dieses Stetigkeitskriterium liefert ein nettes
Kriterium, mit dem man ebenfalls Abbildungen auf Stetigkeit oder Nicht-Stetigkeit
untersuchen kann und zeigt, dass die Ausführungen in Kap. 1 nicht umsonst waren.

▶ **Beispiel 35**  Die Stetigkeit einer Abbildung sagt nichts über die Bilder offener
Mengen aus. Das heißt, die Bilder offener Mengen können durchaus abgeschlossen sein, so wie die Bilder abgeschlossener Mengen auch offen sein können. Dazu
betrachte man beispielsweise die Funktionen $f(x) = 1$ und $g(x) = \arctan(x)$. Es
ist falsch zu sagen, dass abgeschlossen das Gegenteil von offen ist.         ∎

Stetige Bilder offener Mengen brauchen keineswegs offen sein, sondern können alles
Mögliche sein: offen, abgeschlossen oder auch keins von beiden. Bedenkt das bitte
immer!

---

**Erklärung**

**Zum Satz 2.4:** Dieser Satz sagt einfach nur aus, dass die Bilder kompakter Mengen
unter stetigen Abbildungen wieder kompakt sind.

---

**Erklärung**

**Zum Satz 2.5:** Hier nur soviel: Sowohl Satz 2.4 als auch Satz 2.5 gelten für topologische Räume.

Als kleine Übungsaufgabe zu diesem Satz beweist einmal Folgendes: Seien
$(M, d)$ ein metrischer Raum, $X \subset M$ eine Teilmenge und $x \in M$. Wir definieren den Abstand des Punktes $x$ von der Menge $X$ als die „Distanz"

$$\text{dist}(x, X) := \inf\{d(x, y) : y \in X\}.$$

Sei $K$ eine weitere Teilmenge von $M$. Hierfür definieren wir

$$\text{dist}(K, X) := \inf\{\text{dist}(x, X) : x \in K\}.$$

Nun zeigt: Sind $X$ abgeschlossen, $K$ kompakt und $X \cap K = \emptyset$, so ist $\text{dist}(K, A) > 0$. Kleiner Tipp: Um Satz 2.5 anwenden zu können, so müsst ihr erst einmal die Stetigkeit der Abbildung $x \mapsto \text{dist}(x, X)$ nachweisen.

---

**Erklärung**

**Zum Satz 2.6:** Dieser Satz sagt aus, dass stetige Abbildungen auf kompakten Mengen sogar gleichmäßig stetig sind.

---

**Erklärung**

**Zum Banach'schen Fixpunktsatz (Satz 2.7):** Der Fixpunktsatz von Banach ist ein sehr mächtiges Werkzeug, das wir jetzt zur Verfügung haben. Die Aussage an sich ist klar. Der Beweis sollte, hoffentlich, auch verständlich gewesen sein. Merkt euch unter anderem, dass man bei Eindeutigkeitsbeweisen dies immer so macht: Man nimmt an, es gibt beispielsweise wie hier zwei Fixpunkte und zeigt, dass diese gleich sind. Mehr sei an dieser Stelle nicht gesagt. Wenn ihr das Buch aufmerksam weiter lest, so werdet ihr die Stellen finden, an denen wir den Fixpunktsatz verwenden.

▶ **Beispiel 36**

- Seien $M := (0, \infty) \subset \mathbb{R}$ und $f : M \to M$ definiert durch

$$f(x) = \frac{1}{2}x.$$

Die Abbildung besitzt offenbar keinen Fixpunkt auf $(0, \infty)$ (dies ist schon rein anschaulich klar, denn $f$ ist eine Ursprungsgerade mit Steigung $1/2$.), aber es gilt:

$$|f(x) - f(y)| = \left|\frac{1}{2}x - \frac{1}{2}y\right| = \frac{1}{2}|x - y| \quad \forall x, y \in M.$$

- Seien nun $M = [0, \infty)$ und $f : M \to M$ definiert durch

$$f(x) = \frac{\pi}{2} + x + \arctan(x).$$

Der Mittelwertsatz aus der Analysis 1 sagt uns, dass $f$ keine Kontraktion ist und daher Satz 2.7 nicht anwendbar ist, denn es gilt:

$$|f(x) - f(y)| = \left|1 - \frac{1}{(1 + \xi)^2}\right| \cdot |x - y| < |x - y|.$$

Weitere Beispiele folgen im Buch. Geht auf Entdeckungstour. ∎

Eine Anwendung in einigen Beweisen werden wir in diesem Buch ebenfalls noch entdecken.

---

**Erklärung**

**Zum Satz 2.8:** Sind $V$ und $W$ endlichdimensionale Vektorräume, so lässt sich jede lineare Abbildung als Matrix darstellen. Da die Matrix nur aus endlich vielen Konstanten besteht, folgt aus den Grenzwertsätzen sofort die Stetigkeit einer Abbildung $L : V \to W$, das heißt zusammengefasst, dass lineare Abbildungen zwischen endlichdimensionalen Vektorräumen stetig sind. Der Satz 2.8 gibt nun eine Verallgemeinerung auch auf unendlichdimensionale Vektorräume.

▶ **Beispiel 37** Um die Stetigkeit eines linearen Operators zu zeigen, reicht es also nachzuweisen, dass er beschränkt ist. Wir zeigen: Die Abbildung

$$D : \mathcal{C}^1[a, b] \to \mathcal{C}[a, b], \ f \mapsto f',$$

wird stetig, wenn man $\mathcal{C}^1[a, b]$ mit der $|| \cdot ||_{\mathcal{C}^1}$, das heißt $||f||_{\mathcal{C}^1} := \sup\{|f(x)| + |f'(x)| : x \in [a, b]\}$ und $\mathcal{C}[a, b]$ mit der Supremumsnorm $||f||_\infty := \sup\{|f(x)| : x \in [a, b]\}$ versieht.

Was macht der Operator? Der Operator nimmt sich einfach eine Funktion und bestimmt die Ableitung.

Aus den Ableitungsregeln folgt sofort, dass $D$ linear ist. Nach dem Satz 2.8 reicht es also zu zeigen, dass eine Konstante $C \geq 0$ existiert, sodass

$$||D(f)||_\infty \leq C||f||_{\mathcal{C}^1} \quad f \in \mathcal{C}^1[a, b].$$

Dies ist aber klar, denn für alle $f \in \mathcal{C}^1[a, b]$ gilt:

$$\begin{aligned}
||D(f)||_\infty &= \sup\{|f'(x)| : x \in [a, b]\} \\
&\leq \sup\{\underbrace{|f(x)|}_{\geq 0} + |f'(x)| : x \in [a, b]\} \\
&= \underbrace{1}_{=:C} \cdot ||f||_{\mathcal{C}^1}.
\end{aligned}$$

Also ist $D$ stetig.                                                          ∎

# Differenzierbare Abbildungen

**3**

## Inhaltsverzeichnis

In diesem Kapitel wollen wir uns schrittweise anschauen, wie wir den Begriff der Differenzierbarkeit für reelle Funktionen der Form $f : \mathbb{R} \to \mathbb{R}$ aus der Analysis 1 auf die weitaus größere Klasse von Abbildungen zwischen Banach-Räumen, insbesondere Abbildungen der Form $f : \mathbb{R}^n \to \mathbb{R}^m$, verallgemeinern können. Wie im letzten Kapitel halten wir es hier auch wieder: Die Definitionen sind für allgemeine Banach-Räume definiert und bei den Beispielen in den Erklärungen verwenden wir nur den $\mathbb{R}^n$.

## 3.1 Definitionen

Einige der folgenden Definitionen führen wir für allgemeine Banach-Räume ein. Bis jetzt haben wir zwar meistens nur Abbildungen der Form $f : \mathbb{R}^m \to \mathbb{R}^n$ betrachtet, aber dies ist dann einfach nur ein Spezialfall unserer Definitionen. Man sollte sich schnell an die Allgemeinheit gewöhnen :-).

> **Definition 3.1 (differenzierbare Abbildung, Differential)**
> Seien $(V, || \cdot ||_V)$ und $(W, || \cdot ||_W)$ zwei Banach-Räume, $\Omega \subset V$ offen und $f : \Omega \to W$ eine Abbildung. Dann heißt $f$ im Punkt $x_0 \in \Omega$ **(total) differen-**

© Springer-Verlag GmbH Deutschland, ein Teil von Springer Nature 2019
F. Modler und M. Kreh, *Tutorium Analysis 2 und Lineare Algebra 2,*
https://doi.org/10.1007/978-3-662-59226-7_3

**zierbar,** wenn es eine beschränkte (also stetige) lineare Abbildung $L : V \to W$ gibt, sodass

$$\lim_{x \to x_0} \frac{\|f(x) - f(x_0) - L(x - x_0)\|_W}{\|x - x_0\|_V} = 0.$$

In diesem Fall nennen wir die Abbildung $L$ das **Differential** oder auch **Ableitung** an der Stelle $x_0$ und schreiben hierfür $Df(x_0)$. $f$ heißt (total) differenzierbar in $\Omega$, wenn sie in jedem $x_0 \in \Omega$ (total) differenzierbar ist. Ist $f$ in jedem Punkt $x_0 \in \Omega$ differenzierbar und hängt $Df(x_0)$ stetig von $x_0$ ab, so heißt $f$ in $\Omega$ **stetig differenzierbar.** Wir setzen

$$\mathcal{C}^1(\Omega, W) := \{f : \Omega \to W : f \text{ ist in } \Omega \text{ stetig differenzierbar}\}.$$

**Anmerkung** Für Abbildungen $f : V \to W$ zwischen endlichdimensionalen Banach-Räumen ist die Forderung der Beschränktheit redundant, da man zeigen kann, dass lineare Abbildungen in diesem Fall automatisch schon beschränkt sind. Genauer gilt dies nur für stetige Abbildungen, aber lineare Abbildungen zwischen endlichdimensionalen Banach-Räumen sind immer stetig.

Satz 3.2 sagt uns, dass die Ableitung, wenn sie existiert, eindeutig ist.

**Definition 3.2 (Richtungsableitung)**
Seien $V, W$ Banach-Räume und $\Omega \subset V$ offen. Wir sagen eine Abbildung $f : \Omega \to W$ besitzt an der Stelle $x_0 \in \Omega$ eine **Richtungsableitung** in Richtung $v \in V$, wenn der Grenzwert

$$\lim_{t \to 0} \frac{f(x_0 + tv) - f(x_0)}{t}$$

existiert. In diesem Fall bezeichnen wir den Grenzwert mit $D_v f(x_0)$, und dieser heißt die Richtungsableitung von $f$ im Punkt $x_0$ in Richtung $v$.

**Definition 3.3 (partielle Ableitung)**
$\Omega$ sei eine offene Teilmenge des $\mathbb{R}^n$, $W$ ein Banach-Raum und $f : \Omega \to W$ eine Abbildung. $f$ heißt in $x_0 \in \Omega$ nach der $j$-ten Variablen **partiell differenzierbar,** wenn $f$ an der Stelle $x_0$ eine Richtungsableitung in Richtung $e_j$ besitzt. Hierbei ist $(e_1, \ldots, e_n)$ die Standardbasis des $\mathbb{R}^n$. Die entsprechende Ableitung wird dann mit $D_j f(x_0)$ oder auch mit $\frac{\partial f}{\partial x_j}(x_0)$ bezeichnet.

**Anmerkung** Ab und an schreiben wir auch $f_{x_j}(x_0)$ für die partielle Ableitung nach $x_j$ oder $\partial_{x_j} f(x_0)$.

**Definition 3.4 (Gradient)**
Seien $\Omega \subset \mathbb{R}^n$ offen und $f : \Omega \to \mathbb{R}$ in $x_0 \in \Omega$ partiell differenzierbar. Der **Gradient** von $f$ an der Stelle $x_0$ ist der Vektor

$$\operatorname{grad} f(x_0) := \nabla f(x_0) := \sum_{i=1}^{n} \frac{\partial f}{\partial x_i}(x_0) e_i.$$

**Definition 3.5 (Jacobi-Matrix)**
Ist $f : \Omega \to \mathbb{R}^m$ mit $\Omega \subset \mathbb{R}^n$ in $x_0 \in \Omega$ differenzierbar, so nennt man die Matrix

$$J_f(x_0) := \left( \frac{\partial f_i}{\partial x_j}(x_0) \right)_{i=1,\ldots,m,\, j=1,\ldots,n}$$

die **Jacobi-Matrix** von $f$ an der Stelle $x_0$.

**Definition 3.6 (zweimal differenzierbar)**
$V$ und $W$ seien Banach-Räume, $\Omega \subset V$ offen und $f : \Omega \to W$ differenzierbar in $\Omega$. Ist dann die Abbildung $Df : \Omega \to L(V, W)$ in $x_0 \in \Omega$ differenzierbar, so heißt $f$ an der Stelle $x_0$ **zweimal differenzierbar** und wir schreiben $D^2 f(x_0)$ für $(D(Df))(x_0)$. Es ist $D^2 f(x_0) \in L(V, L(V, W))$.

**Definition 3.7 (höhere Ableitung)**
Für zwei Banach-Räume $V$ und $W$, eine offene Teilmenge $\Omega \subset V$ und $k \in \mathbb{N}_0$ setzen wir

$$\mathcal{C}^k(\Omega, W) := \{f : \Omega \to W : f \text{ ist in } \Omega \ k\text{-mal stetig differenzierbar}\}$$

sowie

$$\mathcal{C}^\infty(\Omega, W) := \bigcap_{k \in \mathbb{N}_0} \mathcal{C}^k(\Omega, W).$$

**Anmerkung**  Wir wollen kurz bemerken, wieso die Definitionen 3.6 und 3.7 Sinn machen.

Es bezeichne $L(V, W)$ den Raum aller stetigen linearen Abbildungen von $V$ nach $W$. Für jedes $x \in \Omega$ ist $Df(x) \in L(V, W)$. Nun ist aber $L(V, W)$ mit der Operatornorm selbst wieder ein Banach-Raum. Daher können wir untersuchen, ob die Abbildung

$$Df : \Omega \to L(V, W), \ x \mapsto Df(x)$$

differenzierbar ist.

Zu den höheren Ableitungen: Ist $A \in L(V, L(V, W))$, so ergibt sich durch

$$\tilde{A}(v_1, v_2) = (A(v_1))(v_2), \ v_1, v_2 \in V$$

eine bilineare stetige Abbildung $\tilde{A} : V \times V \to W$. Für die Norm gilt

$$\|A\|_{L(V, L(V,W))} = \sup_{\|x\|_V = 1} \|A(x)\|_{L(V,W)}$$

$$= \sup_{\|x\|_V = 1} \left( \sup_{\|y\|_V = 1} \|(A(x))(y)\|_W \right)$$

$$= \sup_{\|x\|_V = \|y\|_V = 1} \|\tilde{A}(x, y)\|_W$$

Dies bedeutet, dass wir für eine in $x_0 \in \Omega$ zweimal differenzierbare Abbildung $f : \Omega \to W$ die zweite Ableitung $D^2 f(x_0)$ als eine stetige Bilinearform auf $V$ mit Werten in $W$ auffassen werden.

## 3.2    Sätze und Beweise

**Satz 3.1  (Linearität der Ableitung)**
*Gegeben seien zwei Abbildungen $f, g : \Omega \to W$, die in $x_0 \in \Omega$ differenzierbar sind und eine Konstante $\lambda \in \mathbb{R}$. Dann sind auch die Abbildungen $f + g$, $\lambda f$ in $x_0$ differenzierbar mit*

$$D(f + g)(x_0) = Df(x_0) + Dg(x_0), \ D(\lambda f)(x_0) = \lambda Df(x_0).$$

**Satz 3.2  (Eindeutigkeit der Ableitung)**
*$f : \Omega \to W$ sei wie in Definition 3.1. Dann ist $L$ eindeutig bestimmt.*

▶ **Beweis** Angenommen, es gibt zwei beschränkte lineare Operatoren $L$ und $L'$ mit dieser Eigenschaft. Wir zeigen nun, dass dann schon $L = L'$ gelten muss. Wir erhalten sofort

$$\frac{\|(L - L')(x - x_0)\|_W}{\|x - x_0\|_V}$$

$$= \frac{\|f(x) - f(x_0) - L'(x - x_0) - (f(x) - f(x_0) - L(x - x_0))\|_W}{\|x - x_0\|_V}$$

$$\leq \frac{\|f(x) - f(x_0) - L'(x - x_0)\|_W}{\|x - x_0\|_V} + \frac{\|f(x) - f(x_0) - L(x - x_0)\|_W}{\|x - x_0\|_V}.$$

Die rechte Seite strebt für $x \to x_0$ gegen Null. Daher existiert zu $\varepsilon > 0$ ein $\delta > 0$, sodass

$$\left\| (L - L') \left( \frac{x - x_0}{\|x - x_0\|_V} \right) \right\|_W \leq \varepsilon \quad \forall x \in \Omega \quad \text{mit } 0 < \|x - x_0\|_V < \delta.$$

Da $\Omega$ nach Voraussetzung offen ist, existiert ein $r > 0$ mit $U(x_0, r) \subset \Omega$. Sei $y \in V$ mit $\|y\|_V = 1$ beliebig. Dann finden wir hierzu ein $x$, zum Beispiel mit $x := x_0 + \min\{\delta/2, r/2\}y$, mit

$$x \in \Omega, \ 0 < \|x - x_0\|_V < \delta, \ \frac{x - x_0}{\|x - x_0\|_V} = y.$$

Somit ist

$$\|(L - L')(y)\|_W \leq \varepsilon \quad \forall y \in V, \ \|y\|_V = 1.$$

Da $\varepsilon > 0$ beliebig war, und $L - L'$ auch linear ist, folgt hieraus die Behauptung, denn

$$L - L' = 0 \Leftrightarrow L = L'.$$

q.e.d.

---

**Satz 3.3 (differenzierbare Abbildungen sind stetig)**
*Die Abbildung $f : \Omega \to W$ sei differenzierbar in $x_0 \in \Omega$. Dann ist $f$ in $x_0$ auch stetig.*

---

▶ **Beweis** Zum Beweis verwenden wir die Definition 3.1 und die der Stetigkeit (Definition 2.4). Sei $f$ differenzierbar, das heißt, es gibt ein $L$ mit

$$\lim_{x \to x_0} \frac{\|f(x) - f(x_0) - L(x - x_0)\|_W}{\|x - x_0\|_V} = 0.$$

Dann existiert ein $\delta > 0$ mit

$$||f(x) - f(x_0) - L(x - x_0)||_W \leq ||x - x_0||_V \quad \forall x \in \Omega, \ ||x - x_0||_V < \delta.$$

Aus der Dreiecksungleichung (hier haben wir genauer die inverse Drei-
ecksungleichung verwendet, also $|a - b| \geq ||a| - |b||$) ergibt sich nun

$$||f(x) - f(x_0)||_W \leq ||x - x_0||_V + ||L(x - x_0)||_W, \quad \forall x \in \Omega, \ ||x - x_0||_V < \delta.$$

Die rechte Seite lässt sich mit der Operatornorm (Supremumsnorm, siehe
auch das Beispiel 1 aus Kap. 1) $||L||$ weiter abschätzen zu

$$||f(x) - f(x_0)||_W \leq (1 + ||L||)||x - x_0||_V, \quad \forall x \in \Omega, \ ||x - x_0||_V < \delta.$$

Da nach Voraussetzung $||L|| < \infty$ gilt, existiert eine Konstante $C > 0$ mit

$$||f(x) - f(x_0)||_W \leq C||x - x_0||_V, \quad \forall x \in \Omega, \ ||x - x_0||_V < \delta.$$

Dies ist gerade die Definition der Lipschitz-Stetigkeit und damit folgt die
Behauptung.                                                                    q.e.d.

---

**Satz 3.4 (Kettenregel)**
$(U, ||\cdot||_U)$, $(V, ||\cdot||_V)$ und $(W, ||\cdot||_W)$ *seien Banach-Räume, $\Omega \subset U$ und
$\tilde{\Omega} \subset V$ jeweils offen. Sind $f : \Omega \to V$, $g : \tilde{\Omega} \to W$ Abbildungen mit
$f(\Omega) \subset \tilde{\Omega}$, und sind $f$ in $x_0 \in \Omega$ und $g$ in $f(x_0) \in \tilde{\Omega}$ differenzierbar, so
ist auch die Verkettung $g \circ f : \Omega \to W$ in $x_0$ differenzierbar, und es gilt die
Gleichung*

$$D(g \circ f)(x_0) = Dg(f(x_0)) \circ Df(x_0). \tag{3.1}$$

---

**Satz 3.5 (Mittelwertungleichung)**
*$W$ sei ein Banach-Raum und $f : [a, b] \to W$ eine stetige Abbildung, die auf
$(a, b)$ differenzierbar sei mit $||Df(x)|| \leq M$ für alle $x \in (a, b)$. Dann gilt:*

$$||f(x) - f(y)|| \leq M|x - y| \quad \forall x, y \in (a, b).$$

**Satz 3.6 (Zusammenhang zwischen Differential und Richtungsableitung)**
*$V$, $W$ seien zwei Banach-Räume, $\Omega \subset V$ sei offen und $f : \Omega \to W$ in $x_0 \in \Omega$
differenzierbar. Dann existieren in $x_0$ sämtliche Richtungsableitungen, und es
ist*

$$Df(x_0)(v) = D_v f(x_0).$$

**Satz 3.7**
*Es sei $\Omega \subset \mathbb{R}^n$ offen. Dann ist eine Abbildung $f : \Omega \to \mathbb{R}^m$ genau dann
in $\Omega$ stetig differenzierbar, wenn in jedem Punkt $x_0 \in \Omega$ sämtliche partiellen
Ableitungen $\frac{\partial f^i}{\partial x^j}(x)$, $i = 1, \ldots, m$, $j = 1, \ldots, n$ existieren und jeweils stetig
von $x$ abhängen. Hierbei ist $f^j : \Omega \to \mathbb{R}$ die $j$-te Koordinatenfunktion von
$f$. Insbesondere gilt für das Differential $Df(x)$ die Gleichung*

$$Df(x)(v) = J_f(x) \cdot v^T,$$

*wobei wir mit $J_f(x)$ die Jacobi-Matrix von $f$ bezeichnen (siehe Definition
3.5).*

**Satz 3.8 (Lemma von Schwarz)**
*$V$ und $W$ seien zwei Banach-Räume, $\Omega \subset V$ offen und $f : \Omega \to W$
sei in $x_0 \in \Omega$ zweimal stetig differenzierbar. Dann ist die stetige bilineare
Abbildung $D^2 f(x_0) := V \times V \to W$ symmetrisch, das heißt, es gilt:*

$$D^2 f(x_0)(v_1, v_2) = D^2 f(x_0)(v_2, v_1) \; \forall v_1, v_2 \in V.$$

**Satz 3.9**
*Eine Abbildung $f : \Omega \to W$ ist genau dann in $\Omega$ zweimal stetig differenzierbar,
wenn sie dort zweimal partiell differenzierbar ist und sämtliche partiellen
Ableitungen dort stetig sind.*

**Satz 3.10** (Taylor'sche Formel)

*$V$ sei ein Banach-Raum, $\Omega \subset V$ offen und $f \in \mathcal{C}^k(\Omega, \mathbb{R})$. Für ein $x_0 \in \Omega$ und $t \in V$ gelte*

$$\{x_0 + rt \ \text{für} \ r \in [0, 1]\} \subset \Omega.$$

*Dann existiert ein $\theta \in [0, 1]$, sodass*

$$f(x_0 + t) = f(x_0) + Df(x_0)(t) + \frac{1}{2!}D^2 f(x_0)(t, t) + \ldots$$

$$\ldots + \frac{1}{(k-1)!}D^{k-1} f(x_0) \underbrace{(t, \ldots, t)}_{(k-1)-mal} + \frac{1}{k!}D^k f(x_0 + \theta t) \underbrace{(t, \ldots, t)}_{k-mal}.$$

▶ **Beweis** Wir betrachten die Funktion

$$g : [0, 1] \to \mathbb{R}, \ g(r) := f(x_0 + rt).$$

Die Voraussetzung $f \in \mathcal{C}^k(\Omega, \mathbb{R})$ und die Kettenregel implizieren per Induktion, dass $g$ $k$-mal stetig differenzierbar ist. Induktiv erhalten wir für die Ableitungen

$$g^{(j)}(r) = D^j f(x_0 + rt)(t, \ldots, t). \tag{3.2}$$

Da $g$ nur von einer Variablen abhängt, können wir die aus der Analysis 1 bereits bekannte Taylor-Formel benutzen und erhalten so

$$g(1) = \sum_{j=0}^{k-1} \frac{1}{j!}g^{(j)}(0) + \frac{1}{k!}g^{(k)}(\theta) \tag{3.3}$$

für ein $\theta \in [0, 1]$. Kombinieren wir die beiden Gl. (3.2) und (3.3), so liefert dies die Behauptung.                                                                    q.e.d.

## 3.3    Erklärungen zu den Definitionen

**Erklärung**

**Zur Definition 3.1 einer differenzierbaren Abbildung:** Wir erinnern uns zunächst einmal an die Definition einer differenzierbaren reellen Funktion. Eine Funktion $f : D \to \mathbb{R}$ mit $D \subset \mathbb{R}$ ist genau dann differenzierbar im Punkt $x_0 \in D$, wenn der Grenzwert

$$\lim_{x \to x_0} \frac{f(x) - f(x_0)}{x - x_0}$$

existiert. Diesen Grenzwert bezeichnen wir mit $f'(x_0)$ und nennen ihn die Ableitung von $f$ an der Stelle $x_0$. $f$ ist also genau dann an der Stelle $x_0$ differenzierbar, wenn es eine Konstante $a \in \mathbb{R}$ gibt mit

$$\lim_{x \to x_0} \frac{|f(x) - f(x_0) - a(x - x_0)|}{|x - x_0|} = 0.$$

In diesem Fall ist $a$ die Ableitung, das heißt, $a = f'(x_0)$. Die letzte Gleichung haben wir in [MK18] auch noch so interpretiert, dass sich die Funktion $f$ an der Stelle $x_0$ durch die lineare Funktion

$$x \mapsto a(x - x_0)$$

approximieren lässt. Es gilt dann nämlich

$$f(x) = f(x_0) + a(x - x_0) + \rho(x)$$

mit einer Restfunktion $\rho : D \to \mathbb{R}$, welche

$$\lim_{x \to x_0} \frac{\rho(x)}{x - x_0} = 0$$

erfüllt. Dieses Konzept motiviert unsere Definition 3.1. Sei jetzt nämlich eine Abbildung

$$f : \mathbb{R}^n \to \mathbb{R}^m$$

gegeben. Ist $(e_1, \ldots, e_n)$ eine Basis des $\mathbb{R}^n$, so kann man mit Wissen aus der Linearen Algebra 1 jeden Vektor $x \in \mathbb{R}^n$ als Linearkombination der Basisvektoren darstellen, das heißt,

$$x = \sum_{i=1}^{n} x_i e_i,$$

wobei die Koeffizienten $x_1, \ldots, x_n$ reelle Zahlen sind. Wir nennen diese Koeffizienten die Koordinaten von $x$ bzgl. der Basis $(e_1, \ldots, e_n)$. Wählt man die Standardbasis, so nennen wir die Koordinaten die kartesischen Koordinaten von $x$. Der Koordinatenvektor von $x$ schreibt sich demnach in Zeilen- oder Spaltenform, das heißt,

$$x = (x_1, \ldots, x_n) \quad \text{oder} \quad x = \begin{pmatrix} x_1 \\ \vdots \\ x_n \end{pmatrix},$$

je nachdem, ob wir Vektoren in Zeilen- oder Spaltenform schreiben wollen. Sind $x_1, \ldots, x_n$ Koordinaten eines Vektors $x \in \mathbb{R}^n$ bezüglich einer Basis $(e_1, \ldots, e_n)$, so schreiben wir

$$f(x_1, \ldots, x_n) := f\left( \sum_{i=1}^{n} x_i e_i \right) = f(x).$$

Ist $(\tilde{e}_1, \ldots, \tilde{e}_m)$ eine Basis der Zielmenge $\mathbb{R}^m$, so lässt sich $f(x)$ auch in der Form

$$f(x) = \sum_{j=1}^{m} f_j(x)\tilde{e}_j$$

schreiben. Die Funktion

$$x \mapsto f_j(x)$$

nennen wir die $j$-te Koordinatenfunktion von $f$.

In Analogie zu der differenzierbaren Funktion $f : \mathbb{R} \to \mathbb{R}$ würde es jetzt also durchaus Sinn machen, wenn wir $f : \mathbb{R}^n \to \mathbb{R}^m$ genau dann im Punkt $x_0 \in \mathbb{R}^n$ differenzierbar nennen, wenn es eine reelle $(m \times n)$-Matrix gäbe, für die

a)

$$\lim_{x \to x_0} \frac{\|f(x) - f(x_0) - A \cdot (x - x_0)\|}{\|x - x_0\|} = 0,$$

falls wir $x$ und $f(x)$ jeweils als Spaltenvektoren auffassen, oder

b)

$$\lim_{x \to x_0} \frac{\|f(x) - f(x_0) - (x - x_0) \cdot A^T\|}{\|x - x_0\|} = 0,$$

falls wir $x$ und $f(x)$ jeweils als Zeilenvektoren betrachten, oder

c)

$$\lim_{x \to x_0} \frac{\|f(x) - f(x_0) - A \cdot (x - x_0)^T\|}{\|x - x_0\|} = 0,$$

falls wir $x$ als einen Zeilenvektor und $f(x)$ als einen Spaltenvektor auffassen. Das hat etwas mit der Definition der Matrizenmultiplikation zu tun, wie ihr euch sicherlich erinnert :-).

Mit dem Punkt „$\cdot$" meinen wir natürlich das übliche Matrizenprodukt aus der Linearen Algebra 1. Leider gibt es für beide Schreibweisen gute Gründe. Bei der Zeilenform beispielsweise ist die Schreibweise übersichtlicher und spart Platz. Also gut für uns, denn so können wir hier in diesem Buch mehr schreiben. Da wir das Differential einer differenzierbaren Abbildung aber eher durch eine Matrix darstellen werden, die von links mit dem Vektor in üblicher und bekannter Weise multipliziert wird, bietet sich andererseits die Schreibweise in Spaltenform an. Kurz gesagt: Wir werden zwischen allen drei Schreibweisen in diesem Buch hin und her springen und alle einmal oder mehrmals benutzen. Dieser Ansatz motiviert unsere Definition 3.1.

Wir wollen diese Definition noch an ein paar Beispielen einüben.

▶ **Beispiel 38**

- Die Abbildung $f : V \to W$, wobei $V$ und $W$ die Banach-Räume aus Definition 3.1 sind, sei konstant, das heißt, $f(x) = c$ für ein festes $c \in W$. Dann behaupten wir, dass $f$ überall differenzierbar ist und das Differential $Df(x) = 0$ lautet. Dies ist einfach und folgt sofort aus der obigen Definition, denn es gilt:

$$f(x) - f(x_0) - 0(x - x_0) = 0,$$

sodass dann

$$\lim_{x \to x_0} \frac{\|f(x) - f(x_0) - L(x - x_0)\|_W}{\|x - x_0\|_V} = 0$$

gilt. Bei uns ist also $L = Df(x) = 0$.

- Wir beweisen: Eine lineare Abbildung $L : V \to W$ ist genau dann differenzierbar, wenn sie beschränkt ist, und in diesem Fall gilt $DL(x) = L$ für alle $x \in V$. Dies sieht man so: Da $L$ linear ist, erhalten wir

$$L(x) - L(x_0) - L(x - x_0) = L(x) - L(x_0) - L(x) + L(x_0) = 0,$$

und hieraus ergibt sich sofort die Behauptung, wenn man sich an die Definition 3.1 der Differenzierbarkeit erinnert.

- Wir betrachten nun das bekannte Beispiel

$$f : \mathbb{R} \to \mathbb{R}, \ f(x) = ax.$$

Bekanntlich gilt $f'(x) = a$ für alle $x \in \mathbb{R}$. Wie verträgt sich dies aber mit unserer verallgemeinerten Definition 3.1? Eigentlich ganz einfach, denn wir können die Konstante $a \in \mathbb{R}$ ja als eine $(1 \times 1)$-Matrix auffassen und so ist wieder alles im Lot.

- Das nächste Beispiel greift ein wenig vor. Wir werden in Definition 3.5 und den entsprechenden Erklärungen dazu noch einmal erklären, wie wir auf die Matrix $J_f(x) = (x_2, x_1)$ kommen. Also noch etwas Geduld. Aber nun zum Beispiel: Wir behaupten, dass die Abbildung

$$f : \mathbb{R}^2 \to \mathbb{R}, \ f\left(\begin{pmatrix} x_1 \\ x_2 \end{pmatrix}\right) = x_1 x_2$$

differenzierbar ist und $Df(x)$ durch die Multiplikation von links mit der Matrix

$$J_f = (x_2, x_1)$$

dargestellt wird. Hierbei seien $x_1, x_2 \in \mathbb{R}$ die kartesischen Koordinaten von $x \in \mathbb{R}^2$. Schreiben wir

$$f(x_1, x_2) = x_1 x_2$$

dagegen in Zeilenform, so wird $Df(x)$ durch die Multiplikation von rechts mit
der Matrix $J_f(x)^T$ dargestellt, denn es gilt:

$$\left(J_f(x) \cdot v^T\right)^T = v \cdot J_f(x)^T.$$

Dies wollen wir schnell nachweisen. Schreiben wir die Vektoren in Spaltenform,
so ergibt sich

$$f(x) - f(y) - J_f(y) \cdot (x - y)$$
$$= x_1 x_2 - y_1 y_2 - (y_2, y_1) \cdot \begin{pmatrix} x_1 - y_1 \\ x_2 - y_2 \end{pmatrix}$$
$$= x_1 x_2 - y_1 y_2 - y_2 x_1 + y_2 y_1 - y_1 x_2 + y_1 y_2$$
$$= x_1 x_2 + y_1 y_2 - y_2 x_1 - y_1 x_2$$
$$= (x_1 - y_1)(x_2 - y_2).$$

Demnach gilt:

$$\frac{\|f(x) - f(y) - Df(y)(x - y)\|}{\|x - y\|} \leq \frac{|x_1 - y_1| \cdot |x_2 - y_2|}{\|x - y\|}$$
$$\leq \frac{1}{2} \cdot \frac{(x_1 - y_1)^2 + (x_2 - y_2)^2}{\|x - y\|}$$
$$\leq \|x - y\| \to 0, \quad \text{für} \quad x \to y.$$

Damit ist alles gezeigt.
Dies soll an Beispielen genügen.                                                      ∎

In den folgenden Erklärungen zu den Definitionen und Sätzen werden wir natürlich
weitaus praktischere Werkzeuge kennenlernen, um eine Funktion auf Differenzierbarkeit zu untersuchen und dessen Differential zu bestimmen. Das ist so wie in
Analysis 1. Wenn man nur die Definition der Differenzierbarkeit hat, muss man erst
einmal damit arbeiten und sich zunächst einfachere Dinge überlegen.

---

**Erklärung**

**Zur Definition 3.2 der Richtungsableitung:** Die Definition ist wie folgt motiviert:
Wir betrachten die Situation, dass $f : V \to W$ eine Abbildung zwischen Banach-
Räumen und $x_0 \in V$ fest gewählt ist. Dann erhalten wir für jedes $v \in V$ eine
Abbildung

$$u_v : \mathbb{R} \to W, \ u_v(t) := f(x_0 + tv).$$

Ist $u_v$ an der Stelle $t = 0$ differenzierbar, so beschreibt $\dot{u}_v(0)$ die Ableitung von
$f$ in Richtung $v$. Dies ist auch klar. Denn wir laufen quasi zeitabhängig auf der
Abbildung in eine bestimmte Richtung $v$. Satz 3.6 zeigt, dass dies mit der oben
definierten Ableitung (siehe Definition 3.1) übereinstimmt. Partielle Ableitungen

sind also nur Spezialfälle von Richtungsableitungen. Ist eine Funktion $f : \mathbb{R}^2 \to \mathbb{R}$ durch $(x, y) \mapsto f(x, y)$ gegeben, und wollen wir die partielle Ableitung nach $x$ berechnen, so leiten wir quasi in Richtung des Einheitsvektors $e_1 = (1, 0)$ ab. Leiten wir $f$ partiell nach $y$ ab, so ist dies nichts anderes als die partielle Ableitung von $f$ in Richtung der $y$-Achse, also in Richtungs des Einheitsvektors $e_2 = (0, 1)$. Betrachten wir ein Beispiel.

▶ **Beispiel 39**  Seien $a \in \mathbb{R}^3$ ein Vektor im $\mathbb{R}^3$ und $f : \mathbb{R}^3 \to \mathbb{R}^3$ die Abbildung $f(v) := a \times v$. Hierbei ist für zwei Vektoren

$$a = \begin{pmatrix} a_1 \\ a_2 \\ a_3 \end{pmatrix}, \ v = \begin{pmatrix} v_1 \\ v_2 \\ v_3 \end{pmatrix}$$

das Kreuzprodukt $\times$ definiert als

$$a \times v := \begin{pmatrix} a_2 v_3 - a_3 v_2 \\ a_3 v_1 - a_1 v_3 \\ a_1 v_2 - a_2 v_1 \end{pmatrix}.$$

Es gilt nun:

$$
\begin{aligned}
D_v f(x_0) &= \lim_{t \to 0} \frac{f(x_0 + tv) - f(x_0)}{t} \\
&= \lim_{t \to 0} \frac{a \times (x_0 + tv) - a \times x_0}{t} \\
&= \lim_{t \to 0} \frac{ta \times v}{t} \\
&= a \times v.
\end{aligned}
$$

Wir haben also gesehen, dass die Richtungsableitung von $f$ in Richtung eines Vektors $v$ mit der eigentlichen Abbildung übereinstimmt.  ∎

---

**Erklärung**

**Zur Definition 3.3 der partiellen Ableitung:** Wir hatten ja gesehen, dass wir nun Funktionen mehrerer Veränderlicher betrachten. Das heißt, unsere Funktionen besitzen mehrere Variablen. Also können wir ja auch einfach nur nach einer Variablen ableiten. Dies bedeutet partiell abzuleiten. Ist eine Funktion beispielsweise von $x$ und $y$ abhängig und wir wollen partiell nach $x$ ableiten, so betrachten wir $y$ einfach als eine Konstante. Wenn ihr euch immer schon gefragt habt, wo der Unterschied zwischen $\frac{d}{dt}$ und $\frac{\partial}{\partial x_j}$ liegt, so klären wir euch nun auf :-): $\frac{d}{dt}$ schreibt man, wenn die Funktion nur von einer Variablen $t$ abhängt. Hängt die Funktion von mehreren Veränderlichen ab, so schreiben wir für die partielle Ableitung $\frac{\partial}{\partial x_j}$. Dies ist wirklich wichtig. Für Physiker, die ja auch Analysis 2 hören müssen, gibt es noch einen weiteren kleinen „Unterschied". Dieser ist physikalisch motiviert. Alle, die damit nichts zu tun haben wollen, springen gleich zu den Beispielen.

Wir betrachten die Bahn eines Punktes in der Ebene in Abhängigkeit von der Zeit $t$ und eine Funktion $f$, die nicht nur von den Koordinaten $x$ und $y$, sondern auch von der Zeit abhängt. Die Ortskoordinaten des sich bewegenden Punktes beschreiben wir durch $x = g(t)$ und $y = h(t)$. Die Funktion, die sich ergibt, lautet $t \mapsto f(t, x, y) = f(t, g(t), h(t))$ und hängt in zweierlei Hinsicht von der Zeit $t$ ab: Einerseits hängt $f$ selbst von der Zeit ab, weil in der ersten Variable $t$ auftaucht. Andererseits hängen die Ortskoordinaten von der Zeit $t$ ab. Physiker sprechen dann von der partiellen Ableitung von $f$ nach der Zeit $t$, wenn man die partielle Ableitung der ersten Funktion meint, genauer

$$\frac{\partial f}{\partial t}(t, x, y),$$

und von der totalen Ableitung von $f$ nach der Zeit $t$, wenn man die Ableitung der zusammengesetzten Funktion meint, genauer

$$\frac{\mathrm{d}}{\mathrm{d}t} f(t, g(t), h(t)).$$

Diese beiden hängen natürlich auch miteinander zusammen. Es gilt:

$$\frac{\mathrm{d}}{\mathrm{d}t} f(t, g(t), h(t)) = \frac{\partial f}{\partial t} + \frac{\partial f}{\partial x} \frac{\mathrm{d}x}{\mathrm{d}t} + \frac{\partial f}{\partial y} \frac{\mathrm{d}y}{\mathrm{d}t}.$$

Schauen wir uns in diesem Zusammenhang noch ein paar Beispiele an.

▶ **Beispiel 40** Seien $c \in \mathbb{R}$ beliebig und

$$f : \mathbb{R}^2 \to \mathbb{R}^3, \quad f(x, y) = \begin{pmatrix} \cos(x)(c + \cos(y)) \\ \sin(x)(c + \cos(y)) \\ \sin(y) \end{pmatrix}.$$

Wir können jetzt also nach $x$ oder nach $y$ partiell ableiten. Machen wir dies: Für die partiellen Ableitungen erhalten wir

$$D_1 f(x, y) = \frac{\partial f}{\partial x}(x, y) = \begin{pmatrix} -\sin(x)(c + \cos(y)) \\ \cos(x)(c + \cos(y)) \\ 0 \end{pmatrix}$$

und

$$D_2 f(x, y) = \frac{\partial f}{\partial y}(x, y) = \begin{pmatrix} -\cos(x)\sin(y) \\ -\sin(x)\sin(y) \\ \cos(y) \end{pmatrix}.$$

■

**Zur Definition 3.4 des Gradienten:** Der Gradient ist einfach nur ein Name, für das, was wir schon kennen. Denn partielle Ableitungen können wir schon berechnen, und wenn wir diese in einen Vektor eintragen, so erhalten wir den Gradienten.

▶ **Beispiel 41**

Wir betrachten die Funktion $f(x, y) = x^2 y^3 + x y^2 + 2y$. Wir wollen den Gradienten an der Stelle $(x, y)$ und an der Stelle $(0, 1)$ berechnen. Zunächst benötigen wir die partiellen Ableitungen nach $x$ und $y$. Wir schreiben jetzt auch $f_x$ für $\frac{\partial f}{\partial x}$:

$$f_x(x, y) = 2y^3 x + y^2, \quad f_y(x, y) = 3x^2 y^2 + 2xy + 2.$$

Der Gradient ergibt sich damit als

$$\operatorname{grad} f(x, y) = (2y^3 x + y^2, 3x^2 y^2 + 2xy + 2).$$

Wir können den Gradienten nun an der bestimmten Stelle $(0, 1)$ ausrechnen zu

$$\operatorname{grad} f(0, 1) = (1, 2).$$

■

Anschaulich kann man sich den Gradienten auch ganz einfach vorstellen: Für eine Funktion $f : \mathbb{R}^2 \to \mathbb{R}$ steht der Gradient senkrecht auf der Niveaulinie $f(x, y) = f(x_0, y_0)$. Der Gradient zeigt in Richtung maximaler Steigung. Das Negative des Gradienten zeigt damit in Richtung minimaler Steigung. Die Abb. 3.1 verdeutlicht dieses. Wie kann man sich aber herleiten, dass der Gradient wirklich in Richtung des steilsten Anstiegs zeigt? Dies geht so:

Da für ein differenzierbares $f$

$$D_v f(x_0) = Df(x_0)(v) = \sum_{i=1}^{n} D_i f(x_0) v_i = \sum_{i=1}^{n} \frac{\partial f}{\partial x_i}(x_0) v_i$$

**Abb. 3.1** Der Gradient steht senkrecht auf der Niveaulinie

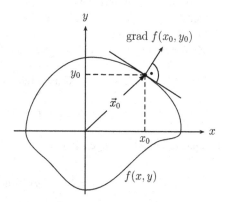

für $v = \sum_{i=1}^{n} v_i e_i$ gilt, gilt auch:

$$D_v f(x_0) = Df(x_0)(v) = \langle \nabla f(x_0), v \rangle. \tag{3.4}$$

Aus der Cauchy-Schwarz'schen Ungleichung

$$|\langle v, w \rangle| \leq ||v|| \cdot ||w||$$

folgt die Abschätzung

$$||Df(x_0)|| = \sup_{||v||=1} ||Df(x_0)(v)|| = \sup_{||v||=1} \langle \nabla f(x_0), v \rangle \leq ||\nabla f(x_0)||.$$

Ist $\nabla f(x_0) = 0$, so ist auch $||Df(x_0)|| = 0$. Für den Fall, dass $\nabla f(x_0) \neq 0$, setzen wir den Einheitsvektor $v := \frac{\nabla f(x_0)}{||\nabla f(x_0)||}$ in Gl. (3.4) ein und erhalten für dieses $v$

$$Df(x_0) = \left\langle \nabla f(x_0), \frac{\nabla f(x_0)}{||\nabla f(x_0)||} \right\rangle = ||\nabla f(x_0)||,$$

sodass wegen $||Df(x_0)|| \leq ||\nabla f(x_0)||$ sogar immer

$$||Df(x_0)|| = ||\nabla f(x_0)|| \tag{3.5}$$

gilt. Es ist also wirklich, dass der Gradient immer die Richtung des steilsten Anstiegs der Funktionswerte von $f$ an der Stelle $x_0$ angibt.

Wem dieser Beweis nicht so zusagt, dem geben wir hier noch einen etwas anderen: Es gilt (wie oben) $||Df(x_0)|| \leq ||\nabla f(x_0)||$. Das bedeutet aber nur: Die Größe der „Steigung" ist beschränkt durch die Länge des Gradienten. Es bleibt zu zeigen, dass der größte Wert auch in Richtung des Gradienten angenommen wird, aber dies zeigt gerade

$$D_v f(x_0) = \left\langle \nabla f(x_0), \frac{\nabla f(x_0)}{||\nabla f(x_0)||} \right\rangle = ||\nabla f(x_0)||.$$

Oder anders formuliert: Das Skalarprodukt $\langle \nabla f(x_0), v \rangle$ wird maximal, wenn die beiden Vektoren $\nabla f(x_0)$ und $v$ parallel sind. Damit zeigt der Gradient in Richtung des steilsten Anstiegs.

Zum Abschluss noch ein Beispiel zum Rechnen.

▶ **Beispiel 42** Seien $a, b, c$ Konstanten. Wir betrachten die Funktion

$$f : \mathbb{R}^2 \to \mathbb{R}, \quad f(x, y) = ax^2 + bxy + cy^2.$$

Die partiellen Ableitungen sind

$$\frac{\partial f}{\partial x}(x, y) = 2ax + by \quad \text{und} \quad \frac{\partial f}{\partial y}(x, y) = 2cy + bx.$$

Der Gradient von $f$ ist also gegeben durch

$$\nabla f(x, y) = \begin{pmatrix} 2ax + by \\ 2cy + bx \end{pmatrix}.$$

∎

---

**Erklärung**

**Zur Definition 3.5 der Jacobi-Matrix:** Wie berechnet man die Jacobi-Matrix? Das ist ganz einfach: Man schreibt die partielle Ableitung (siehe Definition 3.3) einfach entsprechend in eine Matrix. Beispielsweise erhalten wir für eine Abbildung der Form $f : \mathbb{R}^2 \to \mathbb{R}^3$ die Jacobi-Matrix als eine $(3 \times 2)$-Matrix. Ist

$$f(x, y) := \begin{pmatrix} f_1(x, y) \\ f_2(x, y) \\ f_3(x, y) \end{pmatrix},$$

so gilt

$$J_f(x, y) = \begin{pmatrix} \partial_x f_1 & \partial_y f_1 \\ \partial_x f_2 & \partial_y f_2 \\ \partial_x f_3 & \partial_y f_3 \end{pmatrix}.$$

Für eine Abbildung der Form $f : \mathbb{R}^n \to \mathbb{R}$ stimmt der Gradient mit der Transponierten der Jacobi-Matrix überein. Schauen wir uns dies an Beispielen an. Zuvor noch eine kleine Anmerkung: Wir werden statt $J_f(x_1, \ldots, x_n)$ auch häufig einfach nur $Df(x_1, \ldots x_n)$ schreiben, weil die Jacobi-Matrix dem Differential von $f$ entspricht.

▶ **Beispiel 43** Wir betrachten die Abbildung

$$f : \mathbb{R}^2 \to \mathbb{R}^3, \ f(x, y) = \begin{pmatrix} \cos(x) \cos(y) \\ \sin(x) \cos(y) \\ \sin(y) \end{pmatrix}.$$

Hier ist $f_1(x, y) = \cos(x) \sin(y)$, $f_2(x, y) = \sin(x) \cos(y)$ und $f_3(x, y) = \sin(y)$. Also erhalten wir beispielsweise

$$\frac{\partial f_1}{\partial x} = \frac{\partial}{\partial x}(\cos(x) \cos(y)) = -\sin(x) \cos(y).$$

Machen wir dies mit allen $f_i$, so ergibt sich für die Jacobi-Matrix eine $(3 \times 2)$-Matrix. Die Größe der Jacobi-Matrix kann man also an der Dimension des Definitions- und Wertebereichs der Funktion sofort ablesen. Wir erhalten so

$$J_f(x, y) = \begin{pmatrix} -\sin(x) \cos(y) & -\cos(x) \sin(y) \\ \cos(x) \cos(y) & -\sin(x) \sin(y) \\ 0 & \cos(y) \end{pmatrix}.$$

In den Spalten der Jacobi-Matrix stehen die Richtungsableitungen von $f$ in Richtung $e_1$ bzw. $e_2$, das heißt,

$$\frac{\partial f}{\partial x}(x, y) = D_1 f(x, y) = Df(x, y)(e_1) = \begin{pmatrix} -\sin(x)\cos(y) \\ \cos(x)\cos(y) \\ 0 \end{pmatrix},$$

$$\frac{\partial f}{\partial y}(x, y) = D_2 f(x, y) = Df(x, y)(e_2) = \begin{pmatrix} -\cos(x)\sin(y) \\ -\sin(x)\sin(y) \\ \cos(y) \end{pmatrix}.$$

■

---

**Erklärung**

**Zur Definition 3.6 und 3.7 der höheren Ableitungen:** Diese Definitionen sind irgendwie klar. Dies sollte ja auch so sein, dass man eine Abbildung zwischen Banach-Räumen mehrmals ableiten kann. Betrachten wir ein paar Beispiele.

▶ **Beispiel 44** Die Abbildung

$$f : \mathbb{R}^2 \to \mathbb{R}, \, f(x, y) = x^2 y e^y$$

ist überall differenzierbar, und $Df(x, y)$ ist durch die Jacobi-Matrix

$$J_f(x, y) = (D_1 f(x, y), D_2 f(x, y))$$
$$= \left( \frac{\partial f}{\partial x}(x, y), \frac{\partial f}{\partial y}(x, y) \right)$$
$$= (2xye^y, x^2(y + 1)e^y)$$

gegeben. Auch die Abbildung $J_f : \mathbb{R}^2 \to \mathbb{R}^2$ ist überall differenzierbar und es gilt:

$$J_{J_f}(x, y) = \begin{pmatrix} \frac{\partial D_1 f}{\partial x}(x, y) & \frac{\partial D_1 f}{\partial y}(x, y) \\ \frac{\partial D_2 f}{\partial x}(x, y) & \frac{\partial D_2 f}{\partial y}(x, y) \end{pmatrix} = \begin{pmatrix} 2ye^y & 2x(y + 1)e^y \\ 2x(y + 1)e^y & x^2(y + 2)e^y \end{pmatrix}.$$

Also ist die zweite Ableitung gegeben durch

$$D^2 f(x, y) = \begin{pmatrix} 2ye^y & 2x(y + 1)e^y \\ 2x(y + 1)e^y & x^2(y + 2)e^y \end{pmatrix}.$$

Hier fällt auf, dass die Matrix symmetrisch ist. Dies ist kein Zufall. Wir werden in Satz 3.8 sehen, dass dies für zweimal (total) differenzierbare Funktionen immer gilt. ■

Im Folgenden werden wir auch häufig die zweite partielle Ableitung schreiben als

$$\frac{\partial D_2 f}{\partial x} = \frac{\partial}{\partial x}\left(\frac{\partial f}{\partial y}\right) =: \frac{\partial^2 f}{\partial x \partial y}.$$

Ab und zu schreiben wir auch $f_{xy}$ für $\frac{\partial^2 f}{\partial x \partial y}$. Analog $f_{xx}$, $f_{yx}$ und $f_{yy}$. Geben wir noch ein paar weitere Beispiele.

▶ **Beispiel 45**

• Sei zunächst einmal $z = f(x, y) = x^3 y + e^{xy^2}$. Wir berechnen die zweiten Ableitungen und erhalten entsprechend

$$\frac{\partial^2 f}{\partial x^2} = \frac{\partial}{\partial x}\left(\frac{\partial}{\partial x}(x^3 y + e^{xy^2})\right) = \frac{\partial}{\partial x}(3yx^2 + y^2 e^{xy^2}) = 6yx + y^4 e^{xy^2},$$

$$\frac{\partial^2 f}{\partial y^2} = \frac{\partial}{\partial y}\left(\frac{\partial}{\partial y}(x^3 y + e^{xy^2})\right) = \frac{\partial}{\partial y}(x^3 + 2xy e^{xy^2}) = 2x e^{xy^2}(1 + 2xy^2),$$

$$\frac{\partial^2 f}{\partial x \partial y} = \frac{\partial}{\partial x}\left(\frac{\partial}{\partial y}(x^3 y + e^{xy^2})\right) = \frac{\partial}{\partial x}(x^3 + 2xy e^{xy^2})$$
$$= 3x^2 + 2y e^{xy^2}(1 + y^2 x),$$

$$\frac{\partial^2 f}{\partial y \partial x} = \frac{\partial}{\partial y}\left(\frac{\partial}{\partial x}(x^3 y + e^{xy^2})\right) = \frac{\partial}{\partial y}(3yx^2 + y^2 e^{xy^2})$$
$$= 3x^2 + 2y e^{xy^2}(1 + y^2 x).$$

Hier folgt die Symmetrie aus dem Lemma von Schwarz.

• Wir betrachten

$$f(x, y) := \begin{cases} xy\frac{x^2-y^2}{x^2+y^2}, & \text{für } (x, y) \neq (0, 0), \\ 0, & \text{für } (x, y) = (0, 0) \end{cases}$$

und berechnen $f_{xy}(0, 0)$ und $f_{yx}(0, 0)$. Da $f$ auf beiden Achsen konstant ist, gilt $f_x(0, 0) = f_y(0, 0) = 0$. Partielles Differenzieren ergibt nun:

$$f_x(x, y) = \begin{cases} \frac{yx^4 - y^5 + 4x^2 y^3}{(x^2+y^2)^2}, & \text{für } (x, y) \neq (0, 0), \\ 0, & \text{für } (x, y) = (0, 0) \end{cases}$$

und

$$f_y(x, y) = \begin{cases} \frac{x^5 - xy^4 - 4x^3 y^2}{(x^2+y^2)^2}, & \text{für } (x, y) \neq (0, 0), \\ 0, & \text{für } (x, y) = (0, 0). \end{cases}$$

Bei den Fällen $(x, y) = (0, 0)$ muss man natürlich vorsichtiger sein. Man kann nicht einfach sagen: Okay, ich weiß, dass $f(x, y) = 0$ ist für $(x, y) = (0, 0)$, also leite ich dies einfach nach $x$ bzw. $y$ ab und erhalte damit 0. Man muss hier schon auf die Definition der Richtungsableitung bzw. auf die Definition der partiellen Ableitungen zurückgehen. Dies bedeutet:

$$f_x(0, 0) = \lim_{x \to 0} \frac{f(x, 0) - f(0, 0)}{x - 0} = \lim_{x \to 0} \frac{0 - 0}{x} = 0$$

$$f_y(0, 0) = \lim_{y \to 0} \frac{f(0, y) - f(0, 0)}{y - 0} = \lim_{y \to 0} \frac{0 - 0}{y} = 0.$$

Nun erhalten damit

$$f_{xy}(0, 0) = \lim_{y \to 0} \frac{f_x(0, y) - f_x(0, 0)}{y} = \lim_{y \to 0} \frac{-y^5}{y^5} = -1$$

und

$$f_{yx}(0, 0) = \lim_{x \to 0} \frac{f_y(x, 0) - f_y(0, 0)}{x} = \lim_{y \to 0} \frac{x^5}{x^5} = 1.$$

Also ist $f_{xy}(0, 0) \neq f_{yx}(0, 0)$. Die Funktion kann nach dem Lemma von Schwarz 3.8 nicht (total) differenzierbar sein.

- Die Abbildung $f : \mathbb{R}^2 \to \mathbb{R}$, $f(x, y) = x^2 e^y$ ist überall differenzierbar, denn die partiellen Ableitungen existieren und sind sogar stetig. $Df(x, y)$ ist durch die $(1 \times 2)$-Jacobi-Matrix

$$J_f(x, y) = (2x e^y, x^2 e^y)$$

gegeben. Da $Df : \mathbb{R}^2 \to \mathbb{R}^2$ wieder überall differenzierbar ist, erhalten wir für die Jacobi-Matrix von $Df$ die Matrix

$$J_{Df}(x, y) = \begin{pmatrix} \frac{\partial D_1 f}{\partial x}(x, y) & \frac{\partial D_1 f}{\partial y}(x, y) \\ \frac{\partial D_2 f}{\partial x}(x, y) & \frac{\partial D_2 f}{\partial y}(x, y) \end{pmatrix} = \begin{pmatrix} 2e^y & 2x e^y \\ 2x e^y & x^2 e^y \end{pmatrix}.$$

Hierbei fassen wir $Df$ wieder als eine Abbildung vom $\mathbb{R}^2$ in den $\mathbb{R}^2$ auf und berechnen dann die Jacobi-Matrix.

Wir hoffen, dass das schöne Lemma von Schwarz nun klar geworden ist. Weitere Beispiele in der entsprechenden Erklärung.  ∎

## 3.4   Erklärungen zu den Sätzen und Beweisen

> **Erklärung**

**Zum Satz 3.1:** Dieser Satz sagt, dass die schon aus Analysis 1 bekannte Summenregel für zwei differenzierbare Funktionen gilt. Unsere definierte Ableitung (Definition 3.1) besitzt also vernünftige Eigenschaften. Der Beweis ist klar (hoffen wir), aber versucht die Linearität einmal aus der Definition 3.1 direkt herzuleiten.

> **Erklärung**

**Zum Satz 3.3:** Die Aussage dieses Satzes kennen wir auch schon aus der Analysis 1. Auch dies zeigt wieder, dass unsere Definition 3.1 der Differenzierbarkeit durchaus sinnvoll war, da diese wirklich das Konzept der Ableitung aus der Analysis 1 verallgemeinert, denn eine differenzierbare Abbildung sollte auch stetig sein.

> **Erklärung**

**Zum Satz 3.4 der Kettenregel:** Für unsere so definierte Ableitung gilt auch eine Kettenregel, so wie wir sie aus Analysis 1 kennen. Gl. (3.1) wirkt am Anfang erst einmal kompliziert. Daher schauen wir uns ein paar Beispiele an, wie wir die Ableitung der Verkettung von Funktionen berechnen.

▶ **Beispiel 46**

- Wir betrachten die Abbildungen

$$f : \mathbb{R}^2 \setminus \{0\} \to \mathbb{R}^2, \ f(x) = \frac{x}{||x||^2}$$

und

$$g : \mathbb{R}^2 \to \mathbb{R}, \ g(y) := ||y||.$$

Wir bemerken kurz: $f$ können wir auch schreiben als $f(\vec{x}) = \left( \frac{x_1}{|\vec{x}|^2}, \frac{x_2}{|\vec{x}|^2} \right)$. Vielleicht hilft dies dem ein oder anderen, die Ableitung zu bestimmen.
$f$ ist auf $\mathbb{R}^2 \setminus \{0\}$ differenzierbar, und die Jacobi-Matrix in kartesischen Koordinaten (siehe Definition 3.5) ist die Matrix

$$J_f(x) = \frac{1}{||x||^4} \begin{pmatrix} (x_2)^2 - (x_1)^2 & -2x_1 x_2 \\ -2x_1 x_2 & (x_1)^2 - (x_2)^2 \end{pmatrix}.$$

$g$ ist auf $\mathbb{R}^2 \setminus \{0\}$ differenzierbar und $Dg(y)$ wird in kartesischen Koordinaten durch die Multiplikation von links mit der Matrix

$$J_g(y) = \frac{1}{||y||}(y_1, y_2)$$

dargestellt. Folglich ist

$$g \circ f : \mathbb{R}^2 \setminus \{0\} \to \mathbb{R}, \ (g \circ f)(x) = \frac{1}{||x||}$$

differenzierbar und die Matrixdarstellung von $D(g \circ f)(x)$ lautet

$$
\begin{aligned}
J_{(g \circ f)}(x) &= J_g(f(x)) \cdot J_f(x) \\
&= \frac{1}{\left\| \frac{x}{||x||^2} \right\|} \left( \frac{x_1}{||x||^2}, \frac{x_2}{||x||^2} \right) \cdot \frac{1}{||x||^4} \begin{pmatrix} (x_2)^2 - (x_1)^2 & -2x_1 x_2 \\ -2x_1 x_2 & (x_1)^2 - (x_2)^2 \end{pmatrix} \\
&= \frac{1}{||x||^5} (x_1, x_2) \cdot \begin{pmatrix} (x_2)^2 - (x_1)^2 & -2x_1 x_2 \\ -2x_1 x_2 & (x_1)^2 - (x_2)^2 \end{pmatrix} \\
&= \frac{1}{||x||^5} \left( x_1 (x_2)^2 - (x_1)^3 - 2x_1(x_2)^2, -2(x_1)^2 x_2 + x_2(x_1)^2 - (x_2)^3 \right) \\
&= -\frac{1}{||x||^3} (x_1, x_2).
\end{aligned}
$$

• Seien $f : \mathbb{R}^2 \to \mathbb{R}$, $f(x, y) := e^{xy^2}$ und $g : \mathbb{R} \to \mathbb{R}^2$, $g(t) = (\cos t, \sin t)$.
Zunächst berechnen wir die Ableitung von $f \circ g$ durch Differentiation.
Es gilt $h(t) := (f \circ g)(t) = f(g(t)) = e^{\cos t \cdot \sin^2 t}$ und damit, dies können wir schon, das ist Analysis 1:

$$
\begin{aligned}
Dh(t) &= e^{\cos t \cdot \sin^2 t} \cdot \left( -\sin t \cdot \sin^2 t + \cos t \cdot 2 \sin t \cdot \cos t \right) \\
&= e^{\cos t \cdot \sin^2 t} \cdot \left( -\sin^3 t + 2 \sin t \cdot \cos^2 t \right).
\end{aligned}
$$

Ob unsere Kettenregel wirklich Sinn macht, überprüfen wir jetzt, indem wir auf die Verkettung noch einmal Gl. (3.1) anwenden. Wir müssen

$$J_{(f \circ g)}(x) = J_f(g(x)) \cdot J_g(x)$$

berechnen. Dazu sind ein paar Jacobi-Matrizen von Nöten, die wir jetzt angeben. Die Jacobi-Matrix enthält als Einträge jeweils die partiellen Ableitungen. Demnach gilt:

$$J_f(x) = \left( y^2 e^{xy^2}, 2xy e^{xy^2} \right)$$

und

$$J_g(x) = (-\sin x, \cos x)^T.$$

Zu guter Letzt gilt:

$$J_f(g(x)) = \left( \sin^2(x) e^{\cos(x) \cdot \sin^2(x)}, 2\sin(x)\cos(x) \cdot e^{\cos(x) \cdot \sin^2(x)} \right).$$

Nun können wir $J_{(f \circ g)}(x) = J_f(g(x)) \cdot J_g(x)$ berechnen:

$$J_{(f \circ g)}(x) = J_f(g(x)) \cdot J_g(x)$$

$$= \left( \sin^2(x) e^{\cos(x) \cdot \sin^2(x)}, 2\sin(x)\cos(x) \cdot e^{\cos(x) \cdot \sin^2(x)} \right) \cdot \begin{pmatrix} -\sin(x) \\ \cos(x) \end{pmatrix}$$

$$= -\sin(x) \cdot \sin^2(x) \cdot e^{\cos(x) \cdot \sin^2(x)} + 2\sin(x)\cos(x) e^{\cos(x) \cdot \sin^2(x)} \cos(x)$$

$$= e^{\cos(x) \cdot \sin^2(x)} \cdot \left( -\sin^3(x) + 2\sin(x) \cdot \cos^2(x) \right).$$

Auf beiden Wegen erhalten wir also dasselbe. So sollte es auch sein :-)

- Seien $f, g : \mathbb{R}^2 \setminus \{(0,0)\} \to \mathbb{R}^2$ gegeben durch

$$f(x, y) := (x^2 - y^2, 2xy) \quad \text{und} \quad g(x, y) := \left( \frac{x}{x^2 + y^2}, \frac{-y}{x^2 + y^2} \right).$$

Wir wollen $J_{f \circ g}(1, 0)$ berechnen. Dazu berechnen wir zunächst $J_{(f \circ g)}(x) = J_f(g(x)) \cdot J_g(x)$. Wir benötigen also verschiedene Jacobi-Matrizen, die wir zunächst berechnen wollen. Es gilt:

$$J_f(x) = \begin{pmatrix} 2x & -2y \\ 2y & 2x \end{pmatrix}$$

und

$$J_g(x) = \begin{pmatrix} \frac{1 \cdot (x^2 + y^2) - 2x^2}{(x^2 + y^2)^2} & -\frac{2xy}{(x^2 + y^2)^2} \\ \frac{2xy}{(x^2 + y^2)^2} & \frac{-1 \cdot (x^2 + y^2) + 2y^2}{(x^2 + y^2)^2} \end{pmatrix}$$

$$= \begin{pmatrix} \frac{x^2 + y^2 - 2x^2}{(x^2 + y^2)^2} & -\frac{2xy}{(x^2 + y^2)^2} \\ \frac{2xy}{(x^2 + y^2)^2} & \frac{-x^2 - y^2 + 2y^2}{(x^2 + y^2)^2} \end{pmatrix} = \begin{pmatrix} \frac{-x^2 + y^2}{(x^2 + y^2)^2} & -\frac{2xy}{(x^2 + y^2)^2} \\ \frac{2xy}{(x^2 + y^2)^2} & \frac{-x^2 + y^2}{(x^2 + y^2)^2} \end{pmatrix}.$$

Für $J_f(g(x))$ erhalten wir nun durch Einsetzen

$$J_f(g(x)) = \begin{pmatrix} 2\frac{x}{x^2 + y^2} & 2\frac{y}{x^2 + y^2} \\ -2\frac{y}{x^2 + y^2} & 2\frac{x}{x^2 + y^2} \end{pmatrix} = 2 \begin{pmatrix} \frac{x}{x^2 + y^2} & \frac{y}{x^2 + y^2} \\ -\frac{y}{x^2 + y^2} & \frac{x}{x^2 + y^2} \end{pmatrix}.$$

Aus der Kettenregel folgt nun

$$J_{(f \circ g)}(x) = J_f(g(x)) \cdot J_g(x)$$

$$= \begin{pmatrix} 2\frac{x}{x^2 + y^2} & 2\frac{y}{x^2 + y^2} \\ -2\frac{y}{x^2 + y^2} & 2\frac{x}{x^2 + y^2} \end{pmatrix} \cdot \begin{pmatrix} \frac{-x^2 + y^2}{(x^2 + y^2)^2} & -\frac{2xy}{(x^2 + y^2)^2} \\ \frac{2xy}{(x^2 + y^2)^2} & \frac{-x^2 + y^2}{(x^2 + y^2)^2} \end{pmatrix}$$

$$= \begin{pmatrix} \frac{6xy^2 - 2x^3}{(x^2 + y^2)^3} & \frac{6x^2y + 2y^3}{(x^2 + y^2)^3} \\ \frac{6x^2y - 2y^3}{(x^2 + y^2)^3} & \frac{6xy^2 - 2x^3}{(x^2 + y^2)^3} \end{pmatrix}.$$

Nun gilt also:

$$J_{(f \circ g)}(1, 0) = \begin{pmatrix} \frac{6 \cdot 1 \cdot 0^2 - 2 \cdot 1^3}{(1^2 + 0^2)^3} & \frac{6 \cdot 1^2 \cdot 0 + 2 \cdot 0^3}{(1^2 + 0^2)^3} \\ \frac{6 \cdot 1^2 \cdot 0 - 2 \cdot 0^3}{(1^2 + 0^2)^3} & \frac{6 \cdot 1 \cdot 0^2 - 2 \cdot 1^3}{(1^2 + 0^2)^3} \end{pmatrix} = \begin{pmatrix} -2 & 0 \\ 0 & -2 \end{pmatrix}.$$

- Seien $f : \mathbb{R}^2 \setminus \{0\} \to \mathbb{R}^2$ gegeben durch

$$(x, y) \mapsto \left( \frac{x}{x^2 + y^2}, \frac{y}{x^2 + y^2} \right)$$

und $g : \mathbb{R}^2 \to \mathbb{R}$ gegeben durch

$$(u, v) \mapsto \sqrt{u^2 + v^2}.$$

Wir berechnen zunächt $D(g \circ f)(x_0)$ auf „herkömmlichem" Weg. Es gilt:

$$(g \circ f)(x_0) = g(f(x_0)) = \sqrt{\frac{x^2}{(x^2 + y^2)^2} + \frac{y^2}{(x^2 + y^2)^2}} = \frac{1}{\sqrt{x^2 + y^2}}.$$

Damit ist also

$$D(g \circ f)(x_0) = \left( \frac{-x}{\sqrt{(x^2 + y^2)^3}}, \frac{-y}{\sqrt{(x^2 + y^2)^3}} \right).$$

Nun wollen wir $Dg(f(x_0)) \circ Df(x_0)$ berechnen und schauen, ob dasselbe Ergebnis herauskommt. Zunächst gilt:

$$Df(x) = Df(x, y) = \begin{pmatrix} \frac{-x^2 + y^2}{(x^2 + y^2)^2} & \frac{-2xy}{(x^2 + y^2)^2} \\ \frac{-2xy}{(x^2 + y^2)^2} & \frac{x^2 - y^2}{(x^2 + y^2)^2} \end{pmatrix}$$

$$= \frac{1}{(x^2 + y^2)^2} \begin{pmatrix} -x^2 + y^2 & -2xy \\ -2xy & x^2 - y^2 \end{pmatrix}.$$

$Dg(f(x_0))$ berechnen wir zu

$$Dg(f(x)) = \left( \frac{\frac{x}{x^2 + y^2}}{\sqrt{\frac{x^2}{(x^2 + y^2)^2} + \frac{y^2}{(x^2 + y^2)^2}}}, \frac{\frac{y}{x^2 + y^2}}{\sqrt{\frac{x^2}{(x^2 + y^2)^2} + \frac{y^2}{(x^2 + y^2)^2}}} \right)$$

$$= \left( \frac{x\sqrt{x^2 + y^2}}{x^2 + y^2}, \frac{y\sqrt{x^2 + y^2}}{x^2 + y^2} \right) = \left( \frac{x}{\sqrt{(x^2 + y^2)^3}}, \frac{y}{\sqrt{(x^2 + y^2)^3}} \right).$$

Nun wollen wir mittels Matrizenmultiplikation endlich $Dg(f(x_0)) \cdot Df(x_0)$ berechnen.

$$Dg(f(x_0)) \cdot Df(x_0)$$

$$= \frac{1}{(x^2+y^2)^2} \left( \frac{x}{\sqrt{x^2+y^2}}, \frac{y}{\sqrt{x^2+y^2}} \right) \cdot \begin{pmatrix} -x^2+y^2 & -2xy \\ -2xy & x^2-y^2 \end{pmatrix}$$

$$= \frac{1}{(x^2+y^2)^2} \frac{1}{\sqrt{x^2+y^2}} (x,y) \cdot \begin{pmatrix} -x^2+y^2 & -2xy \\ -2xy & x^2-y^2 \end{pmatrix}$$

$$= \frac{1}{\sqrt{x^2+y^2}^5} (x(y^2-x^2) - 2xy^2, -2x^2y + y(x^2-y^2))$$

$$= \frac{1}{\sqrt{x^2+y^2}^5} (-x(y^2+x^2), -y(y^2+x^2))$$

$$= \left( \frac{-x}{\sqrt{x^2+y^2}^3}, \frac{-y}{\sqrt{x^2+y^2}^3} \right).$$

Das passt also :-).

Wir hoffen, dass die Beispiele ausführlich genug waren und ihr jetzt die Kettenregel anwenden könnt. ∎

---

**Erklärung**

**Zum Satz 3.5 von der Mittelwertungleichung:** Die Mittelwertungleichung ist das Analogon zum Mittelwertsatz aus der Analysis 1.

---

**Erklärung**

**Zum Satz 3.6:** Der Satz sagt gerade, dass die Richtungsableitung mit der normalen Ableitung angewendet auf den Richtungsvektor, die wir in Definition 3.1 haben, übereinstimmt.

▶ **Beispiel 47** Für die Abbildung $f(v) = a \times v$ aus Beispiel 39 hatten wir

$$D_v(f(x_0)) = a \times v = f(v)$$

berechnet. Andererseits ist $f : \mathbb{R}^3 \to \mathbb{R}^3$ linear und dann gilt, dass $Df(x_0) = f$. Wir sehen also an dem konkreten Beispiel, dass der Satz wirklich gilt. ∎

---

**Erklärung**

**Zum Satz 3.7:** Es reicht nicht aus zu zeigen, dass eine Funktion partiell differenzierbar ist, um auf die (totale) Differenzierbarkeit zu schließen. Auch wenn alle partiellen Ableitungen existieren, heißt es nicht, dass die Funktion in dem von uns definiertem

Sinne differenzierbar ist! Wir haben bei Funktionen mehrerer Veränderlicher also zwei Ableitungsbegriffe. Die (totale) Differenzierbarkeit ist wesentlich stärker als die der partiellen Differenzierbarkeit. Totale Differenzierbarkeit impliziert partielle Differenzierbarkeit, aber nicht umgekehrt, wie folgendes Beispiel zeigt.

▶ **Beispiel 48**   Wir betrachten die Funkion

$$f : \mathbb{R}^2 \to \mathbb{R}, \ f(x, y) := \sqrt{|xy|}.$$

Die Funktion ist an der Stelle $(0, 0)$ partiell differenzierbar, denn die partiellen Ableitungen existieren, wie wir leicht nachrechnen können:

$$\frac{\partial f}{\partial x}(0, 0) = \lim_{t \to 0} \frac{f(t, 0) - f(0, 0)}{t} = 0 \ \text{ und } \ \frac{\partial f}{\partial y}(0, 0) = 0.$$

$f$ ist aber an der Stelle $(0, 0)$ nicht differenzierbar, denn sonst müsste nach Satz 3.6 $Df(0, 0) = 0$ und $D_v f(0, 0) = 0$ für alle $v \in \mathbb{R}^2$ gelten. Allerdings ist für $t \neq 0$

$$\frac{f(t, t) - f(0, 0)}{t} = \frac{|t|}{t} = \text{sgn}(t),$$

sodass $D_v f(0, 0)$ für $v = e_1 + e_2$ gar nicht eindeutig ist, denn es gilt:

$$D_{v = e_1 + e_2} f(0, 0) = \lim_{t \to 0} \frac{f(t, t) - f(0, 0)}{t} = \text{sign}(t).$$

Dies ist nun wirklich nicht eindeutig, weil es darauf ankommt, ob man für $t < 0$ oder $t > 0$ gegen Null läuft. Hierbei ist sgn$(t)$ übrigens 1, wenn $t > 0$ und $-1$, wenn $t < 0$.                                                                             ■

---

**Erklärung**

**Zum Satz 3.8 (Lemma von Schwarz):** In Beispiel 44 haben wir gesehen, dass

$$\frac{\partial^2 f}{\partial x \partial y} = \frac{\partial^2 f}{\partial y \partial x}.$$

Dies gilt im Allgemeinen nicht, sondern nur, wenn die Funktion zweimal (total) differenzierbar ist, aber beispielsweise nicht, wenn die Funktion nur zweimal partiell differenzierbar ist, wie das folgende Beispiel zeigt.

▶ **Beispiel 49** Wir betrachten die Funktion $f : \mathbb{R}^2 \to \mathbb{R}$ mit

$$f(x, y) := \begin{cases} xy\frac{x^2-y^2}{x^2+y^2}, & \text{für } (x, y) \neq (0, 0), \\ 0, & \text{für } (x, y) = (0, 0). \end{cases}$$

In Beispiel 43 hatten wir gezeigt, dass die Funktion überall stetig ist. Zudem gilt für die partiellen Ableitungen für $(x, y) \neq (0, 0)$, dass

$$\frac{\partial f}{\partial x}(x, y) = y\frac{x^2 - y^2}{x^2 + y^2} + 4\frac{x^2 y^3}{(x^2 + y^2)^2}, \quad \frac{\partial f}{\partial y}(x, y) = x\frac{x^2 - y^2}{x^2 + y^2} - 4\frac{x^3 y^2}{(x^2 + y^2)^2}.$$

Demnach ist $f$ auf $\mathbb{R}^2 \setminus \{0\}$ also stetig differenzierbar. Man überzeugt sich, dass $Df(x, y)$ sogar im Ursprung stetig fortsetzbar ist. Es ergibt sich damit, dass $Df$ überall partiell differenzierbar ist. Wir erhalten

$$\frac{\partial Df(0, 0)}{\partial x} = \begin{pmatrix} 0 \\ 1 \end{pmatrix}, \quad \frac{\partial Df(0, 0)}{\partial y} = \begin{pmatrix} -1 \\ 0 \end{pmatrix}.$$

Somit ist

$$\frac{\partial^2 f}{\partial x \partial y}(0, 0) = 1 \neq -1 = \frac{\partial^2 f}{\partial y \partial x}(0, 0).$$

Die fehlende Symmetrie liegt daran, dass $Df$ im Ursprung zwar partiell differenzierbar und somit $f$ dort zweimal partiell differenzierbar, aber nicht (total) differenzierbar ist. ∎

Das Lemma 3.8 von Schwarz liefert also auch ein Kriterium, um zu entscheiden, ob eine Funktion nicht (total) differenzierbar ist. Das ist nämlich genau dann der Fall, wenn die zweiten Ableitungen nicht symmetrisch sind, also wenn

$$\frac{\partial^2 f}{\partial x \partial y} \neq \frac{\partial^2 f}{\partial y \partial x}.$$

---

**Erklärung**

**Zum Satz 3.9:** Dieser Satz ist sehr nützlich, denn der Nachweis, dass eine Funktion total differenzierbar ist, kann durchaus schwer sein. Aber zu zeigen, dass sie partiell differenzierbar ist, dass also die partiellen Ableitungen existieren und dass diese stetig sind, ist meistens leichter. Vergleiche dazu das Beispiel 45.

---

**Erklärung**

**Zum Satz 3.10 (Taylor-Formel):** Dieser Satz ist wieder das Analogon zur Taylor-Formel für eine Funktion einer Veränderlichen. Am besten versteht man diese anhand von ein paar Beispielen, die wir jetzt geben wollen. Weitere schöne Aufgaben zum Üben findet ihr zum Beispiel in [Tim97] oder [MW10].

▶ **Beispiel 50**

• Wir ermitteln das Taylor-Polynom erster Ordnung der Funktion

$$f : \mathbb{R}^2 \to \mathbb{R}, \ f(x, y) := \cos(x)\cos(y)$$

im Punkt $(x_0, y_0) = (\pi/4, \pi/4)$. Die Taylor-Formel lautet jetzt ganz einfach, nämlich

$$T(x, y) = f(x_0, y_0) + f_x(x_0, y_0)(x - x_0) + f_y(x_0, y_0)(y - y_0). \qquad (3.6)$$

Für die partiellen Ableitungen erhalten wir somit

$$f_x(x, y) = -\cos(y)\sin(x) \quad \text{und} \quad f_y(x, y) = -\cos(x)\sin(y).$$

Ein Einsetzen in die Taylor-Formel (3.6), Ausrechnen und Zusammenfassen (also genau das, was ihr jetzt machen solltet, und wir uns gespart haben :-D) liefert nun das gesuchte Taylor-Polynom erster Ordnung:

$$\begin{aligned}
T(x, y) &= f\left(\frac{\pi}{4}, \frac{\pi}{4}\right) + f_x\left(\frac{\pi}{4}, \frac{\pi}{4}\right)\left(x - \frac{\pi}{4}\right) + f_y\left(\frac{\pi}{4}, \frac{\pi}{4}\right)\left(y - \frac{\pi}{4}\right) \\
&= \frac{1}{2} + \left(-\sin\frac{\pi}{4} \cdot \cos\frac{\pi}{4}\right)\left(x - \frac{\pi}{4}\right) + \left(-\sin\frac{\pi}{4} \cdot \cos\frac{\pi}{4}\right)\left(y - \frac{\pi}{4}\right) \\
&= \frac{1}{2} - \frac{1}{2}\left(x - \frac{\pi}{4}\right) - \frac{1}{2}\left(y - \frac{\pi}{4}\right) \\
&= -\frac{1}{2}x - \frac{1}{2}y + \frac{1}{2} + \frac{\pi}{4}.
\end{aligned}$$

• Zu bestimmen ist das Taylor-Polynom $T_2(x, y)$ im Punkt $(x_0, y_0) = (1, 1)$ zweiter Ordnung der Funktion

$$g : \mathbb{R}_{>0}^2 \to \mathbb{R}, \ g(x, y) = y^x.$$

Jetzt ist die Formel für das Taylor-Polynom etwas komplizierter und lautet

$$\begin{aligned}
T_2(x, y) &= f(x_0, y_0) + f_x(x_0, y_0)(x - x_0) + f_y(x_0, y_0)(y - y_0) \qquad (3.7) \\
&\quad + \frac{1}{2!}(f_{xx}(x_0, y_0)(x - x_0)^2 + 2f_{xy}(x_0, y_0)(y - y_0)(x - x_0) \\
&\quad + f_{yy}(x_0, y_0)(y - y_0)^2).
\end{aligned}$$

Aber nicht abschrecken lassen; wir kriegen das hin und gehen Schritt für Schritt vor: Wir benötigen die partiellen Ableitungen. Um diese zu berechnen, schreibt man am besten erst einmal $y^x = e^{\ln y^x} = e^{x \cdot \ln y}$. Das ist Trick 17! Merken! So errechnet man sofort

$$f(x, y) = y^x \Rightarrow f(1, 1) = 1$$
$$f_x(x, y) = \ln y \cdot y^x \Rightarrow f_x(1, 1) = 0$$
$$f_y(x, y) = xy^{x-1} \Rightarrow f_y(1, 1) = 1$$
$$f_{xx}(x, y) = \ln^2 y \cdot y^x \Rightarrow f_{xx}(1, 1) = 0$$
$$f_{yy}(x, y) = x(x - 1)y^{x-2} \Rightarrow f_{yy}(1, 1) = 0$$
$$f_{xy}(x, y) = f_{yx}(x, y) = y^{x-1}(1 + x \cdot \ln y) \Rightarrow f_{xy}(1, 1) = f_{yx}(1, 1) = 1.$$

Einsetzen in (3.7) liefert nun

$$T_2(x, y) = xy - x + 1.$$

- Als Übungsaufgabe solltet ihr noch einmal das Taylor-Polynom $T_2(x, y)$ von $f(x, y) = \cos(xy) + xe^{y-1}$ im Punkt $(x_0, y_0) = (\pi, 1)$ berechnen. Wenn ihr das richtig macht, müsste Folgendes rauskommen:

$$T_2(x, y) = -1 + \frac{\pi}{2} + 2\pi^2 - 2\pi x - (\pi + 2\pi^2)y + \frac{1}{2}x^2 + (1 + \pi)xy + \frac{1}{2}(\pi + \pi^2)y^2.$$

Es ist etwas Rechnerei, aber wie sagt man so schön: Nur Übung macht den Meister (Ja, wir wissen, „doofer Spruch", aber es ist was dran!) :-).

Berechne das zweite Taylorpolynom $T_2(x, y)$ zweiter Ordnung der Funktion

$$f(x, y) := \sqrt{1 + x + y}$$

zum Entwicklungspunkt $(x_0, y_0) = (0, 0)$.
Es gilt $f(0, 0) = 1$ und

$$f_x(x, y) = \frac{1}{2\sqrt{1 + x + y}} = f_y(x, y), \quad f_x(0, 0) = \frac{1}{2} = f_y(0, 0),$$

$$f_{xx}(x, y) = -\frac{1}{4}(1 + x + y)^{-3/2} = f_{yy}(x, y) = f_{xy}(x, y),$$

$$f_{xx}(0, 0) = f_{yy}(0, 0) = f_{xy}(0, 0) = -\frac{1}{4}$$

Fügen wir nun alles zusammen, so ergibt sich das zweite Taylorpolynom zu

$$T_2(x, y) = 1 + \frac{1}{2}x + \frac{1}{2}y - \frac{1}{8}x^2 - \frac{1}{4}xy - \frac{1}{8}y^2.$$

Die Formel (3.7) für die Berechnung des Taylor-Polynoms lässt sich auch mit Hilfe
des Gradienten und der Hessematrix schreiben als

$$T_2(x, y) = f(x_0, y_0) + (x - x_0, y - y_0)\begin{pmatrix} f_x(x_0, y_0) \\ f_y(x_0, y_0) \end{pmatrix} + \frac{1}{2}(x - x_0, y - y_0)H_f(x_0, y_0)\begin{pmatrix} x - x_0 \\ y - y_0 \end{pmatrix}.$$

$$(3.8)$$

Wir wollen dazu ebenfalls zwei Beispiele betrachten.

▶ **Beispiel 51** Wir wollen das Taylorpolynom der Funktion $f(x, y) = \ln(x^2 + y^2)$
im Entwicklungspunkt $(x_0, y_0) = (1, 1)$ berechnen.
Man rechnet:

$$\nabla f(x, y) = \frac{1}{x^2 + y^2}\begin{pmatrix} 2x \\ 2y \end{pmatrix}$$

$$D^2 f(x, y) = \frac{1}{(x^2 + y^2)^2}\begin{pmatrix} 2(x^2 + y^2) - 4x^2 & -4xy \\ -4xy & 2(x^2 + y^2) - 4y^2 \end{pmatrix}$$

Daher sind:

$$f(1, 1) = \ln(2)$$

$$\nabla f(1, 1) = \begin{pmatrix} 1 \\ 1 \end{pmatrix}$$

$$D^2 f(1, 1) = \begin{pmatrix} 0 & -1 \\ -1 & 0 \end{pmatrix}$$

Damit ergibt sich das Taylorpolynom zweiter Ordnung im Punkt $(1, 1)$:

$$T_2(x, y) = f(1, 1) + (x - 1, y - 1)\begin{pmatrix} 1 \\ 1 \end{pmatrix} + \frac{1}{2}(x - 1, y - 1)\begin{pmatrix} 0 & -1 \\ -1 & 0 \end{pmatrix}\begin{pmatrix} x - 1 \\ y - 1 \end{pmatrix}$$

$$= \ln(2) + 2x + 2y - xy - 3$$

■

▶ **Beispiel 52** Nun berechnen wir noch das Taylor-Polynom von $f(x, y) = xy^2$ in $(x_0, y_0) = (3, 1)$.

Man rechnet:

$$\nabla f(x, y) = \begin{pmatrix} y^2 \\ 2xy \end{pmatrix}$$

$$D^2 f(x, y) = \begin{pmatrix} 0 & 2y \\ 2y & 2x \end{pmatrix}$$

Daher sind:

$$f(3, 1) = 3$$

$$\nabla f(3, 1) = \begin{pmatrix} 1 \\ 6 \end{pmatrix}$$

$$D^2 f(3, 1) = \begin{pmatrix} 0 & 2 \\ 2 & 6 \end{pmatrix}$$

Damit ergibt sich das Taylor-Polynom zweiter Ordnung im Punkt $(3, 1)$:

$$T_2(x, y) = f(3, 1) + (x, y) \begin{pmatrix} 1 \\ 6 \end{pmatrix} + \frac{1}{2}(x, y) \begin{pmatrix} 0 & 2 \\ 2 & 6 \end{pmatrix} \begin{pmatrix} x \\ y \end{pmatrix}$$

$$= 3 + x + 6y + 2xy + 3y^2$$

■

---

**Erklärung**

**Zusammenfassung:** Fassen wir noch einmal zusammen, wie man eine Funktion auf Differenzierbarkeit im Punkt $x_0$ untersucht. Zunächst einmal können wir festhalten (nach Satz 3.9), dass eine Funktion (total) differenzierbar ist, wenn die partiellen Ableitungen überall stetig sind.

Gegeben sei eine Abbildung $f : \Omega \to W$ mit $V$ und $W$ als Banach-Räume und $\Omega \subset V$ offen. Zunächst sollte man überprüfen, ob $f$ stetig in $x_0$ ist oder eben zeigen, dass

$$\lim_{x \to x_0} \frac{\|f(x) - f(x_0) - A(x - x_0)\|}{\|x - x_0\|} = 0.$$

wobei $A$ die Jacobi-Matrix bezeichnet. Ist $f$ noch nicht einmal stetig, dann kann $f$ auch nicht differenzierbar sein. Wenn $f$ stetig ist, muss man weiter untersuchen. Und zwar sollte man dann erst einmal schauen, ob $f$ in $x_0$ partiell differenzierbar ist. Wenn dies nicht der Fall ist, so ist $f$ nicht total differenzierbar. Sollte $f$ partiell differenzierbar sein, sollte man überprüfen, ob die partiellen Ableitungen stetig sind. Ist dies der Fall, so folgt ebenfalls die Differenzierbarkeit im Punkt $x_0$. Ist dies nicht der Fall, heißt das nicht, dass $f$ nicht total differenzierbar sein kann. Jetzt müssen wir auf die Definition 3.1 zurückgreifen, um die Differenzierbarkeit zu zeigen. Gelingt dies auch nicht, so können wir sagen, dass $f$ nicht in $x_0$ differenzierbar ist.

▶ **Beispiel 53**  Zwei abschließende Beispiele wollen wir uns nun anschauen.

● Sei

$$f(x, y) := \begin{cases} \frac{x^2 y^2}{x^2 + y^2}, & \text{für } (x, y) \neq (0, 0), \\ 0, & \text{für } (x, y) = (0, 0). \end{cases}$$

Es ist klar, dass $f$ für alle $(x, y) \neq (0, 0)$ differenzierbar ist, da $f$ aus differenzierbaren Funktionen zusammengesetzt ist. Um die Differenzierbarkeit von $f$ in $(0, 0)$ zu untersuchen, verwenden wir Polarkoordinaten. Mit $x = r \cos \varphi$ und $y = r \sin \varphi$ ergibt sich

$$f(r \cos \varphi, r \sin \varphi) = \frac{r^4 \cos^2 \varphi \sin^2 \varphi}{r^2} = r^2 \cos^2 \varphi \sin^2 \varphi.$$

– $f$ ist in $(0, 0)$ stetig, denn es gilt:

$$\lim_{(x,y) \to (0,0)} f(x, y) = \lim_{r \to 0} r^2 \cos^2 \varphi \sin^2 \varphi = 0$$

und

$$f(0, 0) = 0.$$

– $f$ ist in $(0, 0)$ partiell differenzierbar, denn es gilt:

$$\operatorname{grad} f(0, 0) = (0, 0),$$

da

$$f_x(0, 0) = \lim_{(x,0) \to (0,0)} \frac{f(x, 0) - f(0, 0)}{x} = \lim_{x \to 0} \frac{0 - 0}{x} = 0,$$

$$f_y(0, 0) = \lim_{(0,y) \to (0,0)} \frac{f(0, y) - f(0, 0)}{y} = \lim_{y \to 0} \frac{0 - 0}{y} = 0.$$

– $f$ ist in $(0, 0)$ differenzierbar und es gilt:

$$f'(0, 0) = \nabla f(0, 0) = (0, 0).$$

Hierzu zeigen wir entweder die Stetigkeit der partiellen Ableitungen oder gehen auf die Definition der Differenzierbarkeit zurück.

$$\lim_{(x,y)\to(0,0)} \frac{\frac{x^2y^2}{x^2+y^2} - 0 - 0x - 0y}{|(x,y)|} = \lim_{r\to0} \frac{r^4\cos^2\varphi\sin^2\varphi}{r^3}$$

$$= \lim_{r\to0} r\cos^2\varphi\sin^2\varphi = 0.$$

- Sei

$$g(x,y) := \begin{cases} \frac{x^2y}{x^2+y^2}, & \text{für } (x,y) \neq (0,0), \\ 0, & \text{für } (x,y) = (0,0). \end{cases}$$

Auch $g$ ist in den Punkten $(x,y) \neq (0,0)$ differenzierbar, da $g$ aus differenzierbaren Funktionen zusammengesetzt ist. Um die Differenzierbarkeit von $g$ in $(0,0)$ nachzuweisen, verwenden wir wieder Polarkoordinaten. Wir erhalten so zunächst

$$g(r\cos\varphi, r\sin\varphi) = \frac{r^3\cos^2\varphi\sin\varphi}{r^2} = r\cos^2\varphi\sin\varphi.$$

– $g$ ist in $(0,0)$ stetig, denn es gilt:

$$\lim_{(x,y)\to(0,0)} g(x,y) = \lim_{r\to0} r\cos^2\varphi\sin\varphi = 0$$

und

$$g(0,0) = 0.$$

– $g$ ist in $(0,0)$ partiell differenzierbar, denn es ist

$$\text{grad}\,g(0,0) = (0,0),$$

da

$$g_x(0,0) = \lim_{(x,0)\to(0,0)} \frac{g(x,0) - g(0,0)}{x} = \lim_{x\to0} \frac{0-0}{x} = 0.$$

Analog erhalten wir $g_y(0,0) = 0$.

– Sind die partiellen Ableitungen von $g$ in $(0,0)$ stetig? Nein, denn es ist

$$g_x(x,y) := \begin{cases} \frac{2xy^3}{(x^2+y^2)^2}, & \text{für } (x,y) \neq (0,0), \\ 0, & \text{für } (x,y) = (0,0), \end{cases}$$

und der Grenzwert

$$\lim_{(x,y)\to(0,0)} g_x(x,y) = \lim_{r\to0} \frac{2r^4 \cos\varphi \sin^3\varphi}{r^4} = \lim_{r\to0} 2\cos\varphi \sin^3\varphi$$

existiert, ist aber von $\varphi$ abhänging und daher ist $g_x$ in $(0,0)$ nicht stetig. Das heißt, wir müssen auf die Definition der Differenzierbarkeit zurückgehen, um zu zeigen, dass $g$ in $(0,0)$ differenzierbar ist. Wir müssen also die Frage beantworten, ob

$$\lim_{(x,y)\to(0,0)} \frac{g(x,y) - f(0,0) - g_x(0,0)x - g_y(0,0)y}{|(x,y)|} = 0$$

ist. Dies ist nicht der Fall, denn der Grenzwert

$$\lim_{(x,y)\to(0,0)} \frac{\frac{x^2y}{x^2+y^2} - g(0,0) - 0x - 0y}{|(x,y)|}$$

existiert nicht, da sich in Polarkoordinaten

$$\lim_{(x,y)\to(0,0)} \frac{\frac{x^2y}{x^2+y^2} - g(0,0) - 0x - 0y}{|(x,y)|} = \lim_{r\to0} \frac{\frac{r^3\cos^2\varphi\sin\varphi}{r^2}}{r}$$

$$= \lim_{r\to0} \cos^2\varphi\sin\varphi$$

ergibt. Der letzte Grenzwert existiert zwar, ist aber von $\varphi$ abhängig. Daher ist $g$ in $(0,0)$ nicht differenzierbar.

- Und noch eine letzte Aufgabe, weil es so schön war: Es seien $g, h : \mathbb{R}^2 \to \mathbb{R}$ beschränkte Funktionen und $f : \mathbb{R}^2 \to \mathbb{R}$ definiert durch

$$f(x,y) := x^2 g(x,y) + y^2 h(x,y) + 2x - 3y.$$

a) Zeige, dass $f$ partiell differenzierbar ist.
b) Zeige, dass $f$ total differenzierbar ist.
c) Berechne die Richtungsableitung von $f$ in $(0,0)$ in Richtung $v = (1,2)$.

So solltet ihr die Lösungen in einer Klausur aufschreiben:

a) $f$ ist im Nullpunkt $(0,0)$ partielle differenzierbar, denn es gilt

$$f_x(0,0) = \lim_{x\to0} \frac{f(x,0) - f(0,0)}{x - 0} = \lim_{x\to0} \frac{x^2 g(x,0) + 2x}{x} = 2.$$

Hierbei haben wir ausgenutzt, dass $g$ beschränkt ist. Analog errechnet man, dass $f$ in $(0,0)$ auch partielle nach $y$ differenzierbar ist mit $f_y(0,0) = -3$. Hierbei muss man ausnutzen, dass $h$ beschränkt ist.

b) $f$ ist im Nullpunkt sogar total differenzierbar. Dazu rechnen wir nach, dass tatsächlich

$$\lim_{x \to x_0} \frac{f(x) - f(x_0) - A(x - x_0)}{|x - x_0|} = 0 \tag{3.9}$$

gilt. Bei uns lautet (3.9) entsprechend

$$\lim_{(x,y) \to (0,0)} \frac{f(x, y) - f(0, 0) - f_x(0, 0)x - f_y(0, 0)y}{\sqrt{x^2 + y^2}}.$$

Nun verwenden wir Polarkoordinaten und erhalten sofort, dass dieser Grenzwert gegen Null geht, wenn $r \to 0$.

c) Die Richtungsableitung berechnen wir sofort zu

$$D_v f(0, 0) = \langle \nabla f(0, 0), v \rangle = \langle (2, -3), (1, 2) \rangle = 2 - 6 = -4.$$

∎

Zusammenfassend folgt in Abb. 3.2 ein Schema, wie ihr eine Abbildung auf totale Differenzierbarkeit untersuchen solltet.

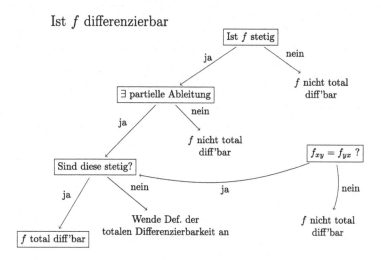

**Abb. 3.2** Schema zur Untersuchung auf totale Differenzierbarkeit

# Extremwertberechnungen

4

## Inhaltsverzeichnis

Wen hätte es gewundert? So wie uns in Analysis 1 oder vielleicht viel mehr in der Schule Extremwerte von Abbildungen der Form $f : \mathbb{R} \to \mathbb{R}$ interessierten, wollen wir uns in diesem Kapitel anschauen, wie man Extremwerte von Abbildungen der Form $f : \mathbb{R}^n \to \mathbb{R}$ berechnen kann.

Im Folgenden seien $\Omega \subset \mathbb{R}^n$ stets offen und $f : \Omega \to \mathbb{R}$ differenzierbar. Weiterhin sei $(e_1, \ldots, e_n)$ die Standardbasis des $\mathbb{R}^n$.

## 4.1   Definitionen

**Definition 4.1 (Hesse-Matrix)**

Sei $f : \Omega \to \mathbb{R}$ zweimal partiell differenzierbar in $x_0$, so heißt

$$D^2 f(x_0) = \left( \frac{\partial^2 f}{\partial x_i \partial x_j} \right)_{i,j=1,\ldots,n}$$

die **Hesse-Matrix** von $f$ an der Stelle $x_0$.

© Springer-Verlag GmbH Deutschland, ein Teil von Springer Nature 2019
F. Modler und M. Kreh, *Tutorium Analysis 2 und Lineare Algebra 2*,
https://doi.org/10.1007/978-3-662-59226-7_4

**Definition 4.2 (lokales Extremum)**
Seien $\Omega \subset \mathbb{R}^n$ offen und $f : \overline{\Omega} \to \mathbb{R}$ eine Funktion. Wir sagen $f$ besitzt an der Stelle $x_0 \in \overline{\Omega}$ ein **lokales Maximum**, wenn es ein $\varepsilon > 0$ gibt, sodass

$$f(x) \leq f(x_0) \; \forall x \in \overline{\Omega} \cap U(x_0, \varepsilon).$$

Gilt sogar

$$f(x) < f(x_0) \; \forall x \in \overline{\Omega} \cap U(x_0, \varepsilon), x \neq x_0$$

für genügend kleines $\varepsilon > 0$, so nennen wir das lokale Maximum **isoliert.** Ist $x_0 \in \Omega$, so spricht man von einem inneren (isolierten) lokalen Maximum. Analog sind lokale Minima definiert. Die Menge aller lokalen Minima und Maxima bildet die Menge aller Extremstellen von $f$. Die zugehörigen Funktionswerte nennen wir **Extremwerte.**

**Anmerkung** In dieser Definition benötigen wir den Abschluss von $\Omega$, also $\overline{\Omega}$, weil wir auch an Randpunkten interessiert sind.

**Definition 4.3 (Definitheit)**
Eine symmetrische $(n \times n)$-Matrix $A$ heißt **positiv definit** (bzw. **positiv semidefinit**), wenn

$$\langle Av, v \rangle > 0 \text{ (bzw. } \geq 0) \; \forall v \neq 0.$$

Entsprechend heißt $A$ **negativ (semi-)definit**, wenn

$$\langle Av, v \rangle < 0 \text{ (bzw. } \leq 0) \; \forall v \neq 0.$$

$A$ heißt **indefinit,** wenn $A$ weder positiv noch negativ (semi-)definit ist.

## 4.2    Sätze und Beweise

**Satz 4.1 (notwendiges Kriterium für das Vorhandensein von Extremstellen)**
*$f : \Omega \to \mathbb{R}$ sei in $x_0$ differenzierbar und besitze dort ein inneres Extremum. Dann gilt*

$$\nabla f(x_0) = 0.$$

**Satz 4.2  (hinreichendes Kriterium)**
*Seien $\Omega \subset \mathbb{R}^n$ offen, $f : \Omega \to \mathbb{R}$ zweimal stetig differenzierbar und $x_0 \in \Omega$ ein beliebiger Punkt in $\Omega$. Dann gilt:*

i) *Ist $\nabla f(x_0) = 0$ und die Hesse-Matrix $D^2 f(x_0)$ positiv definit, so besitzt $f$ an der Stelle $x_0$ ein isoliertes Minimum.*

ii) *Besitzt umgekehrt $f$ an der Stelle $x_0$ ein lokales Minimum, so gilt $\nabla f(x_0) = 0$ und die Hesse-Matrix $D^2 f(x_0)$ ist positiv semidefinit.*

iii) *Ist $\nabla f(x_0) = 0$ und die Hesse-Matrix $D^2 f(x_0)$ negativ definit, so besitzt $f$ an der Stelle $x_0$ ein isoliertes Maximum.*

iv) *Besitzt umgekehrt $f$ an der Stelle $x_0$ ein lokales Maximum, so gilt $\nabla f(x_0) = 0$ und die Hesse-Matrix $D^2 f(x_0)$ ist negativ semidefinit.*

v) *Ist die Matrix indefinit, so liegt ein Sattelpunkt vor.*

**Satz 4.3  (Extrema unter Nebenbedingungen)**
*Seien $U \subset \mathbb{R}^n$ offen und sowohl $f : U \to \mathbb{R}$, als auch $F : U \to \mathbb{R}$ stetig differenzierbar. Weiterhin sei $\operatorname{grad} F(x) \neq 0$ für alle $x \in U$. Ist $x_0$ ein lokaler Extremwert von $f$ aus*

$$B := \{x : F(x) = 0\},$$

*so existiert ein $\lambda \in \mathbb{R}$ mit*

$$\operatorname{grad} f(x_0) = \lambda \cdot \operatorname{grad} F(x_0)$$

**Anmerkung**  Das $\lambda$ wird der zugehörige **Lagrange-Multiplikator** genannt. Die Funktion $L(x, y, \lambda) = f(x, y) + \lambda g(x, y)$ (hier nur im 2-Dimensionalen dargestellt) heißt **Langrange-Funktion.**

**Satz 4.4**  *Sei $D \subset \mathbb{R}^n$, $E \subset \mathbb{R}$, $x_0 \in D$ und seien $f, g : D \to E$ Funktionen mit $f(x_0) \leq g(x_0)$. Sei $h : E \to \mathbb{R}$ eine monoton steigende Funktion. Dann gilt auch $h(f(x_0)) \leq h(g(x_0))$. Existiert die Inverse $h^{-1}$ und ist ebenfalls monoton steigend, so gilt*

$$f(x_0) \leq g(x_0) \Leftrightarrow h(f(x_0)) \leq h(g(x_0)).$$

▶ **Beweis** Dies folgt direkt aus der Definition der Monotonie. Wem das noch nicht ganz klar ist, der schreibt sich einfach nochmal die Definition von Monotonie auf, dann steht schon alles da ;-).                                    q.e.d.

## 4.3    Erklärungen zu den Definitionen

Erklärung

**Zur Definition 4.1 der Hesse-Matrix:** In der Hesse-Matrix werden also einfach nur die zweiten partiellen Ableitungen eingetragen. Schauen wir uns dies konkret an einem Beispiel an.

▶ **Beispiel 54** Wir knüpfen an Beispiel 42 an und berechnen die Hesse-Matrix von $f(x, y) = ax^2 + bxy + cy^2$. Für die zweiten partiellen Ableitungen erhalten wir

$$\frac{\partial^2 f}{\partial x^2}(x, y) = 2a, \quad \frac{\partial f}{\partial x \partial y}(x, y) = \frac{\partial f}{\partial y \partial x}(x, y) = b, \quad \frac{\partial^2 f}{\partial y^2}(x, y) = 2c.$$

Damit erhalten wir die Hesse-Matrix

$$D^2 f(x, y) = \begin{pmatrix} 2a & b \\ b & 2c \end{pmatrix}.$$

∎

Die Frage, die man sich noch stellen könnte, ist, wieso die Hesse-Matrix überhaupt immer symmetrisch ist? Denn nur dafür hatten wir ja die Definitheit (siehe Defintion 4.3) erklärt. Na ja, dies ist ganz einfach. Wenn wir Extrempunkte bestimmen, und die Funktion zweimal (total) differenzierbar ist, kann man das Lemma von Schwarz, siehe Satz 3.8, anwenden, das gerade besagt, dass die zweiten partiellen Ableitungen symmetrisch sind, wenn die Funktion zweimal differenzierbar ist.

Erklärung

**Zur Definition 4.2 des Extrempunktes:** Diese Erklärung entspricht dem eindimensionalen Fall aus der Analysis 1, siehe [MK18], Definition 11.4. Denn wenn in einer Umgebung der Funktionswert an einer bestimmten Stelle $x_0$ der größte ist, so spricht man hier von einem lokalen Maximum. Dies sollte klar sein :-).

Erklärung

**Zur Definition 4.3 der Definitheit von Matrizen:** Die Definitheit von Matrizen kann man noch wesentlich einfacher überprüfen als in Definition 4.3 dargestellt, und zwar können wir die Eigenwerte berechnen. Dann gelten die folgenden Aussagen: Eine quadratische symmetrische (bzw. hermitesche) Matrix ist genau dann

- positiv definit, falls alle Eigenwerte größer als Null sind,
- positiv semidefinit, falls alle Eigenwerte größer oder gleich Null sind,

- negativ definit, falls alle Eigenwerte kleiner als Null sind,
- negativ semidefinit, falls alle Eigenwerte kleiner oder gleich Null sind und
- indefinit, falls positive und negative Eigenwerte existieren.

Ein Kriterium über die sogenannten Hauptminoren werden wir noch in den Kapiteln 10 bzw. 11 kennenlernen, siehe auch Satz 11.8. Wir geben hierzu schon einmal ein Beispiel an.

▶ **Beispiel 55** Die symmetrische Matrix

$$A := \begin{pmatrix} a & b \\ b & c \end{pmatrix}$$

besitzt $\det A = ac - b^2$. Das heißt, $A$ ist positiv definit, wenn $a > 0$ und $\det A > 0$. ◼

## 4.4 Erklärungen zu den Sätzen und Beweisen

**Erklärung**

**Zum Satz 4.1 (notwendiges Kriterium) und 4.2 (hinreichendes Kriterium):** Auch dies sind Verallgemeinerungen von dem, was wir aus der Schule für Funktionen der Form $f : \mathbb{R} \to \mathbb{R}$, also einer Veränderlichen kennen. Denn der Gradient ist ja quasi die erste Ableitung und die Hesse-Matrix die zweite Ableitung, nur dass hier viele partielle Ableitungen auftauchen.

▶ **Beispiel 56**

- Wir betrachten die Abbildung $f : \mathbb{R} \to \mathbb{R}$ mit $f(x) = x^2$. Dann ist

$$\nabla f(x) = 2x, \quad D^2 f(x) = 2\mathrm{Id}.$$

Offensichtlich ist $D^2 f$ positiv definit. Also besitzt $f$ an der Stelle $x_0 = 0$ ein isoliertes Minimum.
- Für die Funktion $f(x, y) = x^2 - y^2$ errechnen wir

$$\nabla f(x, y) = 0 \Leftrightarrow x = y = 0$$

und

$$D^2 f(x, y) = \begin{pmatrix} 2 & 0 \\ 0 & -2 \end{pmatrix}.$$

Da $D^2 f(0, 0)$ indefinit ist (denn die Eigenwerte dieser Matrix sind 2 und $-2$, also einmal positiv und einmal negativ), besitzt $f$ keine Extremstellen.

- Sei

$$f(x, y) = \sin(x) + \sin(y) + \sin(x + y)$$

mit $0 < x, y < \frac{\pi}{2}$ gegeben. Um die möglichen Extremstellen zu berechnen, benötigen wir die partiellen Ableitungen oder anders formuliert, den Gradienten. Es gilt:

$$f_x(x, y) = \cos(x) + \cos(x + y) \quad \text{und} \quad f_y(x, y) = \cos(y) + \cos(x + y).$$

Der Gradient ergibt sich damit als

$$\nabla f(x, y) = \begin{pmatrix} \cos(x) + \cos(x + y) \\ \cos(y) + \cos(x + y) \end{pmatrix}.$$

Nun muss $\nabla f(x, y) = 0$ als notwendige Bedingung für das Vorhandensein einer Extremstelle stehen.

$$0 = \cos(x) + \cos(x + y)$$

gilt genau dann, wenn $x = y = \frac{\pi}{3}$ in unserem offenen Intervall $\left(0, \frac{\pi}{2}\right)$. An der Stelle $\left(\frac{\pi}{3}, \frac{\pi}{3}\right)$ liegt also ein mögliches Extremum vor.

Für die hinreichende Bedingung benötigen wir die Hesse-Matrix. Dazu sind erst einmal die zweiten partiellen Ableitungen nötig, die wir jetzt berechnen zu

$$f_{xx}(x, y) = -\sin(x) - \sin(x + y),$$
$$f_{yy}(x, y) = -\sin(y) - \sin(x + y),$$
$$f_{xy}(x, y) = f_{yx}(x, y) = -\sin(x + y).$$

Die Hesse-Matrix lautet folglich

$$D^2 f(x, y) = \begin{pmatrix} -\sin(x) - \sin(x + y) & -\sin(x + y) \\ -\sin(x + y) & -\sin(y) - \sin(x + y) \end{pmatrix}.$$

Nun müssen wir den möglichen Extrempunkt $\left(\frac{\pi}{3}, \frac{\pi}{3}\right)$ einsetzen, um zu entscheiden, ob wirklich einer vorliegt und wenn ja, ob dies ein Minimum oder Maximum ist. Es ergibt sich

$$D^2 f\left(\frac{\pi}{3}, \frac{\pi}{3}\right) = \begin{pmatrix} -\sqrt{3} & -\frac{1}{2}\sqrt{3} \\ -\frac{1}{2}\sqrt{3} & -\sqrt{3} \end{pmatrix}.$$

Wir berechnen die Eigenwerte von $D^2 f\left(\frac{\pi}{3}, \frac{\pi}{3}\right)$:

$$\det \begin{pmatrix} -\sqrt{3} - \lambda & -\frac{1}{2}\sqrt{3} \\ -\frac{1}{2}\sqrt{3} & -\sqrt{3} - \lambda \end{pmatrix} = \lambda^2 + 2\sqrt{3}\lambda + \frac{9}{4}.$$

Die Nullstellen dieses charakteristischen Polynoms sind die Eigenwerte, die sich ergeben zu

$$\lambda_1 = -\sqrt{3} + \frac{\sqrt{3}}{2} < 0 \quad \text{und} \quad \lambda_2 = -\sqrt{3} - \frac{\sqrt{3}}{2} < 0.$$

Die Matrix ist also negativ definit und damit liegt bei $\left(\frac{\pi}{3}, \frac{\pi}{3}\right)$ ein Maximum vor. Der Funktionswert berechnet sich zu

$$f\left(\frac{\pi}{3}, \frac{\pi}{3}\right) = \frac{3}{2}\sqrt{3}.$$

- Wir untersuchen nun die Funktion

$$f(x, y) := (x^2 + 2y^2)e^{-x^2 - y^2}$$

mit $x, y \in \mathbb{R}$ auf Extrema. Die Vorgehensweise ist analog wie oben. Die notwendige Bedingung für das Vorhandensein eines Extrempunktes ist nach Satz 4.1, dass der Gradient verschwindet. Wir haben also zunächst einmal die partiellen Ableitungen zu bestimmen. Diese sind gegeben durch

$$f_x(x, y) = 2x \cdot e^{-x^2 - y^2} + (x^2 + 2y^2) \cdot (-2x)e^{-x^2 - y^2}$$
$$= 2xe^{-x^2 - y^2}(1 - x^2 - 2y^2)$$
$$f_y(x, y) = 4ye^{-x^2 - y^2} + (x^2 + 2y^2)(-2y)e^{-x^2 - y^2}$$
$$= 2ye^{-x^2 - y^2}(2 - x^2 - 2y^2).$$

Der Gradient ist demnach gegeben durch

$$\nabla f(x, y) = \begin{pmatrix} 2xe^{-x^2 - y^2}(1 - x^2 - 2y^2) \\ 2ye^{-x^2 - y^2}(2 - x^2 - 2y^2) \end{pmatrix}. \tag{4.1}$$

Dieser wird Null, wenn die einzelnen Einträge Null sind. Dabei berücksichtigt man, dass ein Produkt genau dann Null wird, wenn einer der Faktoren Null wird. $e^{-x^2 - y^2}$ wird für kein $x$ oder $y$ Null. Dies lernt man schon in der Schule. $2x$ bzw. $2y$ wird Null, wenn $x = y = 0$. Dies ist also schon einmal ein möglicher Extrempunkt.

Das hinreichende Kriterum, siehe Satz 4.2, ist die Überprüfung der Hesse-Matrix auf Definitheit. Dazu muss diese bestimmt, also zuerst die zweiten partiellen Ableitungen berechnet werden. Diese sind gegeben durch

$$f_{xx}(x, y) = e^{-x^2 - y^2}(4x^4 - 10x^2 + 8y^2x^2 - 4y^2 + 2)$$
$$f_{yy}(x, y) = e^{-x^2 - y^2}(8y^4 - 20y^2 + 4x^2y^2 + 4 - 2x^2)$$
$$f_{xy}(x, y) = f_{yx}(x, y) = e^{-x^2 - y^2}(-12xy + 4x^3y + 8xy^3).$$

Die partiellen Ableitungen $f_{xy}$ und $f_{yx}$ sind nach dem Lemma von Schwarz symmetrisch, denn die Funktion ist eine Zusammensetzung differenzierbarer Funktionen und damit insbesondere total differenzierbar. Die Hesse-Matrix lautet

$$D^2 f(x, y) =$$
$$e^{-x^2 - y^2} \begin{pmatrix} 4x^4 - 10x^2 + 8y^2x^2 - 4y + 2 & -12xy + 4x^3y + 8xy^3 \\ -12xy + 4x^3y + 8xy^3 & 8y^4 - 20y^2 + 4x^2y^2 + 4 - 2x^2 \end{pmatrix}$$

Es ist nun

$$D^2 f(0, 0) = \begin{pmatrix} 2 & 0 \\ 0 & 4 \end{pmatrix}.$$

Diese Matrix ist symmetrisch. Damit reell diagonalisierbar. Die Eigenwerte kann man sofort zu $\lambda_1 = 2$ und $\lambda_2 = 4$ ablesen. Die Matrix besitzt also nur positive Eigenwerte und ist damit positiv definit. Folglich liegt an der Stelle $(0, 0)$ ein Minimum vor.

Wer sagt uns aber, dass dies der einzige Extrempunkt ist? In unserem Gradienten (4.1) haben wir ja in jeder Komponente noch einen Faktor, der eventuell Null werden kann. Wir müssen uns also fragen, ob das Gleichungssystem, gegeben durch die beiden Gleichungen

$$x(1 - x^2 - 2y^2) = 0 \quad \text{und} \quad y(2 - x^2 - 2y^2) = 0$$

weitere Lösungen besitzt. Dies soll nun eine Übungsaufgabe an euch sein. Soviel sei verraten: Eine weitere Lösung ist $x = 0$ und $y = 1$.

- Wir wollen die absoluten und lokalen Extrema von

$$f(x, y) = x^4 + \frac{1}{2}y^2 + \cos(x^2 + y^2)$$

in der Kreisscheibe $x^2 + y^2 \leq \frac{\pi}{2}$ berechnen. Wegen der Symmetrie reicht es aus, $f$ nur im Viertelkreis des 1. Quadranten zu untersuchen, denn es gilt:

$$f(x, y) = f(-x, y) = f(-x, -y) = f(x, -y).$$

Die partiellen Ableitungen sind gegeben durch

$$f_x(x, y) = 2x(2x^2 - \sin(x^2 + y^2)),$$
$$f_y(x, y) = y(1 - 2\sin(x^2 + y^2)),$$
$$f_{xx}(x, y) = 12x^2 - 2\sin(x^2 + y^2) - 4x^2 \cos(x^2 + y^2),$$
$$f_{yy}(x, y) = 1 - 2\sin(x^2 + y^2) - 4y^2 \cos(x^2 + y^2),$$
$$f_{xy}(x, y) = f_{yx}(x, y) = -4xy \cos(x^2 + y^2).$$

Es muss nun

$$2x(2x^2 - \sin(x^2 + y^2)) = 0 \tag{4.2}$$

und

$$y(1 - 2\sin(x^2 + y^2)) = 0 \tag{4.3}$$

gelten. Gl. (4.2) wird Null, wenn $x = 0$ oder wenn $\sin(x^2 + y^2) = 2x^2$. Die Gl. (4.3) wird Null, wenn $y = 0$ oder wenn $\sin(x^2 + y^2) = \frac{1}{2}$. Dies ist äquivalent zu

$$(x, y) = 0,$$

$$(x, y) = \left(0, \sin y^2 = \frac{1}{2}\right) = \left(0, \sqrt{\frac{\pi}{6}}\right),$$

$$(x, y) = (\sin x^2 = 2x^2, 0) = (0, 0),$$

$$(x, y) = \left(\frac{1}{2}, \sqrt{\frac{\pi}{6} - \frac{1}{4}}\right).$$

Unsere Untersuchungen wurden dadurch erleichtert, dass wir wegen der Symmetrie (siehe Bemerkung oben) das Ganze nur im ersten Quadranten untersuchen mussten. Schauen wir uns an, was im Nullpunkt passiert.
Für die Hesse-Matrix gilt:

$$D^2 f(0, 0) = \begin{pmatrix} 0 & 0 \\ 0 & 1 \end{pmatrix}.$$

Die Eigenwerte sind 0 und 1, das heißt, die Matrix ist positiv definit. Daher ist Satz 4.2 nicht anwendbar. Wenn dies der Fall ist, heißt dies nicht, das kein Extremum vorliegen kann! Wir müssen deshalb auf die Definition 4.2 eines lokalen Extremums zurückgreifen.
Für $0 < |x| < \frac{1}{4}$ und $0 < |y| < \frac{1}{4}$ ist $x^4 + \frac{1}{2}y^2 < \frac{1}{2}$. Hieraus folgt

$$f(x, y) - f(0, 0) = x^4 + \frac{1}{2}y^2 + \cos(x^2 + y^2) - 1$$

$$= x^4 + \frac{1}{2}y^2 - 2\sin^2\left(\frac{x^2 + y^2}{2}\right)$$

$$\geq x^4 + \frac{1}{2}y^2 - 2\left(\frac{x^2 + y^2}{2}\right)^2 > 0.$$

Daher ist $f(x, y) - f(0, 0) > 0$, also $f(x, y) > f(0, 0)$ und damit liegt bei $(0, 0)$ ein relatives Minimum vor. Als kleine Ergänzung: In den letzten beiden Schritten haben wir ausgenutzt, dass $\sin^2(x) = \frac{1}{2}(1 - \cos(2x))$.
Zu den anderen beiden möglichen Extrempunkten: Dies macht man wieder wie in den obigen Beispielen. Einsetzen in die Hesse-Matrix, Überprüfen auf Definitheit

**Abb. 4.1** Die Funktion
$f(x, y) = e^{-x^2-y^2}$

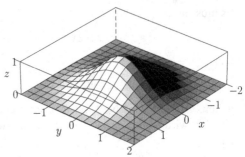

und Folgerung. Wenn man dies macht, stellt man fest, dass bei $\left(0, \sqrt{\frac{\pi}{6}}\right)$ ein relatives Maximum und bei $\left(\frac{1}{2}, \sqrt{\frac{\pi}{6} - \frac{1}{4}}\right)$ ein Sattelpunkt vorliegt.

Merke also: Wenn das hinreichende Kriterium 4.2 mit der Hesse-Matrix nicht anwendbar ist, so gehe auf die Definition 4.2 des lokalen Extrempunktes zurück und untersuche separat :-).

• So, jetzt noch ein letztes Beispiel, das wir mit einer Zeichnung untermalen wollen. Gegeben sei die Funktion

$$f : \mathbb{R}^2 \to \mathbb{R}, \ f(x, y) = e^{-x^2-y^2}.$$

Schauen wir uns die Funktion einfach einmal in Abb. 4.1 an. Wir sehen also schon, dass vermutlich ein Hochpunkt vorliegt. Bestimmen wir ihn also auch einmal! Wir berechnen zunächst den Gradienten. Da wir hier aber eine Abbildung der Form $f : \mathbb{R}^n \to \mathbb{R}$ betrachten, ist der Gradient mit der Jacobi-Matrix identisch. Diese ist gegeben durch

$$J_f(x, y) = \left(\frac{\partial f}{\partial x}, \frac{\partial f}{\partial y}\right) = -e^{-x^2-y^2}(2x, 2y).$$

Die Hesse-Matrix lautet

$$D^2 f(x, y) = 2e^{-x^2-y^2}\begin{pmatrix} 2x^2 - 1 & 2xy \\ 2xy & 2y^2 - 1 \end{pmatrix}.$$

Der Gradient bzw. die Jacobi-Matrix wird nur dann Null, wenn $x = y = 0$. Einsetzen in die Hesse-Matrix liefert

$$D^2 f(0, 0) = \begin{pmatrix} -1 & 0 \\ 0 & -1 \end{pmatrix}.$$

Die Eigenwerte liest man sofort zu $\lambda_{1,2} = -1$ ab. Da alle Eigenwerte negativ sind, ist die Hesse-Matrix im Nullpunkt negativ definit und damit liegt bei $(0, 0)$ ein Hochpunkt vor.

■

▶ **Beispiel 57** Wir geben noch zwei einfache Beispiele, damit ihr ein wenig Routine im Berechnen von Extremwerten bekommt.

i) Berechne lokale Extremwerte der Funktion

$$f : \mathbb{R}^2 \to \mathbb{R}, \, f(x, y) = 2x^3 + 4xy - 2y^3 + 5.$$

Wir errechnen

$$\nabla f(x, y) = (6x^2 + 4y, 4x - 6y^2)^T$$
$$D^2 f(x, y) = \begin{pmatrix} 12x & 4 \\ 4 & -12y \end{pmatrix}$$

Die Nullstellen von $\nabla f$ sind wegen

$$6x^2 = -4y$$
$$6y^2 = 4x$$

genau dann gegeben, wenn $x = -y$ gilt und dabei $x \geq 0$ ist, da ein Quadrat über $\mathbb{R}$ stets positiv ist.

Also sind $(0, 0)$ und $(\frac{2}{3}, -\frac{2}{3})$ als Nullstellen des Gradienten die möglichen Extremstellen.

Es sind

$$D^2 f(0, 0) = \begin{pmatrix} 0 & 4 \\ 4 & 0 \end{pmatrix}$$
$$D^2 f \left( \frac{2}{3}, -\frac{2}{3} \right) = \begin{pmatrix} 8 & 4 \\ 4 & 8 \end{pmatrix}$$

$D^2 f(0, 0)$ ist mit den beiden Eigenwerten $-4$ und $4$ indefinit, also befindet sich an dieser Stelle kein lokales Extremum. Und wegen $8 > 0$ und $\det(D^2 f \left( \frac{2}{3}, -\frac{2}{3} \right)) = 48 > 0$ ist $D^2 f \left( \frac{2}{3}, -\frac{2}{3} \right)$ positiv definit. Deshalb ist bei der Stelle $(\frac{2}{3}, -\frac{2}{3})$ ein Minimum.

ii) Als nächstes betrachten wir die Funktion

$$f : \mathbb{R}^2 \to \mathbb{R}, \, f(x, y) = x^3 + 2y^3 + 3xy.$$

Wir errechnen recht schnell

$$\nabla f(x, y) = (3x^2 + 3y, 6y^2 + 3x)^T$$
$$D^2 f(x, y) = \begin{pmatrix} 6x & 3 \\ 3 & 12y \end{pmatrix}$$

Offensichtlich ist $\nabla f(0,0) = 0$ und ansonsten sind $x, y \neq 0$. Aus der ersten Komponente ergibt sich $x^2 = -y$ und aus der zweiten $x = -2y^2$. Setzt man diese beiden ineinander ein, so hat man $4y^3 = -1$, also $y = -\sqrt[3]{\frac{1}{4}}$. Und damit auch $x = -2\sqrt[3]{\frac{1}{16}} = -\sqrt[3]{\frac{1}{2}}$.

Es sind

$$D^2 f(0,0) = \begin{pmatrix} 0 & 3 \\ 3 & 0 \end{pmatrix}$$

$$D^2 f\left(-\sqrt[3]{\frac{1}{2}}, -\sqrt[3]{\frac{1}{4}}\right) = \begin{pmatrix} -6\sqrt[3]{\frac{1}{2}} & 4 \\ 4 & -12\sqrt[3]{\frac{1}{4}} \end{pmatrix}$$

Damit ist $D^2 f(0,0)$ mit den Eigenwerten $-3$ und $3$ indefinit. Wegen $-6\sqrt[3]{\frac{1}{2}} < 0$ und $\det(D^2 f\left(-\sqrt[3]{\frac{1}{2}}, -\sqrt[3]{\frac{1}{4}}\right)) = 72\sqrt[3]{\frac{1}{8}} - 9 = 27 > 0$ ist $D^2 f\left(-\sqrt[3]{\frac{1}{2}}, -\sqrt[3]{\frac{1}{4}}\right)$ negativ definit. Deshalb befindet sich an der Stelle $\left(-\sqrt[3]{\frac{1}{2}}, -\sqrt[3]{\frac{1}{4}}\right)$ ein Maximum.

Dies soll an Beispielen genügen.                                        ■

---

**Erklärung**

**Zu Extrema unter Nebenbedingungen (Satz 4.3):** Was genau bedeutet Extrema unter Nebenbedingungen? Dies wollen wir uns jetzt anschauen. Betrachten wir beispielsweise eine Polynomfunktion $f(x, y)$ vierten Grades. Uns interessiert nun das Verhalten der Funktion auf dem Einheitskreis. Also genau: Wo nimmt $f$ auf dem Einheitskreis ihre Extremwerte an? Viele denken sich vielleicht nun: Gut, dann nehme ich mir doch einfach die Kreisgleichung und betrachte diese auf $f$. Ja, dies ist eine Möglichkeit, aber verkompliziert vielmehr die Rechnungen als dass sie einfacher werden. Und genau um einfachere Rechnungen durchführen zu können, verwendet man die sogenannte Lagrange-Methode, die wir uns jetzt an ein paar Beispielen anschauen wollen. Eine andere Motivation ist die Folgende: Bis jetzt haben wir immer Extremwerte von Funktionen gesucht bzw. berechnet, die auf offenen Mengen definiert sind. Wir haben den Gradienten berechnet, diesen Null gesetzt und das entstehende Gleichungssystem gelöst. Dies geht aber nicht mehr, wenn $\Omega$ kein Inneres besitzt. Beispielsweise, wenn wir den Extrempunkt einer Funktion auf der Kugeloberfläche (Sphäre $S^1$) berechnen wollen, die ja gegeben ist durch

$$K := \{(x, y, z) : x^2 + y^2 + z^2 = 1\}.$$

Bevor wir zu Beispielen kommen, wollen wir die Motivation von Satz 4.3 noch einmal ein wenig näherbringen. Wir müssen es ja irgendwie schaffen, dass wir das Problem so zurückführen, sodass wir wieder einen offenen Definitionsbereich erhalten. Betrachten wir ein Standardbeispiel:

▶ **Beispiel 58** Sei $U \in \mathbb{R}$ beliebig. Wir wollen ein Rechteck mit Umfang $U$ so finden, dass der Flächeninhalt $A$ maximal wird. Das Rechteck besitze die Seiten $x$ und $y$. Dann müssen wir also die Funktion $f(x, y) = x \cdot y$ unter der Bedingung $2x + 2y = U$ maximieren. Oder anders formuliert: $f$ muss auf der Menge

$$B := \{(x, y) \in \mathbb{R}^2 : 2x + 2y = U, \ x, y \geq 0\}$$

maximal werden. Übrigens beschreibt $B$ eine Gerade, und $B$ hat in $\mathbb{R}^2$ kein Inneres, daher können wir die bekannten Methoden mit dem Aufstellen des Gradienten und Nullsetzen nicht anwenden. Wenn man dies machen würde, so würden wir $(x, y) = (0, 0)$ erhalten, was uns aber auch nicht wirklich weiterbringen würde. Aber schon mit Schulkenntnissen könnt ihr diese Aufgabe lösen. Wir formen $2x + 2y = U$ einfach nach $y$ um zu $y = \frac{U-2x}{2}$ und setzen dies in $f$ ein. So erhalten wir eine Funktion, die nur noch von $y$ abhängig ist, die also nur eine Variable enthält, und von dieser können wir dann locker den Extrempunkt berechnen. Übrigens: Es kommt $x = y = \frac{U}{4}$ raus, das heißt, wir erhalten ein Quadrat. Rechnet dies ruhig einmal nach! ∎

Dieses Beispiel ist sehr lehrreich, wenn man sich die Idee anschaut. Die Idee war ja, die Gleichung dazu zu verwenden, um eine Variable zu eliminieren, die den Definitionsbereich beschrieben hat. Dies läuft einfach darauf hinaus, dass wir eine Variable als durch diese Gleichung implizit definiert auffassen können. Aus dem Satz über die impliziten Funktionen aus dem noch folgenden Kap. 5 wissen wir sogar, dass solch eine Auflösung in diesem Fall existiert und möglich ist. Leider müssen wir euch aber sagen, dass dies nicht immer zum Ziel führen wird, wenn die auftretenden Funktionen nicht explizit vorgegeben sind. Daher brauchen wir eine andere Idee (diese stammt aus dem sehr schönen Buch [Beh07], welches wir nur empfehlen können): Gegeben seien eine offene Teilmenge $U \subset \mathbb{R}^n$ und eine stetig differenzierbare Funktion $f$, sowie $F : U \to \mathbb{R}$. Es soll

$$B := \{x : x \in U, F(x) = 0\}$$

gelten. Zu berechnen sind nun Extremwerte von $f$ auf der Menge $B$. Die Bedingung $F(x) = 0$ nennt man auch die Nebenbedingung. Im Beispiel 58 war dies gerade $F(x, y) = 2x + 2y - U$. Man kann nun die folgende Beobachtung machen, dass lokale Extremwerte $x_0 \in B$ von $f$ auf $B$ zu erwarten sind, wenn $\mathrm{grad}\, F(x_0)$ und $\mathrm{grad}\, f(x_0)$ parallel sind, für die es also ein $\lambda$ mit der Eigenschaft

$$\mathrm{grad}\, F(x_0) = \lambda \mathrm{grad}\, f(x_0) \tag{4.4}$$

gibt. Dies bedeutet ja gerade, dass Vektoren parallel sind, nämlich wenn sie Vielfache voneinander sind. Das kann man sich geometrisch überlegen: Wir betrachten den zweidimensionalen Fall mit einer Nebenbedingung. Wir wollen eine Funktion $f(x, y)$ unter der Nebenbedingung $F(x, y) = c$ für eine Konstante $c$ maximieren. Verfolgen wir die Höhenlinien von $F(x, y) = c$, so berühren oder kreuzen wir sogar die Höhenlinien von $f(x, y)$. Wir können demnach nur einen gemeinsamen Punkt $(x, y)$ der Nebenbedingung $F(x, y) = c$ und einer Höhenlinie $f(x, y) = d$ finden, der ein Extremwert von $f$ ist, wenn die Bewegung auf der Höhenlinie $F(x, y) = c$ tangential zu $f(x, y) = d$ ist. Geometrisch übersetzen wir die Tangentenbedingung, indem wir fordern, dass der Gradient von $f$ zum Gradienten von $F$ parallel sein soll. Dies ist dann gerade Gl. (4.4).

Dies führt schließlich auf Satz 4.3 und liefert die sogenannte Lagrange-Methode, um Extremwerte unter Nebenbedingungen zu berechnen. Schauen wir uns Beispiele an und üben diese Methode ein!

▶ **Beispiel 59**

● Der Abstand $d$ zwischen dem Punkt $(0, 4)$ und einem Punkt $(x, y)$ auf der Hyperbel $x^2 - y^2 = 12$ ist definiert durch

$$d(x, y) = \sqrt{x^2 + (y - 4)^2}.$$

Diese Funktion wollen wir unter der Nebenbedingung $x^2 - y^2 = 12$ minimieren. Da es lästig ist, $\sqrt{x^2 + (y - 4)^2}$ zu differenzieren (wegen der Wurzelausdrücke), ist es gleichbedeutend mit der Funktion

$$d^2(x, y) = x^2 + (y - 4)^2 \tag{4.5}$$

zu arbeiten. Wir geben im Folgenden zwei Lösungswege an, um zu zeigen, dass die Lagrange-Methode bei „kleinen" Problemen nicht immer der schnellste Weg ist.

1. Lösungsweg: Wir formen $x^2 - y^2 = 12$ nach $x^2$ um. Dies ergibt gerade $x^2 = 12 + y^2$. Dies setzen wir in (4.5) ein und erhalten so

$$d(y) := (12 + y^2) + (y - 4)^2.$$

Diese Funktion hängt nur von einer Veränderlichen ab. Wir verfahren also wie in Analysis 1. Zunächst ist

$$d'(y) = 2y + 2(y - 4) = 4(y - 2) \quad \text{und} \quad d''(y) = 4.$$

Es gilt $d'(y) = 0$ genau dann, wenn $y = 2$ ist. Da $d''(2) = 4 > 0$, liegt bei $y = 2$ ein Minimum vor.

2. Lösungsweg: Nach der Lagrange-Methode existiert eine Funktion

$$L(x, y, \lambda) = f(x, y) + \lambda g(x, y)$$

mit der Nebenbedingung

$$g(x, y) = x^2 - y^2 - 12 = 0.$$

Wir erhalten demnach

$$L(x, y, \lambda) = x^2 + (y - 4)^2 + \lambda(x^2 - y^2 - 12).$$

Nun sind die Bedingungen

$$\frac{\partial}{\partial x}L = \frac{\partial}{\partial y}L = \frac{\partial}{\partial \lambda}L = 0$$

zu lösen. So ergeben sich die drei Gleichungen

$$\frac{\partial}{\partial x}L = 0 \Rightarrow 2x + 2\lambda x = 2x(1 + \lambda) = 0, \tag{4.6}$$

$$\frac{\partial}{\partial y}L = 0 \Rightarrow 2(y - 4) - 2y\lambda = 2y - 2\lambda y - 8 = 0, \tag{4.7}$$

$$\frac{\partial}{\partial \lambda}L = 0 \Rightarrow x^2 - y^2 - 12 = 0. \tag{4.8}$$

Aus (4.6) folgt sofort $\lambda = -1$. Dies setzen wir in (4.7) ein und erhalten $y = 2$. Setzen wir nun $y = 2$ in (4.8) ein, so ergibt sich $x = \pm 4$.

- Gegeben sei ein Ellipsoid

$$E : \frac{x^2}{a^2} + \frac{y^2}{b^2} + \frac{z^2}{c^2} = 1$$

mit $x, y, z \in \mathbb{R}$. Gesucht ist der achsenparallele Quader mit größtem Volumen, welcher zentriert in einem kartesischen Koordinatensystem liegt, der $E$ einbeschrieben werden kann, siehe Abb. 4.2.
Das Volumen des beschriebenen Quaders lautet

$$V = x \cdot y \cdot z.$$

Wir betrachten nun die Funktion $V$ unter der Nebenbedingung von $f$, wobei

$$f(x, y, z) = \frac{x^2}{a^2} + \frac{y^2}{b^2} + \frac{z^2}{c^2} - 1.$$

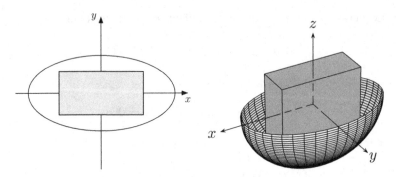

**Abb. 4.2** Ein Ellipsoid mit einem achsenparallelen Quader mit größtem Volumen mit $a = 2$, $b = 4, c = 3$. Einmal im Querschnitt mit $z = 0$, einmal ein offenes 3D-Modell

Es gilt nun:

$$J_V(x, y, z) = (yz, xz, xy)$$

und

$$J_f(x, y, z) = \left(2\frac{x}{a^2}, 2\frac{y}{b^2}, 2\frac{z}{c^2}\right).$$

Es gilt nun Rang($J_f$) $= 1$ für alle $(x, y, z) \in E$. Daher gibt es ein eindeutig bestimmtes $\lambda$ mit

$$J_V(x, y, z) + \lambda \cdot J_f(x, y, z) = 0 \Leftrightarrow (yz, xz, xy) + \lambda \cdot \left(2\frac{x}{a^2}, 2\frac{y}{b^2}, 2\frac{z}{c^2}\right) = 0.$$

Dies entspricht dem Gleichungssystem

$$yz + \lambda \cdot 2 \cdot \frac{x}{a^2} = 0,$$

$$xz + \lambda \cdot 2 \cdot \frac{y}{b^2} = 0,$$

$$xy + \lambda \cdot 2 \cdot \frac{z}{c^2} = 0.$$

Der Trick wird gleich sein, alle drei Gleichungen zu addieren und die Nebenbedingung auszunutzen. Dies bringt uns jetzt aber noch nichts, da die Nebenbedingung $\frac{x^2}{a^2} + \frac{y^2}{b^2} + \frac{z^2}{c^2} = 1$ lautet. Addieren wir obige drei Gleichungen, erhalten wir aber nur $\frac{x}{a^2} + \frac{y}{b^2} + \frac{z}{c^2}$ als einen Term, was uns nichts bringt. Daher multiplizieren wir die erste Gleichung mit $x$, die zweite mit $y$ und die dritte mit $z$ und erhalten so neue drei Gleichungen

$$xyz + \lambda \cdot 2 \cdot \frac{x^2}{a^2} = 0,$$

$$xyz + \lambda \cdot 2 \cdot \frac{y^2}{b^2} = 0,$$

$$xyz + \lambda \cdot 2 \cdot \frac{z^2}{c^2} = 0.$$

Addieren wir alle Gleichungen, so erhalten wir

$$3xyz + 2 \cdot \lambda \cdot \left( \frac{x^2}{a^2} + \frac{y^2}{b^2} + \frac{z^2}{c^2} \right) = 0.$$

Die Nebenbedingung ist aber

$$\frac{x^2}{a^2} + \frac{y^2}{b^2} + \frac{z^2}{c^2} = 1,$$

also folgt

$$3xyz + 2 \cdot \lambda = 0 \Leftrightarrow \lambda = -3/2 \cdot xyz.$$

Einsetzen in die ersten beiden Gleichungen von oben liefert

$$0 = yz - 3x^2 y \cdot \frac{z}{a^2} \Rightarrow x = \sqrt{\frac{1}{3}} \cdot a,$$

$$0 = xz - 3y^2 x \cdot \frac{z}{b^2} \Rightarrow y = \sqrt{\frac{1}{3}} \cdot b,$$

$$0 = xy - 3z^2 x \cdot \frac{y}{c^2} \Rightarrow z = \sqrt{\frac{1}{3}} \cdot c.$$

Damit ergibt sich das maximale Volumen als

$$V_{\max} = xyz = \frac{1}{3} \cdot \frac{1}{\sqrt{3}} abc,$$

denn die stetige Funktion $V$ muss auf der kompakten Menge $E$ nach Satz 2.5 aus Kap. 2 ein Maximum annehmen.

∎

Bei dem Lagrange-Verfahren finden wir immer nur mögliche Kandidaten. Woher wissen wir aber, dass dies tatsächlich Maxima bzw. Minima sind? Dies folgt aus dem Satz 2.5, dass stetige Funktionen auf kompakten Mengen Maxima und Minima annehmen. Unterscheiden, ob ein Maximum oder Minimum vorliegt, geht ganz einfach: Man setzt aus einer entsprechenden Umgebung einfach ein paar Werte in seine zu untersuchende Funktion ein und überprüft, ob die Funktionswerte größer oder kleiner werden.

Die Lagrange-Funktion zu maximieren oder minimieren, ist gleichbedeutend damit

$$\nabla f(x, y =) = \lambda \nabla N(x, y)$$

mit der Nebenbedingung $N(x, y)$ auszurechnen. Wir verdeutlichen dies an zwei Beispielen.

▶ **Beispiel 60** Die Aufgabe bestehe daraus, die Extrema der Funktion $f : \mathbb{R}^2 \to \mathbb{R}$ mit $f(x, y) = x^2 - xy + y^2$ unter der Nebenbedingung $x^2 + y^2 = 1$ zu bestimmen. Sei $N(x, y) = x^2 + y^2 - 1$ und $D := N^{-1}(\{0\})$. Dann gilt es für die Funktion $f$ die Extrema auf der Menge $D$ zu bestimmen.

Es sind $\nabla N(x, y) = (2x, 2y)^T$ und deshalb $\nabla N(x, y) \neq (0, 0)^T \quad \forall (x, y) \in D$.
Deshalb kann die Multiplikatorregel von Lagrange angewendet werden.
Zunächst ist $\nabla f(x, y) = (2x - y, 2y - x)^T$. Wenn $(a, b)$ eine Extremstelle ist, dann sollte es also ein $\lambda \in \mathbb{R}$ geben, mit:

$$\nabla f(a, b) = \lambda \nabla N(a, b)$$
$$\begin{pmatrix} 2a - b \\ 2b - a \end{pmatrix} = \lambda \begin{pmatrix} 2a \\ 2b \end{pmatrix}$$

**Fall 1:** $a = 0$
Dann muss $b = 0$ sein, aber es ist $(0, 0) \notin D$.
**Fall 2:** $b = 0$
Analog zu Fall 1.
**Fall 3:** $a \neq 0 \neq b$
Es ergibt sich dann das Gleichungssystem:

$$2 - 2\lambda - \frac{b}{a} = 0$$
$$2 - 2\lambda - \frac{a}{b} = 0$$

Das hat zur Folge, dass $\frac{a}{b} = \frac{b}{a}$, also $a = \pm b$. Ist $a = b$ so ist $\lambda = \frac{1}{2}$, ist andernfalls $a = -b$ so ist $\lambda = \frac{3}{2}$.
Damit ergeben sich insgesamt folgenden möglichen Extremstellen:
$(\frac{1}{\sqrt{2}}, \frac{1}{\sqrt{2}})$, $(-\frac{1}{\sqrt{2}}, -\frac{1}{\sqrt{2}})$, $(\frac{1}{\sqrt{2}}, -\frac{1}{\sqrt{2}})$, $(-\frac{1}{\sqrt{2}}, \frac{1}{\sqrt{2}})$
Setzt man diese Stellen in die Funktion $f$ ein, so erhält man schließlich:
$f(\pm\frac{1}{\sqrt{2}}, \pm\frac{1}{\sqrt{2}}) = \frac{1}{2}$
$f(\pm\frac{1}{\sqrt{2}}, \mp\frac{1}{\sqrt{2}}) = \frac{3}{2}$
Also ist $f$ auf $D$ minimal $\frac{1}{2}$ und maximal $\frac{3}{2}$.                                                 ■

▶ **Beispiel 61** Seien

$$K := \{(x, y) \in \mathbb{R}^2 : x^2 + y^4 \leq 1\} \quad \text{und} \quad f : K \to \mathbb{R}, f(x, y) = e^{x + y^2}$$

gegeben. Wir begründen zunächst, dass $f$ auf $K$ globale Extrema besitzen muss und bestimmen die Lage dieser Extremstellen.

Sei $N(x, y) = x^2 + y^4$ und damit ist $K = N^{-1}([0, 1])$. $N$ ist stetig und $[0, 1]$ ist ein kompaktes Intervall, da es beschränkt und abgeschlossen über $\mathbb{R}$ ist. Damit ist $K$ als Urbild einer kompakten Menge unter einer stetigen Funktion selber kompakt. Die Funktion $f$ ist als Verkettung von stetigen Funktionen selber stetig. Auf kompakten Mengen nehmen stetige Funktionen ihr Maximum und Minimum an, also auch $f$ auf $K$.

Offensichtlich lässt sich $(0, 0)$ als Extremum von $f$ auf $K$ ausschließen, da für hinreichend kleines $\epsilon > 0$ die Punkte $(\epsilon, 0)$ und $(-\epsilon, 0)$ in $K$ liegen und $f(-\epsilon, 0) < f(0, 0) < f(\epsilon, 0)$.

Sei $N$ wie in $a)$ definiert. Dann ist $\nabla N(x, y) = \binom{2x}{4y^3} \neq \binom{0}{0}$ $(x, y) \in K \setminus \{(0, 0)\}$. Damit lässt sich erneut die Multiplikatorregel von Lagrange anwenden. Zunächst ist $\nabla f = (e^{x+y^2}, 2ye^{x+y^2})$. Damit ergibt sich das Gleichungssystem:

$$e^{x+y^2} = 2\lambda x \tag{4.9}$$

$$2ye^{x+y^2} = 4\lambda y^3 \tag{4.10}$$

**Fall 1:** $y = 0$
Dann ist $N(x, 0) = x^2 \in [0, 1]$. Also $x \in [-1, 1]$. Die Funktion $f$ steigt streng monoton auf der $x$-Achse, also sind $(-1, 0)$ und $(1, 0)$ mögliche Extremstellen.
**Fall 2:** $y \neq 0$
Nach Kürzen von Gl. (2) und Einsetzen von (1) in (2) ergibt sich:

$2\lambda x = 2\lambda y^2$, also $x = y^2 > 0$. Damit ist $N(y^2, y) = 2y^4 \leq 1$, damit $(x, y)$ in $K$ liegt. Also $|y| \leq \sqrt[4]{\frac{1}{2}}$. Außerdem sind die Extremstellen von $f(y^2, y) = e^{2y^2}$ für $y \in \left[-\sqrt[4]{\frac{1}{2}}, \sqrt[4]{\frac{1}{2}}\right]$ genau bei $y \in \left\{-\sqrt[4]{\frac{1}{2}}, 0, \sqrt[4]{\frac{1}{2}}\right\}$.

Mögliche Extremstellen sind bei:
$(\pm 1, 0), \left(\sqrt{\frac{1}{2}}, \pm\sqrt[4]{\frac{1}{2}}\right)$
Setzt man diese Stellen bei $f$ ein, so erhält man schließlich:
$$f(-1, 0) = e^{-1}, \quad f(1, 0) = e, \quad f\left(\sqrt{\frac{1}{2}}, \pm\sqrt[4]{\frac{1}{2}}\right) = e^{\sqrt{2}}. \quad \blacksquare$$

---

**Erklärung**

**Zum Satz 4.4:** Dieser Satz kann zum Beispiel sehr nützlich sein, um Extrema von etwas kompliziert aussehenden Funktionen zu bestimmen. Denn man kann statt dem maximalen $x$-Wert einer Funktion $f$ auch den maximalen $x$-Wert einer Funktion $h(f)$ bestimmen, wenn $h$ monoton ist. Hierzu wollen wir ein einfaches Beispiel geben.

▶ **Beispiel 62** Wir möchten die Funktion $f(x, y) := \sqrt{xy}$ unter der Nebenbedingung $x + y = 10$ maximieren. Wir setzen zunächst wie gewohnt $y = 10 - x$ unter der Wurzel ein, wollen also $\sqrt{10x - x^2}$ maximieren. Nun wenden wir den Trick an: Die Funktion $h(x) := x^2$ ist für positive Werte (und der Wert einer Wurzel ist immer positiv) streng monoton steigend. Wir können also stattdessen die Funktion $\sqrt{10x - x^2}^2 = 10x - x^2$ maximieren. Dies geht durch Ableiten viel einfacher, als wenn man die Wurzel noch mit ableiten müsste. Man erhält so (rechnet dies selbst nochmal nach) $x_0 = 5$.
Achtung! Dieses $x_0$ muss jetzt natürlich in die Funktion $\sqrt{10x - x^2}$ eingesetzt werden und nicht in $10x - x^2$. So erhalten wir schließlich das Maximum $\sqrt{25} = 5$. Wieso dies ein Maximum ist, solltet ihr euch überlegen. ∎

Dieser Satz ist nicht nur für Wurzelausdrücke sehr praktisch, sondern zum Beispiel auch für Logarithmen. Zum Abschluss noch eine kurze Auflistung wichtiger monotoner Funktionen, die man hier verwenden kann:

$$x \mapsto x^n \ (n \in \mathbb{N}), \ x \mapsto \sqrt[n]{x} \ (n \in \mathbb{N}),$$
$$x \mapsto \ln(x), \ x \mapsto e^x, \ x \mapsto \tan(x), \ x \mapsto \arctan(x).$$

# Implizite Funktionen

**5**

## Inhaltsverzeichnis

Wir wollen uns in diesem Kapitel damit beschäftigen, unter welchen Umständen man eine implizite Funktion in zwei oder mehr Variablen (das heißt eine Funktion, in der nicht eine Variable in Abhängigkeit von der anderen explizit gegeben ist) nach einer Variablen auflösen kann. Dies ist wichtig, da nicht jede Gleichung explizit auflösbar ist, zum Beispiel können wir die Gleichung

$$\sin x \sin y + x \cos y + y \cos x = 0$$

nicht explizit nach $y$ auflösen, wollen aber trotzdem Aussagen über die Abhängigkeit von $y$ bezüglich $x$ treffen, zum Beispiel ob $y$ in einer Umgebung von $x$ differenzierbar von $x$ abhängt.

Wir formulieren die folgenden Sätze für Banach-Räume, weil die Sätze und Beweise so allgemein sind und im Spezialfall des $\mathbb{R}^n$ auch nicht einfacher wären. Man kann sich für $V$ und $W$ aber jederzeit $\mathbb{R}^n$ und $\mathbb{R}^m$ denken.

## 5.1    Sätze und Beweise

---

**Satz 5.1 (Banach'scher Fixpunktsatz für eine stetige Familie)**
*Seien $V$ und $W$ Banach-Räume, $\Omega \subset W$ offen und $A \subset V$ abgeschlossen. Für jedes $x \in \Omega$ sei $T(x) : A \to A$ eine Abbildung mit*

---

© Springer-Verlag GmbH Deutschland, ein Teil von Springer Nature 2019
F. Modler und M. Kreh, *Tutorium Analysis 2 und Lineare Algebra 2*,
https://doi.org/10.1007/978-3-662-59226-7_5

$$\|T(x)(y_1) - T(x)(y_2)\| \le \eta |y_1 - y_2| \; \forall \; y_1, y_2 \in A.$$

*mit einem $0 < \eta < 1$, das nicht von $x$ abhängt. Weiter sei die Abbildung $(x, y) \in \Omega \times A \mapsto T(x)(y) \in A$ stetig. Dann existiert für jedes $x \in \Omega$ genau ein $y(x) \in A$ mit*

$$T(x)(y(x)) = y(x).$$

*und $y$ ist stetig in $x$.*

**Anmerkung**  *Was eine stetige Familie ist, könnt ihr in den Erklärungen nachlesen.*

▶    **Beweis** Für eine beliebige stetige Funktion $y_0 : \Omega \to A$ definieren wir rekursiv die stetigen Funktionen $y_{n+1}(x) := T(x)(y_n(x))$. Dann ist

$$y_n(x) = \sum_{k=1}^{n} (y_k(x) - y_{k-1}(x)) + y_0(x)$$

$$= \sum_{k=1}^{n} (T^{k-1}(x)(y_1(x)) - T^{k-1}(x)(y_0(x))) + y_0(x),$$

wobei $T^{k-1}$ einfach die $(k-1)$-malige Ausführung von $T$ bedeutet. Wegen

$$\left\| \sum_{k=1}^{n} (T^{k-1}(x)y_1(x) - T^{k-1}(x)y_0(x)) \right\| \le \sum_{k=1}^{n} \eta^{k-1} \|y_1(x) - y_0(x)\|$$

$$\le \frac{\|y_1(x) - y_0(x)\|}{1 - \eta}$$

(im letzten Schritt schätzen wir durch eine geometrische Reihe ab) konvergiert die Folge $(y_n)$ absolut und gleichmäßig, und die Grenzfunktion

$$y(x) := \lim_{n \to \infty} y_n(x)$$

ist daher auch stetig. Da $A$ abgeschlossen ist, ist auch $y(x) \in A$, das heißt $y : \Omega \to A$. Aus $y_{n+1}(x) = T(x)(y_n(x))$ und der Stetigkeit von $T(x)$ folgt nun wie im Banach'schen Fixpunktsatz 2.7

$$y(x) = T(x)(y(x)) \; \forall \; x \in \Omega$$

und die Eindeutigkeit.

**Satz 5.2 (Satz über implizite Funktionen)**

*Seien $V_1$, $V_2$ und $W$ Banach-Räume, $\Omega \subset V_1 \times V_2$ offen, $(x_0, y_0) \in \Omega$ und $f : \Omega \to W$ in $\Omega$ stetig differenzierbar. Es gelte $f(x_0, y_0) = 0$. Angenommen, die stetige lineare Abbildung*

$$D_2 f(x_0, y_0) : V_2 \to W$$

*ist invertierbar und die Inverse ebenfalls stetig.*

*Dann existieren offene Umgebungen $\Omega_1$ von $x_0$ und $\Omega_2$ von $y_0$ mit $\Omega_1 \times \Omega_2 \subset \Omega$ und eine differenzierbare Abbildung $g : \Omega_1 \to \Omega_2$ mit*

$$f(x, g(x)) = 0 \quad \forall x \in \Omega.$$

*Ferner ist $g(x)$ für alle $x \in \Omega_1$ die einzige in $\Omega_2$ enthaltene Lösung dieser Gleichung. Für die Ableitung von $g$ gilt die Gleichung*

$$Dg(x) = -(D_2 f(x, g(x)))^{-1} \circ D_1 f(x, g(x)) \,\forall\, x \in \Omega_1.$$

▶ **Beweis** Wir setzen der Einfachheit halber $L := D_2 f(x_0, y_0)$. Da $L$ linear und nach Voraussetzung invertierbar ist, folgt

$$f(x, y) = 0 \Leftrightarrow L^{-1} f(x, y) = 0 \Leftrightarrow y = y - L^{-1} f(x, y).$$

Sei nun $G(x, y) := y - L^{-1} f(x, y)$. Wir wollen nun den Banach'schen Fixpunktsatz 5.1 auf $G$ anwenden.

- Wegen $L^{-1} \circ L = \mathrm{Id}_{V_2}$ gilt:

$$
\begin{aligned}
G(x, y_1) - G(x, y_2) &= y_1 - y_2 - L^{-1}(f(x, y_1) - f(x, y_2)) \\
&= L^{-1}(D_2 f(x_0, y_0)(y_1 - y_2) - (f(x, y_1) - f(x, y_2))).
\end{aligned}
$$

Da $f$ differenzierbar und $L^{-1}$ stetig ist, folgt die Existenz von $\delta_1 > 0$, $\eta > 0$, sodass für alle $x, y_1, y_2$ mit $\|x - x_0\| < \delta_1, \|y_0 - y_1\| < \eta, \|y_0 - y_2\| < \eta$

$$\|G(x, y_1) - G(x, y_2)\| \leq \frac{1}{2}\|y_1 - y_2\|$$

gilt. Wegen der Stetigkeit von $G$ existiert dazu ein $\delta_2 > 0$ mit

$$\|G(x, y_0) - G(x_0, y_0)\| \leq \frac{\eta}{2} \quad \forall \|x - x_0\| < \delta_2.$$

Ist nun $||y - y_0|| \leq \eta$, so ist wegen $G(x_0, y_0) = y_0$ für alle $||x - x_0|| \leq \delta := \min\{\delta_1, \delta_2\}$

$$||G(x, y) - y_0|| = ||G(x, y) - G(x_0, y_0)||$$
$$\leq ||G(x, y) - G(x, y_0)|| + ||G(x, y_0) - G(x_0, y_0)||$$
$$\leq \frac{1}{2}||y - y_0|| + \frac{\eta}{2} \leq \eta.$$

Für jedes feste $x$ mit $||x - x_0|| \leq \delta$ bildet $G(x, \cdot)$ also die abgeschlossene Kugel $B(y_0, \eta)$ auf sich selbst ab, ist dort also wegen

$$||G(x, y_1) - G(x, y_2)|| \leq \frac{1}{2}||y_1 - y_2||$$

eine Kontraktion.

Wir können also den Banach'schen Fixpunktsatz für eine stetige Familie anwenden und erhalten damit eine stetige Funktion $y : U(x_0, \delta) \to B(y_0, \eta)$ mit

$$G(x, y(x)) = y(x).$$

- Wir nennen die oben gefundene Funktion nun $g$ und wollen noch die Differenzierbarkeit sowie die behauptete Formel beweisen. Sei dazu $(x_1, y_1) \in U(x_0, \delta) \times U(y_0, \eta)$ mit $y_1 = g(x_1)$. Es gilt wegen unserer ersten Überlegung im Beweis $f(x_1, y_1) = f(x_1, g(x_1)) = 0$, und da $f$ in $(x_1, y_1)$ differenzierbar ist, können wir die Taylor-Entwicklung um $(x_1, y_1)$ betrachten. Diese lautet

$$f(x, y) = D_1 f(x_1, y_1)(x - x_1) + D_2 f(x_1, y_1)(y - y_1) + R(x, y)$$

mit

$$\lim_{(x,y) \to (x_1, y_1)} \frac{R(x, y)}{||(x - x_1, y - y_1)||} = 0.$$

Da $L$ invertierbar und $L^{-1}$ stetig ist, können wir wegen der Stetigkeit von $f$ $\delta$ und $\eta$ so klein wählen, dass auch $D_2 f(x_1, y_1)$ invertierbar mit stetiger Inverser ist für alle $(x_1, y_1) \in U(x_0, \delta) \times U(y_0, \eta)$. Da aber für alle $x \in U(x_0, \delta)$ ja $f(x, g(x)) = 0$ gilt, folgt aus der Taylor-Entwicklung

$$g(x) = -(D_2 f(x_1, y_1))^{-1} \circ D_1 f(x_1, y_1)(x - x_1)$$
$$+ y_1 - (D_2 f(x_1, y_1))^{-1}(R(x, g(x))).$$

Aus den Eigenschaften von $R$ folgt nun die Existenz von $\rho_1, \rho_2 > 0$ mit

$$||R(x, y)|| \leq \frac{||x - x_1|| + ||y - y_1||}{2||(D_2 f(x_1, y_1))^{-1}||} \ \forall \ ||x - x_1|| \leq \rho_1, ||y - y_1|| \leq \rho_2,$$

das heißt insbesondere

$$\|R(x, y)\| \leq \frac{\|x - x_1\| + \|g(x) - g(x_1)\|}{2\|(D_2 f(x_1, y_1))^{-1}\|} \ \forall \|x - x_1\| \leq \rho_1, \|y - y_1\| \leq \rho_2,$$

und dies ergibt zusammen mit der vorherigen Gleichung

$$\|g(x) - g(x_1)\| \leq \|(D_2 f(x_1, y_1))^{-1} \circ D_1 f(x_1, y_1)\| \|x - x_1\|$$
$$+ \frac{1}{2}\|x - x_1\| + \frac{1}{2}\|g(x) - g(x_1)\|,$$

also

$$\|g(x) - g(x_1)\| \leq (2\|(D_2 f(x_1, y_1))^{-1} \circ D_1 f(x_1, y_1)\| + 1)\|x - x_1\|.$$

Sei nun

$$r(x) := -(D_2 f(x_1, y_1))^{-1}(R(x, g(x))).$$

Dann folgt

$$g(x) - g(x_1) = -(D_2 f(x_1, y_1))^{-1} \circ D_1 f(x_1, y_1)(x - x_1) + r(x).$$

Aus $\lim_{x \to x_1} \frac{R(x, g(x))}{\|x - x_1\|} = 0$ folgt nun

$$\lim_{x \to x_1} \frac{r(x)}{x - x_1} = 0,$$

und daraus folgt die Differenzierbarkeit von $g$ in $x_1$ und die behauptete Formel. q.e.d.

## 5.2 Erklärungen zu den Sätzen und Beweisen

Der Einfachheit halber sollte man sich in diesem Kapitel immer vorstellen, dass man als Banach-Räume den $\mathbb{R}^n$ beziehungsweise $\mathbb{R}^m$ vorliegen hat. Alle unsere Beispiele werden nur diesen Fall behandeln.

**Erklärung**

**Zum Banach'schen Fixpunktsatz für eine stetige Familie (Satz 5.1):** Dieser Satz ist ganz analog zum „normalen" Banach'schen Fixpunktsatz 2.7, nur dass wir hier für jedes $x$ eine andere Funktion $T(x)$ erhalten, die man dann auf $y$ anwendet. Auch hier zeigt man wieder zunächst eine Konvergenzaussage, und der Rest folgt dann analog wie im Banach'schen Fixpunktsatz.

Was aber haben wir unter einer Familie stetiger Funktionen zu verstehen? Betrachten wir als Beispiel den Ausdruck $x + y$ für $x, y \in \mathbb{R}^n$. Dann könnten wir einerseits die Funktion $f(x, y) = x + y$ betrachten. Diese ist natürlich stetig. Hierbei sind $x$ und $y$ variabel. Andererseits könnten wir zunächst $x$ frei wählen, zum Beispiel $x = \pi, \sqrt{2}, 1337$. Dann erhalten wir für jedes feste $x$ eine Funktion $f_x(y) = x + y$, die dann nur noch von $y$ abhängt, da $x$ ja fest ist. Diese Funktion ist dann stetig in $y$. Mehr noch, diese Familie von Funktionen hängt auch stetig von $x$ ab. Also ist eine stetige Familie stetiger Funktionen eine Menge von Funktionen, die alle stetig sind und von einem Parameter stetig abhängen.

---

**Erklärung**

**Zum Satz über implizite Funktionen (Satz 5.2):** Dieser Satz stellt nun das Resultat dar, das wir in diesem Kapitel beweisen wollten. Er gibt uns ein Kriterium, wann eine implizit gegebene Funktion (zumindest in einer Umgebung) nach einer der Variablen auflösbar ist. Dabei ist dieses Resultat so genial, wie auch einleuchtend, was wir kurz an folgendem Bild (siehe Abb. 5.1) erläutern wollen. Betrachten wir den Punkt $p_1$ und einen kleinen Teil der Kurve, die die Gleichung $f(x, y) = 0$ beschreibt. Denken wir uns nun den Rest weg, so erhalten wir etwas, was aussieht wie eine Funktion, das heißt, jedem $x$-Wert wird genau ein $y$-Wert zugeordnet. Die implizite Funktion $f$ ist an diesem Punkt also nach $y$ auflösbar. Betrachten wir dagegen $p_2$, so können wir keine Umgebung finden, sodass die Kurve dort wie eine Funktion aussieht. Damit können wir nichts über die Auflösbarkeit sagen. Es können Fälle auftreten, wie zum Beispiel $y = x^2$ im Punkt 0, wo die Funktion nicht auflösbar ist. Es kann aber auch passieren, wie bei der Funktion $y = x^3$ im Punkt 0, dass die Funktion dann doch auflösbar ist. Wenn $D_2$ invertierbar ist, kann man also nach $y$ auflösen. Wenn $D_2$ nicht invertierbar ist, kann man für die Existenz der Umkehrfunktion zunächst nichts sagen.

Der Beweis gibt uns nur eine Existenzaussage, das Tolle ist aber, dass wir sogar Aussagen über die Ableitung treffen können. Leider ist dies oftmals so kompliziert, dass wir daraus nicht die Funktion selbst berechnen können.

**Abb. 5.1** Der Satz über
implizite Funktionen
graphisch veranschaulicht

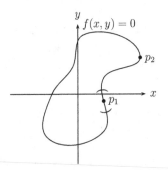

Bevor wir nun näher auf den Beweis und Beispiele eingehen, noch eine kurze Anmerkung zu der Annahme $f(x_0, y_0) = 0$. Diese ist nicht notwendig für die Auflösbarkeit, das Kriterium behält seine Gültigkeit für $f(x_0, y_0) = c$, wobei $c$ beliebig ist. Wieso? Nun, anschaulich folgt dies genau aus unseren obigen Bemerkungen. Mathematisch solltet ihr euch das einmal selber überlegen, bei Problemen schaut ins Forum ;).

Einige Anmerkungen zu dem etwas technischen und langwierigen Beweis. Wir fangen damit an, uns eine Abbildung zu definieren, auf die wir den Banach'schen Fixpunktsatz in der Version von Satz 5.1 anwenden wollen. Im ersten Punkt wird dann mithilfe von Stetigkeit und Differenzierbarkeit der betrachteten Funktionen gezeigt, dass wir den Satz hier tatsächlich anwenden können, das heißt dass eine Kontraktion vorliegt. Im zweiten Teil weisen wir dann mithilfe der Taylor-Entwicklung die Differenzierbarkeit und die Formel für die Ableitung nach.

Bevor wir zu einigen Beispielen kommen, wollen wir uns die vielleicht etwas kompliziert wirkende Formel aus dem Satz 5.2 für eine Funktion $f = f(x, y)$ von zwei Variablen und einer Konstanten $c \in \mathbb{R}$ anschauen. Die Gleichung $f(x, y) = c$ definieren den Wert $y$ in Abhängigkeit von $x$, das heißt $y = g(x)$ kann lokal als Funktion von $x$ betrachtet werden. Wir sagen, dass $y$ implizit als Funktion von $x$ gegeben ist. Falls $f_y(x, y) \neq 0$ gilt, wollen wir eine Formel für $\frac{dy}{dx} = \frac{dg}{dx}$ finden.

Dazu definieren wir eine Funktion $F(x) := f(x, g(x)) = c$ und leiten diese mit Hilfe der Kettenregel ab. So ergibt sich sofort

$$\frac{\partial F}{\partial x}(x, y) = \frac{\partial f}{\partial x} \cdot \underbrace{\frac{\partial x}{\partial x}}_{=1} + \frac{\partial f}{\partial g} \cdot \frac{\partial g}{\partial x}$$

$$= f_x + f_g \cdot \frac{dg}{dx} = 0.$$

Es ergibt sich, dass $\frac{dg}{dx} = -\frac{f_x}{f_y}$ oder anders formuliert

$$\frac{dg}{dx} = -\frac{\frac{df}{dx}}{\frac{df}{dg}}(x, g(x)) \Leftrightarrow \frac{dy}{dx} = -\frac{df}{dx}(x, y) \cdot \left(\frac{df}{dy}\right)^{-1}. \qquad (5.1)$$

Hier wird deutlich, wieso wir $f_y(x, y) \neq 0$ gefordert haben und dies auch im Satz 5.2 tun. Denn schaut man sich die Formel im Satz über implizite Funktionen aus, so entspricht dies gerade Gl. (5.1).

Aber nun einmal zu einigen Beispielen.

▶ **Beispiel 63**

● Wir beginnen mit der Funktion (siehe Abb. 5.2)

$$f(x, y) = x^2 + y^2 - 1.$$

**Abb. 5.2** Die Funktion
$f(x, y) = x^2 + y^2 - 1$

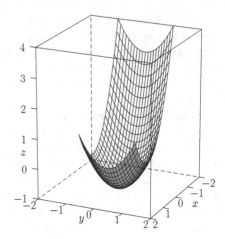

**Abb. 5.3** Die Niveaulinie
$f(x, y) = 0$

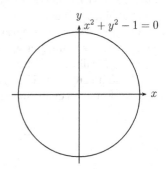

Wir untersuchen also die Gleichung $f(x, y) = 0$ (siehe Abb. 5.3) und wollen zunächst nur den Satz über implizite Funktionen anwenden, ohne auf die Voraussetzungen zu achten, dies werden wir in den weiteren Beispielen tun.
Dies lässt sich explizit auflösen und wir erhalten

$$y(x) = \pm\sqrt{1 - x^2}$$

und damit

$$y'(x) = \frac{-x}{\sqrt{1 - x^2}} = \frac{-x}{y(x)} \text{ für } y(x) = \sqrt{1 - x^2}$$

Wenden wir stattdessen den Satz über implizite Funktionen an, so erhalten wir

$$y'(x) = -(D_2 f(x, y))^{-1} \circ D_1 f(x, y) = -(2y)^{-1} 2x = \frac{2x}{-2y} = \frac{-x}{y(x)},$$

also dasselbe Ergebnis, nur dass es mit der impliziten Methode schneller ging, wobei der Nachteil hier ist, das wir nicht $y$ direkt erhalten.

- Wir betrachten die Funktion (siehe Abb. 5.4)

$$f : \mathbb{R}^2 \to \mathbb{R}, \ f(x, y) = y^2 - x^2(1 - x^2).$$

Es gilt:

$$D_2 f(x, y) = \frac{\partial f}{\partial y}(x, y) = 2y.$$

Folglich ist $D_2 f(x, y)$ für alle $(x, y) \in \mathbb{R}^2$ mit $y \neq 0$ invertierbar, und für $(x_0, y_0) \in \mathbb{R}^2$ mit $y_0 \neq 0$ und $f(x_0, y_0) = 0$ können wir lokal nach $y$ auflösen mit einer differenzierbaren Funktion $y(x)$, für die

$$Dy(x) = y'(x) = -(D_2 f(x, y(x)))^{-1} \circ D_1 f(x, g(x))$$

$$= -(2y(x))^{-1} \cdot (-2x + 4x^3) = \frac{x - 2x^3}{y(x)}$$

gilt. In der Tat folgt aus $f(x, y) = 0$ die Gleichung

$$y^2(x) = x^2(1 - x^2)$$

(man kann also sogar explizit lösen) und hieraus nach der Kettenregel $2y(x)y'(x) = 2x - 4x^3$ und für $y(x) \neq 0$ dann auch

$$y'(x) = \frac{x - 2x^3}{y(x)}$$

als Bestätigung der obigen Formel.

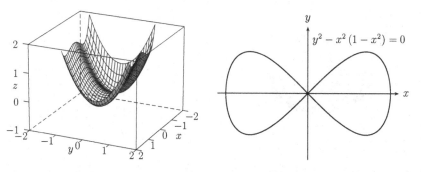

**Abb. 5.4** Die Funktion und die Nullniveaulinie zu $f(x, y) = y^2 - x^2(1 - x^2)$

- Sei (siehe Abb. 5.5)

$$f(x, y) : \mathbb{R}^2 \to \mathbb{R}, \ f(x, y) = (x^2 + y^2 - 1)^3 + 27x^2 y^2.$$

Hier ist

$$D_2 f(x, y) = \frac{\partial f}{\partial y}(x, y) = 6y((x^2 + y^2 - 1)^2 + 9x^2).$$

Dies verschwindet genau dann, wenn entweder $y = 0$ oder wenn $x = 0$ und $|y| = 1$. Die einzigen Punkte $(x_0, y_0) \in \mathbb{R}^2$, für die $f(x_0, y_0) = 0$ und $D_2 f(x_0, y_0) = 0$ gilt, sind demnach die Punkte der Menge

$$\{(-1, 0), (1, 0), (0, -1), (0, 1)\}.$$

In allen anderen Punkten $(x_0, y_0) \in f^{-1}\{0\}$ existiert eine eindeutige Lösung von $f(x, y(x)) = 0$. Wegen

$$D_1 f(x, y) = 6x((x^2 + y^2 - 1)^2 + 9y^2)$$

ist dann

$$y'(x) = -\frac{x((x^2 + y(x)^2 - 1)^2 + 9y(x)^2)}{y(x)((x^2 + y(x)^2 - 1)^2 + 9x^2)}.$$

Wie schon in der Anmerkung zum Satz können wir allein anhand des Satzes nicht über die Auflösbarkeit in den Punkten $(0, 1)$ und $(0, -1)$ entscheiden. Hier ist es aber so, dass in einer Umgebung von $(0, 1)$ und $(0, -1)$ auch eine eindeutige Lösung $y(x)$ von $f(x, y(x)) = 0$ existiert, diese ist nur nicht differenzierbar.

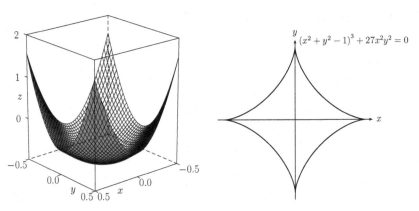

**Abb. 5.5** Die Funktion und die Nullniveaulinie zu $f(x, y) = (x^2 + y^2 - 1)^3 + 27x^2 y^2$

- Wir haben bisher nur Gleichungen in zwei Variablen untersucht. Was ist, wenn es mehrere sind? Wir betrachten die Funktion

$$f : \mathbb{R}^4 \to \mathbb{R}^2, \quad f(w, x, y, z) := (w^2 + xy + e^z, 2w + y^2 - yz - 5).$$

Hier müssen wir leider auf ein Bild zur Veranschaulichung verzichten. Wir untersuchen den Punkt $(2, 5, -1, 0)$ und wollen nach $(y, z)$ auflösen, das heißt, wir suchen eine Funktion $g(w, x) = (y(w, x), z(w, x))$. Es gilt:

$$f(2, 5, -1, 0) = (4 - 5 + 1, 2 + 1 - 0 - 5) = (0, 0).$$

und

$$J_f(w, x, y, z) = \begin{pmatrix} 2w & y & x & e^z \\ 2 & 0 & 2y - z & -y \end{pmatrix},$$

also

$$J_f(2, 5, -1, 0) = \begin{pmatrix} 4 & -1 & 5 & 1 \\ 2 & 0 & -2 & 1 \end{pmatrix}.$$

$D_2$ bedeutet hier einfach das Differential nach den Variablen, nach denen wir auflösen. Demnach gilt:

$$D_2(2, 5, -1, 0) = \begin{pmatrix} 5 & 1 \\ -2 & 1 \end{pmatrix}.$$

Wegen $\det(D_2(2, 5, -1, 0)) = 7 \neq 0$ ist dies invertierbar, und damit existiert die gewünschte lokale Auflösung. Wir können außerdem nach der bewiesenen Formel die Jacobi-Matrix von $g$ an der Stelle $(2, 5)$ bestimmen, es gilt:

$$J_g(2, 5) = -\begin{pmatrix} 5 & 1 \\ -2 & 1 \end{pmatrix}^{-1} \begin{pmatrix} 4 & -1 \\ 2 & 0 \end{pmatrix} = \frac{1}{7} \begin{pmatrix} 2 & -1 \\ -18 & -2 \end{pmatrix}.$$

- Auch das schöne Bild auf unserem Cover (siehe auch Abb. 5.6 und die Niveaulinien in Abb. 5.7), dargestellt durch die Funktion

**Abb. 5.6** Die Funktion $f(x, y) = \sin(\cos(x) - xy)$

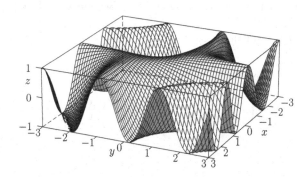

**Abb. 5.7** Die Niveaulinien
zur Funktion $f(x, y) =$
$\sin(\cos(x) - xy) = 0$

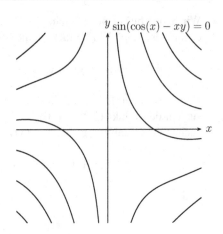

$$f(x, y) = \sin(\cos(x) - xy),$$

ist in jedem Punkt implizit auflösbar.

Natürlich erhalten wir dann aber für die Ableitung einen sehr komplizierten
Term                                                                                    ∎

Wir haben also gesehen, dass wir Funktionen unter bestimmten Umständen lokal
auflösen und eine Formel für die Ableitung erhalten können. Wie wir auch in zwei
Beispielen gesehen haben, ist diese Formel eine Gleichung, die sowohl eine Funktion
als auch deren Ableitung enthält. Es stellt sich nun die Frage, wie man eine solche
Gleichung lösen kann. Dies wollen wir im nächsten Kapitel behandeln.

Wir wollen jetzt noch eine typische Klausuraufgabe stellen und lösen.

▶ **Beispiel 64** Gegeben sei das Gleichungssystem

$$f_1(x, y, z) := e^{y-z} - y - x\sqrt{z} = 0, \quad f_2(x, y, z) = y^z - z^{xy} = 0.$$

Zeige, dass dieses System in einer Umgebung des Punktes $(x_0, y_0, z_0) = (0, 1, 1)$
im Sinne des Satzes über implizite Funktionen nach $(y, z)$ auflösbar ist, sodass
sich die Lösungsmenge also lokal als Kurve $\gamma(x) = (x, g_1(x), g_2(x))$ mit $x$ als
Kurvenparameter darstellen lässt. Bestimme auch den Tangentialvektor $\gamma'(0) =
(1, g_1'(0), g_2'(0))$.

Dies löst man so:

- Zunächst zur Auflösbarkeit: Es ist

$$\left(\frac{\partial(f_1, f_2)}{\partial(y, z)}(x, y, z)\right) = \begin{pmatrix} e^{y-z} - 1 & -e^{y-z} - x/2\sqrt{z} \\ y^z z/y - xz^{xy}\ln(z) & y^z\ln(y) - z^{xy}xy/z \end{pmatrix},$$

also im Punkt $(0, 1, 1)$

$$\left(\frac{\partial(f_1, f_2)}{\partial(y, z)}(0, 1, 1)\right) = \begin{pmatrix} 0 & -1 \\ 1 & 0 \end{pmatrix}.$$

Diese Matrix besitzt eine nichtverschwindende Determinante; daher ist diese Matrix invertierbar. Nach dem Satz über implizite Funktionen ist das gegebene Gleichungssystem also in $(0, 1, 1)$ lokal auflösbar nach $(y, z)$. Diese Lösungsmenge sieht dort also lokal wie eine Kurve $\gamma(x) = (x, g_1(x), g_2(x))$ aus.

• Nun bestimmen wir den Tangentialvektor $\gamma'(0) = (1, g_1'(0), g_2'(0))$. Hierzu benötigen wir noch die Ableitungen $g_1'(0)$ und $g_2'(0)$. Diese ergeben sich aus der Formel

$$\begin{pmatrix} g_1'(0) \\ g_2'(0) \end{pmatrix} = -\left(\frac{\partial(f_1, f_2)}{\partial(y, z)}(0, 1, 1)\right)^{-1} \begin{pmatrix} \frac{\partial f_1}{\partial x}(0, 1, 1) \\ \frac{\partial f_2}{\partial x}(0, 1, 1) \end{pmatrix}. \tag{5.2}$$

Es ist

$$\begin{pmatrix} \frac{\partial f_1}{\partial x}(x, y, z) \\ \frac{\partial f_2}{\partial x}(x, y, z) \end{pmatrix} = \begin{pmatrix} -\sqrt{z} \\ -yz^{xy}\ln(z) \end{pmatrix},$$

also speziell

$$\begin{pmatrix} \frac{\partial f_1}{\partial x}(0, 1, 1) \\ \frac{\partial f_2}{\partial x}(0, 1, 1) \end{pmatrix} = \begin{pmatrix} -1 \\ 0 \end{pmatrix}.$$

Jetzt liefert Gl. (5.2)

$$\begin{pmatrix} g_1'(0) \\ g_2'(0) \end{pmatrix} = -\begin{pmatrix} 0 & -1 \\ 1 & 0 \end{pmatrix}^{-1} \begin{pmatrix} -1 \\ 0 \end{pmatrix} = \begin{pmatrix} 0 & -1 \\ 1 & 0 \end{pmatrix} \begin{pmatrix} -1 \\ 0 \end{pmatrix} = \begin{pmatrix} 0 \\ -1 \end{pmatrix}.$$

Demnach ist

$$\gamma'(0) = \begin{pmatrix} 1 \\ g_1'(0) \\ g_2'(0) \end{pmatrix} = \begin{pmatrix} 1 \\ 0 \\ -1 \end{pmatrix}.$$

■

# Gewöhnliche Differentialgleichungen

**6**

## Inhaltsverzeichnis

Wir wollen uns nun mit Gleichungen beschäftigen, in der sowohl eine Funktion als auch ihre Ableitungen vorkommen. Dies wird in vielen mathematischen Bereichen und in den Anwendungen der Physik, Technik, Biologie, Chemie und Wirtschaftswissenschaft gebraucht. Mit einfachen Formen solcher Differentialgleichungen wollen wir uns nun beschäftigen.

Dabei werden wir bei Differentialgleichungen in höheren Dimensionen die Jordan-Normalform brauchen. Alles, was wir hierfür benötigen, könnt ihr in Kap. 16 nachlesen.

## 6.1 Definitionen

---

**Definition 6.1 (Differentialgleichung)**
Seien $I \subset \mathbb{R}$ ein Intervall und $k \in \mathbb{N}$. Eine **gewöhnliche Differentialgleichung** der Ordnung $k$ ist eine Gleichung von der Form

$$F(t, x(t), \ldots, x^{(k)}(t)) = 0.$$

---

© Springer-Verlag GmbH Deutschland, ein Teil von Springer Nature 2019
F. Modler und M. Kreh, *Tutorium Analysis 2 und Lineare Algebra 2*,
https://doi.org/10.1007/978-3-662-59226-7_6

Dabei ist $F$ eine gegebene Funktion auf einer Teilmenge $U$ von $I \times \mathbb{R}^n \times \cdots \times \mathbb{R}^n$ mit Werten in $\mathbb{R}^m$.

Die Funktion $x : I \to \mathbb{R}^n$ heißt Lösung der Differentialgleichung, falls gilt:

- $x$ ist $k$-mal differenzierbar auf $I$.
- $(t, x(t), \ldots, x^{(k)}(t)) \in U$.
- $F(t, x(t), \ldots x^{(k)}(t)) = 0, t \in I$.

---

**Definition 6.2 (explizit, homogen, autonom, linear)**
Eine Differentialgleichung heißt **explizit,** falls sie in der Form

$$x^{(k)} = f(t, x, \ldots, x^{(k-1)})$$

gegeben ist, andernfalls **implizit.** Eine Differentialgleichung der Form

$$\sum_{j=0}^{k} A_j(t) x^{(j)} + f(t) = 0$$

mit linearen $A_j$ heißt **linear** von der Ordnung $k$. Sie heißt **homogen,** falls $f \equiv 0$, sonst **inhomogen.** Ist $F(t, x, \ldots, x^{(k)}) = 0$ nicht explizit von $t$ abhängig, so heißt die Differentialgleichung **autonom.**

---

**Definition 6.3 (Anfangswertaufgabe)**
Ist $x^{(k)} = f(t, x, \ldots, x^{(k-1)})$ eine Differentialgleichung, $t_0 \in I$, so besteht eine **Anfangswertaufgabe** im Finden einer Lösung $x$ der Differentialgleichung, sodass außerdem die ersten $k - 1$ Ableitungen von $x$ in $t_0$ die vorgegebenen Anfangswerte $x(t_0) = c_0, \ldots, x^{(k-1)}(t_0) = c_{k-1}$ annehmen.

**Definition 6.4 (Nullraum)**
Seien $J$ ein offenes Intervall in $\mathbb{R}$, $x : J \to \mathbb{R}^n$ eine differenzierbare Funktion und $A$ eine auf $J$ stetige matrixwertige Funktion, also eine Funktion, die jedem $t \in J$ eine Matrix aus $\mathbb{R}^{n \times n}$ zuordnet. Dann bezeichnen wir die Menge aller Lösungen von

$$x' - A(t)x = 0$$

mit $\mathcal{N}_A$ und nennen dies den **Nullraum** der Differentialgleichung.

**Anmerkung** *Satz 6.3 zeigt, dass dies ein Vektorraum ist.*

**Definition 6.5 (Fundamentalsystem)**
Seien $J \subset \mathbb{R}$ ein Intervall und $A$ eine stetige, matrixwertige Funktion auf $J$. Eine Basis $\{x^1, \ldots, x^n\}$ von $\mathcal{N}_A$ nennt man ein **Fundamentalsystem** für die Differentialgleichung $x' = A(t)x$. Meistens nennt man auch die Matrix

$$\Phi := \begin{pmatrix} x_1^1 & \cdots & x_1^n \\ \vdots & & \vdots \\ x_n^1 & \cdots & x_n^n \end{pmatrix}$$

ein **Fundamentalsystem.**

**Anmerkung** *Mit $x^k$ meinen wir in diesem Fall keine Potenzen. Jedes $x^k$ ist eine Funktion von $J$ nach $\mathbb{R}^n$, die wiederum aus n Komponenten $x_1^k, \ldots, x_n^k$ besteht.*

## 6.2 Sätze und Beweise

**Satz 6.1 (Satz von Peano)**
*Es seien $(t_0, x_0) \in \mathbb{R} \times \mathbb{R}^n$, $a > 0$, $b > 0$. Setze*

$$D = \{(t, x) \in \mathbb{R} \times \mathbb{R}^n : |t - t_0| \leq a, \|x - x_0\| \leq b\}.$$

*Ist $f = f(t, x) : D \to \mathbb{R}^n$ stetig, so hat die Anfangswertaufgabe*

$$x' = f(t, x), x(t_0) = x_0$$

*eine Lösung auf dem Intervall $(t_0 - c, t_0 + c)$, wobei $c = \min\{a, \frac{b}{A}\}$ und $A = \max\{\|f(t, x)\| : (t, x) \in D\}$.*

**Satz 6.2 (Satz von Picard-Lindelöf)**
*Seien wieder* $(t_0, x_0) \in \mathbb{R} \times \mathbb{R}^n, a > 0, b > 0$ *und*

$$D = \{(t, x) \in \mathbb{R} \times \mathbb{R}^n : |t - t_0| \leq a, \|x - x_0\| \leq b\}.$$

*Ist nun* $f = f(t, x) : D \to \mathbb{R}^n$ *sogar lipschitz-stetig in* $x$ *mit Lipschitz-Konstante* $L \geq 0$, *dann hat die Anfangswertaufgabe* $x' = f(t, x), x(t_0) = x_0$ *eine eindeutige Lösung auf dem Intervall* $(t_0 - d, t_0 + d)$, *wobei* $d = \min\{a, \frac{b}{A}, \frac{1}{L}\}$.

▶   **Beweis** Es sei $I_0 = [t_0 - r, t_0 + r]$ für ein $0 < r < d$. Wir integrieren zunächst und sehen, dass $x$ genau dann die Anfangswertaufgabe $x' = f(t, x), x(t_0) = x_0$ auf $I_0$ löst, wenn $x$ auf $I_0$ stetig ist und

$$x(t) = x_0 + \int_{t_0}^{t} f(s, x(s))\, ds, \qquad t \in I_0$$

gilt. Wir wollen den Banach'schen Fixpunktsatz anwenden. Wir wählen als Banach-Raum $X = \mathcal{C}(I_0, \mathbb{R}^n)$ mit der Supremumsnorm. Darauf definieren wir die Abbildung $T$ durch:

$$Tx(t) = x_0 + \int_{t_0}^{t} f(s, x(s))\, ds, \qquad x \in X, t \in I_0.$$

Nun ist eine Funktion $x$ genau dann Lösung der Anfangswertaufgabe, wenn sie ein Fixpunkt der Abbildung $T$ ist. Wir wählen als abgeschlossene Teilmenge von $X$ die Menge

$$M = \{x \in X : \|x - x_0\| \leq b\}$$

und prüfen die Voraussetzungen des Banach'schen Fixpunktsatzes nach. Für $x \in X$ ist die Funktion $Tx$ stetig auf $I_0$, da $\|Tx(t_1) - Tx(t_2)\| \leq A|t_1 - t_2|$. Also ist $Tx \in X$. Ferner ist für $t \in I_0$

$$\|Tx(t) - x_0\| = \left\| \int_{t_0}^{t} f(s, x(s))\, ds \right\| \leq A|t - t_0| \leq Ar \leq b,$$

somit ist $\|Tx - x_0\| \leq b$ und $T$ eine Abbildung von $M$ nach $M$.

Für $x, y \in X$ und $t \geq t_0$ gilt nun:

$$\|Tx(t) - Ty(t)\| = \left\| \int_{t_0}^{t} f(s, x(s)) - f(s, y(s)) \, ds \right\|$$

$$\leq \int_{t_0}^{t} \|f(s, x(s)) - f(s, y(s))\| \, ds$$

$$\leq \int_{t_0}^{t} L\|x - y\| \, ds \leq rL\|x - y\|.$$

Dieselbe Abschätzung erhält man auch für $t \leq t_0$. Damit ist

$$\|Tx - Ty\| \leq rL\|x - y\|.$$

Weil $rL < dL \leq 1$ ist, ist $T$ kontrahierend und besitzt nach dem Banach'schen Fixpunktsatz genau einen Fixpunkt. Also hat das Anfangswertproblem genau eine Lösung.                                            q.e.d.

---

**Satz 6.3**
*Seien $J \subset \mathbb{R}$ ein offenes Intervall und $A : J \to \mathbb{R}^{n \times n}$ stetig. Dann bildet die Menge aller Lösungen von*

$$x' - A(t)x = 0$$

*einen Vektorraum.*

---

▶ **Beweis** Übungsaufgabe für euch.                                            q.e.d.

---

**Satz 6.4**
*Sei $J \subset \mathbb{R}$ ein offenes Intervall. Sind $f \in \mathcal{N}_A$ und $f(t_0) = 0$ für ein $t_0 \in J$, so ist $f(t) = 0$ für alle $t$.*

---

▶ **Beweis** Folgt direkt aus dem Satz von Picard-Lindelöf, denn gilt $f(t_0) = 0$ für ein $t_0$, so ist die Funktion $f \equiv 0$ eine Lösung und wegen der Eindeutigkeit dann auch die einzige.                                            q.e.d.

---

**Satz 6.5**
*Es gilt dim $\mathcal{N}_A = n$, das heißt, die Lösungen von $x' - A(t)x = 0$ bilden einen $n$-dimensionalen Vektorraum.*

▶ **Beweis** Wir betrachten die Abbildung, die einer Funktion aus $\mathcal{N}_A$ den Wert $x(t_0) \in \mathbb{R}^n$ zuordnet. Diese ist linear. Weil nach dem Satz von Picard-Lindelöf für jeden Wert $x(t_0)$ eine zugehörige Lösung $x$ existiert, ist sie surjektiv. Weil diese Lösung sogar eindeutig ist, ist sie auch injektiv, und damit ist diese Abbildung ein Isomorphismus, also gilt $\mathcal{N}_A \cong \mathbb{R}^n$.     q.e.d.

---

**Satz 6.6**
*Seien $J \subset \mathbb{R}$ ein offenes Intervall und $x^1, \ldots, x^n \in \mathcal{N}_A$. Sei*

$$D(t) := \det \begin{pmatrix} x_1^1(t) & \cdots & x_1^n(t) \\ \vdots & & \vdots \\ x_n^1(t) & \cdots & x_n^n(t) \end{pmatrix}.$$

*Dann sind äquivalent:*

*i) $D(t_0) = 0$ für ein $t_0 \in J$.*
*ii) $D(t) = 0$ für alle $t \in J$.*
*iii) $x^1(t_0), \ldots, x^n(t_0)$ sind als Vektoren im $\mathbb{R}^n$ linear abhängig für ein $t_0 \in J$.*
*iv) $x^1(t), \ldots, x^n(t)$ sind als Vektoren im $\mathbb{R}^n$ linear abhängig für alle $t \in J$.*
*v) $x^1, \ldots, x^n$ sind linear abhängig als Funktionen.*

---

**Anmerkung**  $D(t)$ *nennt man auch Wronski-Determinante.*

▶ **Beweis** Die Implikationen $v) \Rightarrow iv) \Rightarrow iii)$ und die Äquivalenzen $i) \Leftrightarrow iii)$ und $ii) \Leftrightarrow iv)$ sollten klar sein. Es reicht deshalb zu zeigen, dass die dritte Bedingung die fünfte impliziert.

Es existieren also nach Annahme $c_1, \ldots, c_n \in \mathbb{R}$, die nicht alle 0 sind, mit

$$\sum_{j=1}^n c_j x^j(t_0) = 0.$$

Wir definieren dann eine neue Funktion $x$ durch

$$x := \sum_{j=1}^n c_j x^j.$$

Dann ist $x \in \mathcal{N}_A$ und $x(t_0) = 0$, also gilt $x(t) = 0$ für alle $t$, und das bedeutet, dass die Funktionen $x^1, \ldots, x^n$ linear abhängig sind.     q.e.d.

---

**Satz 6.7**
$\Phi$ ist genau dann ein Fundamentalsystem, wenn $\Phi' = A\Phi$ und $\det \Phi(t) \neq 0$
für ein $t \in J$ gilt.

▶ **Beweis** Folgt direkt aus Satz 6.6.                                          q.e.d.

---

**Satz 6.8  (Lösung der homogenen Gleichung)**
Sei $\Phi$ ein Fundamentalsystem für $x' = A(t)x$. Dann gilt:

i) $x(t) = \Phi(t)\Phi(t_0)^{-1}x_0$ ist die Lösung des Anfangswertproblems $x' = A(t)x, x(t_0) = x_0$.
ii) Eine matrixwertige Funktion $\Psi$ ist genau dann ein weiteres Fundamentalsystem, wenn es eine invertierbare Matrix $C$ gibt mit

$$\Psi(t) = \Phi(t)C.$$

---

▶ **Beweis**
i) Wir setzen $c = \Phi(t_0)^{-1}x_0$. Dann ist

$$x'(t) = (\Phi(t)c)' = \Phi'(t)c = A(t)\Phi(t)c = A(t)x(t) \qquad (6.1)$$

und $x(t_0) = x_0$.
ii) Angenommen, es gibt eine solche Matrix $C$ mit $\Phi(t)C = \Psi(t)$. Dann ist

$$(\Phi(t)C)' = \Phi'(t)C = A(t)\Phi(t)C,$$

und wegen $\det(\Phi C) = \det \Phi \det C$ folgt die Aussage dann aus dem letzten Satz 6.7.

Ist andererseits $\Psi$ ein weiteres Fundamentalsystem, so setzen wir $C(t) := \Phi(t)^{-1}\Psi(t)$. Dann folgt aus der Produktregel und weil $\Phi$ und $\Psi$ Fundamentalsysteme sind

$$0 = \Psi' - A\Psi = \Phi'C + \Phi C' - A\Phi C = \Phi C'.$$

Aus der Invertierbarkeit von $\Phi$ folgt $C'(t) = 0$ für alle $t$, somit ist $C$ also konstant.                                                   q.e.d.

**Satz 6.9  (Lösung der inhomogenen Gleichung)**
*Es sei $\Phi$ ein Fundamentalsystem für $x' = A(t)x$. Dann hat das Anfangswertproblem $x' = A(t)x + f$, $x(t_0) = x_0$ die Lösung*

$$x(t) = \Phi(t) \left( \Phi(t_0)^{-1} x_0 + \int_{t_0}^{t} \Phi(s)^{-1} f(s) \, ds \right).$$

**Anmerkung**  *Das Integral ist hier komponentenweise zu verstehen. Der Integrand $\Phi(s)^{-1} f(s)$ ist ein Vektor, und das Integral wird für jede Komponente des Vektors einzeln bestimmt. Das Ergebnis ist dann der Vektor, der aus den einzelnen Integralen besteht (siehe auch Beispiel 72).*

▶  **Beweis** Da $\Phi(t)$ ein Fundamentalsystem ist, gilt nach Satz 6.7 $\Phi'(t) = A(t)\Phi(t)$. Leiten wir nun den Ausdruck für $x(t)$ nach $t$ ab, so erhalten wir mit der Produktregel und dem Hauptsatz der Differential- und Integralrechnung

$$x'(t) = A(t)\Phi(t) \left( \Phi(t_0)^{-1} x_0 + \int_{t_0}^{t} \Phi(s)^{-1} f(s) \, ds \right) + \Phi(t) \left( \Phi(t)^{-1} f(t) \right)$$

$$= A(t)x(t) + f(t).$$

Einsetzen ergibt außerdem $x(t_0) = x_0$.                                      q.e.d.

**Satz 6.10**
*Sei $A \in \mathbb{R}^{n \times n}$, also eine konstante Matrix. Sei $J = T^{-1}AT$ die Jordan-Normalform. Dann sind $e^{tA}$ und $Te^{tJ}$ Fundamentalsysteme für $x' = Ax$.*

**Anmerkung**  *Zur Jordan-Normalform siehe Kap. 16. Zur Definition des Matrixexponentials siehe Definition 1.29, die wichtigsten benötigten Eigenschaften findet ihr in Satz 16.9.*

▶  **Beweis** Da $e^{tA}$ für jedes $t \in \mathbb{R}$ invertierbar ist, verschwindet die Determinante nicht. Außerdem gilt $(e^{tA})' = Ae^{tA}$, also ist $e^{tA}$ ein Fundamentalsystem. Weil $T$ invertierbar ist, ist wegen $Te^{tJ} = e^{tA}T$ dann auch $Te^{Jt}$ ein Fundamentalsystem.                                      q.e.d.

**Satz 6.11** (einige Lösungsverfahren)

i) *Separation der Variablen: Eine Lösung der Differentialgleichung*

$$x' = f(t)g(x), x(t_0) = x_0, g(x_0) \neq 0$$

*ist gegeben durch*

$$\int_{t_0}^{t} f(s)\, ds = \int_{t_0}^{t} \frac{x'(s)}{g(x(s))}\, ds = \int_{x(t_0)}^{x(t)} \frac{dy}{g(y)}.$$

ii) *Variation der Konstanten: Ist $x_0 \neq 0$, so ist eine Lösung von*

$$x' + a(t)x = 0, x(t_0) = x_0$$

*gegeben durch*

$$x(t) = x_0 e^{-\int_{t_0}^{t} a(s)\, ds}$$

*und die von*

$$x' + a(t)x = f(t), x(t_0) = x_0$$

*durch*

$$x(t) = \left( \int_{t_0}^{t} f(r) e^{\int_{t_0}^{r} a(s)\, ds}\, dr + x_0 \right) e^{-\int_{t_0}^{t} a(s)}.$$

▶ **Beweis**

i) Falls eine Lösung existiert, so ist wegen der Stetigkeit von $g$ auch $g(x(t)) \neq 0$ für $t$ nahe $t_0$. Dann gilt dort:

$$\int_{t_0}^{t} f(s)\, ds = \int_{t_0}^{t} \frac{x'(s)}{g(x(s))}\, ds = \int_{x(t_0)}^{x(t)} \frac{dy}{g(y)}.$$

Dies liefert eine implizite Gleichung der Form $G(t, x) = 0$. Wenn diese auflösbar ist, ist die Gleichung lösbar. Nun gilt:

$$\frac{\partial G}{\partial x}(t, x) = \frac{\partial}{\partial x}\left( \int_{t_0}^{t} f(s)\, ds - \int_{x_0}^{x} \frac{dy}{g(y)} \right) = -\frac{1}{g(x)} \neq 0.$$

Nach dem Satz über implizite Funktionen ist die Gleichung also auflösbar, also ist durch obige Formel eine Lösung gegeben.

ii) Wir betrachten zunächst die homogene Differentialgleichung. Ist $x_0 = 0$, so ist $x(t) \equiv 0$ eine Lösung. Ist $x_0 \neq 0$, so gilt wegen der

Stetigkeit zumindest für $t$ nahe $t_0$

$$\frac{x(t)}{x_0} > 0$$

und damit folgt

$$\ln \frac{x}{x_0} = -\int_{t_0}^{t} a(s)\, ds \Rightarrow x(t) = x_0 e^{-\int_{t_0}^{t} a(s)\, ds}.$$

Somit existiert die Lösung für alle $t \in \mathbb{R}$, und $x(t) \neq 0$ für alle $t \in \mathbb{R}$. Davon ausgehend wollen wir nun die inhomogene Differentialgleichung betrachten. Der Ansatz hierfür ist die sogenannte **Variation der Konstanten**. Wir setzen

$$F(t) = e^{-\int_{t_0}^{t} a(s)\, ds}.$$

Dann ist $F(t) \neq 0$ für alle $t$ und $F(t_0) = 1$. Wir machen den Ansatz $x(t) = C(t)F(t)$. Es folgt $C(t_0) = x(t_0) = x_0$. Ferner ergibt sich

$$f(t) = x' + a(t)x = C'(t)F(t) + C(t)(F'(t) + a(t)F(t)) = C'(t)F(t),$$

denn $F$ löst die homogene Gleichung. Also gilt:

$$C'(t) = \frac{f(t)}{F(t)} = f(t)e^{\int_{t_0}^{t} a(s)\, ds},$$

$$C(t) = \int_{t_0}^{t} f(r)e^{\int_{t_0}^{r} a(s)\, ds}\, dr + C(t_0),$$

$$x(t) = \left(\int_{t_0}^{t} f(r)e^{\int_{t_0}^{r} a(s)\, ds}\, dr + x_0\right) e^{-\int_{t_0}^{t} a(s)}.$$

q.e.d.

**Satz 6.12 (Spezielle nichtlineare Differentialgleichungen erster Ordnung)**
- *Seien $a, b \in \mathbb{R}$ mit $b \neq 0$, $f : \mathbb{R} \to \mathbb{R}$ eine Funktion und sei $F$ eine Stammfunktion von $\frac{1}{a+bf(u)}$. Ist $F$ umkehrbar, dann ist jede Funktion der Form $x = \frac{1}{b}\left(F^{-1}(t+K) - at - c\right)$ mit einer Konstanten $K$ Lösung der Differentialgleichung $x' = f(at + bx + c)$. Ist $f$ Lipschitz-stetig, so sind dies alle Lösungen.*

- *Seien $a, b, c, d, e, f \in \mathbb{R}$ so, dass das Gleichungssystem*

$$at + bx + c = 0$$
$$dt + ex + f = 0$$

*eine eindeutige Lösung $(t_0, x_0)$ hat. Sei $\tilde{x} = x - x_0$ und $\tilde{t} = t - t_0$ und $u = \frac{\tilde{x}}{\tilde{t}}$. Sei $g : \mathbb{R} \to \mathbb{R}$ eine Funktion und sei $G$ eine Stammfunktion von $\frac{1}{g\left(\frac{a+bu}{d+eu}\right)-u}$. Ist $G$ umkehrbar, dann ist jede Funktion der Form $x = (t - t_0)G^{-1}(-\ln(t - t_0) + K) + x_0$ mit einer Konstanten $K$ Lösung der Differentialgleichung $x' = g\left(\frac{at+bx+c}{dt+ex+f}\right)$. Ist $g$ Lipschitz-stetig, so sind dies alle Lösungen.*

▷ **Beweis**

- Wir führen die Substitution $u(t) = at + bx(t) + c$ durch. Dann ist $u'(t) = a + bx'(t)$ und $y'(t) = f(u)$, also zusammen $u' = a + bf(u)$. Hier können wir nun die uns bekannte Separation der Variablen (siehe Satz 6.11) durchführen und erhalten

$$\int \frac{1}{a + bf(u)} \, du = \int 1 \, dt.$$

Da $F$ eine Stammfunktion von $\frac{1}{a+bf(u)}$ ist, erhalten wir damit $F(u) = x + K$ für eine Konstante $K$. Auflösen nach $u$ und Rücksubstitution von $u = at + bx + c$ ergibt dann $x = \frac{1}{b}\left(F^{-1}(t + K) - at - c\right)$. Die Eindeutigkeit folgt dann aus dem Satz von Picard-Lindelöf (Satz 6.2) zusammen mit der Tatsache, dass die Verknüpfung von zwei Lipschitz-stetigen Funktionen wieder Lipschitz-stetig ist (siehe Satz 2.2).

- Mit den Bezeichnungen im Satz, und da $(t_0, x_0)$ Lösung des Gleichungssystems ist, erhalten wir $\tilde{x}(t) = x(\tilde{t} + t_0) - x_0$ und

$$\tilde{x}'(t) = g\left(\frac{a(\tilde{t} + t_0) + b(\tilde{x} + x_0) + c}{d(\tilde{t} + t_0) + e(\tilde{x} + x_0) + f}\right) = g\left(\frac{a\tilde{t} + b\tilde{x}}{d\tilde{t} + e\tilde{x}}\right) = g\left(\frac{a + bu}{d + eu}\right).$$

Wegen $u = \frac{\tilde{x}}{\tilde{t}}$ gilt auch $\tilde{x}'(t) = ((t - t_0)u(t))' = u + \tilde{t}u'$. Es folgt damit $u + \tilde{t}u' = g\left(\frac{a+bu}{d+eu}\right)$. Separation der Variablen ergibt $\frac{u'}{g\left(\frac{a+bu}{d+eu}\right)-u} = \frac{1}{\tilde{t}}$, also $G(u) = \int \frac{1}{g\left(\frac{a+bu}{d+eu}\right)-u} \, du = \int \frac{1}{\tilde{t}} \, dt$. Auflösen nach $u$ und Rücksubstitution ergibt dann $x = (t - t_0)G^{-1}(\ln(t - t_0) + K) + x_0$. Die Eindeutigkeit folgt wieder aus dem Satz von Picard-Lindelöf. q.e.d.

## 6.3    Erklärungen zu den Definitionen

**Zur Definition 6.1 einer Differentialgleichung:** Diese Definition hört sich zunächst einmal kompliziert an, ist sie aber eigentlich nicht. Es ist zum Beispiel $5t^3 x + \frac{4xt}{x^7} x^{(3)} - \cos(tx') = 7$, $t \in \mathbb{R}$ eine Differentialgleichung der Ordnung 3 auf $\mathbb{R}$. Eine Differentialgleichung ist also einfach eine Gleichung, in der eine Funktion, deren Ableitungen, die Variable, von der die Funktion abhängt, und Konstanten vorkommen. Die Ordnung bezeichnet dabei die höchste Ableitung, die vorkommt. Man schreibt dabei, wie zum Beispiel oben, meist $x$ für die Funktion, meint aber $x(t)$, sie hängt also von $t$ ab. Man spricht auch von einem System von $m$ Differentialgleichungen für die $n$ Komponenten $x_1, \ldots, x_n$ von $x$. Ein Beispiel hierfür wäre die Differentialgleichung

$$x_1'' = x_2,$$
$$x_2'' = x_1.$$

Dies schreibt man auch oft als

$$x'' = \begin{pmatrix} 0 & 1 \\ 1 & 0 \end{pmatrix} x.$$

Ist $n = 1$, so spricht man von einer skalaren Differentialgleichung (wie im Beispiel weiter oben).

Solche Gleichungen zu lösen, wird also unser Ziel in diesem Kapitel sein.

Dabei kann das Lösen solcher Gleichungen beliebig kompliziert werden. Könnt ihr zum Beispiel auf Anhieb eine Lösung für die obige Differentialgleichung erkennen? Es gibt aber auch sehr einfache Differentialgleichungen, zum Beispiel $x' = x$. Hier ist eine Lösung gegeben durch $x(t) = e^t$. Nun könnte man natürlich fragen, ob es noch andere Lösungen gibt. Auch damit wollen wir uns hier beschäftigen.

**Zur Definition 6.2 von explizit, homogen, autonom und linear:** Diese Definitionen sind fast selbsterklärend. Eine explizite Differentialgleichung ist also einfach eine Gleichung, die nach der höchsten Ableitung aufgelöst ist. Außerdem ist zum Beispiel $x''' + x' + e^t = 0$ eine inhomogene lineare Differentialgleichung und $x' - ax = 0$ eine homogene autonome lineare Differentialgleichung.

▶ **Beispiel 65** Wir wollen nun einmal, ohne uns zunächst näher mit der Theorie von Differentialgleichungen zu beschäftigen, versuchen, eine zu lösen. Wir betrachten dafür ein physikalisch motiviertes Beispiel, das viele von euch aus der Schule noch kennen sollten, die Bewegung eines Massepunktes unter dem Einfluss der

Schwerkraft. Wie noch bekannt sein sollte, beträgt der zurückgelegte Weg bei Anfangsgeschwindigkeit 0 und wenn zum Startzeitpunkt noch kein Weg zurückgelegt ist, gerade $\frac{1}{2}gt^2$, wobei $g$ die Erdbeschleunigung $g \approx 9,8\,\text{m/s}^2$ bezeichnet. Dies wollen wir nun versuchen zu beweisen. Wir wissen etwas über die Beschleunigung, das heißt über die zweite Ableitung, nämlich

$$x''(t) = -g, t \in \mathbb{R},$$

wobei wir hier das Vorzeichen „−" wählen, da es sich um eine Bewegung nach unten handelt. Für festes $t_0 \in \mathbb{R}$ liefert der Hauptsatz der Differential- und Integralrechnung:

$$x'(t) - x'(t_0) = \int_{t_0}^t x''(s)\,\mathrm{d}s = -\int_{t_0}^t g\,\mathrm{d}s = -g(t - t_0),$$

also $x'(t) = -gt + c, c = gt_0 + x'(t_0)$ und

$$x(t) - x(t_0) = \int_{t_0}^t x'(s)\,\mathrm{d}s = \int_{t_0}^t (-gs + c)\,\mathrm{d}s = -\frac{1}{2}g(t^2 - t_0^2) + c(t - t_0),$$

das heißt,

$$x(t) = -\frac{1}{2}gt^2 + ct + d \text{ mit } d = x(t_0) + \frac{1}{2}gt_0^2 - x'(t_0)t_0 - gt_0^2.$$

Also hat die Lösung der Differentialgleichung die Form $x(t) = -\frac{1}{2}gt^2 + ct + d$, wobei $c$ und $d$ sich aus den Startwerten $x(t_0)$ und $x'(t_0)$ berechnen lassen. Dabei erhalten wir hier das Minuszeichen vor $\frac{1}{2}gt^2$, weil wir in der Anfangsgleichung das Minuszeichen gewählt haben. Was ist aber nun mit den anderen beiden Termen? Das klären wir in der nächsten Erklärung. ∎

---

**Erklärung**

**Zur Definition 6.3 eines Anfangswertproblems:** Wir haben im Beispiel eben gerade gesehen, dass die Differentialgleichung keine eindeutige Lösung hatte. Dies lag daran, dass wir keine Anfangswerte vorgegeben hatten. Daher kamen auch die Terme $ct$ und $d$ in der Lösung. Betrachten wir nun im Beispiel oben den Anfangszeitpunkt $t_0 = 0$, nehmen an, dass zu diesem Zeitpunkt kein Weg zurückgelegt ist, das heißt $x(0) = 0$, und dass wir mit Geschwindigkeit 0 starten, also $x'(0) = 0$, so erhalten wir für die Konstanten $c = 0, d = 0$, also genau die erwartete Lösung.

Wir sehen also schon einmal, dass eine Differentialgleichung im Allgemeinen unendlich viele Lösungen hat, es sei denn man gibt Anfangswerte vor. Dazu noch ein Beispiel.

▶ **Beispiel 66** Die Anfangswertaufgabe $x' = ax, x(t_0) = x_0$ hat für jede Vorgabe von $t_0, x_0$ eine eindeutige Lösung, nämlich

$$x(t) = x_0 e^{a(t-t_0)}.$$

Dass dies tatsächlich eine Lösung ist, rechnet man leicht nach, dass dies die einzige Lösung ist, folgt sofort aus dem Satz von Picard-Lindelöf 6.2. ∎

---

**Erklärung**

**Zur Definition 6.4 des Nullraums:** Dieser Raum wird uns bei der Lösung von homogenen linearen Differentialgleichungen in höheren Dimensionen begegnen. Wieso? Nun, ein $x$ ist ja genau dann in $\mathcal{N}_A$, wenn $x' = A(t)x$ gilt, also ist $x$ Lösung einer homogenen linearen Differentialgleichung.

---

**Erklärung**

**Zur Definition 6.5 des Fundamentalsystems:** Ein Fundamentalsystem brauchen wir, wenn wir Differentialgleichungen der Art $x' = A(t)x + f(t)$ für matrixwertige Funktionen $A(t)$ lösen wollen. Beispiele werden wir dann machen, wenn wir wissen, wie man ein Fundamentalsystem benutzt und wie man eines erhält. Wir verweisen daher auf die Erklärungen und Beispiele zu Satz 6.10.

---

## 6.4    Erklärungen zu den Sätzen und Beweisen

---

**Erklärung**

**Allgemeine Anmerkung:** Die ersten beiden Sätze behandeln jeweils nur Differentialgleichungen erster Ordnung. Wieso? Ist

$$x^{(k)} = g\left(t, x, \ldots, x^{(k-1)}\right)$$

eine explizite Differentialgleichung, so können wir

$$x_1 = x, x_2 = x', \ldots, x_k = x^{(k-1)}$$

setzen. Dann ist das Lösen von $x^{(k)} = f(t, x, \ldots, x^{(k-1)})$ mit den Anfangswerten $x(t_0) = c_0, \ldots, x^{(k-1)}(t_0) = c_{k-1}$ äquivalent zum Lösen von

$$x_1' = x_2, \ldots, x_{k-1}' = x_k, x_k' = g(t, x_1, \ldots, x_k)$$

mit den Anfangswerten $x_1(t_0) = c_0, \ldots, x_k(t_0) = c_{k-1}$. Fasst man $x_1, \ldots, x_k$ als Vektor $x$ auf, so lautet das letzte System

$$x' = f(t, x), x(t_0) = c,$$

mit

$$f(t, x) = (x_2, \ldots, x_k, g(t, x_1, \ldots, x_k)) \text{ und } c = (c_0, \ldots, c_{k-1}).$$

Das heißt, jede explizite Differentialgleichung ist äquivalent zu einem System 1. Ordnung. Es genügt also, Anfangswertaufgaben der Form $x' = f(t, x)$, $x(t_0) = x_0$ zu studieren.

---

**Erklärung**

**Zum Satz von Peano (Satz 6.1):** Dieser Satz sichert uns nun schon einmal unter gewissen Umständen die Existenz einer Lösung. Dummerweise kann es sein, dass es mehrere Löungen gibt, und dies ist für die Anwendung unpraktisch. Deshalb wollen wir uns mit dem Satz und dem Beweis nicht weiter beschäftigen und behandeln lieber den Satz von Picard-Lindelöf.

---

**Erklärung**

**Zum Satz von Picard-Lindelöf (Satz 6.2):** Dieser Satz enthält nun eine wesentlich schönere Aussage, nämlich nicht nur die Existenz, sondern auch die Eindeutigkeit. Damit macht dieser Satz auch numerische Berechnungen möglich, was wir hier allerdings nicht vertiefen wollen. Wie schon öfters in diesem Buch wird dabei der Banach'sche Fixpunktsatz als Beweismethode benutzt.

Wir merken noch an, dass die Lipschitz-Bedingung stets erfüllt ist, wenn die Funktion $f$ auf einer Umgebung von $D$ nach $x$ stetig differenzierbar ist. Wegen der Kompaktheit von $D$ ist dann nämlich $\|\partial_x f(t, x)\|$ beschränkt auf $D$ und somit

$$\|f(t, x_1) - f(t, x_2)\| \leq \sup\{\|\partial_x f(t, x)\|\}\|x_1 - x_2\|.$$

Deshalb wird man diese Bedingung häufig durch die Differenzierbarkeit begründen können. Die Einschränkung $d \leq \frac{1}{L}$ ist außerdem nicht nötig, sie vereinfacht aber den Beweis.

▶ **Beispiel 67** In einigen Fällen ist es möglich, die Lösung von $x' = f(t, x)$ durch das im Beweis des Satzes von Picard-Lindelöf implizit benutzte Iterationsverfahren explizit zu bestimmen. Denn schließlich verwendet der Banach'sche Fixpunktsatz ja Funktionenfolgen.

Wir betrachten die Gleichung

$$x' = kt^{k-1}x$$

mit einem $k \in \mathbb{N}$. Sei $x_0 \in \mathbb{R}$ beliebig und $t_0 := 0$. Wir suchen also nach der eindeutigen Lösung zur Anfangsbedingung $x(0) = x_0$. Es sei $x_{(0)} := x_0$ und $x_{(n+1)}$ iterativ durch

$$x_{(n+1)}(t) := (Tx_{(n)})(t) = x_0 + \int_{t_0}^{t} f(s, x_{(n)}(s)) \, ds = x_0 + \int_{0}^{t} ks^{k-1}x_{(n)}(s) \, ds$$

definiert. Nach dem Beweis des Satzes von Picard-Lindelöf ist nun die eindeutige Lösung der Differentialgleichung gerade der Grenzwert von $x_{(n)}$. Diesen wollen wir also bestimmen.

Wir erhalten durch direktes Integrieren

$$x_{(1)}(t) = x_0 + \int_0^t k s^{k-1} x_0 \, ds = x_0 (1 + t^k)$$

und

$$x_{(2)}(t) = x_0 + \int_0^t k s^{k-1} x_0 (1 + s^k) \, ds$$

$$= x_0 + \int_0^t k s^{k-1} x_0 \, ds + \int_0^t k s^{2k-1} x_0 \, ds$$

$$= x_0 + t^k x_0 + \frac{1}{2} t^{2k} x_0 = x_0 \left( 1 + t^k + \frac{(t^k)^2}{2} \right).$$

Per Induktion beweist man

$$x_{(n)}(t) = x_0 \sum_{l=0}^n \frac{(t^k)^l}{l!},$$

also

$$x(t) = \lim_{n \to \infty} x_{(n)}(t) = x_0 \sum_{l=0}^\infty \frac{(t^k)^l}{l!} = x_0 e^{t^k}.$$

In der Tat ist

$$x'(t) = x_0 k t^{k-1} e^{t^k} = k t^{k-1} x(t), \, x(0) = x_0.$$

■

Wie das folgende Beispiel zeigt, kann man nicht auf die Lipschitz-Bedingung im zweiten Argument von $f$ verzichten.

▶ **Beispiel 68**  Wir betrachten die Funktion

$$f(t, x) = \sqrt{2|x|}.$$

Die gewöhnliche Differentialgleichung $x'(t) = \sqrt{2|x(t)|}$ besitzt zur Anfangsbedingung $x(0) = 0$ die beiden Lösungen $x_1(t) = 0$ und $x_2(t) = \frac{\mathrm{sgn}(t) t^2}{2}$, denn es ist $x_1(0) = x_2(0) = 0$ und

$$x_1'(t) = 0 = \sqrt{0} = \sqrt{2|x|}, \qquad x_2'(t) = \mathrm{sgn}(t) t = |t| = \sqrt{2|x|}.$$

■

▶ **Beispiel 69** Wir wollen nun noch kurz erläutern wie man mit Hilfe des Picard-Lindelöf-Interationsverfahren Differentialgleichungen zweiter Ordnung löst. Dazu sei

$$x''(t) = t + 2x(t)$$

mit $x(0) = 1$ und $x'(0) = 0$ gegeben. Die Idee ist, daraus zwei Differentialgleichungen zu machen, die jeweils die Ordnung 1 haben und darauf jeweils das Iterationsverfahren von Picard-Lindelöf anzuwenden. Hierfür setzen wir (und das ist der ganze Trick)

$$x_1 = x \quad \text{und} \quad x_2 = x'.$$

Es ist dann

$$\begin{pmatrix} x'_1 \\ x'_2 \end{pmatrix} = \begin{pmatrix} x' \\ x'' \end{pmatrix} = \begin{pmatrix} x_2 \\ t + x_1 \end{pmatrix} = \begin{pmatrix} x_2 \\ x_1 \end{pmatrix} + \begin{pmatrix} 0 \\ t \end{pmatrix}.$$

Wir bekommen also folgendes System gewöhnlicher Differentialgleichungen erster Ordnung

$$x_2(t) = x_2, \; x_1(0) = 1$$
$$x'_2(t) = x_1 + t, \; x_2(0) = 0.$$

Auf jede einzelne Differentialgleichung kann das Iterationsverfahren angewendet werden. Schreibt man dies in „Vektorschreibweise" erhalten wir sofort

$$\begin{pmatrix} x_1^{(n)}(t) \\ x_2^{(n)}(t) \end{pmatrix} = \begin{pmatrix} 1 \\ 0 \end{pmatrix} + \int_0^t \begin{pmatrix} x_2^{(0)} \\ x_1^{(0)} \end{pmatrix} + \begin{pmatrix} 0 \\ t \end{pmatrix},$$

was wir lösen können. Tut dies! ∎

▶ **Beispiel 70** Gegeben sei das Anfangswertproblem

$$\begin{pmatrix} x'_1 \\ x'_2 \end{pmatrix} = \begin{pmatrix} x_2 \\ x_1 + t \end{pmatrix}, \quad \begin{pmatrix} x_1(0) \\ x_2(0) \end{pmatrix} = \begin{pmatrix} 1 \\ 0 \end{pmatrix}.$$

Wir wollen dieses Anfangswertproblem mit Hilfe des Iterationsverfahrens von Picard-Lindelöf lösen. Dazu bestimmen wir die ersten drei Iterierten.

$$\begin{pmatrix} x_1(t) \\ x_2(t) \end{pmatrix}_{(0)} = \begin{pmatrix} 1 \\ 0 \end{pmatrix}$$

$$\begin{pmatrix} x_1(t) \\ x_2(t) \end{pmatrix}_{(1)} = \begin{pmatrix} 1 \\ 0 \end{pmatrix} + \int_0^t \begin{pmatrix} 0 \\ s+1 \end{pmatrix} ds = \begin{pmatrix} 1 \\ t + t^2/2! \end{pmatrix}$$

$$\begin{pmatrix} x_1(t) \\ x_2(t) \end{pmatrix}_{(2)} = \begin{pmatrix} 1 \\ 0 \end{pmatrix} + \int_0^t \begin{pmatrix} s + s^2/2! \\ s+1 \end{pmatrix} ds = \begin{pmatrix} 1 + t^2/2! + t^3/3! \\ t + t^2/2! \end{pmatrix}$$

$$\begin{pmatrix} x_1(t) \\ x_2(t) \end{pmatrix}_{(4)} = \begin{pmatrix} 1 \\ 0 \end{pmatrix} + \int_0^t \begin{pmatrix} s + s^2/2! \\ 1 + s + s^2/2! + s^3/3! \end{pmatrix} ds$$

$$= \begin{pmatrix} 1 + t^2/2! + t^3/3! \\ t + t^2/2! + t^3/3! + t^4/4! \end{pmatrix}$$

Denken wir nun an die Potenzreihe der Exponentialfunktion, so scheint das Ganze gegen die Lösung

$$(x_1(t), x_2(t)) = (e^t - t, e^t - 1) \qquad \blacksquare$$

zu konvergieren. Dies könnte man jetzt mit Induktion beweisen; einfacher ist es aber, direkt nachzurechnen (durch Einsetzen in die DGL), dass dies wirklich eine Lösung ist.

---

### Erklärung

**Zu Lösungsverfahren linearer Differentialgleichungen in höheren Dimensionen (Satz 6.3 – 6.9):** In diesen Sätzen beschäftigen wir uns nun mit dem Lösen einer linearen Differentialgleichung in höheren Dimensionen. Da diese Sätze zusammen die Richtigkeit der Methode beschreiben, wollen wir sie hier zusammen kommentieren.

Zunächst bildet die Menge der Lösungen der homogenen Gleichung einen Vektorraum, und wir treffen eine Aussage darüber, wann eine Funktion $f$ dort die Nullfunktion ist, nämlich schon dann, wenn sie an einer Stelle den Wert 0 annimmt.

Und wenn wir einen Vektorraum gegeben haben, dann interessiert uns dessen Dimension; diese bestimmen wir dann in Satz 6.5.

Im nächsten Satz treffen wir nun einige Aussagen darüber, wann $n$ Funktionen in diesem Vektorraum linear unabhängig sind. Dies ist wichtig, weil wir später beim Lösen eine Basis, das heißt $n$ linear unabhängige Funktionen dieses Vektorraums benötigen.

Haben wir dies getan, so können wir nun in Definition 6.5 das sogenannte Fundamentalsystem definieren, das wir aus einer Basis von $\mathcal{N}_A$ gewinnen.

In Satz 6.7 treffen wir nun noch eine Aussage, wann die Spalten einer Matrix ein Fundamentalsystem darstellen. Diese Charakterisierung benötigen wir dann im nächsten Satz, in dem wir nun endlich die homogene Differentialgleichung lösen können.

Wie schon im eindimensionalen Fall sieht die Lösung der inhomogenen Gleichung ein wenig komplizierter aus. Allerdings wird sie ganz analog zum eindimensionalen Fall aus homogener Lösung und spezieller inhomogener Lösung zusammengesetzt.

---

**Erklärung**

**Zu Lösungsverfahren linearer Differentialgleichung in höheren Dimensionen im Falle einer konstanten Matrix (Satz 6.10):** Um nun die für uns wichtige Differentialgleichung mit einer konstanten Matrix lösen zu können, brauchen wir nur ein Fundamentalsystem. Dieses bekommen wir gerade durch Satz 6.10, wir müssen nur die Jordan-Form kennen.

▶ **Beispiel 71** Wir suchen nach Lösungen der Gleichung

$$x' = Ax, x(t_0) = x_0$$

mit

$$A = \begin{pmatrix} -8 & 47 & -8 \\ -4 & 18 & -2 \\ -8 & 39 & -5 \end{pmatrix}, \qquad x_0 = \begin{pmatrix} 9 \\ 3 \\ 7 \end{pmatrix}.$$

Hier haben wir im Kapitel über die Jordan-Form in Beispiel 161 schon

$$T e^{Jt} = \begin{pmatrix} 6e^t & 17e^{2t} & -4e^{2t} + 17te^{2t} \\ 2e^t & 6e^{2t} & -e^{2t} + 6te^{2t} \\ 5e^t & 14e^{2t} & -3e^{2t} + 14te^{2t} \end{pmatrix}$$

berechnet. Als nächstes müssen wir nun $Tc = x_0$ lösen. Mithilfe des Gauß'schen Eliminationsverfahrens erhalten wir

$$c = \begin{pmatrix} -1 \\ 1 \\ -2 \end{pmatrix},$$

und damit ist die Lösung der Differentialgleichung gegeben durch

$$x(t) = T e^{J(t-t_0)} c$$

oder ausgeschrieben

$$x(t) = -2 \begin{pmatrix} 6 \\ 2 \\ 5 \end{pmatrix} e^{t-t_0} + \begin{pmatrix} 17 \\ 6 \\ 14 \end{pmatrix} e^{2(t-t_0)} + \begin{pmatrix} 4 \\ 1 \\ 3 \end{pmatrix} e^{2(t-t_0)} - \begin{pmatrix} 17 \\ 6 \\ 14 \end{pmatrix} (t - t_0)e^{2(t-t_0)}.$$

◼

Natürlich müssen reelle Matrizen nicht immer reelle Eigenwerte haben, diese können ja auch komplex sein. Auch dieser Fall ist kein Problem. Was man dann macht, zeigen wir in folgendem Beispiel.

▶ **Beispiel 72**  Wir möchten das Differentialgleichungssystem

$$x_1'(t) = x_2(t) + t,$$
$$x_2'(t) = -x_1(t) + t^2$$

mit den Anfangswerten $x_1(0) = 2, x_2(0) = 1$ lösen. In Matrixschreibweise haben wir also

$$x'(t) = \begin{pmatrix} 0 & 1 \\ -1 & 0 \end{pmatrix} x(t) + \begin{pmatrix} t \\ t^2 \end{pmatrix}.$$

Wir bestimmen zuerst die Jordan-Normalform der Matrix. Das charakteristische Polynom ist $x^2 + 1$, die Eigenwerte sind also $\pm i$. Die zugehörigen Eigenvektoren sind $(1, i)^T$ beziehungsweise $(1, -i)^T$, wir erhalten als Transformationsmatrix also $T = \begin{pmatrix} 1 & 1 \\ i & -i \end{pmatrix}$. Wir müssen nun ein Fundamentalsystem bestimmen. Ein Fundamentalsystem ist nach Satz 6.10 gegeben durch $Te^{Jt}$. Es gilt $e^{Jt} = \begin{pmatrix} e^{it} & 0 \\ 0 & e^{-it} \end{pmatrix}$, also

$$Te^{Jt} = \begin{pmatrix} 1 & 1 \\ i & -i \end{pmatrix} \begin{pmatrix} e^{it} & 0 \\ 0 & e^{-it} \end{pmatrix} = \begin{pmatrix} e^{it} & e^{-it} \\ ie^{it} & -ie^{-it} \end{pmatrix}.$$

Dieses Fundamentalsystem gefällt uns jedoch nicht, denn es beinhaltet komplexe Funktionen. Wir möchten gerne ein reelles Fundamentalsystem erhalten. Da die Matrix der Differentialgleichung reell ist, ist das auch möglich. Dafür beachten wir, dass nach Satz 6.8 für jede invertierbare Matrix $C$ auch $\begin{pmatrix} e^{it} & e^{-it} \\ ie^{it} & -ie^{-it} \end{pmatrix} C$ ein Fundamentalsystem ist. Wie finden wir nun ein passendes $C$, sodass das neue Fundamentalsystem reell ist? Dafür denken wir an die Formel $e^{it} = \cos(t) + i\sin(t)$. Daraus, und aus der Symmetrie von Sinus und Kosinus, folgt, dass $e^{it} + e^{-it} = 2\cos(t)$ und $e^{it} - e^{-it} = 2i\sin(t)$. Wir müssen also durch die Matrix $C$ erreichen, dass im Produkt einmal die Summe der Einträge in den Zeilen steht und einmal die Differenz geteilt durch $i$. Dann erhalten wir eine reelle Matrix. Damit kann man als Matrix $C$ also die Matrix $\begin{pmatrix} 1 & -i \\ 1 & i \end{pmatrix}$ wählen. Dann ist

$$\begin{pmatrix} e^{it} & e^{-it} \\ ie^{it} & -ie^{-it} \end{pmatrix} \begin{pmatrix} 1 & -i \\ 1 & i \end{pmatrix} = \begin{pmatrix} e^{it} + e^{-it} & -ie^{it} + ie^{-it} \\ ie^{it} - ie^{-it} & e^{it} + e^{-it} \end{pmatrix}$$

$$= \begin{pmatrix} 2\cos(t) & 2\sin(t) \\ -2\sin(t) & 2\cos(t) \end{pmatrix},$$

und dies ist ein reelles Fundamentalsystem. Lösen wir nun das gegebene Anfangswertproblem. Dafür vereinfachen wir unser Fundamentalsystem noch etwas, denn natürlich ist jedes skalare Vielfache eines Fundamentalsystems auch ein Fundamentalsystem, wir wählen also $\Phi(t) = \begin{pmatrix} \cos(t) & \sin(t) \\ -\sin(t) & \cos(t) \end{pmatrix}$. Nach Satz 6.9 benötigen wir dazu noch $\Phi(0)^{-1}$ sowie das Integral. Es gilt zunächst

$$\Phi(0)^{-1} = \begin{pmatrix} 1 & 0 \\ 0 & 1 \end{pmatrix}$$

und

$$\Phi(s)^{-1}f(s) = \begin{pmatrix} \cos(s) & -\sin(s) \\ \sin(s) & \cos(s) \end{pmatrix} \begin{pmatrix} s \\ s^2 \end{pmatrix} = \begin{pmatrix} s\cos(s) - s^2\sin(s) \\ s^2\cos(s) + s\sin(s) \end{pmatrix}.$$

Nun bestimmen wir das Integral und beachten hier, dass das Integral komponentenweise gemeint ist, wir integrieren also jede der beiden Komponenten von $\Phi(s)^{-1}f(s)$ einzeln nach $s$. Dies ergibt

$$\int_{t_0}^{t} \Phi(s)^{-1}f(s)\,ds = \begin{pmatrix} -t\sin(t) + (t^2 - 1)\cos(t) + 1 \\ t\cos(t) + (t^2 - 1)\sin(t) \end{pmatrix}.$$

Wir erhalten damit insgesamt als Lösung

$$x(t) = \begin{pmatrix} \cos(t) & \sin(t) \\ -\sin(t) & \cos(t) \end{pmatrix} \left( \begin{pmatrix} 2 \\ 1 \end{pmatrix} + \begin{pmatrix} -t\sin(t) + (t^2 - 1)\cos(t) + 1 \\ t\cos(t) + (t^2 - 1)\sin(t) \end{pmatrix} \right)$$

$$= \begin{pmatrix} \sin(t) + 3\cos(t) + t^2 - 1 \\ -3\sin(t) + \cos(t) + t \end{pmatrix},$$

und eine Probe ergibt, dass tatsächlich $x_1'(t) = x_2(t) + t$, $x_2'(t) = -x_1(t) + t^2$ sowie $x_1(0) = 2$, $x_2(0) = 1$ gilt.  ∎

Es macht also keine Probleme, wenn einige Eigenwerte imaginär sind, da bei reellen Matrizen dann das komplex Konjugierte des entsprechenden Eigenwertes auch wieder ein Eigenwert ist und wir mit der Methode von oben aus einem komplexen Fundamentalsystem immer ein reelles Fundamentalsystem bekommen können. Das wollen wir an einem größeren Beispiel nochmal abschließend verdeutlichen.

▶ **Beispiel 73** Wir betrachten das Anfangswertproblem $x' = Ax$ mit

$$A = \begin{pmatrix} 1 & 0 & 13 & 9 & -5 & 5 \\ 1 & 3 & -9 & -7 & 4 & -3 \\ -1 & -2 & 4 & 3 & -2 & 1 \\ 1 & 2 & -7 & -5 & 4 & -3 \\ 0 & 0 & -1 & -1 & 0 & -1 \\ 0 & 0 & 3 & 2 & -1 & 2 \end{pmatrix}$$

und $x(0) = (21, -15, 6, -10, 2, 2)$. In diesem Beispiel werden die Rechnungen deutlich aufwendiger sein, wir werden daher teilweise Computer-Algebra-Systeme zuhilfe nehmen. Theoretisch wären die Rechnungen aber auch von Hand durchführbar. Wir wollen hier aber nicht das Rechnen üben, sondern sehen, wie man auch solch große Systeme lösen kann.

Wir bestimmen zuerst die Jordan-Normalform von $A$. Dafür brauchen wir das charakteristische Polynom. Eine Rechnung ergibt $P_A(x) = x^6 - 5x^5 + 10x^4 - 12x^3 + 11x^2 - 7x + 2$. Die Nullstellen können wir hier recht leicht herausfinden: Wir probieren zunächst die Teiler des konstanten Gliedes (2) aus und schauen, ob diese Nullstellen des Polynoms sind. Dann führen wir mit diesen Nullstellen eine Polynomdivision durch. Man erhält so, dass 1 dreifache Nullstelle und 2 einfache Nullstelle ist, insgesamt gilt $P_A(x) = (x - 1)^3(x - 2)(x^2 + 1)$. Die Eigenwerte sind also $2, i, -i$ (mit Vielfachheit 1) sowie 1 (mit geometrischer Vielfachheit höchstens 3). Sucht man nun nach Eigenvektoren, so findet man tatsächlich zum Eigenvektor 1 nur zwei linear unabhängige Eigenvektoren. Die Jordan-Normalform von $A$ ist also

$$J = \begin{pmatrix} -i & 0 & 0 & 0 & 0 & 0 \\ 0 & i & 0 & 0 & 0 & 0 \\ 0 & 0 & 2 & 0 & 0 & 0 \\ 0 & 0 & 0 & 1 & 1 & 0 \\ 0 & 0 & 0 & 0 & 1 & 0 \\ 0 & 0 & 0 & 0 & 0 & 1 \end{pmatrix}.$$

Um die Transformationsmatrix $T$ zu bestimmen, brauchen wir nun die Eigenvektoren zu den Eigenwerten sowie einen Hauptvektor zum Eigenwert 1. Die Rechnungen dazu sparen wir uns hier, man erhält als Ergebnis

$$T = \begin{pmatrix} 1 & 1 & 1 & 4 & 1 & 1 \\ -\frac{4}{5} & -\frac{4}{5} & -1 & -3 & 0 & 0 \\ \frac{2}{5} & \frac{2}{5} & \frac{1}{2} & 1 & 0 & -\frac{1}{2} \\ -\frac{4}{5} & -\frac{4}{5} & -\frac{3}{4} & -2 & 1 & 1 \\ \frac{i}{5} & -\frac{i}{5} & 0 & 0 & 0 & 0 \\ \frac{1}{5} & \frac{1}{5} & \frac{1}{4} & 1 & -1 & -\frac{1}{2} \end{pmatrix}.$$

Damit erhält man als Fundamentalsystem

$$\Psi = \begin{pmatrix} e^{-it} & e^{it} & e^{2t} & 4e^t & 4te^t + e^t & e^t \\ -\frac{4e^{-it}}{5} & -\frac{4e^{it}}{5} & -e^{2t} & -3e^t & -3te^t & 0 \\ \frac{2e^{-it}}{5} & \frac{2e^{it}}{5} & \frac{e^{2t}}{2} & e^t & te^t & -\frac{e^t}{2} \\ -\frac{4e^{-it}}{5} & -\frac{4e^{it}}{5} & -\frac{3e^{2t}}{4} & -2e^t & e^t - 2te^t & e^t \\ \frac{ie^{-it}}{5} & -\frac{ie^{it}}{5} & 0 & 0 & 0 & 0 \\ \frac{e^{-it}}{5} & \frac{e^{it}}{5} & \frac{e^{2t}}{4} & e^t & te^t - e^t & -\frac{e^t}{2} \end{pmatrix}.$$

Auch hier sind wieder einige Einträge imaginär. Dies können wir nun analog zum obigen Beispiel lösen. Dafür konstruieren wir eine Matrix $C$ wie folgt: In der ersten und zweiten Spalte und Zeile (also da, wo in $J$ die komplex konjugierten Eigenwerte stehen) fügen wir als $2 \times 2$-Block die Matrix $\begin{pmatrix} 1 & -i \\ 1 & i \end{pmatrix}$ ein. Ansonsten füllen wir die Matrix mit Einsen auf der Diagonale auf. So bekommen wir

$$\Phi = \Psi \begin{pmatrix} 1 & -i & 0 & 0 & 0 & 0 \\ 1 & i & 0 & 0 & 0 & 0 \\ 0 & 0 & 1 & 0 & 0 & 0 \\ 0 & 0 & 0 & 1 & 0 & 0 \\ 0 & 0 & 0 & 0 & 1 & 0 \\ 0 & 0 & 0 & 0 & 0 & 1 \end{pmatrix}$$

$$= \begin{pmatrix} 2\cos(t) & -2\sin(t) & e^{2t} & 4e^t & 4te^t + e^t & e^t \\ -\frac{8\cos(t)}{5} & \frac{8\sin(t)}{5} & -e^{2t} & -3e^t & -3te^t & 0 \\ \frac{4\cos(t)}{5} & -\frac{4\sin(t)}{5} & \frac{e^{2t}}{2} & e^t & te^t & -\frac{e^t}{2} \\ -\frac{8\cos(t)}{5} & \frac{8\sin(t)}{5} & -\frac{3e^{2t}}{4} & -2e^t & e^t - 2te^t & e^t \\ \frac{2\sin(t)}{5} & \frac{2\cos(t)}{5} & 0 & 0 & 0 & 0 \\ \frac{2\cos(t)}{5} & -\frac{2\sin(t)}{5} & \frac{e^{2t}}{4} & e^t & te^t - e^t & -\frac{e^t}{2} \end{pmatrix},$$

und dies ist ein reelles Fundamentalsystem. Damit ergibt sich als Lösung des Anfangswertproblems

$$x(t) = \Phi(t)\Phi(0)^{-1}x_0 = \begin{pmatrix} -10\sin(t) + 10\cos(t) + 4e^{2t} + 4te^t + 7e^t \\ 8\sin(t) - 8\cos(t) - 4e^{2t} - 3te^t - 3e^t \\ -4\sin(t) + 4\cos(t) + 2e^{2t} + te^t \\ 8\sin(t) - 8\cos(t) - 3e^{2t} - 2te^t + e^t \\ 2\sin(t) + 2\cos(t) \\ -2\sin(t) + 2\cos(t) + e^{2t} + te^t - e^t \end{pmatrix}.$$

Wie gesagt, sind die Rechnungen hier aufwendiger, wir wollten euch aber einmal zeigen, dass das Verfahren auch funktioniert, wenn die Matrix komplizierter ist, komplexe Eigenwerte hat und nicht diagonalisierbar ist. ∎

Wir fassen nochmal abschließend die Schritte zusammen, die zu tun sind, um eine lineare Differentialgleichung im $\mathbb{R}^n$ zu lösen:

1. Bestimme die Jordan-Normalform $J$ von $A$ sowie die Transformationsmatrix $T$ (wie dies geht, haben wir in Kap. 16, dort speziell in den Erklärungen zu Satz 16.7, erklärt). Ordne dabei die Eigenwerte so, dass komplex konjugierte Eigenwerte zusammen angeordnet sind.
2. Bestimme das Matrixexponential $e^{Jt}$ (wie dies geht, haben wir in den Erklärungen zu Satz 16.9 gezeigt) und damit das Fundamentalsystem $Te^{Jt}$.
3. Falls das Fundamentalsystem komplexe Einträge hat, so bilden wir eine $n \times n$-Matrix $C$, indem wir an den Stellen, an denen in der Jordan-Normalform von $A$ komplex konjugierte Eigenwerte stehen, den Block $\begin{pmatrix} 1 & -i \\ 1 & i \end{pmatrix}$ einfügen und an den Stellen, an denen reelle Eigenwerte stehen, einfach eine 1 an der Diagonalen haben. Dann ist $Te^{Jt}C$ ein reelles Fundamentalsystem.
4. Löse die Differentialgleichung mit Satz 6.8 beziehungsweise Satz 6.9.

---

**Erklärung**

**Erklärung zur Separation der Variablen (Satz 6.11):** Diese Methode ist möglich für skalare Differentialgleichungen der Form

$$x' = f(t)g(x), x(t_0) = x_0,$$

mit stetigen Funktionen $f, g$. Ist nun $g(x_0) = 0$, so ist $x'(t_0) = 0$. Dann ist die konstante Funktion $x \equiv x_0$ anscheinend eine Lösung der Gleichung.

Dieses Verfahren mag so zunächst einmal kompliziert erscheinen, deshalb ein Beispiel.

▶ **Beispiel 74** Wir betrachten die Differentialgleichung

$$x' = \frac{t}{x}, x(t_0) = x_0 \neq 0,$$

also $f(t) = t, g(x) = \frac{1}{x}$. Es folgt Schritt für Schritt

$$\int_{t_0}^{t} s \, ds = \int_{x_0}^{x} y \, dy,$$

$$\frac{1}{2}(t^2 - t_0^2) = \frac{1}{2}(x^2 - x_0^2),$$

$$x^2 = x_0^2 - t_0^2 + t^2,$$

$$x = \pm\sqrt{x_0^2 - t_0^2 + t^2},$$

für $t^2 \geq t_0^2 - x_0^2$. ∎

Hier erkennt man auch, woher der Name des Verfahrens stammt, wir stellen unsere Ausgangsfunktion dar als das Produkt zweier unabhängiger Funktionen, die jeweils nur von einer der Variablen abhängen, haben also die Variablen separiert.

Was ist nun, wenn dieses Verfahren nicht sofort anwendbar ist? Unter Umständen kann man die Lösung einer Differentialgleichung auf Separation der Variablen zurückführen.

Ist zum Beispiel

$$x' = f\left(\frac{x}{t}\right),$$

so setzen wir $u := \frac{x}{t}$. Es folgt

$$u' = \frac{x't - x}{t^2} = \frac{1}{t}\left(x' - \frac{x}{t}\right) = \frac{1}{t}(f(u) - u).$$

Bestimmen wir nun $u$ mit Separation der Variablen, so erhalten wir auch $x$.

▶ **Beispiel 75** Sei

$$x' = \frac{2x - t}{t} = 2\frac{x}{t} - 1, x(t_0) = x_0, t_0 \neq 0.$$

Mit $u = \frac{x}{t}$ ist

$$u' = \frac{1}{t}(2u - 1 - u) = \frac{1}{t}(u - 1), \qquad u(t_0) = \frac{x(t_0)}{t_0} = \frac{x_0}{t_0} =: u_0.$$

Ist nun $u(t_0) = 1$, so ist $u \equiv 1$ und damit $x = t$.
Ist $u(t_0) \neq 1$, so liefert Separation der Variablen für $\frac{t}{t_0} > 0$, $\frac{u-1}{u_0-1} > 0$ (diese Einschränkung ist für $t$ nahe $t_0$ und $u$ nahe $u_0$ immer erfüllt, da dies ja einfach nur bedeutet, dass $t$ nahe $t_0$ dasselbe Vorzeichen hat, und dies gilt wegen $t_0 \neq 0$. Dasselbe gilt auch für $u - 1$ und $u_0 - 1$ wegen $u_0 \neq 1$ und der Stetigkeit von $u$. Diese Einschränkung benötigen wir gleich, um den Logarithmus anwenden zu können.)

$$\int_{t_0}^{t} \frac{1}{s}\, \mathrm{d}s = \int_{u_0}^{u} \frac{1}{y-1}\, \mathrm{d}y \Rightarrow [\ln|s|]_{t_0}^{t} = [\ln|y - 1|]_{u_0}^{u}.$$

Es folgt $\ln \frac{u-1}{u_0-1} = \ln \frac{t}{t_0}$, also $u = \frac{t}{t_0}(u_0 - 1) + 1$ und $x = tu = t^2 \frac{u_0-1}{t_0} + t$.
Hierzu noch eine kurze Anmerkung. Wäre hier nun $u_0 = 1$, so erhalten wir wie im zuerst behandelten Fall auch $x = t$. Warum dann den Fall einzeln betrachten? Wieder mal eine Aufgabe für euch ;-) Ein Tipp: Betrachtet die Integrale. ∎

**Erklärung**

**Erklärung zur Variation der Konstanten (Satz 6.11):** Wir wollen hier die lineare skalare Differentialgleichung erster Ordnung, das heißt

$$x' + a(t)x = f(t), x(t_0) = x_0,$$

allgemein lösen, und zwar sowohl die Homogene als auch die Inhomogene.

Verzichtet man hier auf das Stellen einer Anfangsbedingung, so erhält man, dass die allgemeine Lösung der inhomogenen Gleichung gegeben ist als Summe der allgemeinen Lösung der homogenen Gleichung und der speziellen Lösung der inhomogenen Gleichung.

Auch zu dieser Methode ein Beispiel.

▶ **Beispiel 76**  Wir betrachten

$$x' - \frac{x}{t} = t, \qquad x(t_0) = x_0.$$

Es ist $a(t) = -t^{-1}$, $f(t) = t$. Für $\frac{t}{t_0} > 0$ gilt:

$$\int_{t_0}^{t} a(s)\,\mathrm{d}s = -\ln\frac{t}{t_0}.$$

Also folgt

$$x(t) = \left(\int_{t_0}^{t} r\frac{t_0}{t}\,\mathrm{d}r + x_0\right)\frac{t}{t_0} = (t_0(t - t_0) + x_0)\frac{t}{t_0} = t^2 + t\left(\frac{x_0}{t_0} - t_0\right).$$

∎

---

**Erklärung**

**Die Bernoulli'sche Differentialgleichung:**  Abgeleitet von der linearen Differentialgleichung können wir die sogenannte Bernoulli'sche Differentialgleichung lösen. Für $r \in \mathbb{R}$ betrachten wir

$$x' + a(t)x + b(t)x^r = 0, \, x(t_0) = x_0 > 0.$$

Wir wollen zunächst einige Spezialfälle ausschließen. Für $r = 0$ erhalten wir $x' + a(t)x + b(t) = 0$, das heißt die schon behandelte inhomogene lineare Gleichung. Ist $r = 1$, so lautet die Gleichung $x' + a(t)x + b(t)x = 0$. Auch diese homogene lineare Gleichung können wir schon lösen. Sei also $r \neq 0, 1$. Dann setzen wir $z := x^{1-r}$. Multiplikation der Differentialgleichung mit $(1 - r)x^{-r}$ liefert

$$(1 - r)x'x^{-r} + (1 - r)a(t)x^{1-r} + (1 - r)b(t) = 0, \qquad z' + (1 - r)a(t)z + (1 - r)b(t) = 0.$$

Dies ist eine inhomogene lineare Differentialgleichung, die uns keine Schwierigkeiten bereitet.

---

**Erklärung**

**Zum Satz über spezielle nichtlineare Differentialgleichungen erster Ordnung (Satz 6.12):**  In diesem Satz bestimmen wir die Lösung von zwei speziellen nichtlinearen Differentialgleichungen erster Ordnung. Erstmal ein paar Beispiele.

▶ **Beispiel 77**

- Seien $a = b = 1, c = 0$ und $f(u) = u^2$, wir untersuchen also die Differentialgleichung $x' = (x+t)^2$. Wir müssen zuerst eine Stammfunktion von $\frac{1}{a+bf(u)} = \frac{1}{1+u^2}$ bestimmen. Wir hoffen, ihr erinnert euch noch an einige Stammfunktionen (wenn nicht schaut einfach in [MK18] nach ;)). Eine Stammfunktion von $\frac{1}{1+u^2}$ ist gegeben durch $\arctan(u)$. Damit erhalten wir als Lösung der Differentialgleichung

$$x = \frac{1}{b}\left(\arctan^{-1}(t+K) - at - c\right) = \tan(t+K) - t,$$

und da $f$ Lipschitz-stetig ist, sind dies alle Lösungen. Kurz ein Test ob das passt: Es gilt

$$x' = \left(\frac{\sin(t+K)}{\cos(t+K)} - t\right)' = \frac{\cos^2(t+K) + \sin^2(t+K)}{\cos^2(t+K)} - 1 = \frac{1}{\cos^2(t+K)} - 1$$

und

$$(x+t)^2 = \tan^2(t+K) = \frac{\sin^2(t+K)}{\cos^2(t+K)} = \frac{1-\cos^2(t+K)}{\cos^2(t+K)} = \frac{1}{\cos^2(t+K)} - 1,$$

passt also.

- Sei $a = -1, b = 1, c = 2$ und $f(u) = u^2$, wir wollen also die Differentialgleichung $x' = (x - t + 2)^2$ lösen. Wir bestimmen wieder zunächst eine Stammfunktion von $\frac{1}{a+bf(u)} = \frac{1}{u^2-1}$. Dies können wir mit Partialbruchzerlegung machen. Wir nehmen an, ihr könnt das noch, sonst einfach in [MK18] nachlesen ;). Hier erhalten wir $u^2 - 1 = (u-1)(u+1)$ und damit

$$\frac{1}{u^2 - 1} = \frac{1}{2(u-1)} - \frac{1}{2(u+1)}.$$

Wir erhalten damit als Stammfunktion $\frac{1}{2}\ln(u-1) - \frac{1}{2}\ln(u+1)$. Auflösen nach $u$:

$$y = \frac{1}{2}\ln(u-1) - \frac{1}{2}\ln(u+1) = \ln\left(\sqrt{\frac{u-1}{u+1}}\right)$$

$$\Leftrightarrow e^y = \sqrt{\frac{u-1}{u+1}}$$

$$\Leftrightarrow e^{2y} = \frac{u-1}{u+1} = 1 - \frac{2}{u+1}$$

$$\Leftrightarrow u = \frac{2}{1-e^{2y}} - 1 = \frac{1+e^{2y}}{1-e^{2y}}.$$

Also erhalten wir als Lösung der Differentialgleichung

$$x = \frac{1 + e^{2(t+K)}}{1 - e^{2(t+K)}} + t - 2.$$

Wenn ihr wollt, könnt ihr hier jetzt noch eine Probe machen, wir sparen sie uns ;)

- Sei $a = 0, b = 1, c = 2, d = 1, e = 0, f = 3$ und $g(u) = u + \tan(u)$, wir untersuchen also die Differentialgleichung

$$x' = \frac{x + 2}{t + 3} + \tan\left(\frac{x + 2}{t + 3}\right).$$

Das Gleichungssystem $x + 2 = 0, t + 3 = 0$ hat offenbar die eindeutige Lösung $x_0 = -2, t_0 = -3$. Wir bestimmen eine Stammfunktion von $\frac{1}{\tan(u)}$. Durch Schreiben von $\tan(u) = \frac{\sin(u)}{\cos(u)}$ und die Substitution $v = \sin u$ erhalten wir

$$\int \frac{1}{\tan(u)}\, du = \int \frac{\cos(u)}{\sin(u)}\, du = \int \frac{1}{v}\, dv = \ln(v) = \ln(\sin(u)).$$

Also gilt $G(u) = \ln(\sin(u))$. Damit erhalten wir als Lösung der Differentialgleichung

$$x = (t + 3) \arcsin\left(e^{\ln(t+3)+K}\right) - 2 = (t + 3) \arcsin\left(K'(t + 3)\right) - 2.$$

- Sei $a = \frac{1}{2}, b = 4, c = 2, d = 2, e = 0, f = 4$ und $g(u) = u^2$, wir untersuchen also die Differentialgleichung

$$x' = \left(\frac{\frac{1}{2}t + 4x + 2}{2t + 4}\right)^2.$$

Die eindeutige Lösung des Gleichungssystems $\frac{1}{2}t + 4x + 2 = 0, 2t + 4 = 0$ ist $t_0 = -2, x_0 = -\frac{1}{4}$. Wir bestimmen eine Stammfunktion von $\frac{1}{\left(\frac{\frac{1}{2}+4u}{2}\right)^2 - u}$. Es gilt

$$\frac{1}{\left(\frac{\frac{1}{2}+4u}{2}\right)^2 - u} = \frac{1}{\frac{1}{16} + 4u^2},$$

und mit dem Standardtrick aus der Analysis 1 erhalten wir

$$G(u) = \int \frac{1}{\frac{1}{16} + 4u^2}\, du = \int \frac{16}{1 + (8u)^2}\, du = 2 \arctan(8u).$$

Damit ist

$$x(t) = \frac{1}{8}(t+2)\tan\left(\frac{\ln(t+2)+K}{2}\right) - \frac{1}{4}$$

eine Lösung der Differentialgleichung. ∎

Im Beweis überführen wir jeweils die Differentialgleichungen durch Substitution in bekannte Differentialgleichungen. Indem wir diese dann lösen, erhalten wir schon eine mögliche Lösung. Sind $f$ beziehungsweise $g$ Lipschitz-stetig, dann kann es keine weiteren geben, denn die Funktionen $(t,x) \mapsto at + bx + c$ bzw. $(t,x) \mapsto \frac{at+bx+c}{dt+ex+f}$ sind in ihrem Definitionsbereich Lipschitz-stetig (wenn ihr das nicht gleich seht dann zeigt das einmal, es ist gar nicht schwer), und da die Verknüpfung von Lipschitz-stetigen Funktionen wieder Lipschitz-stetig ist, kann man den Satz von Picard-Lindelöf anwenden.

▶ **Beispiel 78** Wir zeigen kurz an einem Beispiel, dass es weitere Lösungen geben kann, wenn die betrachteten Funktionen nicht Lipschitz-stetig sind. Für $a = 0, b = 1, c = 0$ und $f(u) = \sqrt{2|u|}$ erhalten wir die Differentialgleichung aus Beispiel 68, und wir haben schon gesehen, dass diese mehrere Lösungen hat. ∎

Noch kurz ein Wort zu den Voraussetzungen im Satz: Im ersten Teil ist $b \neq 0$ vorausgesetzt. Wenn nun $b = 0$ gilt, haben wir es mit der Differentialgleichung $x' = f(at + c)$ zu tun, und diese können wir ohnehin einfach durch Integrieren lösen. Im zweiten Teil des Satzes war vorausgesetzt, dass das Gleichungssystem

$$at + bx + c = 0$$
$$dt + ex + f = 0$$

genau eine Lösung hat. Was passiert nun, wenn das nicht der Fall ist? Das ist genau dann der Fall, wenn der Rang der Matrix $\begin{pmatrix} a & b \\ d & e \end{pmatrix}$ nicht voll ist. Damit der Bruch $\frac{at+bx+c}{dt+ex+f}$ definiert ist, muss $dt + ex + f \neq 0$ gelten. Das heißt, dass der Rang der Matrix genau dann nicht voll ist, wenn es ein $\lambda \in \mathbb{R}$ gibt mit $a = \lambda d$ und $b = \lambda e$, also auch $at + bx = \lambda(dt + ex)$. Dann folgt

$$\frac{at + bx + c}{dt + ex + f} = \frac{\lambda(dt + ex + f) + c - \lambda f}{dt + ex + f} = \lambda + \frac{c - \lambda f}{dt + ex + f}.$$

Nun unterscheiden wir zwei Fälle, nämlich $c - \lambda f = 0$ (das ist genau dann der Fall, wenn das Gleichungssystem unendlich viele Lösungen hat) oder $c - \lambda f \neq 0$ (das ist genau dann der Fall, wenn das Gleichungssystem keine Lösung hat). Im Fall $c - \lambda f = 0$ gilt also $g\left(\frac{at+bx+c}{dt+ex+f}\right) = g(\lambda)$. Dies ist nicht von $x$ oder $t$ abhängig, also konstant, damit haben wir die Differentialgleichung $x' = K$ für eine Konstante $K$ zu lösen, und das sollten wir inzwischen können ;). Im Fall $c - \lambda f \neq 0$ setzen wir $d' = \frac{d}{c-\lambda f}, e' = \frac{e}{c-\lambda f}$ sowie $f' = \frac{f}{c-\lambda f}$. Dann vereinfacht sich $\frac{at+bx+c}{dt+ex+f}$ noch weiter zu $\lambda + \frac{1}{d't+e'x+f'}$. Setzen wir nun $f(u) = g\left(\lambda + \frac{1}{u}\right)$, so können wir dies mit dem ersten Teil des Satzes behandeln (und müssen nur beachten, dass wir als Koeffizienten $a, b, c$ nun die Zahlen $d', e', f'$ haben). Dazu ein Beispiel.

▶ **Beispiel 79** Sei $a = -2, b = 4, c = 2, d = -4, e = 8, f = 3$ und $g(u) = u$, wir betrachten also die Differentialgleichung

$$x'(t) = \frac{-2t + 4x + 2}{-4t + 8x + 3}.$$

Hier hat das Gleichungssystem keine Lösung und es gilt $\lambda = \frac{1}{2}$. Es folgt weiter $c - \lambda f = \frac{1}{2}$ und damit $d' = -8, e' = 16, f' = 6$. Hier ist nun $f(u) = \frac{1}{2} + \frac{1}{u}$, wir müssen also eine Stammfunktion von $\frac{1}{-8+16\left(\frac{1}{2}+\frac{1}{u}\right)}$ finden. Nach Vereinfachen und Integrieren erhalten wir $F(u) = \frac{1}{32}u^2$. Also ist nach Teil 1 des Satzes die Lösung der Differentialgleichung gegeben durch

$$x(t) = \frac{1}{16}\left(4\sqrt{2}\sqrt{t+K} + 8t - 6\right) = \frac{\sqrt{2}}{4}\sqrt{t+K} + \frac{t}{2} - \frac{3}{8},$$

wobei $K$ eine Konstante ist.                                                             ∎

Wir sehen also, dass wir die Differentialgleichungen auch dann lösen können, wenn die Voraussetzungen im Satz nicht erfüllt sind.

Noch eine letzte Anmerkung: Natürlich kann es in allen Fällen sein, dass es keine einfache Stammfunktion gibt oder dass diese keine Umkehrfunktion hat. Gerade bei komplizierteren Funktionen ist das durchaus möglich. Solltet ihr aber Übungsaufgaben zu dieser Form einer Differentialgleichung bekommen, dann ist die Funktion $f$ oder $g$ bestimmt einfach genug, um eine Stammfunktion und deren Umkehrfunktion finden zu können.

Es kann auch, wie bei einigen Beispielen von oben, sein, dass die Funktion nicht auf ganz $\mathbb{R}$ umkehrbar ist, sondern nur auf einer Teilmenge. Dann kann man die entsprechende Lösung zwar hinschreiben, muss aber beachten, dass diese nur auf einer bestimmten Teilmenge von $\mathbb{R}$ eine Lösung der Differentialgleichung ist.

# Kurven

7

## Inhaltsverzeichnis

Was versteht man überhaupt unter einer Kurve im $\mathbb{R}^n$? Wie ist sie mathematisch definiert? Und kann man sich Beispiele für Kurven überlegen und diese dann etwa von Maple® zeichnen lassen? Ja, das kann man natürlich. In diesem Kapitel wollen wir genau dies tun und uns vor allem einige Beispiele für ebene Kurven und Raumkurven anschauen.

Weiterhin werden wir verschiedene „Darstellungsarten" von Kurven angeben. Danach werden wir über den Begriff der regulären Kurve und der Parametrisierung nach Bogenlänge sprechen. Wir werden zeigen, dass sich jede regulär parametrisierte Kurve nach Bogenlänge umparametrisieren lässt. Außerdem wollen wir Längen von Kurven berechnen und uns anschauen, wie die Krümmung von Kurven definiert ist, und was wir darunter verstehen wollen. Wer einen weiteren Einblick in die elementare Differentialgeometrie erhalten möchte, der sei auf das sehr gute und anschauliche Buch [Bär00] verwiesen, an dem wir uns in diesem Kapitel auch orientiert haben.

## 7.1 Definitionen

**Definition 7.1 (Kurve)**
Sei $I \subset \mathbb{R}$ ein beliebiges Intervall. Eine **parametrisierte Kurve** ist einfach eine glatte (das heißt stetige und unendlich oft differenzierbare) Abbildung der Form

$$c : I \subset \mathbb{R} \to \mathbb{R}^n.$$

© Springer-Verlag GmbH Deutschland, ein Teil von Springer Nature 2019
F. Modler und M. Kreh, *Tutorium Analysis 2 und Lineare Algebra 2*,
https://doi.org/10.1007/978-3-662-59226-7_7

**Anmerkung**  Das Intervall $I$ muss dabei nicht unbedingt offen sein, sondern kann abgeschlossen oder halbabgeschlossen sein. Dies spielt hier keine Rolle. Ist $n = 2$, so sprechen wir von einer ebenen Kurve. Ist $n = 3$, so nennen wir $c$ eine Raumkurve.

**Definition 7.2 (regulär parametrisiert)**
Eine parametrisierte Kurve heißt **regulär parametrisiert,** wenn der Geschwindigkeitsvektor (erste Ableitung, wir schreiben hierfür $c'(t)$), nirgends verschwindet, das heißt, wenn

$$c'(t) \neq 0 \quad \forall t \in I.$$

**Definition 7.3 (Umparametrisierung, Parametertransformation)**
Sei $c : I \subset \mathbb{R} \to \mathbb{R}^n$ eine parametrisierte Kurve. Eine **Parametertransformation** von $c$ ist für uns ein Diffeomorphismus $\phi : J \to I$, wobei $J \subset \mathbb{R}$ ein weiteres Intervall ist, sodass zwei Dinge gelten: $\phi$ ist bijektiv und sowohl $\phi : J \to I$ als auch $\phi^{-1} : I \to J$ sind unendlich oft differenzierbar. Die parametrisierte Kurve $\tilde{c} := c \circ \phi : J \to \mathbb{R}^n$, die sich so ergibt, heißt dann **Umparametrisierung** von $c$.

**Definition 7.4 (orientierungserhaltend, orientierungsumkehrend)**
Wir nennen eine Parametertransformation $\phi$ **orientierungserhaltend,** falls $\phi'(t) > 0 \, \forall t$ und **orientierungsumkehrend,** falls $\phi'(t) < 0 \, \forall t$.

**Definition 7.5 (Parametrisierung nach Bogenlänge)**
Eine regulär parametrisierte Kurve $c : I \subset \mathbb{R} \to \mathbb{R}^n$ mit der Eigenschaft $|c'(t)| = 1 \, \forall t \in I$ nennen wir eine **nach Bogenlänge parametrisierte Kurve** (im Folgenden auch nur „regulär" genannt).

**Anmerkung**  Hierbei gilt $|c'(t)| := \sqrt{(c_1'(t))^2 + \ldots + (c_n'(t))^2}$. Eine **proportional zur Bogenlänge parametrisierte Kurve** ist eine regulär parametrisierte Kurve $c : I \subset \mathbb{R} \to \mathbb{R}^n$, für die $|c'(t)| = $ const. für alle $t$ gilt.

Außerdem bemerken wir: Die Definition von $|c'(t)|$ ist eine Norm im Sinne von 1.26, aber aus Einfachheitsgründen schreiben wir für die Norm im Folgenden einfach nur $|\cdot|$ statt $||\cdot||$.

---

**Definition 7.6 (Spur)**
Wird eine Kurve durch eine reguläre Kurve $c : I \subset \mathbb{R} \to \mathbb{R}^n$ dargestellt, dann nennt man das Bild $c(I)$ auch die **Spur** der Kurve.

---

**Definition 7.7 (Orientierung)**
Auf der Menge der parametrisierten Kurven lässt sich eine Äquivalenzrelation definieren, indem man Kurven als äquivalent ansieht, wenn sie durch orientierungserhaltende Parametertransformationen auseinander hervorgehen. Eine **orientierte Kurve** ist dann einfach eine Äquivalenzklasse dieser Relation.

---

**Definition 7.8 (Rektifizierbarkeit einer Kurve, Länge einer Kurve)**
Eine parametrisierte Kurve $c : I \subset \mathbb{R} \to \mathbb{R}^n$ heißt auf dem Intervall $[a, b] \subset I$ **rektifizierbar**, falls

$$L[c] := L(c_{|[a,b]}) := \sup \left\{ \sum_{i=1}^{k} |c(t_i) - c(t_{i-1})| : k \in \mathbb{N}, \right.$$
$$\left. a = t_0 < t_1 < \ldots < t_k = b \right\}$$

endlich ist, also wenn $L(c_{|[a,b]}) < \infty$. In diesem Fall nennen wir $L(c_{|[a,b]})$ die **Länge der Kurve** $c$ auf dem Intervall $[a, b]$, siehe dazu auch die nächste Definition 7.9.

---

**Anmerkung** Ist eine Kurve schon in $\mathcal{C}^1$, also einmal stetig differenzierbar, so ergibt sich automatisch, dass $L[c] < \infty$ ist. Eigentlich ist Rektifizierbarkeit auch erst einmal nur für Wege definiert (dies sind grob gesprochen, Kurven, die nur stetig, aber nicht stetig differenzierbar sind. Und nicht jeder Weg muss rektifizierbar sein).

**Definition 7.9 (Länge einer Kurve)**

Sei $c : [a, b] \subset I \to \mathbb{R}^n$ eine parametrisierte Kurve. Dann heißt

$$L[c] = \int_a^b |c'(t)| dt$$

die **Länge der Kurve** $c$ im Intervall $[a, b]$.

**Anmerkung** Diese weitere Definition der Länge einer Kurve wird durch Satz 7.4 plausibel.

**Definition 7.10 (Periode, geschlossen)**

Wir nennen die parametrisierte Kurve $c : \mathbb{R} \to \mathbb{R}^n$ **periodisch** mit Periode $L$, falls für alle $t \in \mathbb{R}$ gilt, dass

$$c(t + L) = c(t) \quad \text{mit } L > 0.$$

Außerdem fordern wir, dass es kein $0 < \tilde{L} < L$ gibt mit $c(t + \tilde{L}) = c(t) \; \forall t \in \mathbb{R}$. Eine Kurve nennen wir **geschlossen,** wenn sie eine periodische reguläre Parametrisierung besitzt.

**Definition 7.11 (einfach geschlossen)**

Eine geschlossene Kurve $c$ nennen wir **einfach geschlossen,** wenn sie eine periodische reguläre Parametrisierung $c$ mit Periode $L$ besitzt und zwar mit der Eigenschaft, dass die Einschränkung auf das Intervall $[0, L)$, also $c_{|[0,L)}$, injektiv ist.

Wir betrachten nun noch die Krümmung einer Kurve im $\mathbb{R}^2$, also in der Ebene.

**Definition 7.12 (Normalenfeld)**

Sei $c : I \to \mathbb{R}^2$ eine nach Bogenlänge parametrisierte Kurve. Das **Normalenfeld** ist definiert als

$$n(t) = \begin{pmatrix} 0 & -1 \\ 1 & 0 \end{pmatrix} \cdot c'(t). \tag{7.1}$$

**Definition 7.13 (ebene Krümmung)**
Sei $c : I \to \mathbb{R}^2$ eine ebene, nach Bogenlänge parametrisierte Kurve. Die
Funktion $\kappa : I \to \mathbb{R}$, die der Gl. (7.2) genügt, heißt **Krümmung** von $c$.

$$c''(t) = \kappa(t) \cdot n(t). \tag{7.2}$$

**Anmerkung** Dass die Krümmung eine Zahl ist, ist nicht selbstverständlich und
wird in den Erklärungen deutlich.

## 7.2  Sätze und Beweise

**Satz 7.1**
*Die Notation sei wie in Definition 7.3. Gegeben sei eine reguläre Parametrisierung der Kurve c. Dann ist jede Umparametrisierung wieder regulär.*

▶  **Beweis** Sei $\tilde{c} := c \circ \phi$ die Umparametrisierung einer regulären Kurve $c$. Es
gilt $\phi(t) \neq 0$ für alle $t \in J$. Daraus ergibt sich nun mittels Differentiation
auf beiden Seiten

$$1 = \frac{d}{dt} \left( \phi^{-1} \circ \phi \right)(t)$$

und nach der Kettenregel

$$\frac{d}{dt} \phi^{-1}(\phi(t)) \cdot \frac{d}{dt} \phi(t) \Rightarrow \frac{d}{dt} \phi(t) = \phi'(t) \neq 0 \quad \forall t \in J.$$

Dies war nur Vorbereitung. Jetzt ergibt sich also

$$\tilde{c}'(t) = (c \circ \phi)'(t) = c(\phi(t)) \cdot \phi'(t) \neq 0$$

und damit die Regularität der umparametrisierten Kurve und folglich die
Behauptung.                                                              q.e.d.

**Satz 7.2**
*Jede rektifizierbare, regulär parametrisierte Kurve lässt sich so umparametrisieren, dass die Umparametrisierung nach Bogenlänge parametrisiert ist.*

▶ **Beweis** Seien $c : I \subset \mathbb{R} \to \mathbb{R}^n$ regulär parametrisiert und $t_0 \in I$. Für den Beweis definieren wir $\psi(s) := \int_{t_0}^{s} |c'(t)|dt$. Nach dem Hauptsatz der Differential- und Integralrechnung ergibt sich nun $\psi'(s) = |c'(s)| > 0$. Das bedeutet wiederum, dass $\psi$ streng monoton wachsend ist. Dies liefert, dass $\psi : I \to J := \psi(I)$ eine orientierungserhaltende Parametertransformation ist. Wir setzen jetzt $\phi := \psi^{-1} : J \to I$. Unter Anwendung der Kettenregel folgt

$$\phi'(t) = \frac{1}{\psi'(\phi(t))} = \frac{1}{|c'(\phi(t))|}.$$

Dies ergibt

$$|\tilde{c}'(t)| = |(c \circ \phi)'(t)| = |c'(\phi(t)) \cdot \phi'(t)| = \left| c'(\phi(t)) \cdot \frac{1}{|c'(\phi(t))|} \right| = 1.$$

Also ist $\tilde{c}$ nach Bogenlänge parametrisiert, wie gewünscht.                    q.e.d.

---

**Satz 7.3**
*Es seien $c_1 : I_1 \subset \mathbb{R} \to \mathbb{R}^n$ und $c_2 : I_2 \subset \mathbb{R} \to \mathbb{R}^n$ Parametrisierungen nach der Bogenlänge derselben Kurve c.*

- *Falls $c_1$ und $c_2$ gleich orientiert sind, ist die zugehörige Parametertransformation $\phi : I_1 \to I_2$ mit $c_1 = c_2 \circ \phi$ von der Form $\phi(t) = t + t_0$ für ein $t_0 \in \mathbb{R}$.*
- *Falls $c_1$ und $c_2$ entgegengesetzt orientiert sind, ist sie von der Form $\phi(t) = -t + t_0$.*

---

▶ **Beweis** Seien die Bezeichnungen wie in dem Satz 7.3 gewählt. Es gilt

$$|c_1'(s)| = 1 = |c_2'(t)| \quad \forall s \in I_1, \, t \in I_2,$$

da $c_1, c_2$ beide Parametrisierungen nach der Bogenlänge sind. Außerdem ist $c_1 = c_2 \circ \phi$, also gilt nach Kettenregel

$$c_1'(s) = (c_2 \circ \phi)'(s) = c_2'(\phi(s))\phi'(s),$$

in der Norm also

$$1 = |c_1'(s)| = |c_2'(\phi(s))\phi'(s)| = |\phi'(s)| \cdot |c_2'(\phi(s))| = |\phi'(s)|.$$

Ist $\phi$ orientierungserhaltend, so gilt $\phi'(s) > 0$ für alle $s \in I_1$, also gilt $1 = |\phi'(s)| = \phi'(s)$ für alle $s \in I_1$. Integriert ergibt das $\phi(t) = t + t_0 \, \forall t \in I_1$ für ein $t_0 \in \mathbb{R}$. Ist $\phi$ orientierungsumkehrend, so gilt entsprechend $\phi'(s) < 0$, also $1 = |\phi'(s)| = -\phi'(s)$, oder anders $\phi'(s) = -1$ für alle $s \in I_1$. Integriert hat man wieder $\phi(t) = -t + t_0 \; \forall \, t \in I_1$ für ein $t_0 \in \mathbb{R}$. Damit ist alles gezeigt. $\qquad$ q.e.d.

---

**Satz 7.4**

*Sei $c : [a, b] \to \mathbb{R}^n$ eine parametrisierte Kurve. Dann gibt es für jedes $\varepsilon > 0$ ein $\delta > 0$, sodass für jede Unterteilung $a = t_0 < t_1 < \ldots < t_k = b$ mit $t_{i+1} - t_i < \delta$, wobei $i = 0, \ldots, k$ gilt:*

$$|L[c] - L[P]| < \varepsilon, \quad wobei \; P = (c(t_0), \ldots, c(t_k)).$$

---

**Anmerkung** $P = (c(t_0), \ldots, c(t_k))$ bezeichnet einen sogenannten Polygon- oder Streckenzug. Man verbindet einfach die Punkte $c(t_0)$ bis $c(t_n)$. Ein Bildchen hierzu findet ihr in den Erklärungen zur Definition 7.8 der Rektifizierbarkeit, genauer geht es um Abb. 7.10.

▶ **Beweis** Der Beweis ist etwas umfangreich und verläuft in insgesamt fünf Schritten. Also tief durchatmen, Luft holen und los geht es. Sei $\varepsilon > 0$ vorgegeben. Wir wählen $\tilde{\varepsilon} \in \left( 0, \frac{\varepsilon}{1 + \sqrt{n}(b-a)} \right)$. Wieso das Sinn macht, werden wir gleich noch sehen.

1. Schritt: Wir behaupten zunächst einmal: Zu $\tilde{\varepsilon}$ existiert ein $\delta_0 > 0$, sodass für jede Unterteilung $a = t_0 < t_1 < \ldots < t_k = b$ mit $t_{i+1} - t_i < \delta_0$, $i = 0, \ldots, k$ gilt:

$$\left| L[c] - \sum_{i=0}^{k-1} |c'(t_{i+1}) \cdot (t_{i+1} - t_i)| \right| < \tilde{\varepsilon}.$$

Dies zeigen wir so: Das Integral von riemann-integrierbaren Funktionen kann durch Riemann'sche Summen approximiert werden. Es gilt:

$$\left| \int_a^b f(t) dt - \sum_{i=0}^{k-1} f(t_{i+1}) \cdot (t_{i+1} - t_i) \right| < \varepsilon.$$

Hier ist $L[c] = \int_a^b |c'(t)| dt$, das heißt, $f(t) = |c'(t)|$.

2. Schritt: Wir zeigen: Zu $\tilde{\varepsilon}$ existiert ein $\delta_j > 0$, sodass $|c'_j(t) - c'_j(s)| < \tilde{\varepsilon}$, falls $|t - s| < \delta_j$ mit $t, s \in [a, b]$. Der Beweis geht so: $c'_j : [a, b] \to \mathbb{R}$ sind stetig und $[a, b]$ kompakt (nach Heine-Borel (Satz 1.12), da abgeschlossen und beschränkt). Daraus folgt, dass $c'_j, j = 1, \ldots, n$ gleichmäßig stetig sind.

3. Schritt: Wir definieren $\delta := \min\{\delta_0, \ldots, \delta_n\}$. Sei nun eine Unterteilung $a = t_0 < t_1 < \ldots < t_k = b$ der Feinheit kleiner als $\delta$ vorgegeben. Nach dem Mittelwertsatz der Analysis (siehe zum Beispiel [MK18], Satz 11.5) existiert ein $\tau_{i,j} \in (t_i, t_{i+1})$, sodass

$$c_j(t_{i+1}) - c_j(t_i) = c_j'(\tau_{i,j})(t_{i+1} - t_i).$$

4. Schritt: Wir behaupten: Es gilt:

$$\left| |c(t_{i+1}) - c(t_i)| - |c'(t_{i+1}) \cdot (t_{i+1} - t_i)| \right| < \sqrt{n} \cdot \tilde{\varepsilon}(t_{i+1} - t_i).$$

Dies rechnen wir einfach nach:

$$\left| |c(t_{i+1}) - c(t_i)| - |c'(t_{i+1}) \cdot (t_{i+1} - t_i)| \right| =$$
$$\left| |(c_1'(\tau_{i,1}), \ldots, c_n'(\tau_{i,1}))| - |(c_1'(t_{i+1}), \ldots, c_n'(t_{i+1}))| \right| \cdot (t_{i+1} - t_i)$$
$$\le \left| c_1'(\tau_{i,1}) - c_1'(t_{i+1}), \ldots, c_n'(\tau_{i,1}) - c_n'(t_{i+1}) \right| \cdot (t_{i+1} - t_i)$$
$$= \sqrt{\sum_{j=1}^{n} (c_j'(\tau_{i,1}) - c_j'(t_{i+1}))^2} \cdot (t_{i+1} - t_i)$$
$$\le \sqrt{n} \cdot \tilde{\varepsilon}(t_{i+1} - t_i).$$

5. Schritt: Summation über $i$ liefert nun:

$$\left| L[P] - \sum_{i=0}^{k-1} |c'(t_{i+1})| \cdot (t_{i+1} - t_i) \right|$$
$$= \left| \sum_{i=0}^{k-1} |c(t_{i+1}) - c(t_i)| - \sum_{i=0}^{k-1} |c'(t_{i+1})| \cdot (t_{i+1} - t_i) \right|$$
$$\le \sum_{i=0}^{k-1} \left| |c(t_{i+1}) - c(t_i)| - |c'(t_{i+1}) \cdot (t_{i+1} - t_i)| \right|$$
$$\le \sum_{i=0}^{k-1} \sqrt{n} \cdot \tilde{\varepsilon} \cdot (t_{i+1} - t_i) = \sqrt{n} \cdot \tilde{\varepsilon} \sum_{i=0}^{k-1} (t_{i+1} - t_i) = \sqrt{n}\tilde{\varepsilon}(b - a).$$

Nun ergibt sich insgesamt die Behauptung und zwar folgt

$$|L[P] - L[c]|$$
$$= \left| L[P] - \sum_{i=0}^{k-1} |c'(t_{i+1})| \cdot (t_{i+1} - t_i) + \sum_{i=0}^{k-1} |c'(t_{i+1})| \cdot (t_{i+1} - t_i) - L[c] \right|$$
$$\le \left| L[P] - \sum_{i=0}^{k-1} |c'(t_{i+1})| \cdot (t_{i+1} - t_i) \right| + \left| \sum_{i=0}^{k-1} |c'(t_{i+1})|(t_{i+1} - t_i) - L[c] \right|$$
$$\le \sqrt{n} \cdot \tilde{\varepsilon}(b - a) + \tilde{\varepsilon} = \varepsilon \left( 1 + \sqrt{n}(b - a) \right) < \varepsilon,$$

denn $\tilde{\varepsilon} < \frac{\varepsilon}{1 + \sqrt{n}(b-a)}$.

Damit ist alles gezeigt, und jetzt versteht ihr auch, wieso wir am Anfang $\tilde{\varepsilon}$
so gewählt haben. q.e.d.

---

**Satz 7.5 (Länge unabhängig von Wahl der Parametrisierung)**
*Sei* $c : [a, b] \rightarrow \mathbb{R}^n$ *regulär parametrisiert und* $\tilde{c} = c \circ \phi : [a', b'] \rightarrow \mathbb{R}^n$
*eine Umparametrisierung mit* $\phi : [a', b'] \rightarrow [a, b]$. *Dann gilt* $L[c] = L[\tilde{c}]$.

---

▶ **Beweis** Dies folgt sofort aus der Kettenregel und dem Transformationssatz
für Integrale, genauer: Seien $\tilde{c} = c \circ \phi$ die Umparametrisierung von $c$ und
$\phi : [a', b'] \rightarrow [a, b]$. O.B.d.A. nehmen wir an, dass $\phi'(t) > 0$, das heißt, $\phi$
ist orientierungserhaltend, sonst drehen sich die Vorzeichen einfach um.
Es folgt nun

$$L[\tilde{c}] = \int_{a'}^{b'} |\tilde{c}'(t)| dt = \int_{a'}^{b'} |(c \circ \phi)'(t)| dt = \int_{a'}^{b'} \left| c'(\phi(t)) \cdot \phi'(t) \right| dt$$
$$= \int_{a'}^{b'} |c'(\phi(t))| \cdot |\phi'(t)| dt.$$

Substitution $s := \phi(t)$ liefert $\frac{ds}{dt} = \phi'(t)$ und damit nach der Substituti-
onsformel

$$L[\tilde{c}] = \int_{a'}^{b'} |c'(\phi(t))| \cdot |\phi'(t)| dt = \int_{a}^{b} |c'(s)| ds = L[c].$$

Und da steht das Gewünschte $L[\tilde{c}] = L[c]$. q.e.d.

**Anmerkung** Man kann also von *der* Länge einer Kurve sprechen, da die Länge
parametrisierter Kurven nicht von der speziellen Parametrisierung abhängt.

---

**Satz 7.6**
*Sei* $c : I \rightarrow \mathbb{R}^2$ *eine ebene Kurve. Für die Krümmung* $\kappa(t)$ *gilt dann*

$$\kappa(t) = \frac{\det(c'(t), c''(t))}{|c'(t)|^3}.$$

---

**Anmerkung** $\det(c'(t), c''(t))$ ist so zu verstehen, dass wir in eine Matrix spalten-
weise die Vektoren $c'(t)$ und $c''(t)$ schreiben und von dieser Matrix die Determinante
berechnen.

▶ **Beweis** Seien

$$c(t) = \begin{pmatrix} x(t) \\ y(t) \end{pmatrix}, \; c'(t) = \begin{pmatrix} x'(t) \\ y'(t) \end{pmatrix}, \; c''(t) = \begin{pmatrix} x''(t) \\ y''(t) \end{pmatrix}, \; n(t) = \begin{pmatrix} n_1(t) \\ n_2(t) \end{pmatrix}.$$

Es gilt nun:

$$|c'(t)|' = \sqrt{\langle c'(t), c'(t) \rangle}' = \frac{\langle c''(t), c'(t) \rangle}{\sqrt{\langle c'(t), c'(t) \rangle}}.$$

Jetzt rechnen wir die Formel unter Anwendung der Definition 7.13 einfach nach:

$$\kappa(t) = \frac{\langle n_1'(t), n_2(t) \rangle}{|c'(t)|} = \frac{1}{|c'(t)|} \left\langle \left( \frac{c'(t)}{|c'(t)|} \right)', n_2(t) \right\rangle$$

$$= \frac{1}{|c'(t)|} \left\langle \frac{c''(t) \cdot |c'(t)| - c'(t) \cdot |c'(t)|'}{|c'(t)|^2}, n_2(t) \right\rangle$$

$$= \frac{1}{|c'(t)|^3} \left\langle c''(t) \cdot |c'(t)| - \frac{c'(t) \cdot \langle c''(t), c'(t) \rangle}{|c'(t)|}, n_2(t) \right\rangle$$

$$= \frac{1}{|c'(t)|^3} \left\langle \begin{pmatrix} x''(t) \\ y''(t) \end{pmatrix}, \begin{pmatrix} -y'(t) \\ x'(t) \end{pmatrix} \right\rangle - \frac{1}{|c'(t)|^5} \left\langle \begin{pmatrix} x''(t) \\ y''(t) \end{pmatrix}, \begin{pmatrix} x'(t) \\ y'(t) \end{pmatrix} \right\rangle$$

$$= \frac{1}{|c'(t)|^3} \left\langle \begin{pmatrix} x''(t) \\ y''(t) \end{pmatrix}, \begin{pmatrix} -y'(t) \\ x'(t) \end{pmatrix} \right\rangle$$

$$= \frac{1}{|c'(t)|^3} \left\langle \begin{pmatrix} -y'(t) \\ x'(t) \end{pmatrix}, \begin{pmatrix} x''(t) \\ y''(t) \end{pmatrix} \right\rangle$$

$$= \frac{1}{|c'(t)|^3} \det(c'(t), c''(t)).$$

q.e.d.

## 7.3    Erklärungen zu den Definitionen

**Erklärungen**

**Zur Definition 7.1 einer Kurve:** Anschaulich ist eine Kurve nichts anderes als ein in den Raum gelegtes, verbogenes Geradenstück. Rein mathematisch ist eine Kurve nur ein wichtiger Spezialfall einer differenzierbaren Abbildung, denn bei einer Kurve bilden wir ja immer nur von einem Intervall des $\mathbb{R}$ in den $\mathbb{R}^n$ ab. Damit wird auch

klar, wieso $c'(t) := (c_1'(t))^2 + \ldots + (c_n'(t))^2$, denn so differenzieren wir ja gerade
Abbildungen der Form $c : \mathbb{R} \to \mathbb{R}^n$. $c'(t)$ bezeichnet einfach nur die Jacobi-Matrix,
siehe auch Definition 3.5, falls ihr das Kap. 3 noch nicht gelesen haben solltet. Wir
gehen hierauf nach den Beispiel nochmals ein.

Schauen wir uns nun ein paar (einfache) Beispiele für Kurven in der Ebene ($\mathbb{R}^2$)
und im Raum ($\mathbb{R}^3$) an.

▶ **Beispiel 80**

- Einen *Kreis* kann man beispielsweise durch

$$c : \mathbb{R} \to \mathbb{R}^2, c(t) := (\cos(t), \sin(t))$$

parametrisieren. Er sieht dann so aus wie in Abb. 7.1. Wie jede Kurve besitzt auch
der Kreis unendlich viele Parametrisierungen. Wir könnten beispielsweise den
Kreis auch schneller durchlaufen, also durch $c(t) = (\cos(2t),$
$\sin(2t))$ parametrisieren. Aber natürlich interessiert man sich nur für solche Parametrisierungen, die „schöne" Eigenschaften, wie beispielsweise die Parametrisierung nach Bogenlänge etc. besitzen. Wir gehen hierauf noch einmal in den
Erklärungen zur Definition 7.3 ein.

An sich wird an diesem Beispiel aber ganz gut deutlich, dass man das $t$ also Zeit
interpretieren kann. Man durchläuft eine Kurve also zeitabhängig und fragt sich,
wo man zu jedem Zeitpunkt $t \in I$ gerade ist. Zeichnet man dies, so bekommt
man gerade das Bild der Kurve.

- Eine *Gerade* könnten wir wie folgt parametrisieren:

$$c : \mathbb{R} \to \mathbb{R}^2, c(t) := (t^3, t^3).$$

**Abb. 7.1** Ein Kreis

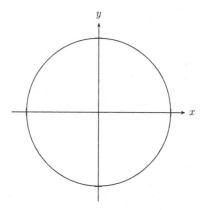

oder aber einfach auch durch

$$c : \mathbb{R} \to \mathbb{R}^2, c(t) := (t, t).$$

In beiden Fällen erhalten wir dasselbe Bild der Kurve.

- Die Parametrisierung der *Schlaufe* in der Abb. 7.2 erfolgt durch

$$c : \mathbb{R} \to \mathbb{R}^2, c(t) := (t^2 - 1, t(t^2 - 1)).$$

- Sie sieht aus wie eine Schnecke. Mathematiker sagen zu ihr *logarithmische Spirale*. Eine Parametrisierung ergibt sich aus

$$c : \mathbb{R} \to \mathbb{R}^2, c(t) := (e^{-t} \cos(2\pi t), e^{-t} \sin(2\pi t)).$$

Dies sieht dann so aus, wie in Abb. 7.3.

- Die so genannte *Zykloide* ist definiert als

$$c(t) = (r(t - \sin(t)), r(1 - \cos(t))). \tag{7.3}$$

**Abb. 7.2** Eine Schlaufe

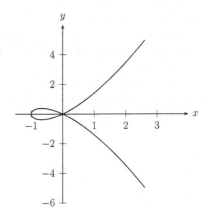

**Abb. 7.3** Die logarithmische Spirale; eine Schnecke

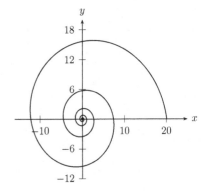

$r$ ist der Radius des Kreises. Überlegt euch, wie diese Zykloide aussieht. Diese hat auch eine physikalische Bedeutung: Ein frei beweglicher Massepunkt gelangt von jedem Startpunkt aus auf der Zykloide immer in derselben Zeit auf den tiefsten Punkt; vorausgesetzt natürlich, dass Luftwiderstand und Reibung vernachlässigbar sind. Dies nennt man auch „Tautochronie".

Kommen wir nun zu Raumkurven.

- Die *Helix* parametrisiert man wie folgt durch

$$c : \mathbb{R} \to \mathbb{R}^3, c(t) := (\cos(t), \sin(t), t).$$

Dies sieht dann so aus wie in Abb. 7.4, und jeder kennt sie vielleicht aus dem Biologieunterricht!?

- Eine weitere schöne Raumkurve ist die *konische Spirale*. Die Parametrisierung ergibt sich aus

$$c : \mathbb{R} \to \mathbb{R}^3, c(t) := (t \cos(t), t \sin(t), t).$$

Siehe auch Abb. 7.5.

**Abb. 7.4**  Eine Helix. Man kennt sie vielleicht von der berühmten DNA-Struktur

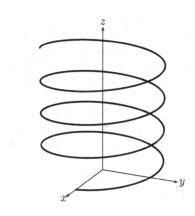

**Abb. 7.5**  Die konische Spirale

Wir werden vorwiegend ebene Kurven oder Raumkurven betrachten, das heißt Abbildungen der Form $c : I \subset \mathbb{R} \to \mathbb{R}^2$ oder $c : I \subset \mathbb{R} \to \mathbb{R}^3$. Noch eine kurze Anmerkung zur Schreibweise: Für eine Abbildung der Form $c : I \subset \mathbb{R} \to \mathbb{R}^n$ gilt in Koordinatenschreibweise

$$c(t) = (c_1(t), c_2(t), \dots, c_n(t))$$

und für die erste Ableitung

$$c'(t) = (c_1'(t), c_2'(t), \dots, c_n'(t)).$$

Jede Komponente besteht also aus einer Funktion, die dann differenziert wird. Es gilt genauer

$$c_j' = \frac{\mathrm{d}}{\mathrm{d}t} c_j \quad \forall j = 1, \dots, n.$$

Dies ist nichts Neues, für diejenigen, die schon Kap. 3 gelesen haben; für alle anderen wollten wir dies noch einmal aufs Papier bringen. ∎

---

**Erklärungen**

**Zur Definition 7.2 einer regulär parametrisierten Kurve:** Wir stellen mit dieser Bedingung sicher, dass sich beim Durchlauf von $t \in I$ der Kurvenpunkt $c(t)$ tatsächlich bewegt. Wir schließen damit konstante Abbildungen der Form $c(t) = d, d \in \mathbb{R}$ aus. Das sollte auch so sein, denn das Bild dieser Abbildung besteht nur aus dem einzigen Punkt $d$, und das ist nicht gerade das, was wir unter einer Kurve im üblichen Sinn, allein aus dem Sprachgebrauch, verstehen.

Den Ableitungsvektor $c'(t)$ bezeichnen wir auch als *Tangentialvektor*. Physikalisch wird er als *Geschwindigkeitsvektor* zum Zeitpunkt $t$ interpretiert.

▶ **Beispiel 81 (Die Traktrix)** Die sogenannte *Schleppkurve (Traktrix)* kann parametrisiert werden durch

$$c : \left(0, \frac{\pi}{2}\right) \to \mathbb{R}^2, c(t) = 4\left(\sin(t), \cos(t) + \log(\tan(t/2))\right).$$

Graphisch veranschaulichen wir dies in Abb. 7.6.
Es gilt:

$$c'(t) = 4\left(\cos(t), -\sin(t) - \frac{1}{2}\frac{1}{\tan(t/2)} \cdot \frac{1}{\cos^2(t/2)}\right).$$

Wir könnten nun die Kurve $c$ auf ganz $(0, \pi)$ definieren. Das Problem ist aber, dass für $t = \frac{\pi}{2}$ sich $c'(\pi/2) = (0, 0)$ und somit $|c'(\pi/2)| = 0$. Daher hätte die Kurve in diesem Punkt, also im Punkt $c(\pi/2) = (4, 0)$, eine Spitze. Und genau das wollen wir durch unsere Definition 7.2 der Regularität ausschließen. ∎

Zur Übung wollen wir einige Geschwindigkeitsvektoren berechnen.

**Abb. 7.6** Die Traktrix für $t \in (0, \pi)$, Der Wert $t = \pi/2$ entspricht der Spitze bei $(4, 0)$. Der untere Teil alleine, das heißt $t \in (0, \pi/2)$, ist regulär

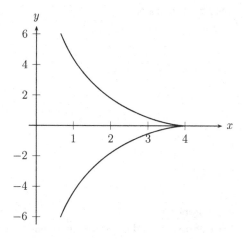

▶ **Beispiel 82**

- Den Kreis hatten wir weiter oben parametrisiert durch $c(t) = (\cos(t), \sin(t))$. Für den Geschwindigkeitsvektor ergibt sich nun $c'(t) = (-\sin(t), \cos(t))$. Es gilt natürlich $c'(t) \neq 0$ für alle $t$, da Sinus und Kosinus niemals an derselben Stelle $t$ Null werden. Dies macht man sich zum Beispiel klar, wenn man sich das Bild vom Sinus und Kosinus vor Augen führt. Das Beispiel des Kreises zeigt weiter, dass eine regulär parametrisierte Kurve nicht unbedingt injektiv sein muss. Man kann die Injektivität aber nach Einschränkung auf ein kleines Intervall fordern. Darauf gehen wir in Definition 7.11 bzw. den Erklärungen dazu ein.
- Die Gerade hatten wir parametrisiert durch $c(t) = (t^3, t^3)$. Es ergibt sich $c'(t) = (3t^2, 3t^2)$.
- Die *Neil'sche Parabel,* die durch

$$c : \mathbb{R} \to \mathbb{R}^2, c(t) = (t^2, t^3)$$

parametrisiert wird, ist für $t = 0$ nicht regulär (man sagt sie besitzt dort einen *singulären Punkt*), da dann $c'(0) = (0, 0)$, denn es gilt $c'(t) = (2t, 3t^2)$. Kommen wir nun zu einem Beispiel für Raumkurven (Abb. 7.7).
- Der Geschwindigkeitsvektor der Helix lautet $c'(t) = (-\sin(t), \cos(t), 1)$. Auch hier sieht man, dass die Helix regulär parametrisiert ist, da der letzte Eintrag des Geschwindigkeitsvektors immer konstant 1 ist und daher der Geschwindigkeitsvektor niemals identisch Null (also dem Nullvektor) sein kann. ∎

**Abb. 7.7** Die Neil'sche
Parabel

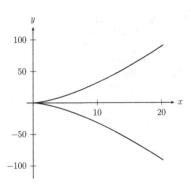

**Zur Definition 7.3 der Umparametrisierung:** Folgende Abb. 7.8 verdeutlicht Definition 7.3 ganz gut. Umparametrisierungen kann man sich so klar machen: Schauen wir uns das Konzept der Umparametrisierung am Beispiel eines Kreises an. Diesen hatten wir im Beispiel 80 parametrisiert als $c(t) = (\cos(t), \sin(t))$. Aber wir können ihn auch als $c(t) = (\cos(2t), \sin(2t))$ parametrisieren. Das Bild ist dasselbe, aber wir durchlaufen den Kreis schneller.

▶ **Beispiel 83** Betrachten wir nun noch ein Beispiel von regulär parametrisierten Kurven, die man so umparametrisieren kann und somit zeigen kann, dass sie dieselbe Kurve darstellen und beschreiben, also äquivalent sind. (Wir haben beispielsweise in Beispiel 80 angemerkt, dass eine Gerade mehrere Parametrisierungen besitzt, aber alle dasselbe Bild liefern.) Dazu betrachten wir die beiden regulär parametrisierten Kurven

$$c_1 : \mathbb{R} \to \mathbb{R}^2, c_1(t) = (t, t)$$

und

$$c_2 : \mathbb{R}_{>0} \to \mathbb{R}^2, c_2(t) = (\ln(t), \ln(t)).$$

**Abb. 7.8** Eine
Umparametrisierung
„anschaulich". $\tilde{c}(t)$
entspricht also gerade
$\varphi \circ c(t)$

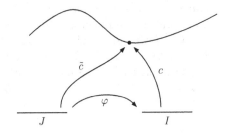

Diese beiden Kurven sind äquivalent, denn es gilt mit der Parametertransformation $\phi(t) = e^t$ gerade

$$c_1(t) = (c_2 \circ \phi)(t) = c_2(\phi(t)) = \ln(e^t) = t.$$

Sie repräsentieren daher dieselbe Kurve. ∎

---

**Erklärungen**

**Zur Definition 7.4 einer orientierungserhaltenden Parametertransformation:**
Was eine Parametertransformation ändern kann, ist die Richtung, in der die Bildkurve durchlaufen wird. Sie kann sie entweder erhalten oder umkehren. Die triviale Parametertransformation $\phi(t) = t$ beispielsweise ändert nichts an der parametrisierten Kurve, die Parametertransformation $\psi(t) = -t$ dagegen ändert den Durchlaufsinn. Es ist klar, dass eine Parametertransformation entweder orientierungserhaltend oder orientierungsumkehrend ist. Dies begründet man mit dem Zwischenwertsatz aus der Analysis. Denn angenommen, es gibt ein $t_1 \in I$ mit $\phi'(t_1) < 0$ und ein $t_2 \in I$ mit $\phi'(t_2) > 0$, so gäbe es nach dem Zwischenwertsatz ein $t_3 \in I$ mit $\phi'(t_3) = 0$. Dies ist aber nicht möglich.

---

**Erklärungen**

**Zur Definition 7.5 einer nach Bogenlänge parametrisierten Kurve:** Nach Bogenlänge parametrisierte Kurven werden mit konstanter Geschwindigkeit 1 durchlaufen. Welche Vorteile dies zum Beispiel bei der Berechnung der Länge von Kurven hat, werden wir in Definition 7.9 und den entsprechenden Erklärungen dazu sehen.

---

**Erklärungen**

**Zur Definition 7.7 der Orientierung:** Die Orientierung einer Kurve gibt einfach nur die Richtung an, in der die Kurve durchlaufen wird. Von vornherein können wir diese aber nicht für jede Parametrisierung definieren, sondern dies geht erst dann, wenn die Kurve nicht „umdreht", also wenn der Geschwindigkeitsvektor an keiner Stelle $t$ verschwindet. Daher betrachten wir ja auch nur regulär parametrisierte Kurven.

---

**Erklärungen**

**Zur Definition 7.8 der Rektifizierbarkeit:** Stellt man sich eine beliebige Kurve vor, so könnte man die Kurve doch durch Polygonzüge (Streckenzüge) approximieren und durch Grenzwertübergang würden wir dann die Länge der Kurve erhalten. Betrachten wir die folgende Abb. 7.9.

Unterteilen wir das entsprechende Intervall immer weiter, so bekommen wir eine noch genauere Näherung der eigentlichen Länge der Kurve (siehe Abb. 7.10): Nun wollen wir dies etwas mathematisieren: Erst einmal schauen wir uns die Abb. 7.9 und 7.10 noch einmal genauer an. Um nun die Länge der Kurve zu bestimmen, approximieren wir also die Kurve durch Streckenzüge, das heißt, wir wählen eine Zerlegung des Intervalls $[a, b]$ durch $a = t_0 < t_1 < \ldots < t_k = b$ mit $k \in \mathbb{N}$ und bilden damit den Streckenzug, indem wir bei $c(t_1)$ starten, geradlinig zu $c(t_2)$

**Abb. 7.9** Approximation der
Länge einer Kurve durch
Polygonzüge

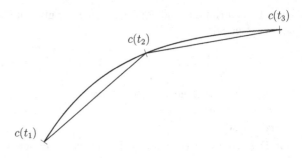

**Abb. 7.10** Verkleinern der
Streckenzüge liefert eine
genauere Approximation der
Kurvenlänge

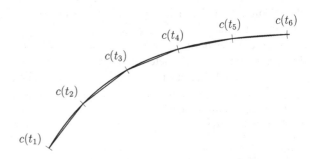

laufen, von hier weiter geradlinig zu $c(t_3)$ und so weiter, bis wir schließlich bei $c(t_k)$ angekommen sind. Die Länge dieser Strecken ist also durch $|c(t_i) - c(t_{i-1})|$ der Punkte $c(t_{i-1})$ und $c(t_i)$ gegeben (man sollte sich klar machen, dass dies eigentlich Ortsvektoren sind). So erhalten wir die Länge der Verbindungsstrecken. Die Länge des gesamten Streckenzugs ist damit die Summe

$$\sum_{i=1}^{k} |c(t_i) - c(t_{i-1})|.$$

Wählt man also eine Verfeinerung der Zerlegung, so wird der Weg im Allgemeinen durch den feineren Streckenzug besser approximiert, und die Länge des feineren Streckenzugs wird aufgrund der Dreiecksungleichung höchstens länger. Es ist nun aber sehr umständlich, die Länge einer Kurve mittels Streckenzügen zu berechnen. Daher gibt es Definition 7.9, die durch Satz 7.4 plausibel gemacht wird, denn dort haben wir gezeigt, dass Definition 7.8 und 7.9 der Länge einer Kurve äquivalent sind. Dennoch interessieren wir uns für ein Beispiel einer Kurve, die nicht rektifizierbar ist. Diese zeigen wir im kommenden Beispiel.

▶ **Beispiel 84** Die Kurve $c : \mathbb{R} \to \mathbb{R}^2$, definiert durch

$$c(t) := \begin{cases} (t, \sin(\pi/t)), & \text{für } t \neq 0 \\ (0, 0), & \text{für } t = 0 \end{cases}$$

Wir betrachten die Länge der Kurve auf dem Intervall $\left[\frac{1}{n}, 1\right]$ mit $n \in \mathbb{N}$. Nach Definition ergibt sich, dass die Länge größer ist als die divergente Reihe

$$2 \sum_{i=1}^{n} \frac{1}{i+1}. \tag{7.4}$$

Demnach gilt also

$$\lim_{n \to \infty} L\left(c_{|[1/n,1]}\right) = \lim_{n \to \infty} 2 \sum_{i=1}^{n} \frac{1}{i+1} = \infty. \tag{7.5}$$

und die Kurve $c$ ist nicht rektifizierbar.                                    ∎

---

**Erklärungen**

**Zur Definition 7.9 der Länge einer Kurve:** Wir verwenden natürlich diese Definition der Länge einer Kurve, um sie konkret auszurechnen. Es ist jetzt klar, wieso man sich über den Satz 7.2 so freuen kann. Dort hatten wir gezeigt, dass jede regulär parametrisierte Kurve nach Bogenlänge umparametrisiert werden kann. *Eine nach Bogenlänge parametrisierte Kurve ist also gerade so lang wie das Parameterintervall.* Wir müssen jetzt nur noch einmal zeigen, dass sich die Länge einer Kurve aber unter Umparametrisieren nicht ändert. Dies ist aber die Aussage des Satzes 7.5. Um die Länge einer Kurve $c : [a, b] \to \mathbb{R}^n$ im Intervall $[a, b]$ zu berechnen, müssen wir also nur das Integral $L[c] = \int_a^b |c'(t)|dt$ berechnen. Schauen wir uns ein paar Beispiele an.

▶ **Beispiel 85**

- Wir betrachten den Kreis $c : [0, 2\pi] \to \mathbb{R}^2, c(t) = (r \cos(t), r \sin(t))$, wobei $r$ der Radius ist. Wir wollen die Länge der Kurve im Intervall $[0, 2\pi]$ berechnen. Dazu benötigen wir zunächst den Geschwindigkeitsvektor $c'(t)$. Dieser ist gerade gegeben durch

$$c'(t) = (-r \sin(t), r \cos(t)) = r(-\sin(t), \cos(t)).$$

Dadurch ergibt sich die folgende Länge der Kurve:

$$\int_0^{2\pi} |c'(t)|dt = \int_0^{2\pi} |(-r \sin(t), r \cos(t))|dt$$

$$= \int_0^{2\pi} \sqrt{r^2(\sin^2(t) + \cos^2(t))}dt$$

$$= \int_0^{2\pi} r\, dt = 2\pi r.$$

So sollte es auch sein. Wir kennen dies als den Umfang eines Kreises mit Radius $r$.

- Wir betrachten die Zykloide $c : [0, 2\pi] \to \mathbb{R}^2, c(t) := (t - \sin(t), 1 - \cos(t))$. Wir berechnen die Länge der Kurve im Intervall $[0, 2\pi]$. Zunächst ist $c'(t) = (1 - \cos(t), \sin(t))$, also

$$|c'(t)| = |(1 - \cos(t), \sin(t))| = \sqrt{(1 - \cos(t))^2 + \sin^2(t)}$$
$$= \sqrt{1 - 2\cos(t) + \cos^2(t) + \sin^2(t)} = \sqrt{2(1 - \cos(t))}.$$

Die Länge der Kurve ist demnach gegeben durch

$$\int_0^{2\pi} |c'(t)| dt = \int_0^{2\pi} \sqrt{2(1 - \cos(t))} dt = \ldots = 8.$$

Die Pünktchen könnt ihr ausfüllen, indem ihr beispielsweise substituiert. Also eine Übung für euch!
- Nun aber endlich zu einem Beispiel einer Kurve, die nach Bogenlänge parametrisiert ist, und deren Länge man auf einem bestimmten Intervall direkt ablesen kann.
  Wir verwenden als Beispiel einfach den Einheitskreis $c : \mathbb{R} \to \mathbb{R}^2, c(t) = (\cos(t), \sin(t))$ und wollen die Länge im Intervall $[0, \pi]$ berechnen. Wir wissen, dass $c(t)$ nach Bogenlänge parametrisiert ist, denn

$$|c'(t)| = |(-\sin(t), \cos(t))| = \sqrt{\sin^2(t) + \cos^2(t)} = 1.$$

Also folgt sofort

$$L[c] = \int_0^{\pi} |c'(t)| dt = \int_0^{\pi} dt = \pi.$$

Der ein oder andere wird sich vielleicht fragen, wieso wir die Kurven aus den ersten Beispielen nicht einfach nach Bogenlänge umparametrisieren, damit wir das Integral leichter ermitteln können. Der Grund liegt einfach darin, dass solche Umparametrisierungen in der Realität nicht so leicht zu finden sind.

- Wir berechnen die Länge der logarithmischen Spirale $c : \mathbb{R} \to \mathbb{R}^2, c(t) := \mu e^{\lambda t} \cdot (\cos(t), \sin(t))$ mit $\mu < 0 < \lambda$ auf einem Intervall $[a, b]$. Da $c'(t) = \mu e^{\lambda t}(\lambda \cos(t) - \sin(t), \lambda \sin(t) + \cos(t))$, folgt

$$|c'(t)| = \sqrt{(\mu e^{\lambda t})^2} \cdot |(\lambda \cos(t) - \sin(t), \lambda \sin(t) + \cos(t))^2|$$
$$= \mu e^{\lambda t} \sqrt{\lambda^2 \cos^2(t) + \lambda^2 \sin^2(t) + \sin^2(t) + \cos^2(t)}$$
$$= \mu e^{\lambda t} \sqrt{1 + \lambda^2}.$$

Wir erhalten also

$$L(c_{|[a,b]}) = \int_a^b \mu e^{\lambda t} \sqrt{1 + \lambda^2} = \frac{\mu \sqrt{1 + \lambda^2}}{\lambda} (e^{\lambda b} - e^{\lambda a}).$$

• Die Helix mit der Ganghöhe $h$ und Radius $r > 0$ ist die Kurve

$$c : \mathbb{R} \to \mathbb{R}^3, \, c(t) := (r\cos(t), r\sin(t), \frac{ht}{2\pi}).$$

Der Geschwindigkeitsvektor von $c$ ist $c'(t) = (-r\sin(t), r\cos(t), h/2\pi)$. Damit besitzt $c'(t)$ die Länge

$$|c'(t)| = \left| \left( -r\sin(t), r\cos(t), \frac{h}{2\pi} \right) \right| = \sqrt{r^2\sin^2(t) + r^2\cos^2(t) + \frac{h^2}{4\pi^2}}$$

$$= \sqrt{r^2(\sin^2(t) + \cos^2(t)) + \frac{h^2}{4\pi^2}} = \sqrt{r^2 + \frac{h^2}{4\pi^2}}.$$

Daraus ergibt sich nun

$$L(c_{|[a,b]}) = (b - a) \cdot \sqrt{r^2 + \frac{h^2}{4\pi^2}}.$$

Für proportional nach Bogenlänge parametrisierte Kurven gilt demnach

$$L(c_{|[a,b]}) = (b - a) \cdot |c'(t)|. \qquad \blacksquare$$

---

**Erklärungen**

**Zur Definition 7.10 der Periode einer Kurve:** Ein triviales Beispiel.

▶ **Beispiel 86** Der Kreis ist periodisch mit Periode $L = 2\pi$. Die Bedingung $c(t + L) = c(t)$ für alle $t \in I$ bedeutet, dass sich nach $L$, sagen wir Zeiteinheiten, alles wiederholt. Also nichts mehr Neues passiert. So ist dies beispielsweise ja auch bei der Sinus- und Kosinusfunktion. Kennt man diese im Intervall $[0, 2\pi]$, so kann man sich nach links und rechts beliebig oft weiter zeichnen, eben weil „nichts mehr Neues kommt". $\blacksquare$

---

**Erklärungen**

**Zur Definition 7.11 der einfachen Geschlossenheit:** Verdeutlichen wir uns die Definition anhand zweier Bilder. Siehe dazu die Abb. 7.11.

---

**Erklärungen**

**Zur Definition 7.12 des Normalenfelds:** Anschaulich macht man sich diese Definition anhand der Abb. 7.12 deutlich. Der Geschwindigkeitsvektor $c'(t)$ wird um 90° im mathematisch positiven Sinne gedreht. Dies spiegelt auch die Definition 7.12 wider, denn die dort angegebene Matrix ist gerade eine Drehung um 90° gegen den Uhrzeigersinn. Damit steht $n(t)$ senkrecht auf $c'(t)$ und $(c'(t), n(t))$ bildet eine Orthonormalbasis des $\mathbb{R}^2$.

**Abb. 7.11** Beispiel einer
einfach geschlossenen Kurve
im $\mathbb{R}^2$ (links) und einer nicht
einfach geschlossenen Kurve
im $\mathbb{R}^2$ (rechts)

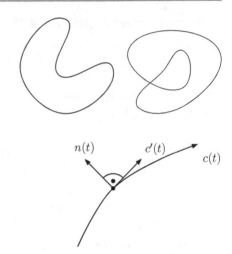

**Abb. 7.12** Das
Normalenfeld (der
Normalenvektor) einer
ebenen Kurve

---

**Erklärungen**

**Zur Definition 7.13 der Krümmung einer ebenen Kurve:** Was versteht man
anschaulich unter der Krümmung einer ebenen Kurve? Dies ist eigentlich recht einfach: *Die Krümmung ist ein Maß dafür, wie stark die Kurve von einer Geraden
abweicht.* Wir wollen die Formel (7.2) für die Krümmung einer Kurve in der Ebene
herleiten. Sei dazu $c : I \to \mathbb{R}^2$ eine ebene, nach Bogenlänge parametrisierte Kurve.
Da $c$ eben nach Bogenlänge parametrisiert ist, gilt $\langle c'(t), c'(t) \rangle = 1$. Wenn wir diese
Gleichung auf beiden Seiten differenzieren, so ergibt dies

$$\langle c''(t), c'(t) \rangle + \langle c'(t), c''(t) \rangle = 2 \langle c'(t), c''(t) \rangle = 0.$$

Demnach steht $c'(t)$ senkrecht auf $c''(t)$. Also ist $c''(t)$ ein Vielfaches des Normalenvektors $n(t)$. Es gilt:

$$c''(t) = \kappa(t) \cdot n(t).$$

Wie wir oben schon geschrieben haben, ist die Krümmung ein Maß dafür, wie stark
die Kurve von einer Geraden abweicht. Wenn $c$ eine nach Bogenlänge parametrisierte Kurve ist, so ist $c$ genau dann eine Gerade, wenn $c''(t) = 0$, das heißt wenn
$\kappa(t) \equiv 0$. Im Zweidimensionalen ist es möglich, eine Krümmung positiv oder negativ zu nennen. Wir fragen uns jetzt, wann eine Krümmung positiv und wann negativ
genannt wird. Die Krümmung heißt *positiv*, wenn sich die Kurve in Richtung des
Normalenvektors krümmt, also in Durchlaufrichtung nach links. Sie ist *negativ*, wenn
sie nach rechts gekrümmt ist.

1. Fall: Die Krümmung ist positiv. Es gilt $\kappa(t) > 0$.
2. Fall: Die Krümmung ist Null. Es gilt $\kappa(t) = 0$.
3. Fall: Die Krümmung ist negativ. Es gilt $\kappa(t) < 0$.

Betrachten wir ein Beispiel, das wir ausführlich durchrechnen wollen.

▶ **Beispiel 87** Dazu sei die ebene Kurve $c(t) = (r\cos(t/r), r\sin(t/r))$ gegeben. Es gilt nun für den Geschwindigkeitsvektor und die zweite Ableitung:

$$c'(t) = \left(-r \cdot \frac{1}{r}\sin(t/r), r \cdot \frac{1}{r}\cos(t/r)\right) = (-\sin(t/r), \cos(t/r)),$$

$$c''(t) = \frac{1}{r}(-\cos(t/r), -\sin(t/r)).$$

Nun gilt doch offensichtlich

$$c'(t) \cdot c''(t) = 0.$$

Daher ist $c''(t) = \frac{1}{r}n(t)$. Also ist $\kappa(t) = \frac{1}{r}$ die Krümmung von $c$. Diese ist unabhängig vom Parameter $t$, also liegt eine konstante Krümmung vor.  ∎

Jetzt fragt sich der ein oder andere bestimmt, wie man die Krümmung für eine Kurve im $\mathbb{R}^3$, also eine sogenannte Raumkurve, berechnen kann. Im Dreidimensionalen stehen wir jetzt aber vor einem Problem mit unserer Definition der Krümmung. Für eine räumliche Kurve ist der Normalenvektor nämlich nicht eindeutig. Wie wollen wir das Normalenfeld definieren? Es lässt sich zwar kein einzelner Normalenvektor bestimmen, dafür aber eine *Normalenebene*. Bei ebenen Kurven hatten wir zwei senkrecht stehende Normalenvektoren. Durch die Orientierung haben wir diesen dann eindeutig festgelegt. Aber wie machen wir das nun bei Raumkurven? Dort wird es schwer sein, über die Orientierung zu argumentieren. So viel sei verraten: Es ist auch hier möglich, vernünftig die Krümmung zu definieren, aber dies würde zu weit führen. Wie man dies macht und wie sich dies dann für Kurven im $\mathbb{R}^n$ verallgemeinern lässt, entnehmt ihr bitte einer Vorlesung zur elementaren Differentialgeometrie oder lest in dem tollen Buch [Bär00] nach.

## 7.4 Erklärungen zu den Sätzen und Beweisen

**Erklärungen**

**Zum Satz 7.1:** Der Satz 7.1 sagt einfach nur aus, dass die Umparametrisierung einer Kurve $c$ die Eigenschaft der Regularität erhält.

**Erklärungen**

**Zum Satz 7.2:** Diesen Satz lassen wir uns nochmal auf der Zunge zergehen: Jede regulär parametrisierte Kurve kann nach Bogenlänge umparametrisiert werden. Das ist ein sehr nützlicher Satz, wie wir später auch noch sehen werden. Man muss aber dazu sagen, dass es in der Realität nicht so leicht ist, die Umparametrisierungen zu finden.

**Erklärungen**

**Zum Satz 7.4:** Dieser Satz besagt, dass die Definitionen 7.8 und 7.9 äquivalent sind und wir daher ganz einfach die Länge einer Kurve mittels des Integrals in Definition 7.9 berechnen können. Nur ist diese halt nicht so anschaulich. Man versteht nicht sofort, wieso dies gerade die Länge liefert. Daher haben wir zunächst mit Definition 7.8 angefangen. Aber woran liegt das? Die Idee ist, einfach erst einmal die Kurve durch einen Polygonzug zu approximieren und dessen Länge bei immer feinerer Approximation zu untersuchen. Verwenden wir die Notation aus Abb. 7.9, so ist die Länge des Polygonzugs, also

$$L[P] = \sum_{i=1}^{k} |c(t_i) - c(t_{i-1})| \tag{7.6}$$

eine untere Schranke für die eigentliche Länge der Kurve. Fügt man weitere Punkte ein, so wird die neue Näherung wohl etwas größer werden, aber mit Sicherheit nicht kleiner. Dies liegt einfach an der Dreiecksungleichung. Konvergiert $L[P]$ nun, wenn $\sup |t_i - t_{i-1}|$ gegen Null strebt, so haben wir diesen Grenzwert als Länge der Kurve $c$ definiert. Mit dem Mittelwertsatz können wir in der Summe aus Gl. (7.6) sofort

$$|c(t_i) - c(t_{i-1})| = |\dot{c}(\xi_i)|(t_i - t_{i-1})$$

mit $\xi_i \in (t_{i-1} - t_i)$ setzen und erhalten die Länge im Grenzübergang einer unendlich feinen Unterteilung. Dies rechtfertigt Definition 7.9.

**Erklärungen**

**Zum Satz 7.5:** Dieser Satz besagt, dass die Länge einer Kurve bei Umparametrisierungen erhalten bleibt. Wir können (Satz 7.2) also jede Kurve nach Bogenlänge parametrisieren, und damit vereinfacht sich das Integral bei der Längenberechnung erheblich, siehe auch die Erklärungen zu Definition 7.9.

**Erklärungen**

**Zum Satz 7.6:** Dieser Satz gibt einfach nur eine weitere Formel, um die Krümmung einer Kurve im $\mathbb{R}^2$ zu berechnen, weil es mit unserer Definition 7.13 der Krümmung einer ebenen Kurve recht schwer sein kann, wie Beispiel 87 gezeigt hat.

# Untermannigfaltigkeiten

**8**

## Inhaltsverzeichnis

In diesem Kapitel werden wir Untermannigfaltigkeiten, genauer Untermannigfaltigkeiten des $\mathbb{R}^n$, betrachten. Leider wird man damit den Mannigfaltigkeiten nicht ganz gerecht, denn diese sind wesentlich mehr als nur Untermannigfaltigkeiten vom $\mathbb{R}^n$. Daher sollte man auch immer die allgemeinere Version einer Mannigfaltigkeit, die komplett ohne den $\mathbb{R}^n$ auskommt, im Kopf haben. Wir werden diese ebenfalls angeben, uns aber in dieser Ausführung, die ja nur einen Einblick in die Untermannigfaltigkeiten geben soll, auf den $\mathbb{R}^n$ beschränken. Allen, die tiefer einsteigen wollen, sei eine Vorlesung zur Differentialgeometrie ans Herz gelegt.

Schon einmal so viel: Lokal können wir eine $k$-dimensionale Untermannigfaltigkeit des $\mathbb{R}^n$ unter gewissen Voraussetzungen durch eine Parameterdarstellung mit $k$ reellen Parametern, als Nullstellengebilde von $n - k$ unabhängigen differenzierbaren Funktion oder als Urbilder regulärer Werte darstellen. Wir werden Untermannigfaltigkeiten auf insgesamt drei verschiedene Arten und Weisen beschreiben (siehe Satz 8.1, 8.2, 8.3 und 8.5). Wir werden uns jetzt alles in Ruhe anschauen. Man fragt sich, wieso man Mannigfaltigkeiten überhaupt benötigt. Dies wird in diesem Übersichtskapitel leider nicht ganz so deutlich werden, weil wir kaum Anwendungen von Mannigfaltigkeiten geben, da dies den Rahmen des zweiten Semesters sprengen würde. Mannigfaltigkeiten braucht man aber nicht nur in der Differentialgeometrie (die Heimat von differenzierbaren Mannigfaltigkeiten), sondern auch in der theoretischen Physik und in vielen anderen Bereichen. In einem dritten Band unseres Tutoriums („Tutorium höhere Analysis", Erscheinungstermin voraussichtlich 2012/2013) werden wir einige Anwendungen von Mannigfaltigkeiten in Bezug

© Springer-Verlag GmbH Deutschland, ein Teil von Springer Nature 2019
F. Modler und M. Kreh, *Tutorium Analysis 2 und Lineare Algebra 2*,
https://doi.org/10.1007/978-3-662-59226-7_8

auf wichtige Integralsätze, wie den Integralsätzen von Gauß oder Stokes, kennenlernen. Wir werden uns dort dann anschauen, wie man über Mannigfaltigkeiten integriert.

## 8.1    Definitionen

**Definition 8.1 (Immersion)**
Sei $U \subset \mathbb{R}^k$ eine offene Menge. Wir nennen eine stetig differenzierbare Abbildung

$$f : U \to \mathbb{R}^n, \ (u_1, \ldots, u_k) \mapsto \varphi(u_1, \ldots, u_k)$$

eine **Immersion,** wenn der Rang der Jacobi-Matrix

$$J_f(u) = \left( \frac{\partial \varphi_i}{\partial u_j} \right)_{1 \le i \le n, \ 1 \le j \le k}$$

in jedem Punkt $u \in U$ gleich $k$, also maximal ist.

**Definition 8.2 (Untermannigfaltigkeit, Kodimension)**
Eine Teilmenge $M \subset \mathbb{R}^n$ heißt $k$-dimensionale $C^\alpha$-**Untermannigfaltigkeit** von $\mathbb{R}^n$, wenn zu jedem Punkt $p \in M$ eine offene Umgebung $U \subset \mathbb{R}^n$ und eine stetig $\alpha$-mal stetig differenzierbare Funktion

$$f = (f_1, \ldots, f_{n-k}) : U \to \mathbb{R}^{n-k}$$

existiert mit den folgenden beiden Eigenschaften:

i) $M \cap U = \{x \in U : f(x) = 0\}$, das heißt $f_1(x) = \ldots = f_{n-k}(x) = 0$.
ii) Für jedes $x \in U$ besitzt die Ableitung $J_f(x)$ den maximalen Rang $n - k$.

Die Zahl $n - k$ heißt **Kodimension** der Untermannigfaltigkeit.

**Anmerkung** Untermannigfaltigkeiten mit Kodimension 1 heißen **Hyperflächen.** Dies sind also Untermannigfaltigkeiten der Dimension $n - 1$.

**Definition 8.3 (Tangentialvektor, Tangentialraum)**
Ein Vektor $v \in \mathbb{R}^n$ heißt **Tangentialvektor** an eine Untermannigfaltigkeit $M \subset \mathbb{R}^n$ im Punkt $p \in M$, wenn es eine stetig differenzierbare Kurve

$$\gamma : (-\varepsilon, \varepsilon) \to M \subset \mathbb{R}^n, \; \varepsilon > 0$$

gibt, die in $p$ den Vektor $v$ als Tangentialvektor hat, das heißt es gilt

$$\gamma(0) = p \quad \text{und} \quad \gamma'(0) = v.$$

Die Menge aller Tangentialvektoren an $M$ in $p$ heißt **Tangentialraum** und wird mit $T_p M$ bezeichnet.

**Definition 8.4 (Normalenvektor, Normalenraum)**
Die Voraussetzungen seien wie in Definition 8.3. Ein **Normalenvektor** von $M$ im Punkt $p \in M$ ist ein Vektor $w \in \mathbb{R}^n$, der auf allen Tangentialvektoren $v \in T_p M$ senkrecht steht. Die Menge aller Normalenvektoren heißt **Normalenraum,** und wir bezeichnen ihn mit $N_p M$.

**Definition 8.5 (regulärer Punkt, regulärer Wert)**
Sei $f : U \subset \mathbb{R}^n \to V \in \mathbb{R}^m$ eine differenzierbare Abbildung. Ein Punkt $p \in U \subset \mathbb{R}^n$ heißt ein **regulärer Punkt** von $f$, wenn die Jacobi-Matrix $J_f(p)$ den Rang $m$ besitzt. Andernfalls heißt $p$ ein **singulärer Punkt.** Ferner heißt ein Punkt $y \in V$ ein **regulärer Wert** von $f$, wenn alle $p \in f^{-1}(y)$ reguläre Punkte sind. Analog ist der Begriff des **singulären Wertes** von $f$ definiert.

## 8.2 Sätze und Beweise

**Satz 8.1 (Lokale Darstellung als Graph)**
*Eine $k$-dimensionale Mannigfaltigkeit $M$ im $\mathbb{R}^n$ ist lokal der Graph einer $\mathbb{R}^{n-k}$-wertigen Funktion auf dem $\mathbb{R}^k$. Genauer gilt: Es sei $p = (p_1, \ldots, p_n) \in M$. Dann existieren nach einer geeigneten Umnummerierung der Koordinaten*

*offene Umgebungen $U' \subset \mathbb{R}^k$ von $p' = (p_1, \ldots, p_k)$ und $U'' \subset \mathbb{R}^{n-k}$ von $p'' = (p_{k+1}, \ldots, p_n)$ sowie eine stetig differenzierbare Funktion $g : U' \to U''$ mit*

$$M \cap (U' \times U'') = \{(x', x'') \in U' \times U'' : x'' = g(x')\} = \{(x', g(x')) : x' \in U'\}.$$

▶ **Beweis** Nach Definition 8.2 existiert eine offene Umgebung $U$ von $p$ und eine stetig differenzierbare Funktion $f : U \to \mathbb{R}^{n-k}$ mit

$$\text{Rang}(f'(p)) = n - k \quad \text{und} \quad M \cap U = \{x \in U : f(x) = 0\},$$

denn der Rang muss maximal sein. Wir können daher $n - k$ Spalten von $f'(p)$ so auswählen, dass diese linear unabhängig sind. Wir können annehmen, dass dies die letzten $n-k$ Spalten sind, sonst nummerieren wir einfach um. Nach dem Satz über implizite Funktionen können wir nun also Umgebungen $U'$ von $p'$ und $U''$ von $p''$ und eine stetig differenzierbare Funktion $g : U' \to U''$ mit

$$M \cap (U' \times U'') = \{(x', x'') \in U' \times U'' : x'' = g(x')\}$$

finden, die aber erst nur einmal stetig differenzierbar ist. Daraus ergibt sich erst einmal die Behauptung. Wir müssen uns nur noch überlegen, wieso $g$ entsprechend öfters stetig differenzierbar ist. Dies folgt aber auch aus dem Satz über implizite Funktionen, denn dieser impliziert

$$g' = -\frac{\partial f}{\partial x'} \left( \frac{\partial f}{\partial x''} \right)^{-1}.$$

q.e.d.

**Satz 8.2 (lokale Darstellung als diffeomorphes Bild von $\mathbb{R}^k \subset \mathbb{R}^n$)**
*Eine Teilmenge $M \subset \mathbb{R}^n$ ist genau dann eine $k$-dimensionale Untermannigfaltigkeit, wenn zu jedem $p \in M$ eine Umgebung $U$ und ein Diffeomorphismus $F$ auf eine offene Menge $V \subset \mathbb{R}^n$ mit*

$$F(M \cap U) = V \cap \{x \in \mathbb{R}^n : x_{k+1} = \ldots = x_n = 0\}$$

*existiert.*

▶ **Beweis** Es sind zwei Richtungen zu zeigen.

„⇒": Nach Satz 8.1 existiert zu jedem $p = (p', p'')$ Umgebungen $U'$ von $p'$ und $U''$ von $p''$ und eine Funktion $g : U' \to U''$ mit

$$M \cap (U' \times U'') = \{(x', g(x')) : x' \in U'\}.$$

Wir definieren jetzt eine Funktion $F : U' \times U'' \to \mathbb{R}^n$ durch

$$F(x', x'') = (x', g(x') - x'').$$

Es ergibt sich dann, dass

$$F(p', p'') = (p', \underbrace{p' - g(p')}_{=0}) = (p', 0).$$

Außerdem ist

$$F'(p', p'') = \begin{pmatrix} E & 0 \\ g'(p') & -E \end{pmatrix}$$

invertierbar. Hierbei bezeichnet $E$ die Einheitsmatrix. Nun wenden wir den Satz von der inversen Funktion an und wissen, dass Umgebungen $U$ von $p$ und $V$ von $(p', 0)$ existieren, so dass $F : U \to V$ bijektiv und $F'$ stetig differenzierbar ist. Da nun aber $g(x') = x''$, folgt

$$F(M \cap U) = V \cap \{x \in \mathbb{R}^n : x_{k+1} = \ldots = x_n = 0\}.$$

„⇐": Nun sei $F : U \to V$ ein Diffeomorphismus mit $F(M \cap U) = V \cap \{x \in \mathbb{R}^n : x_{k+1} = \ldots = x_n = 0\}$. Dann gilt aber auch

$$M \cap U = \{x \in U : F_{k+1}(x) = \ldots = F_n(x) = 0\}$$

Da nun $F'$ invertierbar ist, sind die Spalten der Matrix für $F'$ linear unabhängig. Also hat die Matrix

$$\left(\frac{\partial F_j}{\partial x_i}\right)_{j=k+1,\ldots,n,\ i=1,\ldots,n}$$

den maximalen Rang $n - k$. Fertig! q.e.d.

---

**Satz 8.3 (Satz vom regulären Wert)**
*Seien $U \subset \mathbb{R}^n$ und $f : U \to \mathbb{R}^k$ eine Abbildung. Ist $a$ ein regulärer Wert von $f$, so ist $M := f^{-1}(a)$ eine $(n - k)$-dimensionale Untermannigfaltigkeit des $\mathbb{R}^n$.*

**Satz 8.4 (Untermannigfaltigkeiten durch Immersionen)**
*Sei $\Omega \subset \mathbb{R}^k$ offen und $\varphi : \Omega \to \mathbb{R}^n$ sei eine Immersion. Zu jedem $p \in \Omega$ existiert dann eine offene Umgebung $V$ und zwar so, dass $\varphi(V)$ eine $k$-dimensionale Untermannigfaltigkeit des $\mathbb{R}^n$ und $\varphi : V \to \varphi(V)$ ein Homöomorphismus ist.*

**Satz 8.5 (Parameterdarstellung einer Untermannigfaltigkeit)**
*Eine Teilmenge $M \subset \mathbb{R}^n$ des $\mathbb{R}^n$ ist genau dann eine $k$-dimensionale Untermannigfaltigkeit, wenn es zu jedem $p \in M$ eine offene Umgebung $V \subset M$, eine offene Menge $\Omega \subset \mathbb{R}^k$ und eine Immersion $\varphi : \Omega \to \mathbb{R}^n$ gibt, so dass $\varphi : \Omega \to V$ ein Homöomorphismus ist.*

**Anmerkung**  Diesen Homöomorphismus nennen wir dann auch **Karte** oder **Parameterdarstellung.**

▶        **Beweis** Wieder sind zwei Richtungen zu zeigen.

„$\Rightarrow$":    Angenommen, es existieren $\varphi$, $\Omega$ und $V$, dann ist nach Satz 8.4 die Menge $V = \varphi(\Omega)$ eine $k$-dimensionale Untermannigfaltigkeit. Also ist auch $M$ eine Untermannigfaltigkeit (wegen der Lokalität).

„$\Leftarrow$":    Wir wollen den Satz 8.1 verwenden. Dazu sei also $M$ in der Umgebung eines Punktes $p$ geschrieben als

$$M \cap (U' \times U'') = \{(x', g(x')) : x' \in U'\}.$$

Wir brauchen nun einfach

$$V = M \cap (U' \times U''), \ \Omega = U', \ \varphi : \Omega \to \mathbb{R}^n, \ \varphi(x) = (x, g(x))$$

setzen und haben die Voraussetzungen aus Satz 8.1 überprüft, können diesen anwenden und sind fertig.                              q.e.d.

**Satz 8.6 (Eigenschaften des Tangentialraums)**
*Seien $M \subset \mathbb{R}^n$ eine $k$-dimensionale Untermannigfaltigkeit und $p \in M$ ein Punkt. Dann gelten die folgenden beiden Aussagen für den Tangentialraum. Der Tangentialraum $T_p M$ ist ein $k$-dimensionaler Vektorraum. Eine Basis*

*ergibt sich wie folgt: Sei $\varphi : U \to M \subset \mathbb{R}^n$ ein lokales Koordinatensystem von $M$ in einer Umgebung von $p$. Sei weiter $\tilde{u} \in U$ ein Punkt mit $\varphi(\tilde{u}) = p$. Dann bilden die Vektoren*

$$\frac{\partial \varphi}{\partial u_1}(\tilde{u}), \ldots, \frac{\partial \varphi}{\partial u_k}(\tilde{u})$$

*eine Basis des Tangentialraums $T_p M$.*

## 8.3 Erklärungen zu den Definitionen

**Erklärung**

**Zur Definition 8.1 einer Immersion:** Bevor wir uns ein paar Beispiele für Immersionen anschauen, noch einige Anmerkungen:

- Die Matrix $\left( \frac{\partial \varphi_i}{\partial t_j} \right)_{1 \leq i \leq n,\ 1 \leq j \leq k}$ in der Definition 8.1 ist eine $(n \times k)$-Matrix. Es gilt natürlich notwendigerweise $n \geq k$, wenn der Rang gleich $k$ sein soll. Man sagt auch der Rang der Matrix ist maximal.

- Die Bedingung, dass $\left( \frac{\partial \varphi_i}{\partial t_j} \right)$ maximalen Rang (also Rang $k$) besitzt, ist äquivalent dazu, dass die Vektoren

$$\frac{\partial \varphi}{\partial u_1}(u), \ldots, \frac{\partial \varphi}{\partial u_k}(u) \in \mathbb{R}^n$$

linear unabhängig sind.

▶ **Beispiel 88**

- Ist $k = 1$ zum Beispiel $U \subset \mathbb{R}$ ein offenes Intervall, dann ist eine Immersion $\varphi : U \to \mathbb{R}^n$ nichts anderes als eine reguläre Kurve.
- Sei $\varphi : \mathbb{R} \to \mathbb{R}^2$ gegeben durch

$$\varphi(u) = (u^2, u^3).$$

Diese Abbildung stellt keine Immersion dar, denn die Funktionalmatrix lautet

$$D\varphi(u) = \begin{pmatrix} 2u \\ 3u^2 \end{pmatrix}.$$

Sie besitzt im Nullpunkt $u = (0, 0)$ aber keinen maximalen Rang, sondern Rang Null.

- Sei nun $\varphi : \mathbb{R} \to \mathbb{R}^2$ gegeben durch

$$\varphi(u) = (u(u^2 - 1), u^2 - 1).$$

Dies ist eine Immersion, denn man kann sich leicht überlegen, dass die Funktionalmatrix

$$D\varphi(u) = \begin{pmatrix} 3u^2 - 1 \\ 2u \end{pmatrix}.$$

für alle $u$ vollen Rang besitzt.

- Jede Kurve $\gamma : [0, 1] \to \mathbb{R}^n$ mit $\gamma'(t) \neq 0$ für alle $t$ ist eine Immersion. ∎

---

**Erklärung**

**Zur Definition 8.2 einer Untermannigfaltigkeit:** Wenn der Schnitt von $M$ mit einer hinreichend kleinen offenen Menge eine Eigenschaft besitzt, so sagen wir, dass $M$ *lokal* diese Eigenschaft besitzt. Lokal bedeutet hier also, dass $M$ dass gemeinsame Nullstellengebilde der $(n - k)$ Funktionen $f_1, \ldots, f_{n-k}$ und deren Gradientenvektoren in jedem Punkt linear unabhängig sind.

Des Weiteren werden wir oft weglassen, dass es sich um eine $\mathcal{C}^\alpha$ - Untermannigfaltigkeit handelt, sondern einfach nur „Untermannigfaltigkeit" schreiben, denn dies gibt ja nur an, wie oft diese Funktionen $f = (f_1, \ldots, f_{n-k})$ stetig differenzierbar sind. Bevor wir uns hier aber in Details verlieren, wollen wir uns lieber ein paar Beispiele für Untermannigfaltigkeiten des $\mathbb{R}^n$ anschauen. Zeit für einige Beispiele, bei denen wir teilweise auf Nachweise verzichten. Ihr solltet euch überlegen, wieso dies Untermannigfaltigkeiten sind.

▶ **Beispiel 89**

- Hyperflächen besitzen wie in der Anmerkung zu Definition 8.2 beschrieben, Kodimension 1, also Dimension $n - 1$. Sie sind lokal einfach das Nullstellengebilde einer reellwertigen Funktion mit nichtverschwindendem Gradienten.

- Die Sphäre

$$S^n := \{ x \in \mathbb{R}^{n+1} : ||x||^2 = 1 \}$$

ist eine Hyperfläche im $\mathbb{R}^{n+1}$, also insbesondere eine Untermannigfaltigkeit. Sie ist dabei das Nullstellengebilde der Funktion

$$f(x) = ||x||^2 - 1.$$

Wieso? Na ja, der Gradient (die Ableitung) $f' = 2x^T$ verschwindet nirgendswo auf $S^n$. Dies rechnen wir konkret in Beispiel 99 durch.

- Analog zum Beispiel mit der Sphäre ist auch das $n$-dimensionale Ellipsoid

$$E = \left\{ x \in \mathbb{R}^{n+1} : \frac{x_1^2}{a_1^2} + \ldots + \frac{x_{n+1}^2}{a_{n+1}^2} = 1 \right\}$$

eine Untermannigfaltigkeit des $\mathbb{R}^{n+1}$. Um die Definition 8.2 zu verwenden, setzen wir

$$f(x) := \frac{x_1^2}{a_1^2} + \ldots + \frac{x_{n+1}^2}{a_{n+1}^2} - 1.$$

- Das Paraboloid

$$\{ x \in \mathbb{R}^3 : x_1^2 + x_2^2 = 2x_3 \}$$

ist ebenfalls eine Hyperfläche mit $f(x) = x_1^2 + x_2^2 - 2x_3$. ∎

**Anmerkung** Wie im Einführungstext zu diesem Kapitel angedeutet, kann man eine Mannigfaltigkeit (diese nennt man dann eine topologische Mannigfaltigkeit) ohne den umgebenden Raum $\mathbb{R}^n$ definieren. Dies geht so:
Eine *topologische Mannigfaltigkeit* $M$ der Dimension $m$ ist ein zusammenhängender, parakompakter Hausdorff-Raum, welcher lokal euklidisch ist. Lokal euklidisch heißt, dass zu jedem Punkt $p \in M$ eine Umgebung $U$ existiert mit $p \in U$, eine offene Umgebung $\Omega \subset \mathbb{R}^m$ und ein Homöomorphismus $x : U \to \Omega$. Jedes $x : U \to \Omega$ heißt eine **lokale Karte (lokales Koordinatensystem)** von $M$ um $p$. Eine topologische Mannigfaltigkeit kann man sich so vorstellen wie in Abb. 8.1.
Wir geben einige Anmerkungen, bevor wir zu konkreten Beispielen kommen.

- Existiert zu jeder offenen Überdeckung $(\Omega_\alpha)_{\alpha \in I}$ von $M$ eine lokal endliche Verfeinerung, das heißt eine lokal endliche Überdeckung $(\Omega'_\beta)_{\beta \in I'}$ mit

$$\forall \beta \in I' : \exists \alpha \in I : \Omega'_\beta \subset \Omega_\alpha,$$

so heißt $M$ *parakompakt*.

**Abb. 8.1** Eine topologische Mannigfaltigkeit der Dimension $m$ entspricht lokal dem $\mathbb{R}^m$. Wir sagen, $M$ ist lokal euklidisch, sieht lokal also wie der $\mathbb{R}^m$ aus

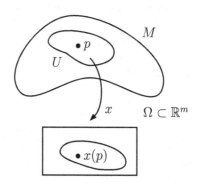

- In vielen Büchern werden topologische Mannigfaltigkeiten etwas anders eingeführt. Dort wird nicht die Parakompaktheit von $M$ gefordert, sondern, dass $M$ als
  topologischer Raum eine abzählbare Basis besitzt. Da aber topologische Mannigfaltigkeiten mit abzählbarer Basis stets parakompakt sind, ist unser Begriff
  allgemeiner.
- Es gibt in der Differentialgeometrie auch noch den Begriff der *differenzierbaren
  Mannigfaltigkeit*. Um einen Punkt $p \in M$ einer Mannigfaltigkeit $M$ gibt es
  ja durchaus mehrere offene Umgebungen und damit auch verschiedene Karten.
  Man kann aber mit einem sogenannten Kartenwechsel zwischen den Karten hin
  und her springen. Grob gesprochen: Eine topologische Mannigfaltigkeit ist eine
  differenzierbare Mannigfaltigkeit, wenn die Kartenwechsel alle differenzierbar
  sind.

▶ **Beispiel 90** Wir geben ein paar elementare Beispiele für topologische Mannigfaltigkeiten an.

- Die elementarste topologische Mannigfaltigkeit ist der $\mathbb{R}^m$ mit $\dim \mathbb{R}^m = m$ und
  $\mathbb{R}^m$ mit der Standardtopologie versehen, die durch die Standardmetrik (euklidische Metrik) induziert wird.
- Sind $M$ eine topologische Mannigfaltigkeit und $U \subset M$ offen und zusammenhängend, so ist auch $U$ mit der Relativtopologie eine topologische Mannigfaltigkeit
  derselben Dimension.
- Die Sphäre $S^m \subset \mathbb{R}^{m+1}$ ist mit der Relativtopologie auch eine topologische
  Mannigfaltigkeit. Wir benötigen genau zwei Karten wie bei der $S^2$, die zusammen
  die Sphäre $S^m$ komplett überdecken. Diese bezeichnet man als *stereographische
  Projektion*.
- Sind $M_1$ und $M_2$ zwei topologische Mannigfaltigkeiten, so auch $M := M_1 \times M_2$
  zusammen mit der Produkttopologie der Dimension $\dim M = \dim M_1 + \dim M_2$.
  Insbesondere ist wegen des obigen Beispiels der Sphäre auch der Torus

$$T^m := \underbrace{S^1 \times \ldots \times S^1}_{m\text{-mal}}$$

eine topologische Mannigfaltigkeit der Dimension $m$.                          ■

**Abb. 8.2** Ein Tangentialvektor anschaulich

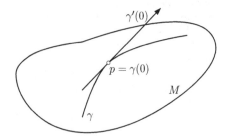

**Erklärung**

**Zur Definition 8.3 des Tangentialvektors:** Ein Tangentialvektor an eine Untermannigfaltigkeit ist einfach nur ein Tangentialvektor einer in der Untermannigfaltigkeit verlaufenden Kurve. Die Abb. 8.2 soll dies verdeutlichen.

▶ **Beispiel 91** Die Definition 8.2 einer Untermannigfaltigkeit besagt, dass man Untermannigfaltigkeiten auch als Nullstellenmengen beschreiben kann. Wir betrachten die Menge

$$M := \{(x, y, w, z) \in \mathbb{R}^4 : xw - y^2 = 0, \ yw - yw = 0, \ xz - yw = 0\}.$$

Wir wollen zeigen, dass $M$ keine Untermannigfaltigkeit des $\mathbb{R}^4$ ist. Dies können wir mit Hilfe des Wissens über Tangentialvektoren bewerkstelligen. Angenommen, $M$ ist eine Untermannigfaltigkeit des $\mathbb{R}^4$.

Es ist $p = (0, 0, 0, 0) \in M$. Weiterhin ist $(t, t, t, t) \in M$, da beispielsweise $t \cdot t - t^2 = 0$ und $t \cdot t - t \cdot t = 0$. Wir können daher eine Kurve $\gamma_1 : (-\varepsilon, \varepsilon) \to M$ durch

$$\gamma_1(t) = t \cdot (1, 1, 1, 1) = (t, t, t, t)$$

definieren. Dann ist $\gamma_1(0) = p$ und $\gamma_1'(0) = (1, 1, 1, 1) =: v_1$. Demnach ist $v_1$ ein Tangentialvektor von $M$ im Punkt $p = (0, 0, 0, 0)$, also liegt in $T_p M$.

Wir können nun einen weiteren Tangentialvektor $v_2 \in T_p M$ definieren, und zwar definieren wir zunächst die Kurve

$$\gamma_2 : (-\varepsilon, \varepsilon) \to M, \ \gamma_2(t) = t(1, 0, 0, 0) = (t, 0, 0, 0).$$

Es ist nun $\gamma_2(0) = 0$ und $\gamma_2'(0) = (1, 0, 0, 0) =: v_2$. Also ist $v_2$ ein Tangentialvektor von $M$ im Punkt $p = (0, 0, 0, 0)$. Ist $M$ eine Untermannigfaltigkeit, so ist $T_p M$ ein $\mathbb{R}$-Vektorraum. Also muss $v_1 + v_2 \in T_p M$ gelten. Dies ist aber nun der gesuchte Widerspruch, denn es ist

$$v_1 + v_2 = (1, 1, 1, 1) + (1, 0, 0, 0) = (2, 1, 1, 1) =: v_3 \notin T_p M.$$

Dass $v_3$ nicht in $T_p M$ liegt, sehen wir so: Angenommen es ist $v_3 \in T_p M$, dann existiere eine Kurve $\gamma_3 : (-\varepsilon, \varepsilon) \to M$ mit

$$\gamma_3(0) = 0 \quad \text{und} \quad \gamma_3'(0) = v_3.$$

Diese Kurve muss durch die Vorschrift

$$\gamma_3(t) = t(2, 1, 1, 1)$$

gegeben sein. $\gamma_3$ kann aber nicht in $M$ abbilden, denn für beliebig kleines $\varepsilon > 0$ gilt

$$2\varepsilon \cdot \varepsilon - \varepsilon^2 = \varepsilon^2 > 0$$

und damit ist dies nicht in $M$. Also kann der Vektor $v_3 = v_1 + v_2 = (2, 1, 1, 1)$ nicht in $T_p M$ liegen, was jetzt aber der Eigenschaft eines $\mathbb{R}$-Vektorraums erheblich widerspricht.

Lange Rede, kurzer Sinn: $M$ ist keine Untermannigfaltigkeit des $\mathbb{R}^4$. ∎

---

**Erklärung**

**Zur Definition 8.4 des Normalenvektors:** Ein Normalenvektor ist einfach nur ein Vektor, der auf der Untermannigfaltigkeit senkrecht steht und das bzgl. der kanonisch gegebenen euklidischen Metrik im $\mathbb{R}^n$.

▶ **Beispiel 92** In Beispiel 98 (ganz am Ende des Kapitels) werden wir mithilfe des Satzes 8.3 vom regulären Wert zeigen, dass für

$$f : \mathbb{R}^2 \to \mathbb{R}, \ f(x, y) = x^4 + y^4 - 4xy$$

$f^{-1}(1)$ eine eindimensionale Untermannigfaltigkeit des $\mathbb{R}^2$ ist. Wir wollen jetzt den Tangentialraum und den Normalenraum im Punkt $(1, 0)$ berechnen. Es gilt:

$$Df(x, y) = \nabla 4(x^3 - y, y^3 - x).$$

Daher ist

$$T_{(1,0)} M = \ker Df(1, 0) = \ker(4, -4) = \langle (1, 1) \rangle$$

und natürlich

$$N_{(1,0)} M = \langle (1, -1) \rangle,$$

denn der Vektor $(1, -1)^T$ ist offenbar (da das Skalarprodukt Null ist) senkrecht zum Vektor $(1, 1)^T$. In der Praxis bestimmt man genau so Tangential- bzw. Normalenraum. ∎

---

**Erklärung**

**Zur Definition 8.5 des regulären Wertes:** Um die Definition zu verstehen, schauen wir uns ein Beispiel an. Weitere Beispiele folgen dann in den Erklärungen zum Satz 8.3 des regulären Wertes.

▶ **Beispiel 93** Übung: Betrachtet die Abbildung

$$f : \mathbb{R}^3 \to \mathbb{R}^2, \ f(x, y, z) = (x, y).$$

und bestimmt die regulären Werte von $f$. Ein kleiner Hinweis: Das Differential ist einfach gegeben durch die Jacobi-Matrix

$$J_f(x, y, z) = \begin{pmatrix} 1 & 0 & 0 \\ 0 & 1 & 0 \end{pmatrix}.$$

Was ist der Rang der Matrix?                                                      ■

## 8.4  Erklärungen zu den Sätzen und Beweisen

**Erklärung**

**Zur lokalen Darstellung von Untermannigfaltigkeiten als Graph (Satz 8.1):** Wir wollen an das Beispiel der Sphäre aus Beispiel 89 anknüpfen.

▶ **Beispiel 94** Durch die Funktion $f(x) = ||x||^2 - 1$ wird die Sphäre $S^n \subset \mathbb{R}^{n+1}$ definiert. Es gilt für $p \in S^n$ entsprechend $f'(p) = 2p$. Dies ist alles, was wir in Beispiel 89 gelernt haben. Wir wollen die Sphäre nun lokal als Graph beschreiben. Ist beispielsweise $p_n \neq 0$, so wählen wir einfach

$$U' = \{x' \in \mathbb{R}^n : ||x'|| < 1\}$$

und

$$U'' = \mathbb{R}_{>0}, \ g(x') = \sqrt{1 - ||x'||^2} = \sqrt{1 - x_1^2 - \ldots - x_n^2}.$$

Somit beschreiben wir die Sphäre also als

$$S^n = \{(x', x'') \in U' \times U'' : x'' = g(x')\}$$
$$= \left\{ (x_1, \ldots, x_{n+1}) : x_{n+1} = \sqrt{1 - x_1^2 - \ldots - x_n^2} \right\}.$$

Ist nun $p_n = 0$, so ist dann aber $p_m \neq 0$ für ein entsprechendes $m \neq n$. Vertauschen von $m$ und $n$ führt uns wieder in die obige Situation.                          ■

**Erklärung**

**Zur lokalen Darstellung von Untermannigfaltigkeiten als diffeomorphes Bild (Satz 8.2):** Dieser Satz zeigt, dass man Untermannigfaltigkeiten des $\mathbb{R}^n$ nicht immer durch Parameterdarstellungen wie in Beispiel 101 darstellen muss, sondern es noch eine andere Möglichkeit gibt. Schauen wir uns an, wie wir uns das Kriterium zu Nutze machen können, um Untermannigfaltigkeiten zu entlarven.

▶ **Beispiel 95** Wir betrachten die Menge

$$A := \{(x, y) \in \mathbb{R}^2 : x^2 + 6y^2 = 1\}.$$

Graphisch ist dies einfach nur eine Ellipse, mehr nicht. Wir setzen nun

$$f : \mathbb{R}^2 \to \mathbb{R}, \ f(x, y) = x^2 + 6y^2 - 1.$$

$A$ kann dann auch als

$$A = \{(x, y) \in \mathbb{R}^2 : f(x, y) = 0\}$$

geschrieben werden. Wir wollen nun beweisen, dass diese Nullstellenmenge eine 1-dimensionale Untermannigfaltigkeit ist, das heißt die Ellipse ist eine 1-dimensionale Untermannigfaltigkeit. Der Satz 8.2 sagt uns aber, dass wir Mannigfaltigkeiten auch als Nullstellengebilde formulieren können.

Der Gradient von $f$ ist

$$\nabla f(x, y) = (2x, 12y).$$

Demnach ist also

$$\nabla f(x, y) = 0 \Leftrightarrow (x, y) = (0, 0).$$

Da aber $(x, y) \in A$ und $(0, 0) \notin A$, so ist $A$ eine 1-dimensionale Untermannigfaltigkeit. ∎

Wir geben nun noch ein weiteres Beispiel.

▶ **Beispiel 96** Wir wollen beweisen, dass die Menge

$$M_1 := \{(x, y, z) \in \mathbb{R}^3 : f_1(x) = x^2 + y^2 - (z - 1)^3 - 2 = 0, \ f_2(x) = x^2 + y^2 - z^4 - 3 = 0\}$$

eine 1-dimensionale Untermannigfaltigkeit des $\mathbb{R}^3$ ist. Dazu berechnen wir zunächst einmal die Gradienten von $f_1$ und $f_2$:

$$\nabla f_1(x) = \begin{pmatrix} 2x \\ 2y \\ -3(z - 1)^2 \end{pmatrix} \ \text{und} \ \nabla f_2(x) = \begin{pmatrix} 2x \\ 2y \\ -4z^3 \end{pmatrix}.$$

Diese tragen wir nun transponiert in eine Matrix ein und erhalten so

$$\begin{pmatrix} 2x & 2y & -3(z - 1)^2 \\ 2x & 2y & -4z^3 \end{pmatrix}.$$

Von dieser Matrix müssen wir nun den Rang mittels des Gaußschen Eliminationsverfahrens bestimmen. Multiplizieren wir die erste Zeile mit $-1$ und addieren sie auf die zweite Zeile, so folgt sofort

$$\text{rang} \begin{pmatrix} 2x & 2y & -3(z-1)^2 \\ 2x & 2y & -4z^3 \end{pmatrix} = \text{rang} \begin{pmatrix} 2x & 2y & -3(z-1)^2 \\ 0 & 0 & -4z^3 + 3(z-1)^2 \end{pmatrix} = 2.$$

Dass der Rang 2 ist, sieht man sofort, weil wir zwei linear unabhängige Zeilenvektoren haben. Der Rang wäre nur kleiner als 2, wenn $-4z^3 + 3(z-1)^2 = 0$. Selbstverständlich besitzt dieses Polynom auch eine reelle Nullstelle, aber man kann ausrechnen (Übung!), dass dieser Wert durch keinen Punkt aus $M$ angenommen wird. Folglich ist $M$ eine 1-dimensionale Untermannigfaltigkeit. ∎

**Erklärung**

**Zum Satz vom regulären Wert (Satz 8.3):** Wir wollen den wichtigen Satz vom regulären Wert an einem Beispiel verdeutlichen.

▶ **Beispiel 97** Sei

$$f : \mathbb{R}^2 \to \mathbb{R}, \quad f(x, y) := (x^2 + y^2 + 2x)^2 - 4(x^2 + y^2).$$

Für welche $a \in \mathbb{R}$ ist $f^{-1}(a)$ eine Untermannigfaltigkeit?
Wir berechnen zunächst den Gradienten von $f$, weil wir nach kritischen bzw. regulären Punkten von $f$ suchen. Es gilt:

$$\nabla f(x, y) = \left( 2(x^2 + y^2 + 2x)(2x + 2) - 8x, 4(x^2 + y^2 + 2x)y - 8y \right).$$

Ist $(x, y)$ ein kritischer Punkt von $f$, das heißt $\nabla f(x, y) = 0$, so ist $4(x^2 + y^2 + 2x)y - 8y = 0$, also $y = 0$ oder $x^2 + y^2 + 2x = 2 \Leftrightarrow (x^2 + y^2 + 2x) - 2 = 0$. Der zweite Fall $((x^2 + y^2 + 2x) - 2 = 0)$ führt wegen $2(x^2 + y^2 + 2x)(2x + 2) - 8x = 8 \neq 0$ zu einem Widerspruch. Der erste Fall $(y = 0)$ ergibt $x = 0$ oder $x = -3$. Wir erhalten also die beiden kritischen Punkte $(0, 0)$ und $(-3, 0)$. Wegen $f(0, 0) = 0$ und $f(-3, 0) = -27$ ist somit jedes $a \neq 0, -27$ ein regulärer Wert (kein kritischer Wert) und somit ist für jedes solche $a$ die Niveaumenge $f^{-1}(a)$ nach dem Satz 8.3 eine Untermannigfaltigkeit. ∎

▶ **Beispiel 98** Sei

$$f : \mathbb{R}^2 \to \mathbb{R}, \quad f(x, y) = x^4 + y^4 - 4xy$$

Wir behaupten, dass $f^{-1}(1)$ eine eindimensionale Untermannigfaltigkeit des $\mathbb{R}^2$ ist. Dies geht natürlich mit dem Satz vom regulären Wert. Dazu berechnen wir zunächst die kritischen Punkte von $f$. Wegen

$$Df(x, y) = \nabla 4(x^3 - y, y^3 - x)$$

ist $Df(x, y) = (0, 0)$ genau dann, wenn

$$(x, y) \in \{(0, 0), (1, 1), (-1, -1)\}.$$

Da $f(0, 0) = 0$, $f(1, 1) = f(-1, -1) = -2$ ist, ist $a = 1$ ein regulärer Wert und folglich ist $f^{-1}(1)$ eine eindimensionale Untermannigfaltigkeit des $\mathbb{R}^2$. ∎

▶ **Beispiel 99** Wir hatten ja schon angeführt, dass die Sphäre

$$\mathbb{R}^{n+1} \supset S^n = \{x \in \mathbb{R}^{n+1} : ||x|| = 1\}$$

eine Mannigfaltigkeit ist. Wir wollen dies mit Hilfe des Satzes 8.3 vom regulären Wert nochmals nachweisen. Auf der Sphäre $S^n$ liegen alle Punkte aus dem $\mathbb{R}^{n+1}$, die zum Ursprung den Abstand 1 haben. Dies wird gerade an der Bedingung $||x - 0|| = ||x|| = 1$ deutlich. Hierbei soll $|| \cdot ||$ einfach die euklidische Standardnorm sein. Die $S^2 \subset \mathbb{R}^3$ kennt jeder von euch! Wir leben darauf. Man kann sie sich einfach als Kugeloberfläche vorstellen.

Um zu zeigen, dass $S^n$ eine Mannigfaltigkeit ist, definieren wir die Abbildung

$$f : \mathbb{R}^{n+1} \to \mathbb{R}, \quad x \mapsto ||x||^2.$$

Das Quadrat der Norm haben wir jetzt nur genommen, da dies beim Rechnen leichter ist. Wir wollen die Jacobi-Matrix von $f$ berechnen. Diese ist einfach gegeben durch

$$J_f = f'(x) = 2x.$$

Wie sieht man das? Ganz einfach: Sei $x = (x_1, \ldots, x_{n+1}) \in \mathbb{R}^{n+1}$ ein Vektor im $\mathbb{R}^{n+1}$. Es gilt dann

$$f(x) = ||x||^2 = \left( \sqrt{x_1^2 + \ldots + x_{n+1}^2} \right)^2 = x_1^2 + \ldots + x_{n+1}^2.$$

Leiten wir beispielsweise nach der ersten Komponenten $x_1$ ab, so ergibt sich $2x_1$. Allgemeiner gilt

$$\frac{\partial}{\partial x_i} f(x) = 2x_i.$$

Da sich die Jacobi-Matrix aus den partiellen Ableitungen zusammensetzt, erhalten wir somit sofort

$$J_f = \begin{pmatrix} 2x_1 \ 2x_2 \ldots 2x_n \ 2x_{n+1} \end{pmatrix} = 2 \cdot x^T,$$

wobei natürlich $x = (x_1, \ldots, x_{n+1})^T$. Der einzige kritische Punkt und damit kritische Wert ist 0. Alle anderen Punkte sind reguläre Punkte bzw. dann entsprechend reguläre Werte, beispielsweise auch 1. Wir wissen also nach dem Satz vom regulären

Wert, dass $f^{-1}(1)$ eine Mannigfaltigkeit ist. Was ist $f^{-1}(1)$ aber? Na ja, dies sind ja alle Punkte $x \in \mathbb{R}^{n+1}$, die vom Ursprung gerade den Abstand 1 besitzen. Also ist

$$S^n = f^{-1}(1)$$

und wir sind fertig. ∎

---

**Erklärung**

**Zum Satz 8.4:** Wir geben ein Beispiel, um den Satz zu verdeutlichen.

▶ **Beispiel 100** Sei $\Omega = \mathbb{R} \times (0, \pi)$ und $\varphi : T \to \mathbb{R}^3$ gegeben durch

$$\varphi(\phi, \theta) = \begin{pmatrix} \sin\theta \cos\phi \\ \sin\theta \sin\phi \\ \cos\theta \end{pmatrix}.$$

Dann ist das Differential gegeben durch

$$D\varphi(\phi, \theta) = \begin{pmatrix} -\sin\theta \sin\phi & \cos\theta \cos\phi \\ \sin\theta \cos\phi & \cos\theta \sin\phi \\ 0 & -\sin\theta \end{pmatrix}$$

und diese Matrix hat Rang 2. Also ist $\varphi$ eine Immersion. Das Bild ist gerade die Sphäre $S^2$ ohne den Nordpol $(0, 0, 1)$ und den Südpol $(0, 0, -1)$. ∎

---

**Erklärung**

**Zur Parameterdarstellung einer Untermannigfaltigkeit (Satz 8.5):** Wir können Untermannigfaltigkeiten also auch direkt durch Parameterdarstellungen beschreiben. Dies schauen wir uns genauer an!

Bevor wir zu konkreten Beispielen kommen, wollen wir uns anschauen, wie man Rotationsflächen parametrisiert. Wir vereinbaren, dass wir immer um die $z$-Achse rotieren wollen.

Es seien $r, h : \mathbb{R} \to \mathbb{R}$ glatte Funktionen. Dann ist

$$(r, h) : \mathbb{R} \to \mathbb{R}^2, \quad t \mapsto (r(t), h(t))$$

eine Parametrisierung einer Kurve im $\mathbb{R}^2$, die wir nun in die $x, z$-Ebene des $\mathbb{R}^3$ einbetten wollen. Dies liefert dann die Abbildung

$$\mathbb{R} \to \mathbb{R} \times \{0\} \times \mathbb{R} \subset \mathbb{R}^3.$$

Wir wollen nun diese Kurve um einen Winkel $\alpha \in [0, 2\pi)$ rotieren. Dies erreichen wir analytisch dadurch, dass wir mit der Drehmatrix

$$D_\alpha = \begin{pmatrix} \cos\alpha & -\sin\alpha & 0 \\ \sin\alpha & \cos\alpha & 0 \\ 0 & 0 & 1 \end{pmatrix}$$

multiplizieren. Zusammenfassend ergibt sich eine Abbildung $f : \mathbb{R}^2 \to \mathbb{R}^3$, welche durch

$$f(t, \alpha) := D_\alpha \cdot (r, 0, h)^T (t)$$

$$\begin{pmatrix} \cos\alpha & -\sin\alpha & 0 \\ \sin\alpha & \cos\alpha & 0 \\ 0 & 0 & 1 \end{pmatrix} \cdot \begin{pmatrix} r(t) \\ 0 \\ h(t) \end{pmatrix}$$

$$= (r(t)\cos\alpha, r(t)\sin\alpha, h(t)).$$

parametrisiert ist.

▶ **Beispiel 101**

● Wir betrachten die Sphäre mit Radius $r$ im $\mathbb{R}^3$. Wir erhalten die Sphäre anschaulich und rechnerisch durch die Rotation der Kreislinie

$$\alpha \mapsto \begin{pmatrix} x(\alpha) \\ z(\alpha) \end{pmatrix} = \begin{pmatrix} r\sin\alpha \\ r\cos\alpha \end{pmatrix}$$

um die $z$-Achse. Die zugehörige Parameterdarstellung lautet

$$(\alpha, \beta) \mapsto F(\alpha, \beta) = \begin{pmatrix} r\sin\alpha\cos\beta \\ r\sin\alpha\sin\beta \\ r\cos\alpha \end{pmatrix}.$$

Wir beschränken nun $\alpha$ auf den Bereich $0 < \alpha < \pi$ ein, damit $DF$ den Rang 2 besitzt. Hierdurch werden der Nordpol $(0, 0, r)$ und der Südpol $(0, 0, -r)$ ausgeschlossen. $(\alpha, \beta)$ sind die Polarkoordinaten auf der Sphäre. Eine Ergänzung zum Rang von $DF$. Es gilt:

$$DF(\alpha, \beta) = \begin{pmatrix} r\cos\alpha\cos\beta & -r\sin\alpha\sin\beta \\ r\cos\alpha\sin\beta & r\sin\alpha\cos\beta \\ -r\sin\alpha & 0 \end{pmatrix}.$$

In dem oben genannten Bereich besitzt $DF$ den Rang 2.

● Als neues Beispiel nehmen wir den Torus. Sei $R > r > 0$. Der Torus mit den Radien $r$ und $R$ entsteht durch Rotation der Kreislinie

$$t \mapsto \begin{pmatrix} x(t) \\ z(t) \end{pmatrix} = \begin{pmatrix} R \\ 0 \end{pmatrix} + \begin{pmatrix} r\cos(t) \\ r\sin(t) \end{pmatrix} = \begin{pmatrix} R + r\cos(t) \\ r\sin(t) \end{pmatrix}$$

um die $z$-Achse. Nun erhält man bei Rotation um den Winkel $s$ einen Punkt mit $x'(t, s) = x(t)\cos(s)$, $y'(t, s) = x(t)\sin(s)$ sowie $z'(t, s) = z(t)$ und damit als Parametrisierung des Torus

$$(t, s) \mapsto \begin{pmatrix} (R + r\cos(t))\cos(s) \\ (R + r\cos(t))\sin(s) \\ r\sin(t) \end{pmatrix} =: F(t, s).$$

Das Bild $F(\mathbb{R} \times \mathbb{R})$ liefert nun den Torus. Dass dies wirklich eine Immersion ist, folgt daraus, weil der Kreis die $z$-Achse nicht schneidet. Wir rotieren, grob gesprochen, „darum herum". Anschaulich ist klar, wie wir den Torus erhalten. Wir nehmen eine Kreislinie, die in der $x - z$-Ebene symmetrisch zur $x$-Achse liegt, und den Ursprung nicht in ihrem Innern enthält. Diese drehen wir einfach um die $z$-Achse und zwar ganz schnell, sodass man den Torus vor seinen Augen sieht :-). ∎

---

**Erklärung**

**Zu den Eigenschaften des Tangentialraums (Satz 8.6):** Wir wollen uns an einem Beispiel anschauen, wie wir eine Basis des Tangentialraums angeben können.

▶ **Beispiel 102** Wir betrachten das einschalige Hyperboloid

$$M := \left\{ p \in \mathbb{R}^3 : (p_1)^2 + (p_2)^2 - (p_3)^2 = 1 \right\}.$$

Man überlegt sich (dies soll eine Übung sein!), dass

$$f : \mathbb{R}^2 \to \mathbb{R}^3, \ f(x) := (\cosh(x_1) \cos(x_2), \cosh(x_1) \sin(x_2), \sinh(x_1))$$

eine Immersion ist. Wir wollen nun mit Hilfe dieser Immersion eine Basis des Tangentialraums $T_p M$ bestimmen.

Nach Satz 8.6 bestimmen wir zunächst die Tangentialvektoren. Da $f$ eine Immersion ist, bilden diese gerade eine Basis des Tangentialraums $T_{f(p)} M$. Es gilt

$$\frac{\partial f}{\partial x_1}(x) = (\sinh(x_1) \cos(x_2), \sinh(x_1) \sin(x_2), \cosh(x_1))$$

bzw.

$$\frac{\partial f}{\partial x_2}(x) = (-\cosh(x_1) \sin(x_2), \cosh(x_1) \cos(x_2, 0))$$

Sei jetzt $f(x) = p$. Dann erhalten wir

$$\cosh(x_1) = \sqrt{(p_1)^2 + (p_2)^2} \quad \text{und} \quad p_3 = \sinh(x_1).$$

Dies setzen wir nun in die obigen Tangentialvektoren ein und es ergibt sich, dass die Basis des Tangentialraums $T_p M$ gerade aus diesen beiden Vektoren besteht:

$$\frac{\partial f}{\partial x_1}(x) = \left( \frac{p_1 p_3}{\sqrt{(p_1)^2 + (p_2)^2}}, \frac{p_2 p_3}{\sqrt{(p_1)^2 + (p_2)^2}}, \sqrt{(p_1)^2 + (p_2)^2} \right),$$

$$\frac{\partial f}{\partial x_2}(x) = (-p_2, p_1, 0)$$

∎

Wir wollen noch einige Worte zum Normalenraum schreiben: Der Normalenraum $N_p M$ ist ein $(n - k)$-dimensionaler Vektorraum. Er stellt das orthogonale Komplement zum Tangentialraum dar.

Eine Basis des Normalenraums erhalten wir nun so: Seien $f_1, \ldots, f_{n-k} : U \to \mathbb{R}$ stetig differenzierbare Funktionen in einer offenen Umgebung $V \subset \mathbb{R}^n$ von $p$ mit

$$M \cap V = \{x \in V : f_1(x) = \ldots = f_{n-k}(x) = 0\}.$$

Weiterhin sei der Rang von $\left( \frac{\partial f_i}{\partial x_j} \right)_{i=1,\ldots,n-k, j=1,\ldots,n}$ $(p)$ gerade $n - k$. Dann bilden die Vektoren

$$\operatorname{grad} f_j(p), \quad j = 1, \ldots, n - k$$

eine Basis des Normalenraums.

Auch dazu wollen wir uns ein Beispiel anschauen.

▶ **Beispiel 103** Sei $U \subset \mathbb{R}^n$ offen und $f : U \to \mathbb{R}$ in $\mathcal{C}^1$. Wir betrachten die Mannigfaltigkeit (auch Graph genannt)

$$M := \{(x, f(x)) : x \in U\}.$$

Man überlegt sich, dass $M$ eine $n$-dimensionale Untermannigfaltigkeit des $\mathbb{R}^{n+1}$ ist. Daher ist der Tangentialraum an einem Punkt $p = (x, f(x)) \in M$ also $n$-dimensional.

Wir betrachten einfach die Kurve

$$\gamma : (-\varepsilon, \varepsilon) \to M, \quad \gamma(t) = (x + tv, f(x + tv))$$

für $v \in \mathbb{R}^n$ und $x \in U$. Es gilt nun

$$\gamma(0) = (x, f(x)) = p \quad \text{und} \quad \gamma'(0) = (v, Df_v(x)).$$

Damit lautet der Tangentialraum also

$$T_{(x, f(x))} = \{(v, Df_v(x)) : v \in \mathbb{R}^n\}.$$

Der Normalraum ist nun $n + 1 - n = 1$-dimensional. Es ist gerade das orthogonale Komplement zu $T_{(x, f(x))} M$. Ein Vektor $(\tilde{x}, \tilde{y})$ mit $\tilde{x} \in \mathbb{R}^n$ und $\tilde{y} \in \mathbb{R}$ steht genau dann auf allen Vektoren $(v, f'(x)v)$ senkrecht, falls er auf $(e_i, f'e_i)$ mit $i = 1, \ldots, n$ und den Standardbasisvektoren $e_i$ steht. Daher ist die Komponente $\tilde{x}_i$ von $\tilde{x}$ gegeben durch

$$\tilde{x}_i = -f'(x)\tilde{y}. \qquad \blacksquare$$

# Probeklausur Analysis

9

## Inhaltsverzeichnis

Im Folgenden haben wir für euch eine Probeklausur für Analysis 2 vorbereitet, damit ihr einmal selbst testen könnt, ob ihr den Stoff auch verinnerlicht habt. Die Klausur und die anschließende Musterlösung schreiben wir im üblichen Unistil, wundert euch also nicht, wenn die Texte dort von unserem Stil etwas abweichen und etwas kürzer als gewohnt sind. Insbesondere werden wir euch dort zum ersten Mal siezen, denn das werdet ihr in echten Klausuren schließlich auch ;-). Bevor ihr euch mit der Klausur beschäftigt, solltet ihr unbedingt alles Störende (Handy usw.) beiseite legen und auch keine Anrufe annehmen. Am besten hilft eine Probeklausur immer dann, wenn man wirklich prüfungsähnliche Bedingungen schafft, gebt euch also auch nur so viel Zeit wie von uns unten beschrieben. Bevor nun die Klausur losgeht, folgen erst mal einige Hinweise zu Klausuren im Allgemeinen und zu unserer Probeklausur.

## 9.1    Hinweise

Bevor ihr mit der Klausur beginnt, hier erst mal ein paar allgemeine Hinweise:

- Das Wichtigste zuerst: Rechnet nicht damit, dass eure Klausuren vom Aufbau her so aussehen wie hier im Buch. Jede Universität und jeder Dozent hat da seine eigenen Vorlieben und Vorstellungen. Je nachdem, welchen Stoff ihr genau

© Springer-Verlag GmbH Deutschland, ein Teil von Springer Nature 2019
F. Modler und M. Kreh, *Tutorium Analysis 2 und Lineare Algebra 2,*
https://doi.org/10.1007/978-3-662-59226-7_9

durchgenommen habt, können die Klausuren anders aussehen (sowohl von den Aufgabentypen als auch von der Punkteverteilung). Aber auch bei gleichem Stoff kann man sehr unterschiedliche Schwerpunkte legen. Die Klausuren hier dienen eher dazu, dass ihr euch einmal selbst testen könnt.

- Wenn ihr Klausuren rechnen wollt, die vielleicht eher der Klausur entsprechen, die ihr später auch schreiben werdet, dann sprecht eure Dozenten oder eure Fachschaftsvertreter an. Oftmals haben diese Klausuren aus den Vorjahren, an denen ihr üben könnt. So bekommt ihr auch eine Vorstellung davon, wie eure Klausuren aussehen könnten.

- Eine Klausur kann nicht den ganzen Stoff abprüfen, der im Semester behandelt wurde (es sei denn, es ist eine Überhangklausur, siehe nächster Punkt). Seid also nicht überrascht, wenn ihr Themen, die in der Vorlesung behandelt wurden, auf der Klausur nicht wiederfindet. Das bedeutet aber auch, dass es gefährlich ist, auf Lücke zu lernen: Wenn ein Thema, das ihr nicht vorbereitet habt, in der Klausur drankommt und eines, das ihr gut könnt, nicht drankommt, dann habt ihr ein Problem.

- Bei Überhangklausuren (d. h. Klausuren, bei denen es mehr also 100 % zu erreichen gibt) solltet ihr euch vor Bearbeitung erst mal die Aufgaben durchsehen und zuerst die machen, die euch am ehesten liegen.

- Oftmals ist eine Klausur dann bestanden, wenn die Hälfte der Punkte erreicht wurde. Bei Überhangklausuren braucht man entsprechend weniger Punkte. Das ist aber, genauso wie die Notengrenzen bei bestandenen Klausuren, je nach Dozent oft unterschiedlich.

- Fragt rechtzeitig vor der Klausur ob, und wenn ja, welche Hilfsmittel erlaubt sind. Manchmal darf man einen eigenen beschriebenen Zettel mitbringen, manchmal ist auch ein Taschenrechner erlaubt. Wenn ihr euch einen eigenen Zettel mitbringen sollt, dann kopiert bitte keinen von euren Kommilitonen, dieser wird euch dann meistens wenig bringen. Dadurch, dass ihr euch selbst einen Zettel schreibt, lernt ihr gleichzeitig auch und ihr wisst am besten, was ihr gerne auf dem Zettel habt und was nicht. Nehmt euch für dessen Erstellung also auch genügend Zeit.

- Wenn bei den Aufgaben der Klausur die möglichen Punkte dabei stehen, dann achtet darauf, wie viele Punkte ihr pro Aufgabe bekommt. Das kann euch schon ein Gefühl dafür geben, ob ihr gut in der Zeit seid, und so könnt ihr notfalls Aufgaben, für die es nicht viele Punkte gibt, auslassen.

Soo... bevor es dann auf der nächsten Seite losgeht, hier noch die spezifischen Hinweise für die folgende Klausur:

- Es sind keine Hilfsmittel erlaubt (kein Taschenrechner, kein Formelzettel).
- Ihr habt 120 min Zeit.
- Es gibt 62 Punkte zu erreichen, ab 31 Punkten ist die Klausur bestanden.

Viel Erfolg!

## 9.2   Klausur

**Aufgabe 1**  (4 + 6 Punkte)
Gegeben sei folgende Funktion

$$f(x, y) := \begin{cases} xy\frac{x^2-y^2}{x^2+y^2}, & \text{für } (x, y) \neq (0, 0), \\ 0, & \text{für } (x, y) = (0, 0). \end{cases}$$

a) Zeigen Sie, dass die Funktion überall, also in allen Punkten, stetig ist.
b) Untersuchen Sie die Funktion auf partielle und totale Differenzierbarkeit. Welche Aussagen können hier getroffen werden?

**Aufgabe 2**  (6+2+2 Punkte)
Es sei die Funktion $f : \mathbb{R}^2 \to \mathbb{R}$ definiert durch

$$f(x, y) = 10x - 2y + \frac{x^3}{\sqrt{x^2 + y^2}}$$

für $(x, y) \neq (0, 0)$ und $f(0, 0) = 0$.

a) Beweisen Sie, dass $f$ im Punkt $(x_0, y_0) = (0, 0)$ total differenzierbar ist.
b) Berechnen Sie die Richtungsableitung $D_v f(0, 0)$ mit $v = (-3, 1)$.
c) Ist $f$ auch in den Punkten $(x, y) \neq (0, 0)$ total differenzierbar?

**Aufgabe 3**  (6 Punkte)
Man zeige, dass die Gleichung

$$\cos(xy) - e^{x-y} + 2e^z = 0$$

in einer Umgebung von $(x_0, y_0, z_0) = (\sqrt{\pi}, \sqrt{\pi}, 0)$ eine Funktion $z = g(x, y)$ definiert und bestimme die Richtungsableitung dieser Funktion an der Stelle $(x_0, y_0) = (\sqrt{\pi}, \sqrt{\pi})$ in Richtung des Vektors $v = \left(\frac{1}{\sqrt{3}}, \frac{1}{\sqrt{3}}\right)$.

**Aufgabe 4**  (4 + 5 Punkte)
Es sei $L \subset \mathbb{R}^3$ die Lösungsmenge des Gleichungssystems

$$x^4 + 2y^2 - 3z = 0, \quad x^2 - 2xy + 2 - z = 0.$$

a) Zeigen Sie, dass das System in einer Umgebung des Punktes $(-1, 4, 11) \in L$ im Sinne des Satzes über implizite Funktionen nach $(x, y)$ auflösbar ist.
b) Die nach Teil a) existierende lokale Auflösung $g(z) = (x(z), y(z))^T$ parametrisiert eine Kurve $\gamma(z) = (x(z), y(z), z)$. Geben Sie eine Darstellung der Kurventangente an $\gamma$ im Punkt $(-1, 4, 11)$ an.

**Aufgabe 5**  (5 Punkte)
Ermitteln Sie alle lokalen Extremwerte der Funktion

$$g : \mathbb{R}^2 \to \mathbb{R}, \quad g(x, y) = 2x^3 + 4y^3 + 4xy.$$

Erklären Sie auch entsprechend deren Existenz.

**Aufgabe 6**  (6 Punkte)
Gegeben sei die folgende Differentialgleichung

$$x'(t) = 4t\sqrt{x(t) - 1}.$$

Lösen Sie diese allgemein.

**Aufgabe 7**  (2 + 3 + 2 + 2 + 3 + 2 + 2 Punkte)
Beantworten Sie folgende Fragen und begründen Sie die Antworten kurz:

a) Gibt es eine zweimal stetig differenzierbare Funktion $f : \mathbb{R}^3 \to \mathbb{R}$ mit

$$\frac{\partial^2 f}{\partial x \partial z} f(3, 3) = 3 \quad \text{und} \quad \frac{\partial^2 f}{\partial z \partial x} f(3, 3) = -3.$$

b) Ist die Funktion

$$f : \mathbb{R}^2 \to \mathbb{R}^2, \quad f(x, y) = (\cos(y^2), \sin(x^4))$$

in einer Umgebung von $(0, 0)$ invertierbar?

c) Erfüllt die Funktion

$$f : \mathbb{R}^2 \to \mathbb{R}, \quad f(x, y) = \frac{\sinh\left(\cos\left(e^{x^2 - y^2}\right)\right)}{7 + 2y^{11}}$$

überall $\frac{\partial^2 f}{\partial x \partial y} = \frac{\partial^2 f}{\partial y \partial x}$?

d) Kann die Richtungsableitung einer differenzierbaren Funktion in Richtung ihres Gradienten negativ sein?

e) Sei $f : \mathbb{R}^n \to \mathbb{R}$ stetig mit $\lim_{|x| \to \infty} f(x) = 0$. Muss $f$ dann ein globales Maximum im $\mathbb{R}^n$ besitzen?

f) Liefert die Hesse-Matrix der Funktion $f(x, y) = x^{2009} + y^{2019}$ Informationen darüber, ob $f$ im Nullpunkt ein Extremum besitzt?

g) Gibt es zwei linear unabhängige Lösungen für die Differentialgleichung $x''' - (\sinh(t))x'' - 2019x' = 0$?

## 9.3    Musterlösung

**Aufgabe 1** Wir betrachten nach Aufgabenstellung also die Funktion

$$f(x, y) := \begin{cases} xy\frac{x^2-y^2}{x^2+y^2}, & \text{für } (x, y) \neq (0, 0), \\ 0, & \text{für } (x, y) = (0, 0). \end{cases}$$

a) Die Funktion ist für alle Punkte $(x, y) \neq (0, 0)$ überall stetig, denn sie ist nur aus stetigen Funktionen zusammengesetzt. Und wir haben ja gelernt, dass die Zusammensetzung stetiger Funktionen wieder stetig ist. Die Frage, die es daher eigentlich nur noch zu beantworten gilt, ist, was passiert im Nullpunkt $(x, y) = (0, 0)$? Dazu schreiben wir die Funktion mit Hilfe der Polarkoordinaten $x = r \cos\varphi, y = r \sin\varphi$ um und erhalten

$$\begin{aligned}
f(x, y) &= (r \cos\varphi)(r \sin\varphi)\frac{r^2 \cos^2\varphi - r^2 \sin^2\varphi}{r^2 \cos^2\varphi + r^2 \sin^2\varphi} \\
&= r^2 \cos\varphi \sin\varphi\frac{r^2 \left(\cos^2\varphi - \sin^2\varphi\right)}{\underbrace{r^2 \left(\cos^2\varphi + \sin^2\varphi\right)}_{=1}} \\
&= r^2 \cos\varphi \sin\varphi(\cos^2\varphi - \sin^2\varphi).
\end{aligned}$$

Ziel muss es nun sein $|f(x, y) - f(0, 0)|$ abzuschätzen. Dazu schreiben wir obigen Term mit Hilfe von $\cos(2\varphi) = \cos^2\varphi - \sin^2\varphi$ und $\sin(2\varphi) = 2 \sin\varphi \cos\varphi$ um. Diese beiden Formeln findet man, wenn man etwas nachdenkt oder in einer gut sortierten Formelsammlung nachschlägt. Damit gilt

$$|f(x, y) - f(0, 0)| = \left|\frac{1}{2}r^2 \sin(2\varphi) \cos(2\varphi)\right| \leq \frac{1}{2}r^2,$$

Aufgrund der Eigenschaften der Sinus- und Kosinusfunktionen wissen wir, dass $|\sin(2\varphi)|$ und $|\cos(2\varphi)|$ jeweils durch 1 beschränkt sind. Dies wiederum bedeutet, dass $\sin(2\varphi) \cos(2\varphi)$ beschränkt ist. Wir erhalten demnach

$$\lim_{(x,y)\to(0,0)} f(x, y) = \lim_{r\to 0} \frac{1}{2}r^2 \sin(2\varphi) \cos(2\varphi) = 0.$$

Daraus ergibt sich die Stetigkeit von $f$ auch im Nullpunkt und damit in jedem Punkt.

b) Zunächst wollen wir eine Aussage über die partielle Differenzierbarkeit treffen. In den Punkten $(x, y) \neq (0, 0)$ gibt es aufgrund der Zusammensetzung der differenzierbaren Funktionen hier kein Problem. Einzig allein der Nullpunkt $(x, y) = (0, 0)$ ist hier eine Untersuchung wert. Schaut man sich $f$ an, so stellt man fest, dass die Funktion auf beiden Achsen konstant ist, daher gilt $f_x(0, 0) = f_y(0, 0) = 0$. Wer darauf nicht gekommen ist, keine Sorge, wir geben ein paar Zeilen weiter unten eine andere Erklärung über die Definition der partiellen Ableitung an.

Wir haben damit gezeigt, dass die partiellen ersten Ableitungen nach $x$ und $y$ existieren. Eine Existenz der partiellen ersten Ableitungen (insbesondere in den Punkten $(x, y) \neq (0, 0)$) ergibt sich natürlich ebenfalls dadurch, dass wir die partiellen Ableitungen angeben. Tut man dies mittels der Quotientenregel, so erhalten wir nach partiellem Differenzieren:

$$f_x(x, y) = \begin{cases} \frac{yx^4 - y^5 + 4x^2y^3}{(x^2+y^2)^2}, & \text{für } (x, y) \neq (0, 0), \\ 0, & \text{für } (x, y) = (0, 0) \end{cases}$$

und

$$f_y(x, y) = \begin{cases} \frac{x^5 - xy^4 - 4x^3y^2}{(x^2+y^2)^2}, & \text{für } (x, y) \neq (0, 0), \\ 0, & \text{für } (x, y) = (0, 0). \end{cases}$$

Bei den Fällen $(x, y) = (0, 0)$ muss man hier schon auf die Definition der Richtungsableitung bzw. auf die Definition der partiellen Ableitungen zurückgehen. Oder es – so wie wir es über die Konstanz der Funktion $f$ auf den Achsen getan haben – begründen. Eine andere Erläuterung ist diese hier:

$$f_x(0, 0) = \lim_{x \to 0} \frac{f(x, 0) - f(0, 0)}{x - 0} = \lim_{x \to 0} \frac{0 - 0}{x} = 0$$

$$f_y(0, 0) = \lim_{y \to 0} \frac{f(0, y) - f(0, 0)}{y - 0} = \lim_{y \to 0} \frac{0 - 0}{y} = 0.$$

Wir wollen jetzt die partiellen Ableitung $f_{xy}(0, 0)$ bzw. $f_{yx}(0, 0)$ berechnen, um Aussagen über die totale Differenzierbarkeit treffen zu können. Wir erhalten, wenn wir auf oben berechnete $f_x(0, 0)$ bzw. $f_y(0, 0)$ erneut die Definition der partiellen Ableitung anwenden:

$$f_{xy}(0, 0) = \lim_{y \to 0} \frac{f_x(0, y) - f_x(0, 0)}{y} = \lim_{y \to 0} \frac{-y^5}{y^5} = -1$$

und

$$f_{yx}(0, 0) = \lim_{x \to 0} \frac{f_y(x, 0) - f_y(0, 0)}{x} = \lim_{x \to 0} \frac{x^5}{x^5} = 1.$$

Also ist $f_{xy}(0, 0) \neq f_{yx}(0, 0)$. Die Funktion kann nach dem Lemma von Schwarz folglich nicht total differenzierbar sein.

**Aufgabe 2** Wir beantworten und bearbeiten die Teilaufgaben getrennt:

a) $f$ ist im Nullpunkt partiell differenzierbar, denn mit

$$f_x(0, 0) = \lim_{x \to 0} \frac{f(x, 0) - f(0, 0)}{x} \quad \text{und} \quad f_y(0, 0) = \lim_{y \to 0} \frac{f(0, y) - f(0, 0)}{y}$$

und

$$f(x, 0) = 10x + \frac{x^3}{|x|} \quad \text{und} \quad f(0, y) = -2y$$

ergibt sich, weil die Ableitung von $\frac{x^3}{|x|}$ an der Stelle $x = 0$ entsprechend Null ist

$$f_x(0, 0) = \frac{\partial f}{\partial x}(0, 0) = 10 \quad \text{und} \quad f_y(0, 0) = \frac{\partial f}{\partial y}(0, 0) = -2.$$

Die partiellen Ableitungen existieren also! Wir zeigen nun, dass $f$ in $(0, 0)$ total differenzierbar ist. Dazu muss gezeigt werden, dass in der Darstellung

$$f(x, y) = f(0, 0) + f'(0, 0)(x, y) + r(x, y) = f(0, 0) + 10x - 2y + r(x, y)$$

für den Rest $r(x, y)$ gilt

$$\frac{r(x, y)}{\sqrt{x^2 + y^2}} \to 0 \quad \text{für } (x, y) \to (0, 0).$$

Dies ist aber der Fall, wie wir in Polarkoordinaten leicht nachrechnen:

$$\frac{r(x, y)}{\sqrt{x^2 + y^2}} = \frac{x^3}{x^2 + y^2} = \frac{r^3 \cos^3 \varphi}{r^2} = r \cos^3 \varphi \to 0 \, (r \to 0).$$

b) Die Richtungsableitung kann mit Hilfe des Skalarproduktes errechnet werden. Wir benötigen hierzu den Gradienten $\nabla f(0, 0)$. Diesen haben wir in Aufgabenteil a) schon ausgerechnet zu $(10, -2)$. Es gilt somit

$$D_v f(0, 0) = \langle \nabla f(0, 0), v \rangle = \langle (10, -2), (-3, 1) \rangle = -32.$$

c) Ist $f$ auch in den Punkten $(x, y) \neq (0, 0)$ total differenzierbar? Ja, denn offensichtlich (aufgrund der Zusammensetzung stetiger Funktionen) ist $f$ in $\mathbb{R}^2 \setminus \{(0, 0)\}$ stetig und auch partiell differenzierbar. Da die partiellen Ableitungen auch stetig sind, sind sie folglich auch total differenzierbar.

**Aufgabe 3** Wir setzen zur Abkürzung $f(x, y, z) := \cos(xy) - e^{x-y} + 2e^z$. Die partielle Ableitung nach der Variablen $z$ ist $f_z(x, y, z) = 2e^z > 0$. Wegen $f(x_0, y_0, z_0) = 0$ existiert nach dem Satz über implizite Funktionen eine lokale Auflösung $z = g(x, y)$ auf einer Umgebung von $(0, 0)$. Der Satz ist demnach anwendbar und wir bestimmen nun noch den Gradienten von $g$ mit Hilfe der Kettenregel (dazu leiten wir einmal nach $x$ und einmal nach $y$ ab). Zunächst nach $x$, um $g_x\left(\sqrt{\pi}, \sqrt{\pi}\right)$ zu berechnen:

$$-y \sin(xy) - e^{x-y} + 2e^{g(x,y)} g_x(x, y) = 0$$
$$\Rightarrow -\sqrt{\pi} \sin(\pi) - e^0 + 2e^0 g_x(\sqrt{\pi}, \sqrt{\pi}) = 0$$
$$\Rightarrow g_x(\sqrt{\pi}, \sqrt{\pi}) = \frac{1}{2}$$

Und jetzt nach $y$, um $g_y(\sqrt{\pi}, \sqrt{\pi})$ zu berechnen:

$$-x\sin(xy) + e^{x-y} + 2e^{g(x,y)}g_y(x,y) = 0$$
$$\Rightarrow -\sqrt{\pi}\sin(\pi) + e^0 + 2e^0 g_y(\sqrt{\pi}, \sqrt{\pi}) = 0$$
$$\Rightarrow g_y(\sqrt{\pi}, \sqrt{\pi}) = -\frac{1}{2}.$$

Also ist

$$D_v f(\sqrt{\pi}, \sqrt{\pi}) = \left\langle \left(\frac{1}{2}, -\frac{1}{2}\right), \left(\frac{1}{\sqrt{3}}, \frac{1}{\sqrt{3}}\right) \right\rangle = 0.$$

**Aufgabe 4**

a) Wir definieren zur Abkürzung

$$f_1(x, y, z) := x^4 + 2y^2 - 3z \quad \text{und} \quad f_2(x, y, z) := x^2 - 2xy + 2 - z.$$

Die partiellen Ableitungen errechnen sich zu

$$\frac{\partial f_1}{\partial x} = 4x^3$$
$$\frac{\partial f_2}{\partial x} = 2x - 2y$$
$$\frac{\partial f_1}{\partial y} = 4y$$
$$\frac{\partial f_2}{\partial y} = -2x$$

Demnach erhalten wir die Matrix

$$\frac{\partial^2(f_1, f_2)}{\partial(x, y)} = \begin{pmatrix} 4x^3 & 4y \\ 2x - 2y & -2x \end{pmatrix},$$

also

$$\frac{\partial^2(f_1, f_2)}{\partial(x, y)}(-1, 4, 11) = \begin{pmatrix} -4 & 16 \\ -10 & 2 \end{pmatrix}.$$

Diese Matrix ist invertierbar, da die Determinante (det $= -8 + 160 = 152$) ungleich Null ist. Nach dem Satz über implizite Funktionen ist das System also in einer Umgebung des Punktes $(-1, 4, 11) \in L$ nach $(x, y)$ auflösbar.

b) Ein Tangentialvektor an die Kurve $\gamma(z) = (x(z), y(z), z)$ im Kurvenpunkt $z = 11$ ist gegeben durch $\gamma'(11) = (x'(11), y'(11), 1)$. Man braucht also noch die Ableitung $(x'(11), y'(11)) = g'(11)$. Sie ergibt sich mit

$$\frac{\partial f_1}{\partial z} = -3, \frac{\partial f_2}{\partial z} = -1$$

zu

$$\begin{pmatrix} f_{1z}(-1,4,11) \\ f_{2z}(-1,4,11) \end{pmatrix} = \begin{pmatrix} -3 \\ -1 \end{pmatrix}$$

und damit

$$(x'(11), y'(11)) = g'(11) = -\begin{pmatrix} -4 & 16 \\ -10 & 2 \end{pmatrix}^{-1} \cdot \begin{pmatrix} -3 \\ -1 \end{pmatrix}$$

$$= -\frac{1}{152} \begin{pmatrix} 2 & -16 \\ 10 & -4 \end{pmatrix} \cdot \begin{pmatrix} -3 \\ -1 \end{pmatrix} = -\frac{1}{152} \begin{pmatrix} 10 \\ -26 \end{pmatrix}.$$

Somit ist

$$\gamma'(11) = \frac{1}{152} \begin{pmatrix} 10 \\ -26 \end{pmatrix}.$$

Eine Parameterdarstellung der gesuchten Kurventangente ist daher gegeben durch

$$\gamma = \begin{pmatrix} -1 \\ 4 \\ 11 \end{pmatrix} + t\frac{1}{152} \begin{pmatrix} 10 \\ -26 \end{pmatrix}, \ t \in \mathbb{R}.$$

**Aufgabe 5** Wir setzen $f(x, y) := 2x^3 + 4y^3 + 4xy$. Zunächst benötigen wir die partiellen Ableitungen von $f$ nach $x$ bzw. nach $y$. Diese setzen wir dann Null, um die stationären Punkte berechnen zu können. Es gilt

$$\frac{\partial f}{\partial x} = 6x^2 + 4y,$$

$$\frac{\partial f}{\partial y} = 12y^2 + 4x.$$

Die stationären Punkte lassen sich damit aus $6x^2 + 4y = 0$ und $12y^2 + 4x = 0$ ermitteln. Man erhält $(x_1, y_1) = (0, 0)$ und da sonst $x, y < 0$ gilt $(x_2, y_2) = \left( \left(\frac{4}{27}\right)^{-\frac{1}{3}}, \left(-\frac{2}{27}\right)^{-\frac{1}{3}} \right)$. Dies rechnet man mit Hilfe des Einsetzungsverfahrens beispielsweise nach. Um die Hessematrix zu bestimmen, benötigen wir die zweiten partiellen Ableitungen. Diese ergeben sich zu

$$\frac{\partial^2 f}{\partial x \partial y} = 4, \ \frac{\partial^2 f}{\partial y \partial x} = 4, \ \frac{\partial^2 f}{\partial x \partial x} = 12x, \ \frac{\partial^2 f}{\partial y \partial y} = 24y.$$

Daher lautet die Hessematrix

$$H_f(x_1, y_1) = \begin{pmatrix} 12x & 4 \\ 4 & 24y \end{pmatrix} \Rightarrow H_f(0, 0) = \begin{pmatrix} 0 & 4 \\ 4 & 0 \end{pmatrix},$$

$$H_f(x_2, y_2) = \begin{pmatrix} 12 \cdot \left(\frac{4}{27}\right)^{-\frac{1}{3}} & 4 \\ 4 & 24 \cdot \left(-\frac{2}{27}\right)^{-\frac{1}{3}} \end{pmatrix}.$$

$H_f(0,0)$ ist indefinit, es liegt dort demnach keine Extremstelle vor. Man kann jetzt noch zeigen, dass die Hessematrix bei $x_2$, $y_2$ negativ definit ist, indem man die Eigenwerte oder die Determinate und ein Hauptminor berechnet.

**Aufgabe 6** Die Differentialgleichung lässt sich mit einer Separation der Variablen allgemein lösen. Dazu nutzen wir aus, dass $x'(t) = \frac{dx}{dt}$ ist und dass

$$x'(t) = 4t\sqrt{x(t) - 1} \Leftrightarrow 4t = \frac{x'(t)}{\sqrt{x(t) - 1}}.$$

Dies liefert nun das zu lösende Integral

$$\int \frac{1}{\sqrt{x(t) - 1}}\, dx = \int 4t\, dt.$$

Bilden der Stammfunktion auf beiden Seiten ergibt

$$2\sqrt{x(t) - 1} = 2t^2.$$

Da wir eine allgemeine Lösung suchen, müssen wir noch eine Konstante $C \in \mathbb{R}$ beim Bilden der Stammfunktion einfügen. Es gilt damit nun

$$x(t) = (t^2 + C)^2 + 1.$$

als allgemeine Lösung der Differentialgleichung.

**Aufgabe 7** Die Antworten auf die Fragen lauten wie folgt:

a) Nein, denn nach dem Satz von Schwarz über die Vertauschbarkeit der Differentiationsreihenfolge ist dies für zweimal stetig differenzierbare Funktionen nicht möglich.
b) Nein, denn schon $f(x, 0) = (1, \sin(x^4))$ ist nahe $x = 0$ nicht injektiv.
c) Ja, es handelt sich bei der wild zusammengesetzten Funktion um eine $C^2$-Funktion, die also zweimal stetig partiell differenzierbar und damit total differenzierbar ist. Der Satz von Schwarz sagt nun genau, dass man die Ableitungsreihenfolge vertauschen kann.
d) Nein, denn für die Richtung $v = \nabla f$ berechnet sich die Richtungsableitung durch $D_v f = \langle \nabla f, \nabla f \rangle$. Dieser Skalar (es ist die Norm!) ist immer positiv.
e) Nein, ein Gegenbeispiel liefert beispielsweise $f(x) = -\frac{1}{1+\|x\|}$ oder einfach $f(x) = 0$.
f) Nein, denn die Hesse-Matrix im Nullpunkt ist die Nullmatrix.
g) Ja, es gibt sogar deren drei, denn die Theorie sagt, dass der Lösungsraum einer solchen linearen Differentialgleichung dritter Ordnung stets die Dimension drei besitzt.

# Euklidische und unitäre Vektorräume

# 10

## Inhaltsverzeichnis

In diesem Kapitel wollen wir unser Wissen über euklidische Vektorräume aus der Linearen Algebra 1 auffrischen und auf sogenannte unitäre Vektorräume verallgemeinern. Dies sind, grob gesprochen, Vektorräume, die mit einem komplexen Skalarprodukt ausgestattet sind. Was ein komplexes Skalarprodukt ist, werden wir uns jetzt anschauen.

## 10.1 Definitionen

**Definition 10.1 (Standardskalarprodukt, euklidischer Vektorraum)**
Sei $V = \mathbb{R}^n$ der Standardvektorraum der Dimension $n \in \mathbb{N}$ über den reellen Zahlen $\mathbb{R}$. Das **Standardskalarprodukt** auf $V$ ist die Abbildung

$$V \times V \to \mathbb{R}, \ (x, y) \mapsto \langle x, y \rangle := x^T \cdot y = \sum_{i=1}^{n} x_i \cdot y_i.$$

Das Paar $(V, \langle \cdot, \cdot \rangle)$ heißt **euklidischer Vektorraum.**

© Springer-Verlag GmbH Deutschland, ein Teil von Springer Nature 2019
F. Modler und M. Kreh, *Tutorium Analysis 2 und Lineare Algebra 2*,
https://doi.org/10.1007/978-3-662-59226-7_10

**Anmerkung**  Diese Definition werden wir für die Definition eines allgemeinen Skalarprodukts heranziehen.

---

**Definition 10.2 (Länge eines Vektors)**
Sei $x \in V$ ein Vektor aus unserem Standardvektorraum. Die **Länge des Vektors** definieren wir als

$$||x|| := \sqrt{\langle x, x \rangle}.$$

---

**Definition 10.3 (Winkel zwischen Vektoren)**
Seien $x, y \in V$, $x, y \neq 0$ zwei Vektoren aus $V$. Dann ist der **Winkel** $\alpha$, den die beiden Vektoren einschließen, gegeben durch

$$\cos \alpha = \frac{\langle x, y \rangle}{||x|| \cdot ||y||}.$$

---

**Definition 10.4 (Standardskalarprodukt im Komplexen)**
Sei $V = \mathbb{C}^n$ der Standardvektorraum über $\mathbb{C}$ der Dimension $n \in \mathbb{N}$. Das **(hermitesche) Standardskalarprodukt** zweier Vektoren $x, y \in V$ ist definiert als die komplexe Zahl

$$\langle \cdot, \cdot \rangle : V \times V \to \mathbb{C}, \ (x, y) \mapsto \overline{x}^T \cdot y = \sum_{i=1}^{n} \overline{x}_i \cdot y_i.$$

---

## 10.2   Sätze und Beweise

---

**Satz 10.1**
*Für $x, y, z \in V = \mathbb{C}^n$, $\lambda \in \mathbb{C}$ gelten die folgenden Aussagen:*
*Linearität im 2. Argument:*

$$\langle x, y + z \rangle = \langle x, y \rangle + \langle x, z \rangle, \quad \langle x, \lambda \cdot y \rangle = \lambda \cdot \langle x, y \rangle.$$

*Semilinearität im 1. Argument:*

$$\langle x + y, z \rangle = \langle x, z \rangle + \langle y, z \rangle, \quad \langle \lambda \cdot x, y \rangle = \overline{\lambda} \langle x, y \rangle.$$

*Hermitesche Symmetrie:*

$$\langle y, x \rangle = \overline{\langle x, y \rangle}.$$

*Positive Definitheit:*

$$\langle x, x \rangle > 0 \quad \forall x \neq 0 \quad und \quad \langle x, x \rangle = 0 \Leftrightarrow x = 0.$$

## 10.3 Erklärungen zu den Definitionen

**Erklärung**

**Zur Definition 10.1 des Standardskalarprodukts:** Das Standardskalarprodukt kennt ihr schon aus der Schule. Die Eigenschaften aus Satz Vektoren $x, y \in V = \mathbb{R}^n$ seien gegeben durch

$$x = \begin{pmatrix} x_1 \\ \vdots \\ x_n \end{pmatrix} \quad bzw. \quad y = \begin{pmatrix} y_1 \\ \vdots \\ y_n \end{pmatrix}.$$

So erhalten wir sofort die gewöhnliche Definition

$$\langle x, y \rangle = x^T \cdot y.$$

Dass wir den Vektor $x$ transponieren müssen, angedeutet durch das $^T$, liegt einfach daran, dass wir eine Matrixmultiplikation durchführen. Wenn wir zwei Vektoren aus dem $\mathbb{R}^n$ gegeben haben, würden wir eine $(n \times 1)$-Matrix mit einer $(n \times 1)$-Matrix multiplizieren. Dies geht nach Definition der Matrixmultiplikation aber nicht, denn die Spaltenanzahl der ersten Matrix muss mit der Zeilenanzahl der zweiten Matrix übereinstimmen. Transponieren wir aber die erste Matrix (in diesem Fall ist dies ein Vektor), so multiplizieren wir eine $(1 \times n)$-Matrix mit einer $(n \times 1)$-Matrix, was wiederum ohne Probleme funktioniert. Daher definieren wir das Standardskalarprodukt gerade so, wie wir dies getan haben.

▶ **Beispiel 104** Wir wollen die beiden Vektoren

$$x = \begin{pmatrix} 1 \\ -1 \\ 0 \end{pmatrix} \quad und \quad y = \begin{pmatrix} 1 \\ 1 \\ 0 \end{pmatrix}$$

miteinander multiplizieren. Wir wissen nun, wie das geht, und zwar so:

$$\langle x, y \rangle = x^T \cdot y = 1 \cdot 1 + (-1) \cdot 1 + 0 \cdot 0 = 1 - 1 = 0.$$

Dies bedeutet übrigens, wie ihr euch bestimmt erinnert, dass die beiden Vektoren senkrecht aufeinander stehen, wie wir auch in den Erklärungen zu Definition 10.3 sehen bzw. nachrechnen werden.

Einige von euch denken jetzt vielleicht, dass dies doch alles nichts Neues ist. Ja, das ist richtig. Rufen wir uns noch einmal die Eigenschaften des Standardskalarprodukts in Erinnerung. So werden wir in Kap. 11 sehen, dass man durchaus viele weitere Skalarprodukte definieren kann. Dies ist so ähnlich wie bei den Metriken oder Topologien aus Kap. 1. Es gibt halt viele, auch recht komplizierte Skalarprodukte, von denen wir uns später einige anschauen werden. Unser Standardskalarprodukt hat die folgenden Eigenschaften.

Bilinearität: Für alle $u, v, w \in V$ und $\lambda \in \mathbb{C}$ gilt:

$$\langle u + v, w \rangle = \langle u, w \rangle + \langle v, w \rangle,$$

$$\langle \lambda \cdot v, w \rangle = \lambda \cdot \langle v, w \rangle,$$

$$\langle u, v + w \rangle = \langle u, v \rangle + \langle u, w \rangle,$$

$$\langle u, \lambda \cdot w \rangle = \lambda \cdot \langle v, w \rangle.$$

Symmetrie: Für alle $v, w \in V$ gilt:

$$\langle v, w \rangle = \langle w, v \rangle.$$

Definitheit: Für alle $v \in V$, $v \neq 0$ gilt:

$$\langle v, v \rangle > 0.$$

∎

---

**Erklärung**

**Zur Definition 10.2 der Länge eines Vektors:** Vektoren haben eine gewisse Länge, und auch diese können wir mittels des Standardskalarprodukts ausrechnen. Die Länge von Vektoren bildet im Sinne der Definition 1.26 eine Norm.

▶ **Beispiel 105**  Wir berechnen die Länge der Vektoren aus Beispiel 104. Wir erhalten

$$\|x\| = \sqrt{\langle x, x \rangle} = \sqrt{1^2 + (-1)^2 + 0^2} = \sqrt{2}$$

und

$$\|y\| = \sqrt{\langle y, y \rangle} = \sqrt{1^2 + 1^2 + 0^2} = \sqrt{2}$$

Noch eine Anmerkung: Die Norm, wie sie hier steht, wird natürlich durch das Skalarprodukt induziert. Dies sollte man immer im Hinterkopf behalten. ∎

**Erklärung**

**Zur Definition 10.3 des Winkels zwischen zwei Vektoren:** Zwei Vektoren schließen einen Winkel ein, wie man sich anschaulich sehr leicht überlegt. Na ja, wenn wir im $\mathbb{R}^2$ oder $\mathbb{R}^3$ sind. Im $\mathbb{R}^{31}$ versagt die Vorstellung aber. Wir haben gesehen, dass das Standardskalarprodukt der beiden Vektoren aus Beispiel 104 Null ist und gesagt, dass dies gerade bedeuten soll, dass die Vektoren senkrecht aufeinanderstehen. Dies errechnen wir so:

$$\cos\alpha = \frac{\langle x, y\rangle}{\|x\| \cdot \|y\|} = \frac{0}{\sqrt{2} \cdot \sqrt{2}} = 0 \Rightarrow \alpha = (2k+1) \cdot \frac{\pi}{2},\ k \in \mathbb{Z}.$$

**Erklärung**

**Zur Definition 10.4 des Standardskalarprodukts im $\mathbb{C}^n$:** Zunächst erinnern wir uns an die komplexen Zahlen. So wie wir in [MK18] definiert haben, ist

$$\mathbb{C} = \{z = x + i \cdot y : x, y \in \mathbb{R}\}$$

der Körper der komplexen Zahlen mit $i^2 = -1$. $\mathbb{C}$ können wir mit dem $\mathbb{R}^2$ identifizieren. Damit kann jede komplexe Zahl als ein Vektor im $\mathbb{C} \cong \mathbb{R}^2$ aufgefasst werden, und folglich besitzt jede komplexe Zahl eine Länge. Wir nennen dies den *Absolutbetrag* und definieren mit $z = x + i \cdot y$

$$|z| := \sqrt{x^2 + y^2} \in \mathbb{R}_{\geq 0}.$$

Das *komplex Konjugierte* einer komplexen Zahl $z = x + i \cdot y$ ist

$$\overline{z} := x - i \cdot y \in \mathbb{C}.$$

Es gelten die folgenden Rechenregeln für zwei komplexe Zahlen $z, w \in \mathbb{C}$

$$|z \cdot w| = |z| \cdot |w|,\ \overline{z + w} = \overline{z} + \overline{w},\ \overline{z \cdot w} = \overline{z} \cdot \overline{w},\ |z|^2 = \overline{z} \cdot z. \tag{10.1}$$

Wir wollen nun ein Beispiel betrachten, um das Standardskalarprodukt einzuüben.

▶ **Beispiel 106** Gegeben seien die beiden Vektoren

$$x = \begin{pmatrix} 1 \\ i \\ 2 \end{pmatrix} \quad \text{und} \quad y = \begin{pmatrix} -i \\ 1 \\ -1 \end{pmatrix}.$$

Es gilt nun

$$\langle x, y \rangle = \overline{x}^T \cdot y = \overline{\begin{pmatrix} 1 \\ i \\ 2 \end{pmatrix}}^T \cdot \begin{pmatrix} -i \\ 1 \\ -1 \end{pmatrix} = \begin{pmatrix} \overline{1} \\ \overline{i} \\ \overline{2} \end{pmatrix}^T \cdot \begin{pmatrix} -i \\ 1 \\ -1 \end{pmatrix}$$

$$= \begin{pmatrix} 1 \\ -i \\ 2 \end{pmatrix}^T \cdot \begin{pmatrix} -i \\ 1 \\ -1 \end{pmatrix} = 1 \cdot (-i) + (-i) \cdot 1 + 2 \cdot (-1)$$

$$= -2i - 2 = -2(1 + i).$$

Hierbei bedeutet der Strich über dem Vektor, dass wir jeden Eintrag komplex konjugieren.  ∎

## 10.4   Erklärungen zu den Sätzen und Beweisen

**Erklärung**

**Zum Satz 10.1 über die Eigenschaften des komplexen Standardskalarprodukts:**
Diese Eigenschaften folgen sofort aus den bekannten Gl. (10.1). Die Eigenschaften aus dem Satz 10.1 sind also so ähnlich wie die, die auch für das Standardskalarprodukt aus Definition 10.1 gelten, nur dass wir hier wegen der Definition 10.4 des Standardskalarprodukts im Komplexen ab und an mit dem komplex Konjugierten arbeiten müssen. Auch dieses Skalarprodukt kann man verallgemeinern. Wir werden in Kap. 11 sehen, dass ein Skalarprodukt, das diesen Eigenschaften genügt, eine hermitesche Form genannt wird, siehe dazu Definition 11.11. Also auch das Standardskalarprodukt im Komplexen kann auf andere schöne Skalarprodukte verallgemeinert werden.

Noch eine Anmerkung: In vielen Büchern, beispielsweise in [Fis09], wird das Standardskalarprodukt durch die Formel

$$\langle x, y \rangle := \sum_{i=1}^{n} x_i \cdot \overline{y}_i$$

definiert. Mit dieser Definition erhält man in Satz 10.1 die Linearität im 1. Argument und die Semilinearität im 2. Argument.

Die positive Definitheit erlaubt es uns, auf $V = \mathbb{C}^n$ eine Norm durch

$$\|x\| := \sqrt{\langle x, x \rangle} = \sqrt{|x_1|^2 + \ldots + |x_n|^2} \in \mathbb{R}_{\geq 0}$$

zu definieren. Ebenso macht es durchaus Sinn, zwei Vektoren $x, y \in V$ orthogonal zu nennen, wenn $\langle x, y \rangle = 0$. Wegen der hermiteschen Symmetrie ist dies eine symmetrische Relation. Dies geht natürlich auch für das reelle Skalarprodukt.

# Bilinearformen und hermitesche Formen

# 11

Das Standardskalarprodukt, siehe Definition 10.1 für euklidische Vektorräume bzw. Definition 10.4 für unitäre Vektorräume, kann man auf die sogenannten Bilinearformen im euklidischen und auf die hermiteschen Formen im komplexen Fall verallgemeinern. Unser erstes wichtiges Ergebnis wird sein, dass jeder euklidische Vektorraum $V$ eine Orthonormalbasis besitzt. Identifiziert man $V$ mit $\mathbb{R}^n$, vermöge so einer Orthogonal- oder Orthonormalbasis, so identifiziert sich das Skalarprodukt auf $V$ mit dem Standardskalarprodukt auf dem $\mathbb{R}^n$. Analog werden wir sehen, dass jeder unitäre Vektorraum eine Orthonormalbasis besitzt.

## 11.1 Definition

> **Definition 11.1 (Bilinearform)**
> Sei $V$ ein Vektorraum über einem beliebigen Körper $K$. Eine **Bilinearform** auf $V$ ist eine Abbildung
> $$f : V \times V \to K,$$

© Springer-Verlag GmbH Deutschland, ein Teil von Springer Nature 2019
F. Modler und M. Kreh, *Tutorium Analysis 2 und Lineare Algebra 2,*
https://doi.org/10.1007/978-3-662-59226-7_11

die die folgenden Axiome erfüllt:

$$f(u + v, w) = f(u, w) + f(v, w),$$
$$f(\lambda \cdot v, w) = \lambda \cdot f(v, w),$$
$$f(u, v + w) = f(u, v) + f(u, w),$$
$$f(v, \lambda \cdot w) = \lambda \cdot f(v, w)$$

für alle $u, v, w \in V$ und $\lambda \in K$.

**Anmerkung** Ab und an schreiben wir für $f(v, w)$ auch $\langle v, w \rangle$.

**Definition 11.2 (Symmetrische Bilinearform)**
Eine Bilinearform heißt **symmetrisch,** wenn zusätzlich zu den Eigenschaften aus Definition 11.1 noch

$$f(v, w) = f(w, v)$$

für alle $v, w \in V$ gilt.

**Anmerkung** Näheres zu den symmetrischen Bilinearformen gibt es in Kap. 14 über die Quadriken.

**Definition 11.3 (darstellende Matrix)**
Seien $V$ ein endlichdimensionaler $K$-Vektorraum, $f : V \times V \to K$ eine Bilinearform und $\mathcal{B} = (v_1, \ldots, v_n)$ eine Basis von $V$. Die **Darstellungsmatrix** oder auch **darstellende Matrix** ist die Matrix

$$A = \mathcal{M}_{\mathcal{B}}(f) = (a_{ij}) \in \mathcal{M}_{n,n}(K)$$

mit Einträgen

$$a_{ij} := f(v_i, v_j).$$

**Anmerkung** Wir werden sehen, dass der Zusammenhang $f(x, y) = x^T \cdot A \cdot y$ bzgl. der Darstellungsmatrix existiert.

**Definition 11.4 (Orthonormalbasis)**
Seien $V$ ein endlichdimensionaler $K$-Vektorraum der Dimension $n$ und $f$ eine Bilinearform auf $V$. Eine Basis $\mathcal{B} = (v_1, \ldots, v_n)$ heißt **orthogonal** bezüglich $f$, wenn

$$\langle v_i, v_j \rangle = 0 \ \forall i \neq j.$$

Die Basis $\mathcal{B}$ ist eine **Orthonormalbasis,** wenn

$$\langle v_i, v_j \rangle = \delta_{ij},$$

wobei $\delta_{ij}$ das bekannte Kronecker-Delta bezeichnet, welches 1 ist, wenn $i = j$ und 0 ist, wenn $i \neq j$.

**Definition 11.5 (positiv definit)**
Ein symmetrische Bilinearform $f : V \times V \to \mathbb{R}$ auf einem reellen Vektorraum $V$ heißt **positiv definit,** wenn für jeden nicht verschwindenden Vektor $v \in V$ gilt:

$$f(v, v) > 0.$$

Eine symmetrische Matrix $A \in \mathcal{M}_{n,n}(\mathbb{R})$ heißt **positiv definit,** wenn die zugehörige Bilinearform auf $\mathbb{R}^n$ positiv definit ist, das heißt, wenn für alle $x \in \mathbb{R}^n, x \neq 0$ gilt:

$$x^T \cdot A \cdot x > 0.$$

**Definition 11.6 (euklidischer Vektorraum, Norm)**
Ein **euklidischer Vektorraum** ist ein endlichdimensionaler reeller Vektorraum $V$ zusammen mit einer symmetrischen, positiv definiten Bilinearform $f : V \times V \to \mathbb{R}$.

Die **Norm** eines Vektors $v \in V$ in einem euklidischen Vektorraum ist definiert durch

$$\|v\| := \sqrt{\langle v, v \rangle}.$$

**Definition 11.7 (Summe, direkte Summe)**
Sei $V$ ein $K$-Vektorraum und $U_1, U_2 \subset V$ seien zwei Untervektorräume. Die **Summe** von $U_1$ und $U_2$ ist der von $U_1 \cup U_2$ aufgespannte Untervektorraum

von $V$

$$U = U_1 + U_2 =: \langle U_1 \cup U_2 \rangle .$$

Oder anders formuliert:

$$U_1 + U_2 := \{u_1 + u_2 : u_1 \in U_1, \ u_2 \in U_2\}.$$

Die Summe $U = U_1 + U_2$ ist eine **direkte Summe,** in Zeichen

$$U = U_1 \oplus U_2,$$

wenn $U_1 \cap U_2 = \{0\}$.

---

**Definition 11.8 (Komplement)**
Seien $V$ ein $K$-Vektorraum und $U \subset V$ ein Untervektorraum. Ein **Komplement** zu $U$ in $V$ ist ein Untervektorraum $W \subset V$ mit

$$V = U \oplus W.$$

Dabei ist also $U \cap W = \{0\}$, und $U + W$ besteht aus den Elementen

$$\{u + w : u \in U, w \in W\}.$$

---

**Definition 11.9 (orthogonales Komplement)**
Sei $V$ ein $K$-Vektorraum, auf dem eine symmetrische (oder alternierende) Bilinearform (oder hermitesche Sesquilinearform) $\langle \cdot, \cdot \rangle$ gegeben ist. Für einen Unterraum $U \subset V$ schreiben wir

$$U^\perp := \{v \in V : \forall u \in U : \langle u, v \rangle = 0\}$$

und nennen dies das **orthogonale Komplement.**

---

**Anmerkung** Wichtig ist zu bemerken, dass ein Komplement nicht notwendigerweise ein orthogonales Komplement sein muss, bzw. man kann das Komplement für jeden Vektorraum definieren (es muss aber nicht immer existieren), während man das orthogonale Komplement nur dann definieren kann, wenn man einen Vektorraum mit einem Skalarprodukt hat.

**Definition 11.10 (Projektion)**
Seien $V$ ein $K$-Vektorraum und

$$V = U \oplus W$$

eine Zerlegung von $V$ in die direkte Summe von zwei Untervektorräumen
$U, W$. Dann heißt die Abbildung

$$p : V \to U, \ v = u + w \mapsto u,$$

die einem Vektor $v$ die erste Komponente der (eindeutigen, da direkte Summe)
Zerlegung $v = u + w$ mit $u \in U, w \in W$ zuordnet, die **Projektion** auf $U$
bezüglich $W$.

Nun definieren wir alles noch einmal für den komplexen Fall in $\mathbb{C}$ und werden einige
Gemeinsamkeiten und Ähnlichkeiten entdecken.

**Definition 11.11 (hermitesche Form)**
Eine **hermitesche Form** auf einem $\mathbb{C}$-Vektorraum $V$ ist eine Abbildung

$$f : V \times V \to \mathbb{C}$$

mit den folgenden Eigenschaften für alle $u, v, w \in V$ und $\lambda \in \mathbb{C}$:
Linearität im 2. Argument:

$$f(u, v + w) = f(u, v) + f(u, w), \ f(u, \lambda \cdot v) = \lambda \cdot f(u, v).$$

Semilinearität im 1. Argument:

$$f(u + v, w) = f(u, w) + f(v, w), \ f(\lambda \cdot u, v) = \overline{\lambda} f(u, v).$$

Hermitesche Symmetrie:

$$f(v, u) = \overline{f(u, v)}.$$

Positive Definitheit:

$$f(u, u) > 0 \text{ für } u \neq 0.$$

**Definition 11.12 (selbstadjungiert)**

Sei $A = (a_{ij}) \in \mathcal{M}_{m,n}(\mathbb{C})$ eine $(m \times n)$-Matrix mit komplexen Einträgen. Die $(n \times m)$-Matrix

$$A^* := \overline{A}^T = ((\overline{a})_{ji})_{ij}$$

heißt die **Adjungierte** von $A$. Im Fall $m = n$ heißt $A$ **selbstadjungiert,** wenn $A^* = A$ gilt, also wenn

$$\overline{a}_{ij} = a_{ji}\ \forall i, j.$$

**Definition 11.13 (darstellende Matrix)**

Sei $V$ ein endlichdimensionaler Vektorraum der Dimension $n$. Seien weiter $\mathcal{B} = (v_1, \ldots, v_n)$ eine Basis von $V$ und $f$ eine hermitesche Form auf $V$. Die **darstellende Matrix** oder auch **Darstellungsmatrix** von $f$ bzgl. $\mathcal{B}$ ist die $(n \times n)$-Matrix

$$\mathcal{M}_{\mathcal{B}}(f) := (f(v_i, v_j))_{ij}.$$

**Definition 11.14 (unitärer Raum)**

Ein **unitärer Raum** ist ein $\mathbb{C}$-Vektorraum $V$, zusammen mit einer positiv definiten hermiteschen Form $\langle \cdot, \cdot \rangle$.

**Definition 11.15 (unitär)**

Eine quadratische Matrix $Q \in \mathcal{M}_{n,n}(\mathbb{C})$ heißt **unitär,** wenn

$$Q \cdot Q^* = Q^* \cdot Q = E_n.$$

Wir bezeichnen die Teilmenge von $\mathcal{M}_{n,n}(\mathbb{C})$ aller unitären Matrizen mit $U_n$.

**Definition 11.16 (Adjungierte)**

Sei $\phi : V \to V$ ein Endomorphismus von $V$. Eine **Adjungierte** von $\phi$ ist ein Endomorphismus $\phi^* : V \to V$ mit der Eigenschaft, dass

$$\langle \phi^*(v), w \rangle = \langle v, \phi(w) \rangle\ \forall v, w \in V.$$

**Anmerkung** Diese Definition gilt natürlich auch für Matrizen. Denn aus der Linearen Algebra 1 wissen wir ja, dass wir eine lineare Abbildung zwischen endlichdimensionalen Vektorräumen mit einer Matrix identifizieren können.

---

**Definition 11.17 (unitär, selbstadjungiert, normal)**
Ein Endomorphismus $\phi : V \to V$ mit einer Adjungierten $\phi^*$ heißt

i) **unitär,** wenn $\phi^* \circ \phi = \phi \circ \phi^* = \mathrm{Id}_V$,
ii) **selbstadjungiert,** wenn $\phi^* = \phi$,
iii) **normal,** wenn $\phi^* \circ \phi = \phi \circ \phi^*$.

---

## 11.2 Sätze und Beweise

---

**Satz 11.1**
*Es sei $V$ ein Vektorraum und es seien $\mathcal{B}_i$ Basen der Untervektorräume $U_i$. Dann sind folgende drei Aussagen äquivalent:*

*i) $V = U_1 \oplus \ldots \oplus U_n$.*
*ii) Jeder Vektor $v \in V$ kann in eindeutiger Weise geschrieben werden als*

$$v = u_1 + \ldots + u_n$$

*mit $u_i \in U_i$.*
*iii) $\mathcal{B}_i \cap \mathcal{B}_j = \emptyset$ für $i \neq j$ und $\mathcal{B}_1 \cup \ldots \cup \mathcal{B}_n$ ist eine Basis von $V$.*

---

**Satz 11.2**
*Seien $V$ ein endlichdimensionaler $K$-Vektorraum der Dimension $n$, $f : V \times V \to K$ eine Bilinearform und $\mathcal{B} = (v_1, \ldots, v_n)$ eine Basis von $V$. Seien $v, w \in V$ beliebige Vektoren und $x, y \in K^n$ die zugehörigen Koordinatenvektoren bezüglich der Basis $\mathcal{B}$, das heißt, es gilt $v = \sum_{i=1}^{n} x_i v_i$ und $w = \sum_{i=1}^{n} y_i v_i$. So gilt:*

$$f(v, w) = x^T A y.$$

*Hierbei bezeichnet $A = \mathcal{M}_\mathcal{B}(f)$ die darstellende Matrix von $f$ bezüglich der Basis $\mathcal{B}$.*

**Anmerkung** Wir lassen im Folgenden den Matrizenmultiplikationspunkt weg, schreiben also nicht $x^T \cdot A \cdot y$, sondern einfach nur $x^T Ay$. Es ist nicht ausgeschlossen, dass wir dies an einigen Stellen aber schlichtweg vergessen, oder, weil es deutlicher ist, trotzdem hingeschrieben haben. Dies sei uns verziehen, und wir geben dann zu bedenken, dass der Malpunkt die Matrixmultiplikation, die Skalarproduktmultiplikation oder die herkömmliche Multiplikation bezeichnen kann.

▶ **Beweis** Die Behauptung folgt sofort, wenn man die Bilinearität von $f$ benutzt, denn es gilt so

$$
f(v, w) = f\left( \sum_i x_i v_i, \sum_j y_j v_j \right)
$$
$$
= \sum_{i,j} x_i y_j f(v_i, v_j)
$$
$$
= x^T Ay.
$$

q.e.d.

**Satz 11.3**
*Ist $f : V \times V \to K$ eine Bilinearform auf dem Standardvektorraum $V = K^n$ und ist $A = (a_{ij}) \in \mathcal{M}_{n,n}(K)$ die darstellende Matrix von $f$ bezüglich der Standardbasis, also*

$$
a_{ij} := f(e_i, e_j), \ i, j = 1, \dots, n,
$$

*so gilt:*

$$
f = \langle \cdot, \cdot \rangle_A .
$$

**Anmerkung** Zur Definition von $\langle \cdot, \cdot \rangle_A$ siehe Beispiel 107. Dort definieren wir das wichtige Skalarprodukt $\langle x, y \rangle_A := x^T Ay$.

**Satz 11.4  (Basiswechselsatz für Bilinearformen)**
*Seien $V$ ein endlichdimensionaler $K$-Vektorraum der Dimension $n$ und $f : V \times V \to K$ eine Bilinearform. Seien $\mathcal{A}, \mathcal{B}$ Basen von $V$. Die Beziehung zwischen den darstellenden Matrizen von $f$ bzgl. $\mathcal{A}$ und $\mathcal{B}$ wird durch die Formel*

$$\mathcal{M}_\mathcal{B}(f) = (T_\mathcal{A}^\mathcal{B})^T \cdot \mathcal{M}_\mathcal{A}(f) \cdot T_\mathcal{A}^\mathcal{B}$$

beschrieben. Hierbei ist $T_\mathcal{A}^\mathcal{B} \in GL_n(K)$ die Transformationsmatrix des Basiswechsels von $\mathcal{B}$ nach $\mathcal{A}$.

▶ **Beweis** Wir nehmen zwei Vektoren $v, w \in V$ und bilden zuerst die zugehörigen Koordinatenvektoren $x, y \in K^n$ bezüglich der Basis $\mathcal{A} = (v_1, \dots, v_n)$ ab und erhalten

$$v = \sum_i x_i v_i, \quad w = \sum_i y_i v_i.$$

Dann sind die Koordinatenvektoren $x', y'$ bezüglich der Basis $\mathcal{B} = (w_1, \dots, w_n)$ gegeben durch

$$v = \sum_i x'_i w_i, \quad w = \sum_i y'_i w_i.$$

Ist $Q = T_\mathcal{A}^\mathcal{B}$ die Transformationsmatrix des Basiswechsels von $\mathcal{B}$ nach $\mathcal{A}$, so gilt:

$$x = Qx', \quad y = Qy'. \tag{11.1}$$

Ist nun $A = \mathcal{M}_\mathcal{A}(f)$ die Darstellungsmatrix von $f$ bezüglich $\mathcal{A}$, so gilt:

$$f(v, w) = x^T A y. \tag{11.2}$$

Durch Einsetzen von (11.1) in (11.2), erhalten wir

$$f(v, w) = (Qx')^T A(Qy') = (x')^T (Q^T A Q) y'.$$

Es folgt nun mit Satz 11.3, dass

$$B := Q^T A Q = \mathcal{M}_\mathcal{B}(f)$$

die darstellende Matrix von $f$ bezüglich der Basis $\mathcal{B}$ ist. q.e.d.

**Satz 11.5**
*Seien $V$ ein endlichdimensionaler Vektorraum der Dimension $n$, $f$ eine Bilinearform auf $V$ und $\mathcal{A} = (v_1, \dots, v_n)$ eine Basis von $V$. Sei $A := \mathcal{M}_\mathcal{A}(f)$ die darstellende Matrix. Dann gelten die folgenden Aussagen:*

*i) Es gibt eine orthogonale Basis von V bzgl. f genau dann, wenn eine inver-*
*tierbare Matrix $Q \in GL_n(K)$ existiert, sodass*

$$Q^T A Q$$

*eine Diagonalmatrix ist.*
*ii) Es gibt eine Orthonormalbasis von V bzgl. f genau dann, wenn es eine*
*invertierbare Matrix $Q \in GL_n(K)$ gibt, sodass*

$$Q^T A Q = E_n$$

*die Einheitsmatrix ist. Äquivalent formuliert: Es gibt ein invertierbares*
*$P \in GL_n(K)$ mit*

$$A = P^T P.$$

▶  **Beweis**
   i) Sei $\mathcal{B} = (w_1, \ldots, w_n)$ eine Basis von $V$. Nach Definition 11.4 ist diese
      genau dann orthogonal bezüglich $f$, wenn für $i \neq j$ gilt:

$$b_{ij} := f(w_i, w_j) = 0.$$

Dies bedeutet aber, dass die Darstellungsmatrix

$$B = \mathcal{M}_\mathcal{B}(f) = (b_{ij}), \ b_{ij} = f(w_i, w_j)$$

eine Diagonalmatrix ist. Es gilt nun

$$B = Q^T A Q \quad \text{mit } Q := T_\mathcal{A}^\mathcal{B} \in GL_n(K).$$

Damit ist die erste Aussage bewiesen.
   ii) $\mathcal{B}$ ist genau dann eine Orthonormalbasis, wenn

$$B = \mathcal{M}_\mathcal{B}(f) = E_n.$$

Dies ist aber genau dann der Fall, wenn

$$A = P^T \mathcal{M}_\mathcal{B} P = P^T E_n P = P^T P \quad \text{mit } P = T_\mathcal{A}^\mathcal{B} = Q^{-1}.$$

q.e.d.

**Satz 11.6 (Orthogonalisierungsverfahren von Gram-Schmidt)**
*Sei* $(V, \langle \cdot, \cdot \rangle)$ *ein euklidischer Vektorraum. Dann gibt es eine Orthonormalbasis, das heißt eine Basis* $\mathcal{B} = (w_1, \ldots, w_n)$ *von V mit*

$$\langle w_i, w_j \rangle = \delta_{ij}.$$

**Anmerkung** Den Beweis wollen wir hier auf jeden Fall geben. Dieser wird konstruktiv sein, wie nicht anders zu erwarten war. Aus dem Beweis folgt das sogenannte *Orthogonalisierungsverfahren von Gram-Schmidt* (in unserer Form ist es sogar ein Orthonormalisierungsverfahren). Wer das in dieser abstrakten Form nicht sofort versteht, den verweisen wir auf die Erklärungen und Beispiele zu diesem Satz :-). Los geht es:

▶ **Beweis** Sei $\mathcal{A} = (v_1, \ldots, v_n)$ eine beliebige Basis von $V$. Zum Beweis werden wir induktiv Vektoren $w_1, \ldots, w_n$ definieren, sodass für $k = 1, \ldots, n$ die Vektoren $w_1, \ldots, w_k$ eine Orthonormalbasis des Untervektorraums

$$V_k := \langle v_1, \ldots, v_k \rangle \subset V$$

bilden. Für $k = n$ erhalten wir dann die Behauptung. Für den Induktionsanfang setzen wir

$$w_1 := \frac{1}{||v_1||} v_1.$$

Offenbar ist $(w_1)$ eine Orthonormalbasis von $V_1$, denn so wurde dies ja gerade konstruiert. Wir nehmen nun an, dass $k > 1$ und dass wir bereits eine Orthonormalbasis $(w_1, \ldots, w_{k-1})$ von $V_{k-1}$ gefunden haben. Wir müssen also nur noch einen passenden Vektor $w$ finden, der $(w_1, \ldots, w_{k-1})$ zu einer Orthonormalbasis von $V_k$ ergänzt. Unser erster Ansatz soll

$$w = v_k - a_1 \cdot w_1 - \ldots - a_{k-1} \cdot w_{k-1} \tag{11.3}$$

lauten. Hierbei sind die $a_i$ noch zu bestimmende Skalare. Durch diesen Ansatz wird auf jeden Fall gewährleistet, dass $(w_1, \ldots, w_k)$ eine Basis von $V_k$ ist. Durch passende Wahl der $a_i$ möchten wir erreichen, dass zusätzlich $w$ zu $w_i$ orthogonal ist und zwar für $i = 1, 2, \ldots, k-1$. Nach der Induktionsvoraussetzung gilt $\langle w_i, w_j \rangle = 0$ für $i \neq j$ und $\langle w_i, w_i \rangle = 1$. Nach Einsetzen von (11.3), erhalten wir

$$\langle w, w_i \rangle = 0 \quad \text{für } i = 1, \ldots, k-1.$$

Der Vektor $w$ ist allerdings noch nicht normiert, hat also noch nicht die Länge 1. Deshalb setzen wir

$$w_k := \frac{1}{||w||} w.$$

Nun ist $(w_1, \ldots, w_k)$ eine Orthonormalbasis von $V_k$. Dies war zu zeigen.                                                                q.e.d.

---

**Satz 11.7  (Korollar zu Satz 11.5)**
*Für eine Matrix $A \in \mathcal{M}_{n,n}(\mathbb{R})$ sind die folgenden Aussagen äquivalent.*

i) *Der Standardvektorraum $V = \mathbb{R}^n$ besitzt bezüglich des durch $A$ definierten Skalarprodukts $\langle \cdot, \cdot \rangle_A$ eine Orthonormalbasis.*
ii) *Es gibt eine invertierbare Matrix $P \in GL_n(\mathbb{R})$ mit*

$$A = P^T P.$$

iii) *Die Matrix $A$ ist symmetrisch und positiv definit.*

---

**Satz 11.8  (Hauptminorenkriterium)**
*Eine reelle symmetrische Matrix $A = (a_{ij}) \in \mathcal{M}_{n,n}(\mathbb{R})$ ist genau dann positiv definit, wenn alle Hauptminoren von $A$ positiv sind, das heißt,*

$$\det A_i > 0$$

*für $i = 1, \ldots, n$, wobei die Hauptminoren gegeben sind durch*

$$A_1 = (a_{11}), \ A_2 = \begin{pmatrix} a_{11} & a_{12} \\ a_{21} & a_{22} \end{pmatrix}, \ A_3 = \begin{pmatrix} a_{11} & a_{12} & a_{13} \\ a_{21} & a_{22} & a_{23} \\ a_{31} & a_{32} & a_{33} \end{pmatrix}, \ldots, \ A_n = A.$$

---

**Satz 11.9**
*Seien $V$ ein $K$-Vektorraum und $U, W \subset V$ Untervektorräume. Dann sind die folgenden Bedingungen äquivalent, wobei wir für iii) annehmen, dass $V$ endlichdimensional ist.*

*i) $V = U \oplus W$.*

*ii) Jeder Vektor $v \in V$ lässt sich auf eindeutige Weise als eine Summe*

$$v = u + w$$

*schreiben, wobei $u \in U$ und $w \in W$.*

*iii) Sei $\mathcal{A} = (u_1, \ldots, u_r)$ eine Basis von $U$ und $\mathcal{B} = (w_1, \ldots, w_s)$ eine Basis von $W$. Dann ist*

$$\mathcal{A} \cup \mathcal{B} := (u_1, \ldots, u_r, w_1, \ldots, w_s)$$

*eine Basis von $V$.*

**Satz 11.10   (Dimensionsformeln)**
*Seien $V$ und $W$ zwei endlichdimensionale Vektorräume, so gelten die beiden* Dimensionsformeln

$$\dim(V + W) + \dim(V \cap W) = \dim(V) + \dim(W),$$
$$\dim(V \oplus W) = \dim(V) + \dim(W).$$

**Satz 11.11**
*Es seien $U, W \subset V$ Untervektorräume des Vektorraums $V$ mit $U \cap W = \{0\}$ Dann existiert ein Komplement $W'$ von $U$, so dass*

$$V = U \oplus W'$$

*mit $W \subset W'$.*

▶   **Beweis** Übung!                                                    q.e.d.

**Satz 11.12**
*Seien $V$ ein endlichdimensionaler $K$-Vektorraum mit einem Skalarprodukt (für Teil iii), sonst ist dies nicht nötig) und $U \subset V$ ein Untervektorraum. Dann gelten die folgenden Eigenschaften:*

i) *Es gibt ein Komplement $W \subset V$ zu $U$.*
ii) *Für jedes Komplement $W$ zu $U$ gilt:*

$$\dim_K V = \dim_K U + \dim_K W.$$

iii) *Es gilt:*

$$(U^\perp)^\perp = U.$$

**Satz 11.13**
*Seien $(V, \langle \cdot, \cdot \rangle)$ ein euklidischer Vektorraum und $U \subset V$ ein Untervektorraum. Wir bezeichnen mit $p : V \to U$ die orthogonale Projektion auf $U$. Für alle Vektoren $v \in V$ gilt dann:*

$$\|v - p(v)\| = \min_{u \in U} \|v - u\|.$$

Wir formulieren analoge Aussagen noch einmal in $\mathbb{C}$.

**Satz 11.14**
*Sei $\mathcal{B} = (v_1, \ldots, v_n)$ eine Basis von $V$, $f$ sei eine hermitesche Form und $A := \mathcal{M}_{\mathcal{B}}(f)$ sei die darstellende Matrix. Dann gilt:*

i) *$A$ ist selbstadjungiert.*
ii) *Sind $v, w \in V$ zwei Vektoren mit zugehörigen Koordinatenvektoren $x, y \in \mathbb{C}^n$, das heißt*

$$v = \sum_i x_i v_i, \quad w = \sum_i y_i v_i,$$

*so gilt*

$$f(v, w) = x^* A y = \langle x, y \rangle_A$$

*für alle $v, w \in V$.*

**Satz 11.15 (Basiswechsel)**
*Seien V ein endlichdimensionaler $\mathbb{C}$-Vektorraum, $\mathcal{A}$ und $\mathcal{B}$ zwei Basen von V und f eine hermitesche Form. Dann gilt:*

$$\mathcal{M}_{\mathcal{B}}(f) = (T_{\mathcal{A}}^{\mathcal{B}})^* \mathcal{M}_{\mathcal{A}}(f) T_{\mathcal{A}}^{\mathcal{B}}.$$

**Satz 11.16 (Gram-Schmidt im Komplexen)**
*Seien V ein endlichdimensionaler $\mathbb{C}$-Vektorraum und $f = \langle \cdot, \cdot \rangle$ eine hermitesche Form auf V. Dann besitzt V eine Orthonormalbasis bezüglich f genau dann, wenn f positiv definit ist.*

**Satz 11.17 (Korollar zum Gram-Schmidt-Verfahren)**
*Für eine Matrix $A \in \mathcal{M}_{n,n}(\mathbb{C})$ sind die folgenden Aussagen äquivalent:*

i) *A ist selbstadjunigert und positiv definit, das heißt (also die positive Definitheit)*

$$x^* A x > 0$$

*für alle $x \in \mathbb{C}^n$, $x \neq 0$.*
ii) *Es gibt eine invertierbare Matrix $P \in GL_n(\mathbb{C})$, sodass*

$$A = P^* P.$$

**Satz 11.18**
*Sei $\phi : V \to V$ ein Endomorphismus. Dann gelten die folgenden Eigenschaften.*

i) *Die Adjungierte $\phi^*$ von $\phi$ ist eindeutig, wenn sie existiert.*
ii) *Ist V endlichdimensional, so gibt es eine Adjungierte $\phi^*$. Ist $A := \mathcal{M}_{\mathcal{B}}(\phi)$ die darstellende Matrix von $\phi$ bzgl. einer Orthonormalbasis $\mathcal{B}$, so gilt:*

$$\mathcal{M}_{\mathcal{B}}(\phi^*) = A^*.$$

**Anmerkung** Die Frage ist, wie die Adjungierte eines Endomorphismus definiert ist. Dies ist aber recht leicht zu beantworten, denn in der linearen Algebra 1 haben wir gesehen, dass man lineare Abbildungen zwischen endlichdimensionalen Vektorräumen als Matrizen realisieren kann.

---

**Satz 11.19 (Spektralsatz für normale Endomorphismen)**
*Seien $(V, \langle \cdot, \cdot \rangle)$ ein endlichdimensionaler unitärer Raum und $\phi : V \to V$ ein Endomorphismus. Dann sind die folgenden Aussagen äquivalent:*

*i) $\phi$ ist normal.*
*ii) $V$ besitzt eine Orthonormalbasis, die aus Eigenwerten von $\phi$ besteht.*

---

**Satz 11.20**
*Für eine Matrix $A \in \mathcal{M}_{n,n}(\mathbb{C})$ sind die folgenden Bedingungen äquivalent:*

*i) $A$ ist normal, das heißt $A^*A = AA^*$.*
*ii) Es gibt eine unitäre Matrix $S \in U_n$, sodass die Matrix*

$$S^{-1}AS$$

*Diagonalgestalt hat.*

---

**Satz 11.21**
*Eine selbstadjungierte (im reellen Fall symmetrische) Matrix $A \in \mathcal{M}_{n,n}(\mathbb{R})$ besitzt nur reelle Eigenwerte.*

---

▶  **Beweis** Aus der Selbstadjungiertheit folgt für alle $x \in \mathbb{C}^n$

$$\overline{x^*Ax} = (x^*Ax)^* = x^*A^*x = x^*Ax.$$

Dies bedeutet aber, dass $\langle x, x \rangle_A = x^*Ax$ eine reelle Zahl ist. Nun sei $x \in \mathbb{C}^n$ ein Eigenvektor von $A$ zum Eigenwert $\lambda \in \mathbb{C}$. Dann gilt:

$$x^*Ax = x^*(\lambda x) = \lambda(x^*x) \in \mathbb{R}.$$

Da $x^*Ax$ und $x^*x$ reelle Zahlen sind, ist $\lambda$ ebenfalls reell. Dies war zu zeigen.                                                                q.e.d.

**Satz 11.22**

*Ist $A := \mathcal{M}_\mathcal{B}(\phi)$ die darstellende Matrix eines Endomorphismus $\phi$ bezüglich einer Orthonormalbasis $\mathcal{B}$, so gilt:*

*i) $\phi$ ist unitär genau dann, wenn $A$ unitär ist.*
*ii) $\phi$ ist selbstadjungiert genau dann, wenn $A$ selbstadjungiert ist.*
*iii) $\phi$ ist normal genau dann, wenn $A$ normal ist.*

## 11.3  Erklärungen zu den Definitionen

**Erklärung**

**Zur Definition 11.1 der Bilinearform:** Diese Definition erinnert stark an das Standardskalarprodukt (siehe Definition 10.1 und ihre Erklärungen). Dies ist kein Zufall. Denn ein Skalarprodukt ist nichts anderes als eine symmetrische, positiv definite Bilinearform, also nur ein Spezialfall von Definition 11.1.

▶ **Beispiel 107** Sei $V = K^n$ der Standardvektorraum der Dimension $n$ über dem Körper $K$ und $A \in \mathcal{M}_{n,n}(K)$ eine $(n \times n)$-Matrix. Dann behaupten wir, dass durch

$$\langle x, y \rangle_A := x^T A y \tag{11.4}$$

eine Bilinearform auf $V$ erklärt und definiert wird. Dies müssen wir nun zeigen, indem wir die Eigenschaften aus obiger Definition getrennt nachweisen. Hierbei können wir aber Wissen aus der Linearen Algebra 1 benutzen. Die Bilinearität, also die obigen Eigenschaften aus der Definition, folgt sofort aus dem Distributivgesetz für die Matrixaddition und Matrixmultiplikation, denn etwas anderes machen wir da ja eigentlich gar nicht. Weisen wir dies einmal nach:

$$\langle x + y, z \rangle_A = (x + y)^T A z = (x^T + y^T) A z = (x^T \cdot A + y^T \cdot A) \cdot z$$
$$= (x^T A z) + (y^T A z) = \langle x, z \rangle_A + \langle y, z \rangle_A$$
$$\langle x, y + z \rangle_A = x^T A (y + z) = x^T (Ay + Az) = x^T A y + x^T A z$$
$$= (x^T A y) + (x^T A z) = \langle x, y \rangle_A + \langle x, z \rangle_A$$
$$\langle \lambda \cdot x, y \rangle_A = (\lambda x)^T A y = \lambda^T x^T A y$$
$$= \lambda x^T A v = \lambda \langle x, y \rangle_A.$$

Der Rest zeigt sich analog und genauso einfach :-). Um weitere nette Bekanntschaften mit dieser Bilinearform zu machen, schreiben wir uns dies einmal in Koordinaten hin. Die Matrix $A$ habe die Einträge $A = (a_{ij})$. Demnach gilt:

$$\langle x, y \rangle_A = \begin{pmatrix} x_1 & \cdots & x_n \end{pmatrix} \cdot \begin{pmatrix} a_{11} & \cdots & a_{1n} \\ \vdots & \ddots & \vdots \\ a_{n1} & \cdots & a_{nn} \end{pmatrix} \cdot \begin{pmatrix} y_1 \\ \vdots \\ y_n \end{pmatrix}$$

$$= \sum_{i,j=1}^{n} a_{ij} x_i y_j. \quad \text{(Doppelsumme)}$$

Ist $A = E_n$ die Einheitsmatrix, so erhält man natürlich das Standardskalarprodukt

$$\langle x, y \rangle = x^T y = x_1 y_1 + \ldots + x_n y_n.$$

Noch ein paar Bemerkungen: Ist $(e_1, \ldots, e_n)$ die Standardbasis des $\mathbb{R}^n$, so gilt offenbar

$$\langle e_i, e_j \rangle_A = e_i^T \cdot A \cdot e_j = a_{ij}.$$

Außerdem folgt hieraus sofort, dass die Matrix $A$ durch die Bilinearform $\langle \cdot, \cdot \rangle_A$ eindeutig bestimmt ist. ∎

▶ **Beispiel 108** Wir geben noch ein Beispiel zur obigen Bilinearform aus Beispiel 107 an. Seien

$$V = \{x \in \mathbb{R}^3 : x_1 + x_2 + x_3 = 0\} \quad \text{und} \quad v_1 := \begin{pmatrix} 1 \\ -1 \\ 0 \end{pmatrix}, \ v_2 := \begin{pmatrix} 1 \\ 0 \\ -1 \end{pmatrix}$$

zwei Basisvektoren von $V$. Nach Definition der Basis ist es möglich, einen beliebigen Vektor als Linearkombination der Basisvektoren darzustellen. Es gilt demnach

$$V = \{v = x_1' v_1 + x_2' v_2 : x_1', x_2' \in \mathbb{R}\}.$$

Es ergibt sich nun

$$\langle v_1, v_1 \rangle = 2, \ \langle v_1, v_2 \rangle = \langle v_2, v_1 \rangle = 1, \ \langle v_2, v_2 \rangle = 2.$$

Damit also

$$A = \begin{pmatrix} \langle v_1, v_1 \rangle & \langle v_1, v_2 \rangle \\ \langle v_2, v_1 \rangle & \langle v_2, v_2 \rangle \end{pmatrix} = \begin{pmatrix} 2 & 1 \\ 1 & 2 \end{pmatrix}.$$

Es gilt jetzt:

$$v = x_1' v_1 + x_2' v_2, \ x' = \begin{pmatrix} x_1' \\ x_2' \end{pmatrix} \in \mathbb{R}^2,$$

$$w = y_1' v_1 + y_2' v_2, \ y' = \begin{pmatrix} y_1' \\ y_2' \end{pmatrix} \in \mathbb{R}^2.$$

Mit dieser Definition der Vektoren erhalten wir nach Definition 10.1 des Standardskalarprodukts und den Eigenschaften der Bilinearform 11.1

$$\langle v, w \rangle = \langle x_1' v_1 + x_2' v_2, y_1' v_1 + y_2' v_2 \rangle$$
$$= x_1' y_1' \cdot \underbrace{\langle v_1, v_1 \rangle}_{=2} + x_1' y_2' \cdot \underbrace{\langle v_1, v_2 \rangle}_{=1} + x_2' y_1' \underbrace{\langle v_2, v_1 \rangle}_{=1} + x_2' y_2' \cdot \underbrace{\langle v_2, v_2 \rangle}_{=2}$$
$$= \begin{pmatrix} x_1' & x_2' \end{pmatrix} \cdot A \cdot \begin{pmatrix} y_1' \\ y_2' \end{pmatrix}$$
$$= (x')^T A y'.$$

Das Beispiel wird durch Definition 11.3 motiviert, wie die Erklärungen zu dieser Definition zeigen werden. ∎

---

**Erklärung**

**Zur Definition 11.2 der symmetrischen Bilinearform:** Die Bilinearform $\langle \cdot, \cdot \rangle_A$ aus Beispiel 107 ist genau dann symmetrisch, wenn die Matrix $A$ symmetrisch ist, das heißt wenn $A^T = A$. Dies folgt sofort aus

$$\langle x, y \rangle_A = (x^T A y)^T = y^T A x = \langle y, x \rangle_A .$$

Näheres in Kap. 14.

---

**Erklärung**

**Zur Definition 11.3 der darstellenden Matrix:** Das Konzept ist schon aus der Linearen Algebra 1 bekannt. Auch für Bilinearformen gibt es eine Darstellungsmatrix und auch einen Basiswechselsatz (siehe Satz 11.4). Um das Prinzip dahinter zu verstehen, fassen wir nochmals zusammen, was wir über Darstellungsmatrizen bei linearen Abbildungen zwischen Vektorräumen wissen und was wir dort gelernt haben. Dort konnte man zwischen zwei Vektorräumen, die durch eine lineare Abbildung miteinander „verbunden" waren (was wir natürlich meinen: die lineare Abbildung bildete von einem Vektorraum in den anderen ab), eine darstellende Matrix ermitteln, indem wir uns entsprechend eine Basis des einen und eine des anderen Vektorraums gewählt und danach die Basisvektoren der einen Basis unter der linearen Abbildung abgebildet haben, und diese Vektoren haben wir dann als Linearkombinationen der anderen Basisvektoren geschrieben. So erhielt man die darstellende Matrix. Auch eine Transformationsmatrix ist uns nicht unbekannt. Damit konnten wir quasi zwischen zwei Basen „hin und her springen". Ein Beispiel für Bilinearformen schauen wir uns in den Erklärungen zu Satz 11.2 an.

---

**Erklärung**

**Zur Definition 11.4 der Orthonormalbasis:** Wir wissen aus der Linearen Algebra 1, dass man zu jedem Vektorraum eine Basis finden kann. Eine Orthonormalbasis ist nun eine „besondere" Basis, bei der alle Basisvektoren paarweise senkrecht aufeinander stehen. Dies sagt gerade die Eigenschaft $\langle v_i, v_j \rangle = 0$. Wenn nur das gilt, so heißt die Basis orthogonal. Wenn zusätzlich noch gilt, dass $\langle v_i, v_i \rangle = 1$ für alle Vektoren $v_i$, so heißt die Basis eine Orthonormalbasis. Diese Eigenschaft bedeutet einfach nur, dass alle Vektoren normiert sind, also die Länge 1 besitzen, mehr nicht. Wir werden sehen, dass unter gewissen Voraussetzungen eine Orthonormalbasis (ab und zu kürzen wir dieses aus Faulheit mit ONB ab) in einem Vektorraum existiert. Die interessante Frage ist aber, wie man aus einer „normalen" Basis eine ONB konstruiert. Dies geschieht mit dem sogenannten Orthogonalisierungsverfahren von Gram-Schmidt, siehe dazu Satz 11.6 und seine Erklärungen.

---

**Erklärung**

**Zur Definition 11.5 der positiven Definitheit:** Dies kennen wir schon von Matrizen. Diese Definition ist einfach nur die Verallgemeinerung auf Bilinearformen. Aber da jede Bilinearform eine Darstellungsmatrix besitzt, können wir das Konzept wieder auf die Definitheit von Matrizen zurückführen. Und dies haben wir in Kap. 4 bei den Extremwertaufgaben geübt, denn dort mussten wir ja die sogenannte Hesse-Matrix auf Definitheit überprüfen, um entscheiden zu können, ob ein Maximum oder Minimum vorlag. Um das Problem einzuüben, eine kleine Aufgabe zum Lösen, die etwa Klausurstil hat :-).

▶ **Beispiel 109** Sei $A = (a_{ij}) \in \mathcal{M}_{n,n}(\mathbb{R})$ eine reelle symmetrische Matrix.

i) Zeige: Ist $A$ positiv definit, so gilt $a_{ii} > 0$ für alle $i = 1, \ldots, n$.

ii) Zeige, dass die Umkehrung in a) nicht gilt!

iii) Sei

$$A = \begin{pmatrix} a & b \\ b & c \end{pmatrix} \in \mathcal{M}_{2,2}(\mathbb{R}).$$

Beweise das Hauptminorenkriterium (vgl. auch den Satz 11.8):

$$A \text{ positiv definit} \Leftrightarrow a > 0 \text{ und } \det(A) = ac - b^2 > 0.$$

Die Lösung geht so:

i) Erst einmal stellen wir fest, dass die Behauptung für beliebige quadratische Matrizen falsch ist. Denn dazu betrachte die Matrix

$$A = \begin{pmatrix} 1 & -2 \\ 2 & -3 \end{pmatrix}.$$

Diese Matrix ist nach dem Hauptminorenkriterium (Teil iii) dieser schönen Aufgabe positiv definit, denn det $1 = 1 > 0$ und

$$\det A = \det \begin{pmatrix} 1 & -2 \\ 2 & -3 \end{pmatrix} = -3 + 4 = 1 > 0.$$

(Wir benutzen diesen Teil schon einmal, aber für den Beweis von c) benötigen wir Teil i) und ii) nicht, daher ergibt sich kein Ringschluss.) Aber es gilt nicht $a_{ii} > 0$ für alle $i = 1, \ldots, n$. Die Symmetrie, die an die Matrix vorausgesetzt wird, ist also irgendwie wichtig und muss im Beweis mit eingehen. Beginnen wir mit dem Beweis: Wenn $A$ positiv definit ist, dann heißt das nach Definition $x^T A x > 0$ für alle $x \in \mathbb{R}^n$, $x \neq 0$. Es gilt demnach:

$$x^T A x = \begin{pmatrix} x_1 \cdots x_n \end{pmatrix}^T \cdot \begin{pmatrix} a_{11} & \cdots & a_{1n} \\ \vdots & \ddots & \vdots \\ a_{n1} & \cdots & a_{nn} \end{pmatrix} \cdot \begin{pmatrix} x_1 \\ \vdots \\ x_n \end{pmatrix} = \sum_{i,j=1}^{n} a_{ij} x_i x_j > 0.$$

Da die Matrix symmetrisch ist, gilt $A^T = A$ und damit also

$$\sum_{i,j=1}^{n} a_{ij} x_i x_j = \sum_{i,j=1}^{n} a_{ji} x_j x_i > 0.$$

Folglich muss $a_{ij} > 0$ für alle $i = 1, \ldots, n$ gelten. Zum Beispiel erfüllt der $i$-te Einheitsvektor diese Eigenschaft. Es gilt nämlich:

$$0 < e_i^T A e_i = \begin{pmatrix} 0 \cdots 1 \cdots 0 \end{pmatrix} \cdot \begin{pmatrix} a_{11} & \cdots & a_{1n} \\ \vdots & \ddots & \vdots \\ a_{n1} & \cdots & a_{nn} \end{pmatrix} \cdot \begin{pmatrix} 0 \\ \vdots \\ 1 \\ \vdots \\ 0 \end{pmatrix}$$

$$= \begin{pmatrix} a_{i1} & a_{i2} & \cdots & a_{in} \end{pmatrix} \cdot \begin{pmatrix} 0 \\ \vdots \\ 1 \\ \vdots \\ 0 \end{pmatrix} = a_{ii} \Rightarrow a_{ii} > 0.$$

Die 1 steht dabei jeweils an der $i$-ten Stelle.

ii) Nun zeigen wir durch ein konkretes Beispiel, dass die Umkehrung in i) falsch ist, das heißt, wenn alle Diagonaleinträge größer als Null sind, folgt eben nicht, dass die Matrix positiv definit ist. Dazu betrachten wir die Matrix

$$B := \begin{pmatrix} 1 & 2 \\ 2 & 1 \end{pmatrix}.$$

Diese Matrix besitzt nur positive Diagonaleinträge. Nach dem Hauptminorenkriterium (benutzen wir hier, ohne es bewiesen zu haben, weil beim Beweis von Teil iii) die Teile i) und ii) nicht eingehen!) ist diese aber nicht positiv definit, denn es gilt:

$$\det B = \det \begin{pmatrix} 1 & 2 \\ 2 & 1 \end{pmatrix} = 1 - 4 = -3 < 0.$$

iii) Der Beweis der Behauptung besteht aus zwei Richtungen. Fangen wir mit der Hin-Richtung (Wortspiel :-P) an: Sei $A$ positiv definit. Wir müssen zeigen, dass dann $a > 0$ und $\det A = ac - b^2 > 0$. Der erste Teil, also dass $a > 0$ folgt sofort aus Aufgabenteil i). Bleibt noch zu zeigen, dass $\det A = ac - b^2 > 0$. Dies wird klar, wenn wir uns die Definition der positiven Definitheit einer Matrix $A$ vor Augen führen. Eine Matrix $A$ heißt nach unserer Definition 11.5 positiv definit, wenn für alle $x \in \mathbb{R}^n$, $x \neq 0$

$$x^T A x > 0$$

gilt. Dies können wir aufgrund der einfachen Struktur der Matrix $A$ leicht ausrechnen. Dazu sei $x := \begin{pmatrix} x_1 \\ x_2 \end{pmatrix}$. Es gilt nun:

$$\begin{aligned}
(x_1 \ x_2) \cdot \begin{pmatrix} a & b \\ b & c \end{pmatrix} \cdot \begin{pmatrix} x_1 \\ x_2 \end{pmatrix} &= (x_1 \ x_2) \cdot \begin{pmatrix} ax_1 + bx_2 \\ bx_1 + cx_2 \end{pmatrix} \\
&= (ax_1 + bx_2)x_1 + (bx_1 + cx_2)x_2 \\
&= ax_1^2 + bx_2x_1 + bx_1x_2 + cx_2^2 \\
&= ax_1^2 + 2bx_2x_1 + cx_2^2 > 0.
\end{aligned}$$

Angenommen, es würde $\det(A) = ac - b^2 < 0$ gelten, dann wäre $ac < b^2$. Dann wäre aber

$$\underbrace{ax_1^2}_{>0} + 2bx_2x_1 + \underbrace{cx_2^2}_{>0}$$

nicht unbedingt größer als Null, was ein Widerspruch zu unserer Voraussetzung ist. Folglich muss $\det(A) = ac - b^2 > 0$ gelten. Dies zeigt den ersten Teil. Kommen wir zur Rückrichtung: Seien $a > 0$ und $\det(A) = ac - b^2 > 0$. Wir müssen nun zeigen, dass $A$ positiv definit ist. Hierfür führen wir eine einfache quadratische Ergänzung durch. Es gilt ja, wie oben berechnet, $x^T A x = ax_1^2 + 2bx_2x_1 + cx_2^2$. Nun schließen wir so:

$$\begin{aligned}
x^T A x &= ax_1^2 + 2bx_2x_1 + cx_2^2 \\
&= a\left(x_1^2 + 2\frac{b}{a}x_1x_2 + \frac{b^2}{a^2}x_2^2\right) + cx_2^2 - \frac{b^2}{a}x_2^2 \\
&= a\left(x_1 + \frac{b}{a}x_2\right)^2 + \left(c - \frac{b^2}{a}\right)x_2^2.
\end{aligned}$$

Da nun $a > 0$ und $\det(A) = ac - b^2 > 0$, ergibt sich sofort, dass

$$a\left(x_1 + \frac{b}{a}x_2\right)^2 + \left(c - \frac{b^2}{a}\right)x_2^2 > 0$$

und folglich $x^T A x > 0$.

Zum Schluss bemerken wir noch: Die Rechnung der Rück-Richtung bei iii) impliziert eigentlich einen Beweis für die Hin-Richtung. Wir hätten also eigentlich nur diese Rechnung angeben müssen. Seht ihr das? Aufgabe: Verkürzt den Beweis unter iii). ∎

---

**Erklärung**

**Zur Definition 11.6 zum euklidischen Vektorraum und der Norm:** Einen reellen Vektorraum mit einem Skalarprodukt mit beliebiger endlicher Dimension nennen wir also einfach einen euklidischen Vektorraum. Man nutzt dabei dann das Skalarprodukt, um die Länge (euklidische Norm) eines Vektors und auch den Winkel zwischen zwei Vektoren zu definieren. Die Norm eines Vektors gibt also einfach seine Länge an. Auch nichts Neues, oder?

---

**Erklärung**

**Zur Definition 11.7 der direkten Summe:** Hier wollen wir bemerken, dass man die Definition genau lesen muss. Die Summe $U_1 + U_2$ wird für jedes Paar $U_1, U_2$ von Untervektorräumen als Untervektorraum von $V$ definiert. Das heißt, für beliebig vorgegebene $U_1, U_2$ ist die Zuordnung $U := U_1 + U_2$ sinnvoll. Bei der direkten Summe dagegen wird von der Summe $U_1 + U_2$ eine zusätzliche Eigenschaft gefordert, die nicht notwendigerweise erfüllt sein muss, nämlich $U_1 \cap U_2 = \{0\}$. Die Zuordnung $U := U_1 \oplus U_2$ macht daher nicht im Allgemeinen Sinn.

Die direkte Summe kann auch wie folgt definiert werden: Es seien $U_1, \ldots, U_n \subset V$ Untervektorräume des Vektorraums $V$. Dann heißt

$$V = U_1 \oplus \ldots \oplus U_n$$

die direkte Summe, wenn die beiden folgenden Eigenschaften gelten:

i) $V = U_1 \cup \ldots \cup U_n$, also wenn $V$ von der Vereinigung der $U_i$ erzeugt wird.
ii) Für alle $i \in \{1, \ldots, n\}$ gilt

$$U_i \cap \left(U_1 \cup \ldots \cup \hat{U}_i \cup \ldots \cup U_r\right) = \{0\},$$

wobei $\hat{U}_i$ bedeutet, dass dieser weggelassen wird.

Ab und an ist es nützlich, äquivalente Beschreibungen der direkten Summe zu haben. Wir verweisen hierzu auf Satz 11.1.

Es ist an der Zeit, die direkte Summe an Beispielen einzuüben!

▶ **Beispiel 110** Bei diesem Beispiel verwenden wir ab und an die wichtige Dimensionsformel. Wem dies nichts mehr sagt, der lese sich bitte Satz 11.10 durch.

• Es sei $V$ der Vektorraum aller $(n \times n)$-Matrizen über den reellen Zahlen $\mathbb{R}$. Weiterhin definieren wir zwei Unterräume

$$U := \{A \in V : A^T = A\} \quad \text{und} \quad W := \{A \in V : A^T = -A\}.$$

Wir wollen jetzt untersuchen, ob $V = U \oplus W$ gilt. Zunächst müssten wir natürlich erst einmal zeigen, dass $U$ und $W$ wirklich Unterräume von $V$ sind. Dazu sei nicht viel gesagt, denn das solltet ihr aus der Linearen Algebra 1 kennen. Nur noch einmal so viel: Seien $A, B \in U$, also $A^T = A$ und $B^T = B$. Daraus ergibt sich

$$(A + B)^T = A^T + B^T = A + B.$$

Den Rest prüfe man bitte selbst nach :-). Wir wollen jetzt überprüfen, ob $V$ die direkte Summe von $U$ und $W$ ist. Dazu ist es immer nützlich, wenn wir die Dimensionen der einzelnen Unterräume kennen. Man kann sich überlegen (und auch dies soll eine Übungsaufgabe sein), dass

$$\dim(U) = \frac{1}{2}(n^2 + n) \quad \text{und} \quad \dim(W) = \frac{1}{2}(n^2 - n).$$

Nun an die eigentliche Arbeit: Der Vektorraum der $(n \times n)$-Matrizen über $\mathbb{R}$ hat die Dimension $n^2$, klar, oder? Die Nullmatrix liegt sowohl in $U$ als auch in $W$. Wegen (siehe Satz 11.10)

$$\dim(U) + \dim(W) = \frac{1}{2}(n^2 + n) + \frac{1}{2}(n^2 - n) = n^2$$

und

$$U \cap W = \{0\}$$

(denn die Nullmatrix − es ist das Nullelement des Vektorraums, welches in diesem Fall einfach die Matrix ist, die nur aus Nullen besteht − ist die einzige Matrix, die sowohl in $U$ als auch in $W$ enthalten ist) gilt also tatsächlich $V = U \oplus W$.

• Wir betrachten jetzt den Vektorraum aller Polynome vom Grad kleiner oder gleich 3 über $\mathbb{R}$ und die Unterräume

$$U_1 = \langle x^3 + 2x^2, 2x^3 + 3x^2 + 1 \rangle \quad \text{und}$$
$$U_2 = \langle x^3 + 2x^2 + 1, x^3 - 1, x^2 + 1 \rangle.$$

Wir wollen jetzt jeweils die Dimensionen von $U_1, U_2, U_1 + U_2$ und $U_1 \cap U_2$ angeben und einen Unterraum $W$ von $V$ so konstruieren, dass $V = U_1 \oplus W$. Da $x^3 + 2x^2$ und $2x^3 + 3x^2 + 1$ linear unabhängig sind, folgt $\dim(U_1) = 2$, und $x^3 + 2x^2, 2x^3 + 3x^2 + 1$ bilden eine Basis von $U_1$. Außerdem sind $x^3 - 1$ und $x^2 + 1$ linear unabhängig, und es gilt:

$$(x^3 - 1) + 2(x^2 + 1) = x^3 + 2x^2 + 1.$$

Demnach ist also $\dim(U_2) = 2$, und $x^3 - 1, x^2 + 1$ bilden eine Basis von $U_2$. Für $u \in U_1 \cap U_2$ erhalten wir

$$u = \alpha(x^3 + 2x^2) + \beta(2x^3 + 3x^2 + 1) = \gamma(x^3 - 1) + \delta(x^2 + 1).$$

Hieraus ergibt sich ein lineares Gleichungssystem, das auf einen eindimensionalen Lösungsraum

$$U = \langle (0, 1, 2, 3) \rangle$$

führt. Daraus folgt nun

$$U_1 \cap U_2 = \langle 2x^3 + 3x^2 + 1 \rangle.$$

Die Dimensionsformel (Satz 11.10) liefert nun

$$\dim(U_1 + U_2) = 2 + 2 - 1 = 3.$$

Da $x^3 + 2x^2, 2x^3 + 3x^2 + 1, x^2 + 1 \in U_1 + U_2$ linear unabhängig sind (dies prüft ihr wie gewohnt durch Aufstellen eines linearen Gleichungssystems, oder ihr überlegt euch, dass man das eine Element nicht mithilfe des anderen darstellen kann), bilden sie eine Basis der Summe $U_1 + U_2$. Ergänzt man die obige Basis von $U_1$ durch 1 und $x$ zu einer Basis von $V$, so gilt für $W := \langle 1, x \rangle$, wie gewünscht, $V = U_1 \oplus W$.

Wir klären jetzt noch die Frage, wie man auf das Gleichungssystem kommt. Nun ja, es müssen folgende Gleichungen gelten:

$$\alpha x^3 + 2\alpha x^2 + 2\beta x^3 + 3\beta x^2 + \beta = (\alpha + 2\beta)x^3 + (2\alpha + 3\beta)x^2 + \beta$$
$$\gamma x^3 - \gamma + \delta x^2 + 1 = \gamma x^3 + \delta x^2 + 1 - \gamma.$$

Durch Koeffizientenvergleich erhalten wir sofort das folgende Gleichungssystem

$$\alpha + 2\beta = \gamma, \quad \delta = 2\alpha + 3\beta, \quad \beta = 1 - \gamma.$$

**Zur Definition 11.8 des Komplements:** Das Komplement ist keinesfalls eindeutig. Dazu betrachte man einfach eine Gerade im $\mathbb{R}^2$ durch den Ursprung. Dazu kann ein Komplement gebildet werden. Nämlich wieder eine Gerade durch den Ursprung. Davon gibt es aber unendlich viele.

**Zur Definition 11.10 zur Projektion:** Ist $(V, \langle \cdot, \cdot \rangle)$ ein euklidischer Vektorraum. In diesem Fall gibt es für jeden Untervektorraum $U \subset V$ eine ausgezeichnete Projektion $p_U : V \to V$, die *orthogonale Projektion*. Ist $U \subset V$ ein Untervektorraum, dann ist die Teilmenge

$$U^\perp := \{v \in V : v \perp u \ \forall u \in U\}$$

ein Komplement zu $U$. Der Unterraum $U^\perp$ heißt das *orthogonale Komplement* von $U$; wir haben dies in Definition 11.9 bereits angeführt. Die Projektion $p = p_U : V \to U$ bezüglich $U^\perp$ heißt die *orthogonale Projektion*.

Ist $(u_1, \ldots, u_r)$ eine Orthonormalbasis eines Untervektorraums $U \subset V$, so wird die orthogonale Projektion $p : V \to U$ durch die Formel

$$p(v) := \sum_{i=1}^{r} \langle u_i, v \rangle \cdot u_i$$

gegeben. Diese Aussage macht auch für den Fall $U = V$ Sinn. Man erhält so die folgende Aussage: Ist $\mathcal{B} = (u_1, \ldots, u_n)$ eine Orthonormalbasis von $V$, so gilt für jeden Vektor $v \in V$ die Formel

$$v = \sum_{i=1}^{n} \langle u_i, v \rangle \cdot u_i.$$

Der Koordinatenvektor von $v$ bezüglich der Orthonormalbasis $\mathcal{B}$ ist also

$$x = \begin{pmatrix} \langle u_1, v \rangle \\ \vdots \\ \langle u_n, v \rangle \end{pmatrix}.$$

Zum Abschluss dieser Erklärungen wollen wir am folgenden Beispiel noch den Zusammenhang zwischen Projektion und Skalarprodukt erklären.

▶ **Beispiel 111** Das Skalarprodukt kann man auch als Länge eines Vektors multipliziert mit der projizierten Länge eines anderen Vektors sehen. Dies geht so: Wir betrachten zwei Vektoren aus dem $\mathbb{R}^2$ mit den Koordinaten $x = (x_1, x_2)^T$ und $y = (y_1, y_2)^T$. Das Standardskalarprodukt dieser beiden Vektoren ist gegeben durch

$$\langle x, y \rangle = x_1 y_1 + x_2 y_2.$$

Die Länge von $x$ ist gerade $|x| = \sqrt{x_1^2 + x_2^2}$. Ohne Beschränkung der Allgemeinheit sei $x_2 = 0$. Dann entspricht die Projektion von $y$ auf $x$ dem Vektor $y_p = (y_1, 0)$. Demnach ist

$$\langle x, y \rangle = x_1 y_1 = |x||y_p|.$$

Dies zeigt das Gewünschte.                                                          ∎

---

**Erklärung**

**Zur Definition 11.11 der hermiteschen Form:** Dies ist quasi die Bilinearform (siehe Definition 11.1) im komplexen Fall. Diese bezeichnet man in der Literatur auch häufig als *Sesquilinearform* und meint damit eine Funktion, die zwei Vektoren einen Skalarwert zuordnet und die linear in einem und semilinear im anderen ihrer beiden Argumente ist. Mehr wollen wir dazu nicht sagen, nur eine Anmerkung: Ist $f$ eine hermitesche Form auf $V$, so folgt aus der hermiteschen Symmetrie, dass

$$q(v) := f(v, v) \in \mathbb{R}$$

eine reelle Zahl ist und zwar für alle $v \in V$. Die Funktion $q : V \to \mathbb{R}_{\geq 0}$ hat die beiden Eigenschaften

$$q(\lambda v) = |\lambda|^2 q(v) \quad \text{und} \quad q(v + w) = q(v) + q(w) + 2\mathrm{Re}\, f(v, w).$$

Hierbei meinen wir mit $\mathrm{Re}\, f(v, w)$ den Realteil von $f(v, w)$. Betrachtet man $V$ als $\mathbb{R}$-Vektorraum, so ist $q$ eine quadratische Form. Sie ist genau dann positiv definit, wenn $f$ positiv definit ist.

▶ **Beispiel 112** Seien $I = [a, b] \subset \mathbb{R}$ ein abgeschlossenes Intervall und $\mathcal{C}(I, \mathbb{C})$ der $\mathbb{C}$-Vektorraum der stetigen, komplexwertigen Funktionen $f : I \to \mathbb{C}$. Durch

$$\langle f, g \rangle_I := \int_a^b \overline{f(t)} g(t) dt$$

wird eine positiv definite hermitesche Form auf $V$ definiert.                       ∎

---

**Erklärung**

**Zur Definition 11.12 der Selbstadjungiertheit:** Für die Adjungierte kann man relativ leicht die folgenden Eigenschaften zeigen:

$$(A + B)^* = A^* + B^*, \ (AB)^* = B^* A^*, \ (\lambda A)^* = \overline{\lambda} A^*, \ (A^*)^* = A.$$

▶ **Beispiel 113** Seien $V = \mathbb{C}^n$ und $A = (a_{ij}) \in \mathcal{M}_{n,n}(\mathbb{C})$ eine selbstadjungierte Matrix. Dann ist die durch

$$\langle x, y \rangle_A := x^* A y = \sum_{i,j} a_{ij} \overline{x}_i y_j \qquad (11.5)$$

definierte Abbildung $\langle \cdot, \cdot \rangle_A : V \times V \to \mathbb{C}$ eine hermitesche Form. Ist $A = E_n$ die Einheitsmatrix, so ergibt sich natürlich das Standardskalarprodukt. Wir zeigen zur Übung noch einmal, dass (11.5) wirklich eine hermitesche Form definiert. Es gilt:

$$\begin{aligned}
\langle x + y, z \rangle_A &= (x + y)^* A z = (x^* + y^*) A z \\
&= x^* A z + y^* A z \\
&= \langle x, z \rangle_A + \langle y, z \rangle_A
\end{aligned}$$

und

$$\begin{aligned}
\langle \lambda x, y \rangle_A &= (\lambda x)^* A y \\
&= \overline{\lambda} x^* A y = \overline{\lambda} \cdot \langle x, y \rangle_A \,.
\end{aligned}$$

Die hermitesche Symmetrie folgt aus der Selbstadjunigertheit von $A$:

$$\begin{aligned}
\overline{\langle x, y \rangle_A} &= (x^* A y)^* = y^* A^* x \\
&= y^* A x = \langle y, x \rangle_A \,.
\end{aligned}$$

■

Letzte Anmerkung zu dieser Definition: Es gibt recht viele unterschiedliche Notationen für die Adjungierte von $A$. Beispielsweise $A^+$ oder $A^\dagger$ etc. Da müsst ihr also immer schauen, mit welchem Buch ihr es zu tun habt, und euch dem Autor anpassen :-).

---
**Erklärung**

**Zur Definition 11.13 der darstellenden Matrix im Komplexen:** Dies ist nichts Neues, sondern funktioniert genauso wie im Reellen. Dazu sei nicht mehr so viel gesagt. Siehe die Definition 11.3 und die Erklärungen.

---
**Erklärung**

**Zur Definition 11.14 und 11.15 des unitären Raums und der unitären Matrix:** Ein unitärer Raum im Komplexen ist das Analogon zum euklidischen Raum im Reellen. Der unitäre Standardvektorraum der Dimension $n$ ist $V = \mathbb{C}^n$ zusammen mit dem Standardskalarprodukt

$$\langle x, y \rangle = x^* y.$$

Ein paar weitere Anmerkungen:

i) Unitäre Matrizen sind nach Definition invertierbar, und mit $Q, P \in U_n$ sind auch die Matrizen $Q^{-1} = Q^*$ und $PQ$ unitär. Deshalb ist $U_n$ eine Untergruppe von $\mathrm{GL}_n(\mathbb{C})$. Für eine reelle Matrix $Q \in \mathcal{M}_{n,n}(\mathbb{R})$ gilt $Q^* = Q^T$. Eine reelle Matrix ist daher genau dann unitär, wenn sie orthogonal ist. Mit anderen Worten: Es gilt:

$$O_n(\mathbb{R}) = U_n \cap \mathrm{GL}_n(\mathbb{R}).$$

ii) Seien $(V, \langle \cdot, \cdot \rangle)$ ein endlichdimensionaler unitärer Raum und $\mathcal{A}$ eine Orthonormalbasis von $V$. Für jede Basis $\mathcal{B}$ von $V$ gilt dann: $\mathcal{B}$ ist genau dann eine Orthonormalbasis, wenn die Basiswechselmatrix $Q = T_{\mathcal{A}}^{\mathcal{B}}$ unitär ist.

iii) Wendet man ii) auf den unitären Standardraum $\mathbb{C}^n$ an, so erhält man die folgende Aussage: Eine Matrix $Q \in \mathcal{M}_{n,n}(\mathbb{C})$ ist genau dann unitär, wenn die Spalten von $Q$ eine Orthonormalbasis des $\mathbb{C}^n$ bilden.

▶ **Beispiel 114**  Beispielsweise sind die Matrizen für $t \in \mathbb{R}$

$$A := \begin{pmatrix} \cos(t) & -\sin(t) \\ \sin(t) & \cos(t) \end{pmatrix}, \quad B = \frac{1}{\sqrt{2}} \begin{pmatrix} 1 & 1 \\ i & -i \end{pmatrix}, \quad C = \begin{pmatrix} e^{it} & 0 \\ 0 & e^{-it} \end{pmatrix}$$

unitär, wie ihr euch überlegen solltet! Tipp: Nicht invertieren!  ∎

---

**Erklärung**

**Zur Definition 11.16 der Adjungierten eines Endomorphismus:** Sind $\phi, \psi :$ $V \to V$ Endomorphismen mit Adjungierten $\phi^*$ und $\psi^*$, so gilt:

$$(\phi + \psi)^* = \phi^* + \psi^*, \quad (\lambda\phi)^* = \overline{\lambda}\phi^* \ \forall \lambda \in \mathbb{C}, \quad (\phi^*)^* = \phi.$$

---

**Erklärung**

**Zur Definition 11.17 von unitär, selbstadjungiert und normal:** Bevor wir ein paar Beispiele geben, drei Anmerkungen:

i) Ein Endomorphismus $\phi : V \to V$ ist genau dann unitär, wenn für alle $v, w \in V$

$$\langle \phi(v), \phi(w) \rangle = \langle v, w \rangle$$

gilt.

ii) Unitäre Endomorphismen sind normal, selbstadjungierte ebenfalls.

iii) Geometrisch bedeutet unitär, dass das Skalarprodukt Längen und Winkel erhält.

Beliebte Übungsaufgaben auf Übungszetteln oder in Klausuren sind, dass man gewisse Behauptungen gibt und die Studenten entscheiden lässt, ob diese wahr (dann muss man es beweisen) oder falsch (dann muss man ein Gegenbeispiel geben) sind.

Als Mathematiker solltet ihr nämlich im Laufe eures Studiums ein „Gefühl" entwickeln, ob gewisse Aussagen richtig oder falsch sind. Also versuchen wir uns dran. Seien $A, B \in \mathcal{M}_{n,n}(\mathbb{C})$ zwei Matrizen.

- Wir behaupten: Mit $A$ und $B$ ist auch $A + B$ unitär. Diese Behauptung ist falsch. Beispielsweise sind $E$ und $-E$ unitäre Matrizen, aber $-E + E = 0 \notin U_n$, denn die Nullmatrix ist nicht unitär. Ein anderes Gegenbeispiel liefert die unitäre Matrix

$$A = B := \begin{pmatrix} \cos(t) & -\sin(t) \\ \sin(t) & \cos(t) \end{pmatrix}.$$

Es gilt:

$$A + B = 2 \begin{pmatrix} \cos(t) & -\sin(t) \\ \sin(t) & \cos(t) \end{pmatrix}.$$

Demnach gilt:

$$(A + B)^* = 2 \begin{pmatrix} \cos(t) & \sin(t) \\ -\sin(t) & \cos(t) \end{pmatrix}.$$

Also

$$(A + B)^* \cdot (A + B) = 2 \begin{pmatrix} \cos(t) & \sin(t) \\ -\sin(t) & \cos(t) \end{pmatrix} 2 \begin{pmatrix} \cos(t) & -\sin(t) \\ \sin(t) & \cos(t) \end{pmatrix}$$

$$= 4 \begin{pmatrix} 1 & 0 \\ 0 & 1 \end{pmatrix} \notin E_2.$$

- Wir behaupten: Mit $A$ und $B$ ist auch $A + B$ selbstadjungiert. Diese Behauptung ist richtig, denn da $A$ und $B$ selbstadjungiert sind, erhalten wir

$$(A + B)^* = A^* + B^* = A + B.$$

- Wir behaupten: Ist $A$ selbstadjungiert, so ist $\det(A) \in \mathbb{R}$. Sei $A$ selbstadjungiert, das heißt $A^* = A$. Wir wissen außerdem, dass $\det(A) = \det(A)^T$. Weiterhin gilt $\det(A^*) = \det(\overline{A})^T = \det(\overline{A})$. Insgesamt also

$$\det A = \det A^* = \det \overline{A} = \det A^T.$$

Aus der Leibniz-Formel der Determinante folgt $\det \overline{A} = \overline{\det A}$. Dies impliziert nun

$$\det A = \det \overline{A} = \overline{\det A}.$$

Insbesondere also $\det A = \overline{\det A}$. Eine Zahl ist aber nur dann gleich ihrem komplex Konjugierten, wenn sie reell ist. Daher ist die Behauptung richtig.

- Wir behaupten: Ist $A$ unitär, so gilt $|\det(A)| = 1$. Auch diese Behauptung ist richtig. Dies müssen wir nur noch beweisen.

$$A \text{ unitär} \Leftrightarrow AA^* = A\overline{A}^T = E_n$$
$$\Leftrightarrow \det A \cdot \det \overline{A}^T = \det E_n = 1$$
$$\Leftrightarrow \det A \cdot \det \overline{A} = 1.$$

Unter Benutzung der Leibniz-Formel der Determinante folgt, dass $\det \overline{A} = \overline{\det A}$. Demnach gilt $\det A \cdot \overline{\det A} = 1$, also $|\det A|^2 = 1$ und somit $|\det A| = 1$. Damit sind wir fertig
Eine andere Möglichkeit des Beweises kann über den Spektralsatz (siehe Satz 11.19) geführt werden: Wir wissen, dass unitäre Matrizen insbesondere normal und damit unitär diagonalisierbar sind. Die Eigenwerte haben dann alle den Betrag 1. Damit folgt ebenfalls die Behauptung.
- Wir behaupten: Ist $A$ selbstadjungiert, so folgt $\ker(A) = (\text{im}(A))^\perp$. Auch diese letzte Aussage ist richtig. Man beweist sie am besten so: Seien $x \in \ker(A)$ und $y \in \mathbb{C}^n$ beliebig. Wir müssen zeigen, dass dann auch $x \in (\text{im}(A))^\perp$. Da $x$ im Kern von $A$ liegt, gilt $\langle Ax, y \rangle = \langle 0, y \rangle = 0$. Da $A$ selbstadjungiert ist, ergibt sich aber auch

$$\langle Ax, y \rangle = \langle x, A^* y \rangle = \langle x, Ay \rangle.$$

Nun ist $Ay \in (\text{im}(A))$. Also ist $x \in (\text{im}(A))^\perp$. Folglich gilt $\ker(A) \subset (\text{im}(A))^\perp$. Umgekehrt: Sei $z \in \text{im}(A)$, das heißt $z = Ay$ für $y \in \mathbb{C}^n$, somit $x \in (\text{im}(A))^\perp$. Zu zeigen ist, dass auch $x \in \ker(A)$ gilt. Man schließt nun

$$0 = \langle x, z \rangle = \langle x, Ay \rangle = \langle A^* x, y \rangle = \langle Ax, y \rangle.$$

Hieraus ergibt sich $Ax = 0$ und damit $x \in \ker(A)$, folglich $(\text{im}(A))^\perp \subset \ker(A)$. Insgesamt folgt also die Behauptung $\ker(A) = (\text{im}(A))^\perp$.

▶ **Beispiel 115** Und zum Schluss zur Erklärung dieser Definition noch einmal drei Behauptungen, die wir beweisen wollen, denn Beweisen macht Spaß oder etwa nicht? Sei $A \in \mathcal{M}_{n,n}(\mathbb{R})$ schiefsymmetrisch, das heißt $A^T = -A$.

- Wir behaupten: $A$ ist normal. Wir müssen zeigen, dass $A^* A = AA^*$. Dabei ist $A^* = \overline{A}^T$. Da $A$ reell ist, gilt $A^* = A^T$. Es gilt:

$$A^* A = A^T A = -AA = -A^2,$$
$$AA^* = AA^T = A(-A) = -A^2.$$

Also ist jede schiefsymmetrische Matrix normal!

- Wir beweisen: Jeder Eigenwert von $A$ ist rein imaginär, das heißt von der Form $t \cdot i$
  mit $t \in \mathbb{R}$. Dies sieht man so: Sei $\lambda$ ein Eigenwert der Matrix $A$ zum Eigenvektor
  $x$. Dann gilt die folgende Gleichungskette:

$$\lambda \langle x, x \rangle = \langle \lambda x, x \rangle = \langle Ax, x \rangle = \langle x, A^* x \rangle$$

$$= \langle x, A^T x \rangle = \langle x, -Ax \rangle = \langle x, -\lambda x \rangle = -\overline{\lambda} \langle x, x \rangle.$$

Nun kürzen wir auf beiden Seite $\langle x, x \rangle$ und erhalten $\lambda = -\overline{\lambda}$.

- Wir zeigen: Ist $n$ ungerade, so hat $A$ den Eigenwert 0. Es ist klar, dass eine quadratische Matrix mit ungerader Zeilen- und Spaltenanzahl immer mindestens einen
  reellen Eigenwert besitzt. Der Grund liegt im charakteristischen Polynom: Dessen Grad ist ungerade. Und ein Polynom mit maximalem ungeraden Grad hat
  immer genau eine Nullstelle im Reellen. Dies folgt aus dem Zwischenwertsatz
  der Analysis. Aus dem letzten Aufgabenteil wissen wir aber, dass eine schiefsymmetrische Matrix rein imaginäre Eigenwerte besitzt. 0 ist aber die einzige
  Zahl, die gleichzeitig reell als auch rein imaginär ist. Dies folgt aus der Tatsache,
  dass sich (geometrisch gesehen) die reelle und die imaginäre Achse im Ursprung
  schneiden.                                                                      ∎

## 11.4    Erklärungen zu den Sätzen und Beweisen

**Erklärung**

**Zum Satz 11.1:** Dieser Satz gibt eine äquivalente Beschreibung der Definition 11.7
der direkten Summe. Für uns ist dabei vor allem Folgendes wichtig: Ist $V = U_1 \oplus
\cdots \oplus U_n$, so erhält man eine Basis von $V$ durch Vereinigung der Basen der $U_i$.

**Erklärung**

**Zum Satz 11.2 und 11.3 über die Darstellungsmatrix:** Dieser Satz besagt einfach
nur, dass $f$ in dem durch $\mathcal{B}$ definierten Koordinatensystem durch das in Beispiel 107
definierte Skalarprodukt $\langle \cdot, \cdot \rangle_A$ gegeben ist.

▶ **Beispiel 116**

- Seien $V = \mathbb{Q}^2$ und $f := \langle \cdot, \cdot \rangle$ das Standardskalarprodukt. Dann ist die Darstellungsmatrix die Einheitsmatrix. Es gilt also:

$$\mathcal{M}_{\mathcal{E}}(f) = \begin{pmatrix} 1 & 0 \\ 0 & 1 \end{pmatrix},$$

wobei $\mathcal{E}$ die Standardbasis bezeichnet.

- Sei $\mathcal{B} = (v_1, v_2)$ eine Basis mit

$$v_1 = \begin{pmatrix} 1 \\ 1 \end{pmatrix} \quad \text{und} \quad v_2 = \begin{pmatrix} -1 \\ 2 \end{pmatrix}.$$

Dann gilt:

$$\langle v_1, v_2 \rangle = \langle v_2, v_1 \rangle = 1, \quad \langle v_1, v_1 \rangle = 2, \quad \langle v_2, v_2 \rangle = 5.$$

Demnach ist die Darstellungsmatrix gegeben durch

$$\mathcal{M}_\mathcal{B}(f) = \begin{pmatrix} 2 & 1 \\ 1 & 5 \end{pmatrix}.$$

Dies soll an Beispielen genügen. ∎

**Erklärung**

**Zum Satz 11.3 und 11.4 (Basiswechselsatz für Bilinearformen):** Wir erklären den Satz an einem Beispiel.

▶ **Beispiel 117** Seien $V = \mathbb{Q}^2$ der Standardvektorraum der Dimension 2 über $\mathbb{Q}$ und $f := \langle \cdot, \cdot \rangle$ das Standardskalarprodukt auf $V$. Ist $\mathcal{E} = (e_1, e_2)$ die Standardbasis von $V$, so gilt:

$$\mathcal{M}_\mathcal{E}(f) = E_2 = \begin{pmatrix} 1 & 0 \\ 0 & 1 \end{pmatrix}.$$

Nun sei $\mathcal{B} := (v_1, v_2)$ die Basis mit den Vektoren

$$v_1 = \begin{pmatrix} 1 \\ 1 \end{pmatrix} \quad \text{und} \quad v_2 = \begin{pmatrix} -1 \\ 2 \end{pmatrix}.$$

Die Transformationsmatrix des Basiswechsels von $\mathcal{B}$ nach $\mathcal{E}$ ist also

$$Q := T_\mathcal{E}^\mathcal{B} = \begin{pmatrix} 1 & -1 \\ 1 & 2 \end{pmatrix}.$$

Aus Satz 11.4 folgt nun

$$B := \mathcal{M}_\mathcal{B}(f) = Q^T Q = \begin{pmatrix} 2 & 1 \\ 1 & 5 \end{pmatrix}.$$

Wie erwartet ist $B$ eine symmetrische Matrix mit den Einträgen

$$\langle v_1, v_2 \rangle = \langle v_2, v_1 \rangle = 1, \quad \langle v_1, v_1 \rangle = 2, \quad \langle v_2, v_2 \rangle = 5.$$

Vergleiche auch das Beispiel 116. ∎

▶ **Beispiel 118** Sei $\mathcal{B} = (v_1, v_2)$ eine Basis des Vektorraums $\mathbb{Q}^2$ mit

$$v_1 = \begin{pmatrix} 1 \\ 1 \end{pmatrix} \quad \text{und} \quad v_2 = \begin{pmatrix} -1 \\ 2 \end{pmatrix}.$$

Dann haben wir schon errechnet, dass

$$\langle v_1, v_1 \rangle = 2. \ \langle v_1, v_2 \rangle = \langle v_2, v_1 \rangle = 1, \ \langle v_2, v_2 \rangle = 5.$$

Folglich kann man die darstellende Matrix ablesen zu

$$\mathcal{M}_\mathcal{B}(f) = \begin{pmatrix} 2 & 1 \\ 1 & 5 \end{pmatrix}.$$

Wir wollen jetzt den Basiswechselsatz anwenden und stellen nun die Vektoren $v_1$ und $v_2$ als Linearkombinationen der Einheitsvektoren dar, also bezüglich der Standardbasis $\mathcal{E}$. Es gilt demnach:

$$v_1 = \begin{pmatrix} 1 \\ 1 \end{pmatrix} = e_1 + e_2 \quad \text{und} \quad v_2 = \begin{pmatrix} -1 \\ 2 \end{pmatrix} = -e_1 + 2e_2.$$

Die Basiswechselmatrix lautet folglich

$$Q := T_\mathcal{E}^\mathcal{B} = \begin{pmatrix} 1 & -1 \\ 1 & 2 \end{pmatrix}.$$

Wir erhalten demnach

$$v = x_1' v_1 + x_2' v_2 = \begin{pmatrix} x_1 \\ x_2 \end{pmatrix} \Rightarrow x = Qx',$$

$$w = y_1' v_1 + y_2' v_2 = \begin{pmatrix} y_1 \\ y_2 \end{pmatrix} \Rightarrow y = Qy'.$$

Hierbei sind $x' = \begin{pmatrix} x_1' \\ x_2' \end{pmatrix}$ und $y' = \begin{pmatrix} y_1' \\ y_2' \end{pmatrix}$. Bei dieser Rechnung haben wir einfach ausgenutzt, dass man jeden Vektor des Vektorraums auf eindeutige Weise als Linearkombination der Basisvektoren darstellen kann. Weiterhin gilt:

$$\begin{aligned} f(v, w) = x^T E y = x^T y &= (Qx')^T (Qy') \\ &= (x')^T Q^T Q y' = (x')^T (Q^T Q) y' \\ \Rightarrow M_\mathcal{B}(f) &= Q^T Q. \end{aligned}$$

■

**Erklärung**

**Zum Satz 11.5 und dem Gram-Schmidt-Verfahren (Satz 11.6):** Mit Gram-Schmidt werdet ihr in jeder Vorlesung zur Linearen Algebra 2 und in den Übungen „gequält" werden. Seht dies aber bitte nicht als Quälen, sondern genießt es (auch wenn es schwer fällt :-D), denn dieses Orthogonalisierungsverfahren ist sehr mächtig und muss eingeübt werden. Wir betrachten daher eine Menge an Beispielen.

▶ **Beispiel 119** Sei $I = [a, b] \subset \mathbb{R}$ ein abgeschlossenes und endliches Intervall. Mit $\mathcal{C}(I)$ bezeichnen wir den Vektorraum der stetigen Funktionen $f : I \to \mathbb{R}$. Dann wird durch

$$\langle f, g \rangle_I := \int_a^b f(x)g(x)\,\mathrm{d}x$$

eine symmetrische, positiv definite Bilinearform auf $\mathcal{C}(I)$ erklärt. Wir nehmen an, dass $I = [0, 1]$, also $a = 0$ und $b = 1$. Sei

$$V = \langle 1, x, x^2 \rangle$$

der Untervektorraum von $\mathcal{C}(I)$ aller Polynomfunktionen vom Grad kleiner gleich 2. Sei $\mathcal{A} = (1, x, x^2)$ die Standardbasis von $V$. Wegen

$$\left\langle x^i, x^j \right\rangle_I = \int_0^1 x^{i+j}\,\mathrm{d}x = \left[ \frac{1}{i+j+1} \cdot x^{i+j+1} \right]_0^1 = \frac{1}{i+j+1}$$

ist die Darstellungsmatrix von $\langle \cdot, \cdot \rangle_I$ gerade gegeben durch

$$A = \mathcal{M}_{\mathcal{A}}(\langle \cdot, \cdot \rangle_I) = \begin{pmatrix} \langle f_1, f_1 \rangle & \langle f_1, f_2 \rangle & \langle f_1, f_3 \rangle \\ \langle f_2, f_1 \rangle & \langle f_2, f_2 \rangle & \langle f_2, f_3 \rangle \\ \langle f_3, f_1 \rangle & \langle f_3, f_2 \rangle & \langle f_3, f_3 \rangle \end{pmatrix} = \begin{pmatrix} 1 & 1/2 & 1/3 \\ 1/2 & 1/3 & 1/4 \\ 1/3 & 1/4 & 1/5 \end{pmatrix}.$$

Etwas abweichend zum Gram-Schmidt-Verfahren werden wir zunächst nur eine orthogonale Basis $\mathcal{B} := (f_1, f_2, f_3)$ von $V$ bestimmen. Unser Ansatz lautet

$$f_1 = 1, \quad f_2 = x + a, \quad f_3 = x^2 + bx + c. \tag{11.6}$$

Die Zahlen $a, b, c \in \mathbb{R}$ sind noch zu bestimmen. Die erste Orthogonalitätsrelation lautet:

$$\langle f_2, f_1 \rangle_I = \int_0^1 (x + a)\,\mathrm{d}x = \frac{1}{2} + a = 0.$$

Dies ist offenbar genau dann erfüllt, wenn $a = -1/2$. Damit ist also $f_2 = x - 1/2$. Die zweite Orthogonalitätsrelation lautet:

$$\langle f_3, f_1 \rangle_I = \int_0^1 (x^2 + bx + c)\,\mathrm{d}x = \frac{1}{3} + \frac{1}{2}b + c = 0. \tag{11.7}$$

Die dritte lautet entsprechend:

$$\langle f_3, f_2 \rangle_I = \int_0^1 (x^2 + bx + c)(x - 1/2)\, dx \tag{11.8}$$

$$= \int_0^1 \left( x^3 + \left( b - \frac{1}{2} \right) x^2 + \left( c - \frac{1}{2}b \right) x - \frac{1}{2}c \right) dx$$

$$= \frac{1}{4} + \left( b - \frac{1}{2} \right) \frac{1}{3} + \left( c - \frac{1}{2}b \right) \frac{1}{2} - \frac{1}{2}c$$

$$= \frac{1}{12} + \frac{1}{12}b = 0.$$

Die beiden Gl. (11.7) und (11.8) bilden ein lineares Gleichungssystem, das man lösen kann. Die Lösung ist $b = -1$ und $c = 1/6$. Die gesuchte orthogonale Basis besteht also aus den Funktionen

$$f_1(x) = 1, \quad f_2(x) = x - 1/2, \quad f_3(x) = x^2 - x + 1/6.$$

Die Basiswechselmatrix ist

$$Q := T_{\mathcal{A}}^{\mathcal{B}} = \begin{pmatrix} 1 & -1/2 & 1/6 \\ 0 & 1 & -1 \\ 0 & 0 & 1 \end{pmatrix}.$$

Es gilt demnach also für die Darstellungsmatrix

$$\mathcal{M}_{\mathcal{B}}(\langle \cdot, \cdot \rangle_I) = Q^T \cdot A \cdot Q = \begin{pmatrix} 1 & 0 & 0 \\ 0 & 1/12 & 0 \\ 0 & 0 & 1/180 \end{pmatrix}.$$

Die Diagonaleinträge sind gerade die Normen der Funktionen $f_i$. Eine Orthonormalbasis $\tilde{\mathcal{B}} = (\tilde{f}_1, \tilde{f}_2, \tilde{f}_3)$ ist also gegeben durch die Funktionen

$$\tilde{f}_1(x) = 1, \quad \tilde{f}_2(x) = 2\sqrt{3} \left( x - \frac{1}{2} \right), \quad \tilde{f}_3(x) = 6\sqrt{5} \left( x^2 - x + \frac{1}{6} \right). \qquad \blacksquare$$

▶ **Beispiel 120** Sei $f = \langle \cdot, \cdot \rangle_A$ das symmetrische Skalarprodukt auf $V = \mathbb{R}^3$ zur Matrix

$$A := \begin{pmatrix} 2 & 1 & 0 \\ 1 & 2 & 1 \\ 0 & 1 & 2 \end{pmatrix} \in \mathcal{M}_{3,3}(\mathbb{R}).$$

Wir wollen nun eine Orthonormalbasis von $V$ bzgl. $f$ angeben und eine Matrix $P \in \mathrm{GL}_3(\mathbb{R})$ finden mit $A = P^T P$.

Wir gehen einfach von der kanonischen Standardbasis des $\mathbb{R}^3$ aus, also von

$$\mathcal{E} = (e_1, e_2, e_3) = \left( \begin{pmatrix} 1 \\ 0 \\ 0 \end{pmatrix}, \begin{pmatrix} 0 \\ 1 \\ 0 \end{pmatrix}, \begin{pmatrix} 0 \\ 0 \\ 1 \end{pmatrix} \right).$$

Also starten wir. Wir wenden das Gram-Schmidt-Verfahren an, um eine ONB $(v_1, v_2, v_3)$ zu finden. Hierzu setzen wir als ersten Vektor einfach

$$v_1 = e_1.$$

Die Länge des Vektors (genauer das Quadrat der Länge des Vektors) ergibt sich durch die Darstellungsmatrix. Es gilt demnach

$$\langle v_1, v_1 \rangle_A = e_1^T A e_1 = \begin{pmatrix} 1 & 0 & 0 \end{pmatrix} \cdot \begin{pmatrix} 2 & 1 & 0 \\ 1 & 2 & 1 \\ 0 & 1 & 2 \end{pmatrix} \cdot \begin{pmatrix} 1 \\ 0 \\ 0 \end{pmatrix} = 2.$$

Dieser Schritt ist wichtig! Viele denken vielleicht jetzt: „Hä? Der Einheitsvektor $e_1$ hat doch Länge 1?" Das ist auch richtig, aber nur bzgl. des Standardskalarprodukts! Wir verwenden jetzt ein anderes Skalarprodukt, das durch die Matrix $A$ repräsentiert wird und damit ergibt sich auch eine andere Länge. Den zweiten Vektor der ONB bestimmen wir nach dem Orthogonalisierungsverfahren von Gram-Schmidt. Wir erhalten somit

$$\tilde{v}_2 = e_2 - \frac{\langle v_1, e_2 \rangle_A}{\langle v_1, v_1 \rangle_A} v_1 = \begin{pmatrix} 0 \\ 1 \\ 0 \end{pmatrix} - \frac{\left\langle \begin{pmatrix} 1 \\ 0 \\ 0 \end{pmatrix}, \begin{pmatrix} 0 \\ 1 \\ 0 \end{pmatrix} \right\rangle_A}{\left\langle \begin{pmatrix} 1 \\ 0 \\ 0 \end{pmatrix}, \begin{pmatrix} 1 \\ 0 \\ 0 \end{pmatrix} \right\rangle_A} \begin{pmatrix} 1 \\ 0 \\ 0 \end{pmatrix}$$

$$= \begin{pmatrix} 0 \\ 1 \\ 0 \end{pmatrix} - \frac{\begin{pmatrix} 1 & 0 & 0 \end{pmatrix} \begin{pmatrix} 2 & 1 & 0 \\ 1 & 2 & 1 \\ 0 & 1 & 2 \end{pmatrix} \begin{pmatrix} 0 \\ 1 \\ 0 \end{pmatrix}}{\begin{pmatrix} 1 & 0 & 0 \end{pmatrix} \begin{pmatrix} 2 & 1 & 0 \\ 1 & 2 & 1 \\ 0 & 1 & 2 \end{pmatrix} \begin{pmatrix} 1 \\ 0 \\ 0 \end{pmatrix}} \begin{pmatrix} 1 \\ 0 \\ 0 \end{pmatrix}$$

$$= \begin{pmatrix} 0 \\ 1 \\ 0 \end{pmatrix} - \frac{\begin{pmatrix} 1 & 0 & 0 \end{pmatrix} \begin{pmatrix} 1 \\ 2 \\ 1 \end{pmatrix}}{\begin{pmatrix} 1 & 0 & 0 \end{pmatrix} \begin{pmatrix} 2 \\ 1 \\ 0 \end{pmatrix}} \begin{pmatrix} 1 \\ 0 \\ 0 \end{pmatrix} = \begin{pmatrix} 0 \\ 1 \\ 0 \end{pmatrix} - \frac{1}{2} \begin{pmatrix} 1 \\ 0 \\ 0 \end{pmatrix} = \begin{pmatrix} -1/2 \\ 1 \\ 0 \end{pmatrix}.$$

Somit haben wir also den zweiten Vektor der Orthogonalbasis

$$\tilde{v}_2 = \begin{pmatrix} -1/2 \\ 1 \\ 0 \end{pmatrix}$$

berechnet. Um nicht mit Brüchen rechnen zu müssen, können wir diesen Vektor vervielfachen, ohne die Orthogonalitätseigenschaft zu verlieren. Wir wählen also

$$v_2 = \begin{pmatrix} -1 \\ 2 \\ 0 \end{pmatrix}.$$

Die Länge des Vektors ist nun

$$\langle v_2, v_2 \rangle_A = \left\langle \begin{pmatrix} -1 \\ 2 \\ 0 \end{pmatrix}, \begin{pmatrix} -1 \\ 2 \\ 0 \end{pmatrix} \right\rangle_A = (-1\ 2\ 0) \begin{pmatrix} 2\ 1\ 0 \\ 1\ 2\ 1 \\ 0\ 1\ 2 \end{pmatrix} \begin{pmatrix} -1 \\ 2 \\ 0 \end{pmatrix} = 6.$$

Den dritten, noch fehlenden Vektor bestimmen wir so:

$$\tilde{v}_3 = e_3 - \frac{\langle v_2, e_3 \rangle_A}{\langle v_2, v_2 \rangle_A} \cdot v_2 - \frac{\langle v_1, e_3 \rangle_A}{\langle v_1, v_1 \rangle_A} \cdot v_1$$

$$= \begin{pmatrix} 0 \\ 0 \\ 1 \end{pmatrix} - \frac{\left\langle \begin{pmatrix} -1 \\ 2 \\ 0 \end{pmatrix}, \begin{pmatrix} 0 \\ 0 \\ 1 \end{pmatrix} \right\rangle_A}{\left\langle \begin{pmatrix} -1 \\ 2 \\ 0 \end{pmatrix}, \begin{pmatrix} -1 \\ 2 \\ 0 \end{pmatrix} \right\rangle_A} \begin{pmatrix} -1 \\ 2 \\ 0 \end{pmatrix} - \frac{\left\langle \begin{pmatrix} 1 \\ 0 \\ 0 \end{pmatrix}, \begin{pmatrix} 0 \\ 0 \\ 1 \end{pmatrix} \right\rangle_A}{\left\langle \begin{pmatrix} 1 \\ 0 \\ 0 \end{pmatrix}, \begin{pmatrix} 1 \\ 0 \\ 0 \end{pmatrix} \right\rangle_A} \begin{pmatrix} 1 \\ 0 \\ 0 \end{pmatrix}$$

$$= \begin{pmatrix} 0 \\ 0 \\ 1 \end{pmatrix} - \frac{2}{6} \begin{pmatrix} -1 \\ 2 \\ 0 \end{pmatrix} - \frac{0}{2} \begin{pmatrix} 1 \\ 0 \\ 0 \end{pmatrix} = \begin{pmatrix} 1/3 \\ -2/3 \\ 1 \end{pmatrix}.$$

Da wir auch hier wieder nicht mit Brüchen arbeiten wollen, verwenden wir

$$v_3 = \begin{pmatrix} 1 \\ -2 \\ 3 \end{pmatrix}.$$

Die Länge dieses Vektors ist gegeben durch

$$\langle v_3, v_3 \rangle_A = (1\ {-2}\ 3) \begin{pmatrix} 2\ 1\ 0 \\ 1\ 2\ 1 \\ 0\ 1\ 2 \end{pmatrix} \begin{pmatrix} 1 \\ -2 \\ 3 \end{pmatrix} = 12.$$

Die gesuchte Orthonormalbasis lautet also

$$\mathcal{B} := \left( \frac{1}{\sqrt{2}} \begin{pmatrix} 1 \\ 0 \\ 0 \end{pmatrix}, \frac{1}{\sqrt{6}} \begin{pmatrix} -1 \\ 2 \\ 0 \end{pmatrix}, \frac{1}{\sqrt{12}} \begin{pmatrix} 1 \\ -2 \\ 3 \end{pmatrix} \right).$$

Wir wollen jetzt noch die invertierbare Matrix $P \in \mathrm{GL}_n(\mathbb{R})$ mit $A = P^T P$ angeben. Hierzu gibt es zwei Möglichkeiten:

1. Möglichkeit: Wir wissen, dass

$$S^T A S = \left( \langle v_i, v_j \rangle_A \right)$$

die darstellende Matrix bzgl. der Basisvektoren aus der Orthonormalbasis ist, die wir gerade bestimmt haben, wobei in der Matrix $S$ in den Spalten die orthogonalen Basisvektoren (noch nicht normiert) stehen. Weiterhin können wir diese darstellende Matrix natürlich auch so direkt angeben, denn es muss auf jeden Fall eine Diagonalmatrix sein, weil die Basisvektoren gerade so konstruiert sind, dass $\langle v_i, v_j \rangle_A = 0$ für alle $i \neq j$ ist. Und in den Diagonaleinträgen stehen die entsprechenden Längen der Vektoren. Es gilt also zusammengefasst:

$$\begin{pmatrix} 1 & 0 & 0 \\ -1 & 2 & 0 \\ 1 & -2 & 3 \end{pmatrix} \begin{pmatrix} 2 & 1 & 0 \\ 1 & 2 & 1 \\ 0 & 1 & 2 \end{pmatrix} \begin{pmatrix} 1 & -1 & 1 \\ 0 & 2 & -2 \\ 0 & 0 & 3 \end{pmatrix} = \left( \langle v_i, v_j \rangle_A \right) = \underbrace{\begin{pmatrix} 2 & 0 & 0 \\ 0 & 6 & 0 \\ 0 & 0 & 12 \end{pmatrix}}_{=:D}.$$

Es ist auch

$$D = \sqrt{D}\sqrt{D} = \begin{pmatrix} \sqrt{2} & 0 & 0 \\ 0 & \sqrt{6} & 0 \\ 0 & 0 & \sqrt{12} \end{pmatrix} \cdot \begin{pmatrix} \sqrt{2} & 0 & 0 \\ 0 & \sqrt{6} & 0 \\ 0 & 0 & \sqrt{12} \end{pmatrix} = \begin{pmatrix} 2 & 0 & 0 \\ 0 & 6 & 0 \\ 0 & 0 & 12 \end{pmatrix}.$$

Was haben wir dadurch gewonnen? Überlegen wir allgemein:

$$S^T A S = \sqrt{D} \cdot \sqrt{D} = \sqrt{D^T}\sqrt{D} = D \text{ (Jede Diagonalmatrix ist symmetrisch)}$$
$$\Rightarrow A = (S^T)^{-1}\sqrt{D}^T\sqrt{D}S^{-1} = (S^{-1})^T\sqrt{D}^T\sqrt{D}S^{-1} = \underbrace{(\sqrt{D}S^{-1})^T(\sqrt{D}S^{-1})}_{=:P^T \cdot P}.$$

Um $P$ nun anzugeben, müssen wir $S^{-1}$ errechnen. Mit dem Gauß-Verfahren, das ihr noch aus der Linearen Algebra 1 kennen solltet, erhält man

$$S^{-1} = \begin{pmatrix} 1 & 1/2 & 0 \\ 0 & 1/2 & 1/3 \\ 0 & 0 & 1/3 \end{pmatrix}$$

und damit

$$
P = \sqrt{D}S^{-1} = \begin{pmatrix} \sqrt{2} & 0 & 0 \\ 0 & \sqrt{6} & 0 \\ 0 & 0 & \sqrt{12} \end{pmatrix} \begin{pmatrix} 1 & 1/2 & 0 \\ 0 & 1/2 & 1/3 \\ 0 & 0 & 1/3 \end{pmatrix}
$$

$$
= \begin{pmatrix} \sqrt{2} & \sqrt{2}/2 & 0 \\ 0 & \sqrt{6}/2 & \sqrt{6}/3 \\ 0 & 0 & 2\sqrt{3}/3 \end{pmatrix}.
$$

Fassen wir die erste Möglichkeit noch einmal zusammen:

i) Wähle die kanonische Standardbasis als „Ausgangsbasis".

ii) Beginne mit dem ersten kanonischen Einheitsbasisvektor und wende Gram-Schmidt an.

iii) Wir verzichten auf die Normierung der Vektoren, da dies später zum Rechnen einfacher ist und wir nicht mit Wurzeln rechnen müssen.

iv) Bestimme die „Länge" der Vektoren mithilfe der darstellenden Matrix, bedenke, es gilt $\langle x, x \rangle_A = x^T A x$.

v) Es gilt $S^T A S = D$, wobei $A$ die darstellende Matrix ist, und in den Spalten von $S$ stehen die gefundenen orthogonalen Basisvektoren. $D$ ist eine Diagonalmatrix, die als Einträge die „Längen" der Vektoren enthält.

vi) Eine invertierbare Matrix $P \in \mathrm{GL}_n(\mathbb{R})$ mit $A = P^T P$ finden wir nun, wenn wir $P := DS^{-1}$ berechnen.

Ohne Beweis merken wir an, dass man durch dieses Verfahren bei geeigneter Normierung die Legendre-Polynome erhält, die euch bestimmt einmal begegnen werden, beispielsweise in einer Numerik-Vorlesung. Des Weiteren bemerken wir, dass wir $\sqrt{D}$ einfach dadurch erhalten, indem wir die Wurzel aus den Diagonaleinträgen ziehen.

2. Möglichkeit: Wir haben versprochen, dass wir noch eine zweite Möglichkeit geben, um eine Matrix $P \in \mathrm{GL}_n(\mathbb{R})$ mit $A = P^T P$ anzugeben. Und da man Versprechen halten soll, machen wir dies nun auch. Zunächst bestimmen wir die Orthonormalbasis ganz analog wie in der ersten Möglichkeit geschehen ist, mithilfe des Gram-Schmidt-Verfahrens. Weiterhin wissen wir, dass

$$
Q^T A Q = E \quad \text{für } Q := T_{\mathcal{E}}^{\mathcal{B}}
$$

gilt, wobei $\mathcal{E}$ die Standardbasis bezeichnet. Die Transformationsmatrix (Basiswechselmatrix) $Q$ kann man sofort angeben. Es gilt:

$$
Q = T_{\mathcal{E}}^{\mathcal{B}} = \begin{pmatrix} 1/\sqrt{2} & -1/\sqrt{6} & 1/\sqrt{12} \\ 0 & 2/\sqrt{6} & -2/\sqrt{12} \\ 0 & 0 & 3/\sqrt{12} \end{pmatrix}.
$$

Nun gilt:

$$
Q^T A Q = E \Rightarrow A = (Q^T)^{-1} E Q^{-1} = (Q^T)^{-1} Q^{-1} =: P^T P.
$$

Um $P$ zu berechnen, bestimmt man also $P = (T_{\mathcal{E}}^{\mathcal{B}})^{-1} = T_{\mathcal{B}}^{\mathcal{E}}$. Auch hier wollen wir die Vorgehensweise zusammenfassen:

i) Bestimme die Orthonormalbasis wie bei der ersten Möglichkeit mithilfe von Gram-Schmidt.
ii) Bestimme $Q := T_{\mathcal{E}}^{\mathcal{B}}$.
iii) Es gilt $P = (T_{\mathcal{E}}^{\mathcal{B}})^{-1} = T_{\mathcal{B}}^{\mathcal{E}}$.

Wieso gerade zwei Möglichkeiten, um $P$ zu berechnen? Na ja, man muss schauen, was man lieber mag. Bei der zweiten Möglichkeit müssen wir oft mit Wurzeln und Brüchen rechnen, was viel fehleranfälliger ist, jedenfalls für uns Autoren :-). Entscheidet also selbst. ∎

▶ **Beispiel 121** Zum Schluss noch ein letztes Beispiel mit einem etwas exotischeren Skalarprodukt (na ja, so exotisch sind sie eigentlich gar nicht. Es ist das einfachste Skalarprodukt auf einem Funktionenraum, aber da ihr noch keine Funktionalanalysis gehört habt, ist es für euch schon noch exotisch). Seien $\mathcal{C}([-1, 1], \mathbb{R})$ der Vektorraum der stetigen Funktionen auf dem Intervall $I = [-1, 1]$ und $\langle \cdot, \cdot \rangle_I$ das Skalarprodukt

$$\langle f, g \rangle_I := \int_{-1}^{1} f(x)g(x)\,\mathrm{d}x.$$

Wir wollen kurz zeigen, dass dies wirklich ein Skalarprodukt definiert. Die Symmetrie ist klar. Nur über die positive Definitheit könnte man etwas stolpern. Aber mit ein wenig Analysis-Kenntnissen sieht man dies auch und zwar so: Zu zeigen ist, dass

$$\langle f, f \rangle_I = \int_{-1}^{1} f(x)f(x)\,\mathrm{d}x = \int_{-1}^{1} f^2(x)\,\mathrm{d}x > 0.$$

Aus der Analysis weiß man aber: Ist $f$ stetig auf einem Intervall $[a, b]$ und $f(t) \neq 0$ für ein $t \in [a, b]$, so gilt:

$$\int_{a}^{b} f^2(t)\,\mathrm{d}t > 0.$$

Damit ist alles gezeigt.
Sei nun $V$ der Untervektorraum der Polynome vom Grad kleiner gleich 2. Zu bestimmen ist eine Orthonormalbasis von $V$ und die Darstellungsmatrix des Skalarprodukts $\langle \cdot, \cdot \rangle_I$ bzgl. der Basis $\mathcal{B} = (1, x, x^2)$.

1. Möglichkeit: Wir sehen sofort, dass 1 und $x$ schon orthogonal sind, denn es gilt:

$$\langle 1, x \rangle_I = \int_{-1}^{1} 1 \cdot x\,\mathrm{d}x = \int_{-1}^{1} x\,\mathrm{d}x = 0.$$

Wir brauchen mit dem Gram-Schmidt-Verfahren also nur noch den dritten Vektor angeben, der jeweils paarweise orthogonal auf 1 bzw. $x$ steht. Es gilt:

$$v_3 = x^2 - \frac{\langle x, x^2 \rangle_I \cdot x}{\langle x, x \rangle_I} - \frac{\langle 1, x^2 \rangle_I}{\langle 1, 1 \rangle_I} \cdot 1 = x^2 - \frac{1}{3}$$

Nun müssen wir diesen Vektor noch normieren. Also müssen wir seine „Länge" berechnen. Nun könnten wir natürlich straight forward vorgehen und

$$\left\langle x^2 - \frac{1}{3}, x^2 - \frac{1}{3} \right\rangle_I = \int_{-1}^{1} \left( x^2 - \frac{1}{3} \right)^2 dx$$

berechnen. Angenommen, wir hätten die Darstellungsmatrix des Skalarprodukts $\langle \cdot, \cdot \rangle_I$ gegeben, so können wir die Länge sofort berechnen. Die Darstellungsmatrix lautet

$$\begin{pmatrix} 2 & 0 & 2/3 \\ 0 & 2/3 & 0 \\ 2/3 & 0 & 2/5 \end{pmatrix} = \begin{pmatrix} \langle 1, 1 \rangle & \langle 1, x \rangle & \langle 1, x^2 \rangle \\ \langle x, 1 \rangle & \langle x, x \rangle & \langle x, x^2 \rangle \\ \langle x^2, 1 \rangle & \langle x^2, x \rangle & \langle x^2, x^2 \rangle \end{pmatrix}.$$

Die Länge berechnet sich zu

$$\left\langle x^2 - \frac{1}{3}, x^2 - \frac{1}{3} \right\rangle_I = (-1/3 \ 0 \ 1) \begin{pmatrix} 2 & 0 & 2/3 \\ 0 & 2/3 & 0 \\ 2/3 & 0 & 2/5 \end{pmatrix} \begin{pmatrix} -1/3 \\ 0 \\ 1 \end{pmatrix} = \frac{8}{45}.$$

Die gesuchte Orthonormalbasis ergibt sich damit zu

$$\mathcal{B} = \left( \frac{1}{\sqrt{2}} \cdot 1, \ \frac{\sqrt{3}}{\sqrt{2}} \cdot x, \ \frac{\sqrt{45}}{\sqrt{8}} \cdot \left( x^2 - \frac{1}{3} \right) \right).$$

2. Möglichkeit: Wir verfolgen nun noch einmal den Ansatz in Beispiel 119. Wir bestimmen eine orthogonale Basis $\mathcal{B}_{\text{orth}} = (f_1, f_2, f_3)$ von $V$. Unser Ansatz lautet wieder

$$f_1 = 1, \quad f_2 = x + a, \quad f_3 = x^2 + bx + c$$

mit noch zu bestimmenden reellen Zahlen $a, b, c \in \mathbb{R}$. Die erste Orthogonalitätsrelation lautet

$$\langle f_2, f_1 \rangle_I = \int_{-1}^{1} f_2(x) f_1(x) \, dx = \int_{-1}^{1} (x + a) \, dx = 2a = 0.$$

Hieraus ergibt sich sofort $a = 0$, und damit ist $f_2(x) = x + 0 = x$ festgelegt. Die zweite Orthogonalitätsrelation lautet

$$\langle f_3, f_1 \rangle_I = \int_{-1}^{1} f_3(x) f_1(x) \, dx = \int_{-1}^{1} (x^2 + bx + c) \, dx = \frac{2}{3} + 2c = 0.$$

Hieraus ermittelt man $c = -1/3$. Mit der dritten Orthogonalitätsrelation erhalten wir nun auch $b$ durch

$$\langle f_3, f_2 \rangle_I = \int_{-1}^{1} f_3(x) f_2(x) \, dx = \int_{-1}^{1} (x^2 + bx + c)x \, dx = \frac{2}{3} \cdot b = 0.$$

Demnach ist $b = 0$ und folglich $f_3(x) = x^2 - \frac{1}{3}$. Unsere orthogonale Basis lautet also

$$\mathcal{B}_{\text{orth}} = \left( 1, x, x^2 - \frac{1}{3} \right).$$

Die Basiswechselmatrix (Transformationsmatrix) ist

$$Q := T_{\mathcal{B}}^{\mathcal{B}_{\text{orth}}} = \begin{pmatrix} 1 & 0 & -1/3 \\ 0 & 1 & 0 \\ 0 & 0 & 1 \end{pmatrix}.$$

Nach dem Basiswechselsatz 11.4 ergibt sich die Darstellungsmatrix bzgl. der orthogonalen Basis $\mathcal{B}_{\text{orth}}$ sofort durch

$$\mathcal{M}_{\mathcal{B}_{\text{orth}}} (\langle \cdot, \cdot \rangle_I) = Q^T A Q = (T_{\mathcal{B}}^{\mathcal{B}_{\text{orth}}})^T A T_{\mathcal{B}}^{\mathcal{B}_{\text{orth}}}.$$

Dies rechnen wir einfach nur aus. Der Vorteil davon ist, dass die Diagonaleinträge gerade die Normen der Funktionen $f_i$ mit $i = 1, 2, 3$ sind. Wir erhalten

$$\mathcal{M}_{\mathcal{B}_{\text{orth}}} = \begin{pmatrix} 1 & 0 & 0 \\ 0 & 1 & 0 \\ -1/3 & 0 & 1 \end{pmatrix} \begin{pmatrix} 2 & 0 & 2/3 \\ 0 & 2/3 & 0 \\ 2/3 & 0 & 2/5 \end{pmatrix} \begin{pmatrix} 1 & 0 & -1/3 \\ 0 & 1 & 0 \\ 0 & 0 & 1 \end{pmatrix}$$

$$= \begin{pmatrix} 2 & 0 & 0 \\ 0 & 2/3 & 0 \\ 0 & 0 & 8/45 \end{pmatrix}.$$

In den Diagonaleinträgen stehen die entsprechenden Normen. Die gesuchte Orthonormalbasis ergibt sich damit auch hier zu

$$\mathcal{B} = \left( \frac{1}{\sqrt{2}} \cdot 1, \frac{\sqrt{3}}{\sqrt{2}} x, \frac{\sqrt{45}}{\sqrt{8}} \left( x^2 - \frac{1}{3} \right) \right).$$

∎

Nach diesen Beispielen hat man vielleicht schon eine kleine Vorstellung, was das Gram-Schmidt-Verfahren anschaulich eigentlich macht. Wir wollen dies noch einmal geometrisch deuten: Gegeben seien zwei Basisvektoren der Ebene, sprich des $\mathbb{R}^2$, die schon orthogonal und normiert sind (siehe Abb. 11.1).

Wir wollen nun einen dritten Basisvektor konstruieren, sodass die drei Vektoren eine Orthonormalbasis des $\mathbb{R}^3$ bilden. Also sei ein zusätzlicher Vektor $v_k$

zum Beispiel wie in 11.2 gegeben. Wir wenden das Gram-Schmidt-Verfahren nun so an, dass wir zunächst das Lot vom Vektorenendpunkt fällen. Dabei bezeichnet $\pi : V_k \to V_{k-1}$ die senkrechte Projektion, siehe Abb. 11.2. Nun verschieben wir das Lot auf den Anfangspunkt der beiden anderen Vektoren, siehe Abb. 11.3. Zum Schluss wird dieser Vektor $v_k$ noch normiert, also auf die Länge 1 gebracht, siehe Abb. 11.4.

Wir fassen zusammen: Konkret sieht der Algorithmus nämlich so aus: Sei $\mathcal{A} = (v_1, \ldots, v_n)$ die Ausgangsbasis. Dann ist $\mathcal{B} = (w_1, \ldots, w_n)$ eine orthogonale Basis, wenn man induktiv die Vektoren $w_1, w_2, \ldots$ folgendermaßen bestimmt. Hat man die Vektoren $w_1, \ldots, w_{k-1}$ bereits bestimmt, so setzt man zunächst

**Abb. 11.1** Zwei schon normierte und orthogonale Vektoren im $\mathbb{R}^2$

**Abb. 11.2** Wir wenden Gram-Schmidt an

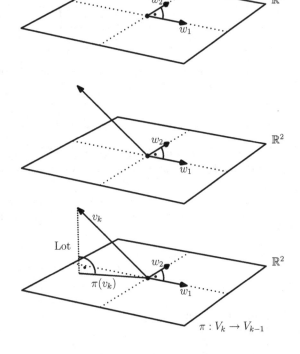

**Abb. 11.3** Verschieben des Lotes

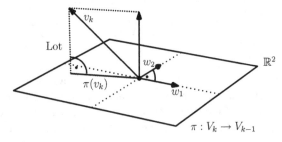

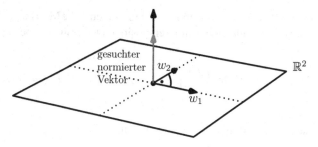

**Abb. 11.4** Normieren des Vektors

$$w'_k := v_k - \sum_{i=1}^{k-1} \langle v_k, w_i \rangle \cdot w_i$$

und anschließend

$$w_k := \frac{w'_k}{\sqrt{\|w'_k\|}}.$$

---

**Erklärung**

**Zum Satz 11.7:** Dieser Satz gibt uns keinen konkreten Algorithmus, um zu entscheiden, wann eine reelle symmetrische Matrix $A$ positiv definit ist. Aber dafür haben wir das Hauptminorenkriterium, siehe Satz 11.8.

---

**Erklärung**

**Zum Hauptminorenkriterium (Satz 11.8):** Wie wir in Beispiel 109 gesehen haben, ist die Symmetrie wesentlich für die Aussage des Satzes.

▶ **Beispiel 122**

- Wir betrachten die Matrix

$$A := \begin{pmatrix} 1 & 4 & 1 \\ 4 & 17 & 2 \\ 1 & 2 & 6 \end{pmatrix}.$$

Diese Matrix ist positiv definit wie aus dem Hauptminorenkriterium folgt, denn die Determinanten aller Hauptminoren sind positiv.

$$\det 1 = 1 > 0, \ \det \begin{pmatrix} 1 & 4 \\ 4 & 17 \end{pmatrix} = 1 > 0, \ \det \begin{pmatrix} 1 & 4 & 1 \\ 4 & 17 & 2 \\ 1 & 2 & 6 \end{pmatrix} = 1 > 0.$$

- Sei nun die Matrix

$$B := \begin{pmatrix} 2 & 1 & 0 \\ 1 & 2 & 1 \\ 0 & 1 & 2 \end{pmatrix}$$

gegeben. Wir wollen zeigen, dass diese reelle symmetrische Matrix, positiv definit ist. Dies ist erfüllt, da alle Hauptminoren positive Determinante besitzen, denn

$$\det 2 = 2 > 0, \ \det \begin{pmatrix} 2 & 1 \\ 1 & 2 \end{pmatrix} = 3 > 0, \ \det \begin{pmatrix} 2 & 1 & 0 \\ 1 & 2 & 1 \\ 0 & 1 & 2 \end{pmatrix} = 4 > 0.$$

Wir denken, dass dies an Beispielen genügen sollte.                                         ∎

---

**Erklärung**

**Zu den Dimensionsformeln (Satz 11.10):** Um die Formeln einzuüben, betrachten wir ein einfaches Beispiel.

▶ **Beispiel 123**

- Wir wollen untersuchen, ob $V$ die direkte Summe von $U$ und $W$ ist. Dazu sei zunächst einmal $V = \mathbb{R}^3$ und

$$U = \langle (1, -3, 1), (0, 1, 0) \rangle \quad \text{und} \quad W = \langle (2, 1, 1), (3, 2, 1) \rangle.$$

Wir können uns überlegen, dass die Vektoren in $U$ als auch in $W$ jeweils linear unabhängig sind (nachvollziehen!). Demnach ist also $\dim(U) = \dim(W) = 2$. Mit der Dimensionsformel (Satz 11.10) ist also $V$ nicht die direkte Summe von $U$ und $W$, denn $U \oplus W$ muss ein Untervektorraum vom $\mathbb{R}^3$ sein.

Betrachten wir nun noch einmal $V = \mathbb{C}^4$ und

$$U = \langle (1, i, i + 1, -i), (i, -1, i - 1, 1) \rangle \text{ und}$$
$$W = \langle (2 + i, i, -i, 1), (-i, 3i, 1, i) \rangle.$$

Die Vektoren aus $U$ sind nicht linear unabhängig, denn es gilt:

$$i \cdot \begin{pmatrix} 1 \\ i \\ i + 1 \\ -i \end{pmatrix} = \begin{pmatrix} i \\ -1 \\ i - 1 \\ 1 \end{pmatrix}.$$

Also ist $\dim(U) = 1$. Da aber $\dim(W) \leq 2$ und $\dim(\mathbb{C}^4) = 4$, ergibt sich wieder aus der Dimensionsformel, dass $V$ nicht die direkte Summe von $U$ und $W$ sein kann.                                         ∎

---

**Erklärung**

**Zum Satz 11.13:** Dieser Satz besagt, dass der Vektor $p(v)$ die beste Approximation von $v$ durch einen Vektor in $U$ ist. Betrachten wir ein Beispiel.

▶ **Beispiel 124** Im $\mathbb{R}^3$ betrachten wir die Ebene $E$ mit der Gleichung

$$E : 2x_1 + x_2 - x_3 = 2$$

und den Punkt $P := (2, 1, 1)$. Wir möchten jetzt den Abstand von $P$ zur Ebene berechnen. Ihr kennt dies vielleicht schon aus der Schule. Wir wollen es aber ein wenig strukturierter und mathematischer machen, indem wir gleichzeitig den Fußpunkt des Lotes von $P$ auf die Ebene $E$ bestimmen. Wir bezeichnen mit $U \subset \mathbb{R}^3$ den Raum der Richtungsvektoren von $E$, das heißt den Lösungsraum der homogenen Gleichung

$$2x_1 + x_2 - x_3 = 0.$$

Durch eine kurze Rechnung findet man eine Orthonormalbasis $(u_1, u_2)$ von $U$, etwa

$$u_1 = \frac{1}{\sqrt{2}} \begin{pmatrix} 0 \\ 1 \\ 1 \end{pmatrix}, \; u_2 = \frac{1}{\sqrt{3}} \begin{pmatrix} 1 \\ -1 \\ 1 \end{pmatrix}.$$

Wir wählen einen Aufpunkt von $E$, etwa $O = (1, 0, 0)$, und nun können wir einen allgemeinen Punkt von $E$ in der Form

$$Q = O + u, \; u = \lambda_1 \cdot u_1 + \lambda_2 \cdot u_2$$

schreiben. Entsprechend schreiben wir

$$P = O + v, \; v = \begin{pmatrix} 1 \\ 1 \\ 1 \end{pmatrix}.$$

Die Distanz von $P$ zu $Q$ ist damit

$$d(P, Q) = \|v - u\|.$$

Nach Satz 11.13 wird dieser Abstand minimiert durch die Wahl

$$Q := P^* = O + p_U(u),$$

wobei $P^*$ der Fußpunkt des Lotes von $P$ auf $E$ ist. Nun verwenden wir die Formel für die orthogonale Projektion $p_U(v)$, die wir in den Erklärungen zur Definition 11.10 erläutert und hergeleitet haben. Es ergibt sich

$$p(v) = \langle v, u_1 \rangle \cdot u_1 + \langle v, u_2 \rangle \cdot u_2$$

$$= \frac{2}{2} \begin{pmatrix} 0 \\ 1 \\ 1 \end{pmatrix} + \frac{1}{3} \begin{pmatrix} 1 \\ -1 \\ 1 \end{pmatrix} = \frac{1}{3} \begin{pmatrix} 1 \\ 2 \\ 4 \end{pmatrix}.$$

Wir erhalten

$$P^* = O + p_U(v) = \frac{2}{3}\begin{pmatrix} 2 \\ 1 \\ 2 \end{pmatrix}$$

und

$$d(P, E) = ||v - p_U(v)|| = ||\begin{pmatrix} 2/3 \\ 1/3 \\ -1/3 \end{pmatrix}|| = \frac{\sqrt{6}}{3}.$$

∎

---

**Erklärung**

**Zum Basiswechselsatz im Komplexen (Satz 11.14 und 11.15):** Diese Sätze kennen wir schon aus den Sätzen 11.2 und 11.3, nur dass wir diese nun für den komplexen Fall formuliert haben.

---

**Erklärung**

**Zum Gram-Schmidt-Verfahren im Komplexen (Satz 11.16 und 11.17):** Das Gram-Schmidt-Verfahren funktioniert für eine hermitesche Form ganz genauso wie im reellen Fall. Nur dass man beim Skalarprodukt ein wenig aufpassen muss, denn irgendwann muss einmal das komplex Konjugierte eines Vektors bestimmt werden und dies geht, indem man jeden Vektoreintrag komplex konjugiert.

▶ **Beispiel 125** Der $\mathbb{C}^4$ sei mit der hermiteschen Form $\langle x, y \rangle = \sum x_k \overline{y}_k$ versehen. Zu bestimmen ist eine Orthonormalbasis des Unterraums $U$, der von den Vektoren

$$\begin{pmatrix} 1 \\ 0 \\ i \\ -1 \end{pmatrix}, \begin{pmatrix} 0 \\ 2 \\ 1 \\ -i \end{pmatrix}, \begin{pmatrix} i \\ -2 \\ -2 \\ 0 \end{pmatrix}$$

aufgespannt wird. Wir berechnen mit dem Gram-Schmidt-Verfahren:

$$v_1 = \begin{pmatrix} 1 \\ 0 \\ i \\ -1 \end{pmatrix},$$

$$\langle v_1, v_1 \rangle = \left\langle \begin{pmatrix} 1 \\ 0 \\ i \\ -1 \end{pmatrix}, \begin{pmatrix} 1 \\ 0 \\ i \\ -1 \end{pmatrix} \right\rangle = 1 + i \cdot (-i) + 1 = 3,$$

$$v_2 = \begin{pmatrix} 0 \\ 2 \\ 1 \\ -i \end{pmatrix} - \frac{1}{3}\left\langle \begin{pmatrix} 0 \\ 2 \\ 1 \\ -i \end{pmatrix}, \begin{pmatrix} 1 \\ 0 \\ i \\ -1 \end{pmatrix} \right\rangle \cdot \begin{pmatrix} 1 \\ 0 \\ i \\ -1 \end{pmatrix} = \begin{pmatrix} 0 \\ 2 \\ 1 \\ -i \end{pmatrix},$$

$$\langle v_2, v_2 \rangle = 4 + 1 + (-i) \cdot i = 6,$$

$$v_3 = \begin{pmatrix} i \\ -2 \\ -2 \\ 0 \end{pmatrix} - \frac{1}{3} \left\langle \begin{pmatrix} i \\ -2 \\ -2 \\ 0 \end{pmatrix}, \begin{pmatrix} 1 \\ 0 \\ i \\ -1 \end{pmatrix} \right\rangle \cdot \begin{pmatrix} 1 \\ 0 \\ i \\ -1 \end{pmatrix}$$
$$- \frac{1}{6} \left\langle \begin{pmatrix} i \\ -2 \\ -2 \\ 0 \end{pmatrix}, \begin{pmatrix} 0 \\ 2 \\ 1 \\ -i \end{pmatrix} \right\rangle \cdot \begin{pmatrix} 0 \\ 2 \\ 1 \\ -i \end{pmatrix}$$
$$= \begin{pmatrix} -i \\ -2 \\ -2 \\ 0 \end{pmatrix} - \begin{pmatrix} i \\ 0 \\ -1 \\ -i \end{pmatrix} + \begin{pmatrix} 0 \\ 2 \\ 1 \\ -i \end{pmatrix}$$
$$= \begin{pmatrix} 0 \\ 0 \\ 0 \\ 0 \end{pmatrix}.$$

Beispielsweise haben wir beim Skalarprodukt $\langle v_1, v_1 \rangle$ den einen Vektor komplex konjugiert, denn so ist das komplexe Skalarprodukt ja gerade definiert. Da sich hier $v_3 = 0$ ergibt, folgt $v_3 \in \left\langle \begin{pmatrix} 1 \\ 0 \\ i \\ -1 \end{pmatrix}, \begin{pmatrix} 0 \\ 2 \\ 1 \\ -i \end{pmatrix} \right\rangle$. Also bilden $v_1$ und $v_2$ eine Orthogonalbasis. Normieren liefert die Orthonormalbasis

$$\mathcal{B} = \left( \frac{1}{\sqrt{3}} \begin{pmatrix} 1 \\ 0 \\ i \\ -1 \end{pmatrix}, \frac{1}{\sqrt{6}} \begin{pmatrix} 0 \\ 2 \\ 1 \\ -i \end{pmatrix} \right).$$

∎

---

**Erklärung**

**Zum Spektralsatz für normale Endomorphismen (Satz 11.19 und 11.20):** Der Beweis des Satzes ist recht aufwendig, aber auch lehrreich. Er kann in der Literatur aus dem Literaturverzeichnis nachgelesen werden, beispielsweise in [Bos08]. Wir betrachten ein Beispiel, um den Spektralsatz 11.19 und seine äquivalente Formulierung im Satz 11.20 für Matrizen einzuüben.

▶ **Beispiel 126**  Gegeben sei die Matrix

$$A := \begin{pmatrix} 1 & -1 \\ 1 & 1 \end{pmatrix}.$$

Vorweg ein wichtiger Satz: Eine Matrix $A \in \mathcal{M}_{n,n}(\mathbb{C})$ ist genau dann unitär diagonalisierbar, wenn sie normal ist. Wir müssen jetzt eine unitäre Matrix $S \in U_n$ finden, sodass $S^{-1}AS$ Diagonalgestalt hat. Der Spektralsatz sagt uns, dass dies funktioniert. Man prüft nach, dass $A$ wirklich normal ist, denn es gilt:

$$AA^* = A^*A = \begin{pmatrix} 2 & 0 \\ 0 & 2 \end{pmatrix}.$$

Daher ist $A$ unitär diagonalisierbar. Wir diagonalisieren einfach $A$ (Wir haben ja gesagt, dass das Wissen aus der Linearen Algebra 1 vorausgesetzt wird :-P). Das charakteristische Polynom ergibt sich zu

$$P_A = \det(A - \lambda E_2) = \det \begin{pmatrix} 1-\lambda & -1 \\ 1 & 1-\lambda \end{pmatrix} = (1-\lambda)^2 + 1.$$

Die Nullstellen des charakteristischen Polynoms sind $\lambda_1 = 1 + i$ und $\lambda_2 = 1 - i$ und damit die Eigenwerte von $A$. Die Eigenvektoren berechnen sich über die Eigenraumberechnung zu

$$\text{Eig}(A, 1+i) = \ker \begin{pmatrix} -i & -1 \\ 1 & -i \end{pmatrix} = \ker \begin{pmatrix} -i & -1 \\ 0 & 0 \end{pmatrix} = \left\langle \begin{pmatrix} -1 \\ i \end{pmatrix} \right\rangle$$

$$\text{Eig}(A, 1-i) = \ker \begin{pmatrix} i & -1 \\ 1 & i \end{pmatrix} = \ker \begin{pmatrix} i & -1 \\ 0 & 0 \end{pmatrix} = \left\langle \begin{pmatrix} 1 \\ i \end{pmatrix} \right\rangle.$$

Die Matrix $S$ ist daher gegeben durch

$$S = \frac{1}{\sqrt{1+|i^2|}} \begin{pmatrix} -1 & 1 \\ i & i \end{pmatrix} = \frac{1}{\sqrt{2}} \begin{pmatrix} -1 & 1 \\ i & i \end{pmatrix}.$$

Sie besteht einfach aus den normierten Eigenvektoren. Außerdem ist sie unitär, wie man leicht nachprüft. Nun muss also $S^{-1}AS$ Diagonalgestalt haben. Dies ist aber ganz einfach, denn dies ist gerade die Diagonalmatrix mit den Diagonaleinträgen der Eigenwerte, die wir eben berechnet haben. Und hierbei sieht man, dass wir, was wir eben gemacht haben, irgendwie schon aus der Linearen Algebra 1 kennen, vergleiche dazu [MK18]. Insgesamt erhalten wir also

$$S^{-1}AS = \begin{pmatrix} 1+i & 0 \\ 0 & 1-i \end{pmatrix}. \qquad \blacksquare$$

Übung: Macht dasselbe wie in Beispiel 126 noch einmal mit der Matrix

$$A := \begin{pmatrix} 1 & 1 \\ 1 & 1 \end{pmatrix}.$$

**Erklärung**

**Zum Satz 11.21:** Aus Satz 11.19 folgt, dass $A$ diagonalisierbar über $\mathbb{C}$ ist. Genauer: Es gibt eine Orthonormalbasis des unitären Standardraums $\mathbb{C}^n$, die aus Eigenwerten von $A$ besteht. Der Satz 11.21 impliziert, dass alle Eigenwerte von $A$ reell sind. Es ist nun nicht schwer zu zeigen, dass $A$ sogar über $\mathbb{R}$ diagonalisierbar ist und es eine Orthonormalbasis des euklidischen Standardvektorraums $\mathbb{R}^n$ gibt, die aus Eigenvektoren von $A$ besteht.

# Gruppen und Ringe II

# 12

## Inhaltsverzeichnis

In diesem Kapitel (es heißt „Gruppen und Ringe II" in Anlehnung an unseren ersten Band [MK18], dort gibt es schon ein Kapitel „Gruppen, Ringe, Körper"), wollen wir uns noch einmal genauer mit Gruppen und Ringen, insbesondere mit wichtigen Teilmengen von ihnen beschäftigen. Daraus lassen sich dann weitere wichtige Strukturen gewinnen.

## 12.1 Definitionen

> **Definition 12.1 (Konjugation)**
> Sei $G$ eine Gruppe. Zwei Elemente $g, g_0 \in G$ heißen **konjugiert** in $G$, wenn es ein Element $h \in G$ gibt, sodass
>
> $$g_0 = h^{-1} \circ g \circ h.$$
>
> Wir schreiben dann $g_0 \sim_G g$.

**Anmerkung** Häufig schreibt man dafür auch einfach $g_0 \sim g$ und nennt $g$ und $g_0$ konjugiert, ohne zu erwähnen in welcher Gruppe $G$. Dies macht man aber nur, wenn klar ist, welche Gruppe gemeint ist.

© Springer-Verlag GmbH Deutschland, ein Teil von Springer Nature 2019
F. Modler und M. Kreh, *Tutorium Analysis 2 und Lineare Algebra 2*,
https://doi.org/10.1007/978-3-662-59226-7_12

**Definition 12.2 (Gruppenerzeugendensystem)**
Sei $G$ eine Gruppe. Für jede Teilmenge $A$ einer Gruppe $G$ ist der Durchschnitt
aller Untergruppen von $G$, die $A$ enthalten,

$$\langle A \rangle := \bigcap_{A \subset U \subset G} U,$$

eine Untergruppe von $G$. Es ist $A \subset \langle A \rangle$ und $\langle A \rangle \subset U$ für jede Untergruppe
$U$ von $G$, die $A$ enthält. Damit ist $\langle A \rangle$ die kleinste Untergruppe von $G$, die $A$
enthält. Man nennt $\langle A \rangle$ die von $A$ **erzeugte Untergruppe** und $A$ ein **Erzeu-**
**gendensystem** von $U$.

**Definition 12.3 (Ordnung)**
Es seien $G$ eine Gruppe und $a \in G$. Gibt es ein $n \in \mathbb{N}$ mit $a^n = e$, so heißt
das kleinste solche $n$ die **Ordnung** von $a$, geschrieben ord $a$. Existiert kein
solches $n$, so schreibt man oft formal ord $a = \infty$.

**Definition 12.4 (zyklische Gruppe)**
Eine Gruppe $G$ heißt **zyklisch,** wenn sie von einem Element erzeugt werden
kann, also wenn es ein $a \in G$ gibt mit

$$G = \langle a \rangle.$$

**Definition 12.5 (Ideal)**
Eine Teilmenge $I$ eines Ringes $R$ heißt ein **Ideal,** wenn gilt:

  i) $0 \in I$,
 ii) für alle $a, b \in I$ ist $a + b \in I$,
iii) für alle $a \in I$ und $x \in R$ ist $ax \in I$.

Ist $I$ ein Ideal von $R$, so schreiben wir $I \triangleleft R$.

**Definition 12.6 (Erzeugendensystem eines Ideals)**
Es sei $M$ eine beliebige Teilmenge eines Ringes $R$. Wir setzen

$$\langle M \rangle_R := \bigcap_{I \lhd R,\, M \subset I} I,$$

das heißt, $\langle M \rangle_R$ ist der Durchschnitt aller Ideale von $R$, die $M$ enthalten. Ist $M = \{a_1, \ldots, a_n\}$ eine endliche Menge, so schreibt man statt $\langle M \rangle_R$ auch $\langle a_1, \ldots, a_n \rangle_R$. Man nennt $\langle M \rangle_R$ dann das **erzeugte Ideal**.

## 12.2  Sätze und Beweise

**Satz 12.1  (zyklische Gruppen sind abelsch)**
*Sei $(G, \cdot)$ eine Gruppe. Sind die Elemente eines Erzeugendensystems von $G$ paarweise vertauschbar, so ist $G$ abelsch. Insbesondere ist jede zyklische Gruppe abelsch.*

▶  **Beweis** Sei $a$ ein zyklischer Erzeuger der Gruppe. Dann existiert für jedes $b \in G$ ein $k \in \mathbb{Z}$ mit $b = a^k$. Sei weiter $c \in G$ mit $c = a^l$ und $l \in \mathbb{Z}$. Dann gilt:

$$b \cdot c = a^k \cdot a^l = a^{k+l} = a^{l+k} = a^l \cdot a^k = c \cdot b.$$

q.e.d.

**Satz 12.2**
*Eine Gruppe ist genau dann zyklisch, wenn es einen surjektiven Gruppenhomomorphismus $\phi : \mathbb{Z} \to G$ gibt.*

**Satz 12.3**
*Jede Untergruppe einer zyklischen Gruppe ist selbst wieder zyklisch.*

▶ **Beweis** Seien $(G, \cdot)$ zyklisch mit Erzeuger $a$, das heißt $G = \langle a \rangle$, und $U$ eine Untergruppe von $G$. Sei weiter $b = a^k$ dasjenige Element aus $U$ mit dem kleinsten positiven Exponenten $k$. $U$ enthält wegen der Abgeschlossenheit alle Potenzen von $b$, aber keine anderen Potenzen von $a$. Dies sieht man mittels der Division mit Rest, denn mit Division durch $n$ lässt sich jedes solche $k \in \mathbb{Z}$ schreiben als $k = pn + r$ mit $p \in \mathbb{Z}$ und $r \in \{0, \ldots, n-1\}$. Also muss $U$ wieder zyklisch sein.                    q.e.d.

**Satz 12.4**
*Eine endliche zyklische Gruppe $(G, \cdot)$ der Ordnung $m$ besitzt zu jedem Teiler $d$ von $m$ genau eine Untergruppe der Ordnung $d$.*

▶ **Beweis** Sei $d \cdot k = m$ $(k \in \mathbb{Z})$, also $d$ ein Teiler von $m$. Dann erzeugt das Element $a^k$ nach Satz 12.3 eine zyklische Untergruppe der Ordnung $d$ (da $a^{k \cdot d} = (a^k)^d = a^m = e$) und es gilt:

$$d \cdot k = m = \text{kgV}(k, m).$$

Angenommen, es existiert eine weitere Untergruppe $U'$ der Ordnung $d$. Diese enthalte $a^j$ als Potenz mit kleinstem positiven Exponenten $j$. Dann besteht $U'$ nach Satz 12.3 genau aus den $d$ verschiedenen Potenzen $a^{j'}$ mit Exponent $j, 2j, 3j, \ldots, dj$, und es ist                    q.e.d.

$$dj = m = \text{kgV}(j, m).$$

Daraus folgt nun $k = j$ und damit die Eindeutigkeit der Untergruppe von Ordnung $d$.                    q.e.d.

**Satz 12.5 (Untergruppen von $\mathbb{Z}$)**
*Die Untergruppen von $(\mathbb{Z}, +)$ sind genau die Mengen*

$$\langle n \rangle = n\mathbb{Z}$$

*mit $n \in \mathbb{N}$.*

▶ **Beweis** Wir wissen bereits, dass $n\mathbb{Z} \subset \mathbb{Z}$ eine Untergruppe ist. Wir müssen also nur noch zeigen, dass es zu einer beliebigen Untergruppe $U \subset \mathbb{Z}$ ein $n \in \mathbb{N}$ gibt mit $U = n\mathbb{Z}$.

$U$ muss die Zahl 0 enthalten, da $U$ eine Untergruppe ist. Ist $U = \{0\}$, so ist natürlich $U = 0\mathbb{Z}$, und wir sind fertig. Andernfalls gibt es ein Element $a \in U$ mit $a \neq 0$. Da mit $a$ auch $-a$ in $U$ liegen muss (Abgeschlossenheit bzgl. der Addition), gibt es dann also sogar eine positive Zahl in $U$. Es sei $n$ die kleinste positive Zahl in $U$. Wir behaupten, dass dann $U = n\mathbb{Z}$ gilt und zeigen diese Gleichheit, indem wir die beiden Inklusionen separat beweisen.

„$\supseteq$":    Nach Wahl von $n$ ist $U$ eine Untergruppe von $\mathbb{Z}$, die das Element $n$ enthält. Also muss $U$ auch die von $n$ erzeugte Untergruppe $n\mathbb{Z}$ enthalten.

„$\subseteq$":    Es sei $a \in U$ beliebig. Indem wir die ganze Zahl $a$ mit Rest durch $n$ dividieren, können wir $a$ schreiben als

$$a = kn + r,$$

wobei $k \in \mathbb{Z}$ und $r \in \{0, \ldots, n-1\}$ gilt. Wir schreiben dies um als $r = a - kn$. Nun ist $a \in U$ nach Wahl von $a$ und außerdem auch $-kn \in n\mathbb{Z} \subset U$. Wegen der Abgeschlossenheit von $U$ liegt damit auch die Summe $r = a - kn$ dieser beiden Zahlen in $U$. Aber $r$ war als Rest der obigen Division kleiner als $n$, und $n$ war schon als die kleinste positive Zahl in $U$ gewählt. Dies ist nur dann möglich, wenn $r = 0$ gilt. Setzen wir dies nun aber oben ein, so sehen wir, dass dann $a = kn + 0 \in n\mathbb{Z}$ folgt. Dies zeigt auch diese Inklusion.

q.e.d.

**Satz 12.6 (Nebenklassen)**
*Es seien $G$ eine Gruppe und $U$ eine Untergruppe.*

*i) Die Relation*

$$a \sim b :\Leftrightarrow a^{-1}b \in U$$

*für $a, b \in G$ ist eine Äquivalenzrelation auf $G$.*

*ii) Für die Äquivalenzklasse $\overline{a}$ eines Elements $a \in G$ bezüglich dieser Relation gilt:*

$$\overline{a} = aU := \{au : u \in U\}. \tag{12.1}$$

*Man nennt diese Klassen die **Linksnebenklassen** von $U$, weil man das Element $a \in G$ links neben alle Elemente von $U$ schreibt. Die Menge aller*

*Äquivalenzklassen dieser Relation, also die Menge aller Linksnebenklassen, wird mit*

$$G/U := G/\sim = \{aU : a \in G\}$$

*bezeichnet.*

▶ **Beweis** Wir müssen die drei Eigenschaften von Äquivalenzrelationen (Reflexivität, Symmetrie, Transitivität) zeigen. In der Tat entsprechen diese Eigenschaften in gewissem Sinne genau den drei Eigenschaften des Untergruppenkriteriums.

- Für alle $a \in G$ gilt $a^{-1}a = e \in U$ und damit $a \sim a$.
- Sind $a, b \in G$ mit $a \sim b$, also $a^{-1}b \in U$, so ist auch $b^{-1}a = (a^{-1}b)^{-1} \in U$ und damit $b \sim a$.
- Sind $a, b, c \in G$ mit $a \sim b$ und $b \sim c$, das heißt $a^{-1}b, b^{-1}c \in U$, so ist auch $a^{-1}c = (a^{-1}b)(b^{-1}c) \in U$ und damit $a \sim c$.
- Für $a \in G$ gilt:

$$\bar{a} = \{b \in G : b \sim a\} = \left\{b \in G : a^{-1}b = u, u \in U\right\}$$
$$= \{b \in G : b = au, u \in U\} = aU.$$

q.e.d.

**Satz 12.7**
*Es seien $G$ eine endliche Gruppe und $U \subset G$ eine Untergruppe. Dann hat jede Links- und jede Rechtsnebenklasse von $U$ genauso viele Elemente wie $U$.*

▶ **Beweis** Für $a \in G$ betrachten wir die Abbildung

$$f : U \to aU, f(x) = ax.$$

Nach Definition von $aU$ ist $f$ surjektiv. Die Abbildung $f$ ist aber auch injektiv, denn aus $f(x) = f(y)$, also $ax = ay$, folgt natürlich sofort $x = y$. Also ist $f$ bijektiv, und damit müssen die Startmenge $U$ und die Zielmenge $aU$ gleich viele Elemente besitzen. Die Aussage für $Ua$ ergibt sich analog.                                    q.e.d.

**Satz 12.8 (Satz von Lagrange)**
*Es seien $G$ eine endliche Gruppe und $U \subset G$ eine Untergruppe. Dann gilt:*

$$|G| = |U||G/U|. \tag{12.2}$$

*Insbesondere ist die Ordnung jeder Untergruppe von $G$ also ein Teiler der Ordnung von $G$.*

▶ **Beweis** $G$ ist die disjunkte Vereinigung aller Linksnebenklassen. Die Behauptung des Satzes folgt nun sofort daraus, dass nach Satz 12.7 jede Linksnebenklasse $|U|$ Elemente hat und es insgesamt $|G/U|$ solcher Linksnebenklassen gibt. q.e.d.

**Satz 12.9**
*Es seien $G$ eine Gruppe und $a \in G$ mit $\operatorname{ord} a =: n < \infty$. Dann ist $\langle a \rangle = \{a^0, \ldots, a^{n-1}\}$ und $|\langle a \rangle| = n = \operatorname{ord} a$.*

▶ **Beweis** Zunächst ist $\langle a \rangle = \{a^k : k \in \mathbb{Z}\}$. Mit Division durch $n$ mit Rest lässt sich aber jedes solche $k \in \mathbb{Z}$ schreiben als $k = pn + r$ mit $p \in \mathbb{Z}$ und $t \in \{0, \ldots, n-1\}$. Wegen $a^n = e$ folgt daraus

$$a^k = (a^n)^p a^r = e^p a^r = a^r.$$

Alle $a^k$ mit $k \in \mathbb{Z}$ lassen sich also bereits als ein $a^r$ mit $r \in \{0, \ldots, n-1\}$ schreiben. Also ist

$$\langle a \rangle = \{a^0, \ldots, a^{n-1}\}.$$

Weiterhin sind diese $n$ Elemente alle verschieden, denn wäre $a^i = a^j$ für gewisse $0 \le i < j \le n - 1$, so hätten wir $a^{j-i} = e$, was wegen $0 < j - i < n$ ein Widerspruch dazu ist, dass $n$ die kleinste positive Zahl ist mit $a^n = e$. Also sind die Elemente $a^0, \ldots, a^{n-1}$ alle verschieden, und es folgt $|\langle a \rangle| = n$. q.e.d.

**Satz 12.10  (kleiner Satz von Fermat)**
*Es seien G eine endliche Gruppe und $a \in G$. Dann gelten:*

*i) ord $a$ ist ein Teiler von $|G|$.*
*ii) $a^{|G|} = e$.*

▶  **Beweis** Nach Satz 12.9 hat die von $a$ erzeugte Untergruppe $\langle a \rangle$ die Ordnung ord $a$. Da diese Ordnung nach dem Satz von Lagrange (Satz 12.8) ein Teiler von $|G|$ sein muss, ergibt sich sofort der erste Teil. Weiterhin ist, wiederum nach dem Satz von Lagrange

$$a^{|G|} = a^{|\langle a \rangle||G/\langle a \rangle|} = (a^{\mathrm{ord}\,a})^{|G/\langle a \rangle|} = e,$$

und damit folgt auch der zweite Teil.                              q.e.d.

**Satz 12.11  (Faktorstrukturen und Normalteiler)**
*Es seien G eine Gruppe und $U \subset G$ eine Untergruppe. Dann sind die folgenden Aussagen äquivalent:*

*i) Für alle $a, a', b, b' \in G$ mit $\overline{a} = \overline{a'}$ und $\overline{b} = \overline{b'}$ gilt auch $\overline{a \circ b} = \overline{a' \circ b'}$, das heißt, die Vorschrift $\overline{a} \circ \overline{b} := \overline{a \circ b}$ bestimmt eine wohldefinierte Verknüpfung auf $G/U$.*
*ii) Für alle $a \in G$ und $u \in U$ ist $a \circ u \circ a^{-1} \in U$.*
*iii) Für alle $a \in G$ ist $aU = Ua$, das heißt, die Links- und Rechtsnebenklassen von $U$ stimmen überein.*

*Eine Untergruppe, die eine dieser Eigenschaften erfüllt, wird **Normalteiler** genannt, die übliche Schreibweise hierfür ist $U \lhd G$.*

▶  **Beweis**
„$i) \Rightarrow ii)$"     Es seien $a \in G$ und $u \in U$. Dann gilt $\overline{a} = \overline{a \circ u}$, denn $a^{-1} \circ a \circ u = u \in U$. Mit $a' = a \circ u$ und $b = b' = a^{-1}$ folgt dann

$$\overline{e} = \overline{a \circ a^{-1}} = \overline{a \circ u \circ \overline{a}^{-1}}$$

und damit $a \circ u \circ a^{-1} \in U$.
„$ii) \Rightarrow iii)$"     Wir zeigen jede Inklusion getrennt.

„⊆" Ist $b \in aU$, also $b = a \circ u$ für ein $u \in U$, so können wir dies auch als $b = a \circ u \circ a^{-1} \circ a$ schreiben. Dann ist aber $a \circ u \circ a^{-1} \in U$ und damit $b \in Ua$.

„⊇" Ist $b = u \circ a$ für ein $u \in U$, so schreiben wir $b = a \circ a^{-1} \circ u \circ (a^{-1})^{-1}$. Dann ist $a^{-1} \circ u \circ (a^{-1})^{-1} \in U$ also $b \in aU$.

„$iii) \Rightarrow i$" Seien $a, a', b, b' \in G$ mit $\overline{a} = \overline{a'}, \overline{b} = \overline{b'}$. Also ist $a^{-1} \circ a', b^{-1} \circ b' \in U$. Dann folgt zunächst

$$(a \circ b)^{-1} \circ (a' \circ b') = b^{-1} \circ a^{-1} \circ a'. \circ b'.$$

Wegen $a^{-1} \circ a' \in U$ liegt $a^{-1} \circ a' \circ b'$ in $Ub'$ und damit auch in $b'U$. Also können wir $a^{-1} \circ a' \circ b' = b' \circ u$ für ein $u \in U$ schreiben. Dies liefert nun

$$(a \circ b)^{-1} \circ (a' \circ b') = b^{-1} \circ b' \circ u.$$

Wegen $b^{-1} \circ b' \in U$ und $u \in U$ ist also $(a \circ b)^{-1} \circ (a' \circ b') \in U$. Damit ist also $\overline{a \circ b} = \overline{a' \circ b'}$.

---

**Satz 12.12 (Faktorgruppe)**
*Es sei G eine Gruppe und $U \lhd G$. Dann gelten:*

*i) $G/U$ ist mit der Verknüpfung $\overline{a} \circ \overline{b} = \overline{a \circ b}$ eine Gruppe. Das neutrale Element ist $\overline{e}$, das zu $\overline{a}$ inverse Element ist $\overline{a^{-1}}$.*

*ii) Ist G abelsch, so ist auch $G/U$ abelsch.*

*iii) Die Abbildung $\pi : G \to G/U, \pi(a) = \overline{a}$ ist ein Epimorphismus mit Kern U.*

*Die Gruppe $G/U$ wird als eine Faktorgruppe von G bezeichnet. Man liest $G/U$ oft als G modulo U und sagt, dass man $G/U$ aus G erhält, indem man U herausteilt. Dementsprechend schreibt man für $a, b \in G$ statt $\overline{a} = \overline{b} \in G/U$ auch $a \equiv b \mod U$, gesprochen a kongruent b modulo U. Die Abbildung $\pi$ aus Teil iii) heißt Restklassenabbildung.*

▶ **Beweis**

i) Nachdem wir die Wohldefiniertheit der Verknüpfung auf $G/U$ schon nachgeprüft haben, rechnet man die Gruppenaxiome nun ganz einfach nach:

– Für alle $a, b, c \in G$ gilt:

$$(\overline{a} \circ \overline{b}) \circ \overline{c} = \overline{a \circ b} \circ \overline{c} = \overline{(a \circ b) \circ c} = \overline{a \circ (b \circ c)} = \overline{a} \circ \overline{b \circ c} = \overline{a} \circ (\overline{b} \circ \overline{c}).$$

– Für alle $a \in G$ gilt $\overline{e} \circ \overline{a} = \overline{e \circ a} = \overline{a}$.
– Für alle $a \in G$ ist $\overline{a^{-1}} \circ \overline{a} = \overline{a^{-1} \circ a} = \overline{e}$.

ii) Genau wie die Assoziativität oben überträgt sich die Kommutativität sofort von $G$ auf $G/U$, denn

$$\overline{a} \circ \overline{b} = \overline{a \circ b} = \overline{b \circ a} = \overline{b} \circ \overline{a}.$$

iii) Die Abbildung $\pi$ ist nach Definition ein Morphismus, denn für alle $a, b \in G$ gilt:

$$\pi(a \circ b) = \overline{a \circ b} = \overline{a} \circ \overline{b} = \pi(a) \circ \pi(b).$$

Nach Definition von $G/U$ ist $\pi$ surjektiv und der Kern ist

$$\ker \pi = \{a \in G : \overline{a} = \overline{e}\} = \overline{e} = U.$$

q.e.d.

**Satz 12.13 (Isomorphiesatz für Gruppen)**
*Es sei $f : G \to H$ ein Morphismus von Gruppen (auch Gruppenmorphismus genannt :-)). Dann ist die Abbildung*

$$g : G/\ker f \to \operatorname{im} f, \quad \overline{a} \mapsto f(a) \tag{12.3}$$

*zwischen der Faktorgruppe $G/\ker f$ von $G$ und der Untergruppe $\operatorname{im} f$ von $H$ ein Isomorphismus.*

▶ **Beweis** Zunächst einmal ist $\ker f$ ein Normalteiler von $G$, sodass $G/\ker f$ also wirklich eine Gruppe ist. Die im Satz angegebene Abbildung $g$ ist außerdem wohldefiniert, denn für $a, b \in G$ mit $\overline{a} = \overline{b}$, also $a^{-1}b \in \ker f$, gilt:

$$e = f(a^{-1} \circ b) = f(a)^{-1} \circ f(b) \tag{12.4}$$

und damit $f(a) = f(b)$. Weiterhin ist $g$ ein Morphismus, denn für $a, b \in G$ gilt:

$$g(\overline{a} \circ \overline{b}) = g(\overline{a \circ b}) = f(a \circ b) = f(a) \circ f(b) = g(\overline{a}) \circ g(\overline{b}). \tag{12.5}$$

Wir müssen also nur noch zeigen, dass $g$ surjektiv und injektiv ist. Beides folgt im Prinzip unmittelbar aus der Konstruktion von $g$.

- $g$ ist surjektiv, denn ist $b$ ein Element in im $f$, so gibt es also ein $a \in G$ mit $f(a) = b$, das heißt mit $g(\overline{a}) = b$.
- $g$ ist injektiv, denn ist $a \in G$ mit $g(\overline{a}) = f(a) = e$, so ist also $a \in \ker f$ und damit $\overline{a} = \overline{e}$. Also ist $\ker g = \{\overline{e}\}$. q.e.d.

---

**Satz 12.14 (Klassifikation zyklischer Gruppen)**
*Es sei G eine Gruppe.*

*i) Ist G zyklisch, so ist G isomorph zu $\mathbb{Z}$ oder zu $\mathbb{Z}/n\mathbb{Z}$ für ein $n \in \mathbb{N}$.*
*ii) Ist G endlich und $p := |G|$ eine Primzahl (also die Gruppenordnung eine Primzahl), dann ist G isomorph zu $\mathbb{Z}/p\mathbb{Z}$.*

▶ **Beweis**
i) Es sei $a \in G$ mit $G = \langle a \rangle$. Wir betrachten die Abbildung

$$f : \mathbb{Z} \to G, \qquad k \mapsto a^k, \tag{12.6}$$

die ein Morphismus ist. Dann ist

$$\operatorname{im} f = \left\{ a^k : k \in \mathbb{Z} \right\} = \langle a \rangle = G, \tag{12.7}$$

das heißt, $f$ ist surjektiv. Der Kern von $f$ muss als Untergruppe von $\mathbb{Z}$ die Form $n\mathbb{Z}$ für ein $n \in \mathbb{N}_0$ haben. Es ergeben sich also zwei Fälle
- Ist $n = 0$, also $\ker f = \{0\}$, so folgt aus dem Isomorphiesatz $\mathbb{Z}/\{0\} \cong G$, also $\mathbb{Z} \cong G$.
- Ist $n > 0$, so folgt aus dem Isomorphiesatz 12.13 $\mathbb{Z}/n\mathbb{Z} \cong G$.
ii) Es sei $a \in G$ ein beliebiges Element mit $a \neq e$. Nach dem Satz von Lagrange (Satz 12.8) muss die Ordnung der Untergruppe $\langle a \rangle$ von $G$ ein Teiler der Gruppenordnung $p$ sein. Da $p$ eine Primzahl ist, kommt hier also nur $|\langle a \rangle| = 1$ oder $|\langle a \rangle| = p$ in Frage. Weil aber bereits die beiden Elemente $e$ und $a$ in $\langle a \rangle$ liegen, ist $|\langle a \rangle| = p$, das heißt, es ist bereits $\langle a \rangle = G$. Also ist $G$ zyklisch. Die Behauptung folgt damit aus dem ersten Teil.

q.e.d.

**Satz 12.15**

*Für jede endliche Teilmenge $M$ eines Ringes $R$ ist $\langle M \rangle_R$ ein Ideal, das $M$ enthält, und es gilt:*

$$\langle M \rangle_R = \{a_1 x_1 + \cdots + a_n z_n : n \in \mathbb{N}, a_1, \ldots, a_n \in M, x_1, \ldots, x_n \in R\}.$$
$$(12.8)$$

**Anmerkung** Man sagt, dass $\langle M \rangle_R$ aus den endlichen Linearkombinationen von Elementen aus $M$ mit Koeffizienten in $R$ besteht und nennt $\langle M \rangle_R$ das von $M$ erzeugte Ideal.

▶ **Beweis** Die rechte Seite

$$J = \{a_1 x_1 + \cdots + a_n z_n : n \in \mathbb{N}, a_1, \ldots, a_n \in M, x_1, \ldots, x_n \in R\}$$

der behaupteten Gleichung ist offensichtlich ein Ideal von $R$. Die ersten beiden Eigenschaften sind klar nach Konstruktion, die dritte ergibt sich daraus, dass wir für alle $a_1 x_1 + \cdots + a_n x_n \in J$ und $x \in R$ das Produkt dieser beiden Elemente als $a_1(xx_1) + \cdots + a_n(xx_n)$ schreiben können. Natürlich enthält $J$ auch die Menge $M$, denn wir können ja jedes $a \in M$ als $a \cdot 1 \in J$ schreiben. Wir behaupten nun, dass $\langle M \rangle_R = J$ ist.

„$\subset$"  Wir haben gerade gesehen, dass $J$ ein Ideal von $R$ ist, das $M$ enthält. Also ist $J$ eines der Ideale $I$, über das der Durchschnitt gebildet wird. Damit folgt sofort $\langle M \rangle_R \subset J$.

„$\supset$"  Ist $I$ ein beliebiges Ideal von $R$, das $M$ enthält, so muss $I$ natürlich auch alle in $J$ enthaltenen Linearkombinationen von Elementen aus $M$ enthalten. Also ist in diesem Fall $I \supset J$. Bilden wir nun den Durchschnitt $\langle M \rangle_R$ aller dieser Ideale, muss dieser natürlich immer noch $J$ enthalten.                                                   q.e.d.

**Satz 12.16 (Ideale und Faktorringe)** *Es sei $I$ ein Ideal in einem Ring $R$. Dann gilt*

*i) Auf der Menge $R/I$ sind die beiden Verknüpfungen*

$$\overline{x} + \overline{y} := \overline{x + y} \qquad \overline{x} \cdot \overline{y} := \overline{xy}$$
$$(12.9)$$

*wohldefiniert.*

> *ii) Mit diesen Verknüpfungen ist $R/I$ ein Ring.*
> *iii) Die Restklassenabbildung $\pi : R \to R/I, \pi(x) = \overline{x}$ ist ein surjektiver Ringhomomorphismus mit Kern $I$.*
>
> *Analog zum Fall von Gruppen wird $R/I$ als ein Faktorring von $R$ bezeichnet. Man liest $R/I$ meistens als $R$ modulo $I$ und sagt, dass man $R/I$ aus $R$ erhält, indem man $I$ herausteilt. Dementsprechend schreibt man für $x, y \in R$ statt $\overline{x} = \overline{y} \in R/I$ oft auch $x \equiv y \mod I$.*

▶  **Beweis**

i) Die Wohldefiniertheit der Addition folgt direkt, da $I$ ein Normalteiler von $R$ ist. Für die Wohldefiniertheit der Multiplikation seien $x, x', y, y' \in R$ mit $\overline{x} = \overline{x'}$ und $\overline{x} = \overline{y'}$, also $x' - x =: a \in I$ und $y' - y =: b \in I$. Dann gilt

$$x'y' - xy = (x + a)(y + b) - xy = ay + bx + ab.$$

Da jeder der drei Summanden dieses Ausdrucks mindestens einen Faktor aus $I$ enthält, liegen alle diese Summanden in $I$. Also liegt auch deren Summe in $I$, das heißt, es ist $x'y' - xy \in I$ und damit wie behauptet $\overline{xy} = \overline{x'y'}$.

ii) Die Ringeigenschaften übertragen sich sofort von $R$ auf $R/I$. Wir zeigen exemplarisch die Distributivität. Für alle $x, y, z \in R$ gilt:

$$(\overline{x} + \overline{y})\overline{z} = \overline{x + y}\,\overline{z} = \overline{(x + y)z} = \overline{xz + yz} = \overline{xz} + \overline{yz} = \overline{x} \cdot \overline{z} + \overline{y} \cdot \overline{z}.$$

iii) Wir wissen bereits, dass $\pi$ ein surjektiver additiver Gruppenhomomorphismus mit Kern $I$ ist. Wir müssen also nur noch die Verträglichkeit von $\pi$ mit der Multiplikation nachprüfen. Für alle $x, y \in R$ ist

$$\pi(xy) = \overline{xy} = \overline{x} \cdot \overline{y} = \pi(x)\pi(y).$$

q.e.d.

**Satz 12.17**

*Es sei $n \in \mathbb{N}_{\geq 2}$. Der Ring $\mathbb{Z}/n\mathbb{Z}$ ist genau dann ein Körper, wenn $n$ eine Primzahl ist.*

▶ **Beweis**

„⇒" Es sei $\mathbb{Z}/n\mathbb{Z}$ ein Körper. Angenommen, $n$ wäre keine Primzahl. Dann gäbe es eine Faktorisierung $n = pq$ für gewisse $1 \leq p, q < n$, und es wäre in $\mathbb{Z}/n\mathbb{Z}$

$$\overline{0} = \overline{n} = \overline{pq} = \overline{p} \cdot \overline{q},$$

aber dies kann nicht sein, denn $p$ und $q$ müssen Einheiten sein und Nullteiler sind keine Einheiten.

„⇐" Es seien $n$ eine Primzahl und $a \in \{1, \ldots, n-1\}$. Die Ordnung der vom Element $\overline{a} \in \mathbb{Z}/n\mathbb{Z} \backslash \{\overline{0}\}$ erzeugten additiven Untergruppe

$$\langle \overline{a} \rangle = \{k\overline{a} : k \in \mathbb{Z}\} = \{\overline{ka} : k \in \mathbb{Z}\}$$

muss dann nach dem Satz von Lagrange (Satz 12.8) als Teiler von $n$ gleich 1 oder $n$ sein. Da aber bereits die beiden Elemente 0 und $a$ in dieser Untergruppe liegen, ist $|\langle a \rangle| = 1$ ausgeschlossen, das heißt, es ist $|\langle a \rangle| = n$ und damit $\langle a \rangle = \mathbb{Z}/n\mathbb{Z}$ schon der gesamte Ring. Insbesondere ist also $1 \in \langle a \rangle$, das heißt, es gibt ein $k \in \mathbb{Z}$ mit $\overline{ka} = 1$. Also ist $a$ eine Einheit in $\mathbb{Z}/n\mathbb{Z}$. Da $a \neq 0$ beliebig war, ist $\mathbb{Z}/n\mathbb{Z}$ damit ein Körper.

q.e.d.

**Satz 12.18  (Isomorphiesatz für Ringe)**
*Es sei $f : R \to S$ ein Ringhomomorphismus. Dann ist die Abbildung*

$$g : R/\ker f \to \operatorname{im} f, \quad \overline{x} \mapsto f(x)$$

*ein Ringisomorphismus.*

▶ **Beweis** Da $\ker f$ ein Ideal von $R$ ist, können wir den Faktorring $R/\ker f$ bilden. Wenden wir weiterhin den Isomorphiesatz für Gruppen auf den zugehörigen Gruppenhomomorphismus $f : (R, +) \to (S, +)$ an, so sehen wir, dass $g$ wohldefiniert, mit der Addition verträglich und bijektiv ist. Außerdem ist $g$ auch mit der Multiplikation verträglich, denn für alle $x, y \in R/\ker f$ ist

$$g(\overline{x} \overline{y}) = g(\overline{xy}) = f(xy) = f(x)f(y) = g(\overline{x})g(\overline{y}).$$

Wegen $f(1) = 1$ gilt schließlich auch $g(\bar{1}) = f(1) = 1$, und damit ist $g$ ein Ringisomorphismus.

q.e.d.

## 12.3 Erklärungen zu den Definitionen

**Zur Definition 12.1 der Konjugation:** Ist $G$ eine Gruppe, so interessiert uns oftmals nicht ein einzelnes Element $g \in G$, sondern die Konjugationsklassen, das heißt alle Elemente, die zu $g$ konjugiert sind. Dies werden wir vor allem bei der Klassifikation der Symmetrien sehen.

▶ **Beispiel 127**

- Wir betrachten die symmetrische Gruppe $S_3$. Das neutrale Element ist natürlich nur zu sich selbst konjugiert, denn ist $g = e$ das neutrale Element, so gilt:

$$g_0 = h^{-1} \circ e \circ h = h^{-1} \circ h = e.$$

Ist $g \in S_3$ eine Transposition, das heißt vertauscht die Elemente $i$ und $j$, für $i, j \in \{1, 2, 3\}$, so hat diese genau einen Fixpunkt $l$, nämlich das Element, das nicht permutiert wird. Außerdem gibt es eine Permutation $h$ mit $h(k) = l$ für $k \in \{1, 2, 3\}$. Dann gilt aber:

$$g_0(k) = h^{-1}(g(h(k))) = h^{-1}(g(l)) = h^{-1}(l) = k,$$

also hat $g_0$ einen Fixpunkt, kann also nur eine Transposition oder die Identität sein. Da die Identität aber nur zu sich selbst konjugiert ist, ist $g_0$ eine Transposition. Wählen wir nun $h_1, h_2, h_3$ so, dass $h_m(m) = l$ für $m \in \{1, 2, 3\}$, so erhalten wir als $g_0$ die Transposition, die $m$ festhält. Also sind alle Transpositionen konjugiert. Als Übung solltet ihr euch nun klarmachen, dass die verbleibenden zwei Permutationen konjugiert sind, wir also drei Konjugationsklassen haben.
- Ist $G$ eine abelsche Gruppe, so ist

$$h^{-1} \circ g \circ h = g \circ h^{-1} \circ h = g,$$

das heißt, jedes Element ist nur zu sich selbst konjugiert. ∎

Ihr solltet euch als Übung klarmachen, dass Konjugation eine Äquivalenzrelation darstellt.

**Erklärungen**

**Zur Definition 12.2 des Erzeugendensystems:** Um den Begriff einzuüben, betrachten wir ein einfaches Beispiel und zwar die sogenannte Klein'sche Vierergruppe.

▶ **Beispiel 128** Durch die Verknüpfungstabelle 12.1 (oben auf dieser Seite) wird eine kommutative Gruppe $V = \{e, a, b, c\}$ gegeben, die sogenannte *Klein'sche Vierergruppe*, wobei $e$ das neutrale Element bezeichnet.

Für jedes $x \in V$ gilt offensichtlich $x \cdot x = e$, also ist jedes Element sein eigenes Inverses, das heißt, $x = x^{-1}$. Prüft einmal nach, dass dies wirklich eine Gruppe bildet. Okay, wir geben zu: Der Nachweis der Assoziativität ist etwas lästig, aber sollte einmal im Leben gemacht werden :-). Man prüft nun leicht nach, dass die Klein'sche Vierergruppe wie folgt erzeugt wird und zwar durch

$$V = \langle a, b \rangle = \langle b, c \rangle = \langle a, c \rangle.$$

**Erklärungen**

**Zur Definition 12.3 der Ordnung einer Gruppe:** Ist $a$ ein Element der Gruppe $G$, so sind in $\langle a \rangle$ entweder alle Potenzen $a^n$ verschieden und damit die Ordnung der Gruppe unendlich, oder es existieren $i, j \in \mathbb{Z}$ mit $i < j$ und $a^i = a^j$, das heißt, $a^{j-i} = e$.

▶ **Beispiel 129**

- Für $G = S_3$ und $\sigma = \begin{pmatrix} 1 & 2 & 3 \\ 1 & 3 & 2 \end{pmatrix}$ ist ord $\sigma = 2$, denn $\sigma \neq$ Id aber $\sigma^2 =$ Id.
- In $G = \mathbb{Z}$ ist ord $1 = \infty$, denn $n \cdot 1 \neq 0$ für alle $n \in \mathbb{N}$.   ∎

**Erklärungen**

**Zur Definition 12.4 einer zyklischen Gruppe:** Zyklische Gruppen sind nach Definition endlich oder abzählbar unendlich. Betrachten wir gleich ein paar einfache Beispiele:

▶ **Beispiel 130**

- Die Klein'sche Vierergruppe aus Beispiel 128 ist endlich erzeugt (zwei Elemente reichen aus, auf die aber nicht verzichtet werden kann), aber damit nicht zyklisch.

**Tab. 12.1** Die Verknüpfungstabelle der Klein'schen Vierergruppe

| · | $e$ | $a$ | $b$ | $c$ |
|---|-----|-----|-----|-----|
| $e$ | e | a | b | c |
| $a$ | a | e | c | b |
| $b$ | b | c | e | a |
| $c$ | c | b | a | e |

- Die Gruppe $(\mathbb{Z}, +)$ ist zyklisch, denn das Element 1 erzeugt die gesamte Gruppe. Durch mehrfache endliche Verknüpfung (hier Addition) der 1 kann man jede ganze Zahl erzeugen. Natürlich ist aber auch $-1$ ein Erzeuger, es gilt also:

$$(\mathbb{Z}, +) = \langle 1 \rangle = \langle -1 \rangle \,.$$

- Trivialerweise ist

$$\langle \emptyset \rangle = \{e\} = \langle e \rangle \,.$$

Und es ist auch $\langle U \rangle = U$ für jede Untergruppe $U$ einer Gruppe mit neutralem Element $e \in G$.

- Die $n$-ten Einheitswurzeln sind für jedes $n \in \mathbb{N}$ eine zyklische Gruppe der Ordnung $n$. Sie wird durch die Einheitswurzel $e^{\frac{2\pi i}{n}}$ erzeugt. Beachte, dass es auch hier mehrere Erzeuger gibt. Für $n = 3$ ist sowohl $e^{\frac{2\pi i}{3}}$ als auch $e^{\frac{4\pi i}{3}}$ ein zyklischer Erzeuger.

- Eine Darstellung einer zyklischen Gruppe liefert die Addition modulo einer Zahl, die sogenannte Restklassenarithmetik. In der additiven Gruppe $(\mathbb{Z}/n\mathbb{Z}, +)$ ist die Restklasse der 1 ein Erzeuger. Zum Beispiel ist

$$\mathbb{Z}/4\mathbb{Z} = \{\overline{0}, \overline{1}, \overline{2}, \overline{3}\}.$$

Dies soll an Beispielen genügen. ∎

---

**Erklärungen**

### Zur Definition 12.5 von Idealen:

- Jedes Ideal $I$ eines Ringes $R$ ist eine additive Untergruppe von $R$, die ersten beiden Eigenschaften des Untergruppenkriteriums sind genau die ersten beiden Bedingungen für Ideale und die dritte Eigenschaft folgt mit $x = -1$. Da $(R, +)$ außerdem nach Definition eines Ringes abelsch ist, ist jedes Ideal von $R$ sogar ein Normalteiler bezüglich der Addition in $R$.

- Ist $I$ ein Ideal in einem Ring $R$ mit $1 \in I$, so folgt aus der dritten Eigenschaft mit $a = 1$ sofort $x \in I$ für alle $x \in R$, das heißt, es ist dann bereits $I = R$.

▶ **Beispiel 131**

- Im Ring $R = \mathbb{Z}$ ist $I = n\mathbb{Z}$ für $n \in \mathbb{N}$ ein Ideal. $0 \in I$ ist offensichtlich. Für zwei Zahlen $kn, ln \in n\mathbb{Z}$ mit $k, l \in \mathbb{Z}$ ist auch $kn + ln = (k + l)n \in n\mathbb{Z}$ und für $kn \in n\mathbb{Z}$ und $x \in \mathbb{Z}$ mit $k \in \mathbb{Z}$ ist auch $knx = (kx)n \in n\mathbb{Z}$.
  Da jedes Ideal eines Ringes auch eine additive Untergruppe sein muss und diese im Ring $\mathbb{Z}$ alle von der Form $n\mathbb{Z}$ für ein $n \in \mathbb{N}$ sind, sind dies auch bereits alle Ideale von $\mathbb{Z}$. Insbesondere stimmen Untergruppen und Ideale im Ring $\mathbb{Z}$ also überein. Dies ist aber nicht in jedem Ring so, so ist zum Beispiel $\mathbb{Z}$ eine additive Untergruppe von $\mathbb{Q}$, aber kein Ideal, denn es ist ja $1 \in \mathbb{Z}$, aber $\mathbb{Z} \neq \mathbb{Q}$.

- In einem Ring $R$ sind $\{0\}$ und $R$ offensichtlich stets Ideale von $R$. Sie werden die trivialen Ideale von $R$ genannt.

- Ist $K$ ein Körper, so sind die trivialen Ideale $\{0\}$ und $K$ bereits die einzigen Ideale von $K$. Enthält ein Ideal $I \vartriangleleft K$ nämlich ein beliebiges Element $a \neq 0$, so enthält es dann auch $1 = aa^{-1}$ und ist damit gleich $K$.

- Ist $f : R \to S$ ein Ringhomomorphismus, so ist $\ker f$ stets ein Ideal von $f$. Es ist $f(0) = 0$ und damit $0 \in \ker f$, für $a, b \in \ker f$ ist $f(a+b) = f(a) + f(b) = 0 + 0 = 0$ und damit $a + b \in \ker f$ und für $a \in \ker f$ und $x \in R$ ist außerdem $f(ax) = f(a)f(x) = 0 \cdot f(x) = 0$ und damit $ax \in \ker f$. ∎

---

**Erklärungen**

**Zur Definition 12.6 eines Erzeugendensystems von Idealen:**

▶ **Beispiel 132**

- Besteht die Menge $M$ nur aus einem Element $a$, so ist offensichtlich $\langle a \rangle_R = \{ax : x \in R\}$ die Menge aller Vielfachen von $a$. Insbesondere gilt in $R = \mathbb{Z}$ also für $n \in \mathbb{N}$

$$\langle n \rangle_{\mathbb{Z}} = \{nx : x \in \mathbb{Z}\} = n\mathbb{Z} = \langle n \rangle \tag{12.10}$$

- Im Ring $R = \mathbb{Z} \times \mathbb{Z}$ ist das vom Element $(2, 2)$ erzeugte Ideal

$$\langle (2, 2) \rangle_{\mathbb{Z} \times \mathbb{Z}} = \{(2, 2)(m, n) : m, n \in \mathbb{Z}\} = \{(2m, 2n) : m, n \in \mathbb{Z}\}, \tag{12.11}$$

während die von diesem Element erzeugte additive Untergruppe gleich

$$\langle (2, 2) \rangle = \{n(2, 2) : n \in \mathbb{Z}\} = \{(2n, 2n) : n \in \mathbb{Z}\} \tag{12.12}$$

ist. ∎

Sind $M$ eine Teilmenge eines Ringes $R$ und $I$ ein Ideal mit $M \subset I$, so gilt bereits $\langle M \rangle_R \subset I$, denn $I$ ist ja dann eines der Ideale, über die der Durchschnitt gebildet wird. Diese triviale Bemerkung verwendet man oft, um Teilmengenbeziehungen für Ideale nachzuweisen. Wenn man zeigen möchte, dass das von einer Menge $M$ erzeugte Ideal $\langle M \rangle_R$ in einem anderen Ideal $I$ enthalten ist, so genügt es dafür zu zeigen, dass die Erzeuger $M$ in $I$ liegen. Diese Eigenschaft ist völlig analog zu der für Untergruppen.

---

## 12.4   Erklärungen zu den Sätzen und Beweisen

**Erklärungen**

**Zum Satz 12.6 über Nebenklassen:** Es seien $G$ eine Gruppe und $U \subset G$ eine Untergruppe.

- Für die oben betrachtete Äquivalenzrelation gilt also

$$\overline{a} = \overline{b} \Leftrightarrow a^{-1}b \in U.$$

Wenn wir im Folgenden mit dieser Äquivalenzrelation arbeiten, ist dies das Einzige, was wir dafür benötigen werden. Insbesondere ist also $\overline{b} = \overline{e}$ genau dann, wenn $b \in U$.

- Es war in der Definition etwas willkürlich, dass wir $a \sim b$ durch $a^{-1}b \in U$ und nicht umgekehrt durch $ba^{-1} \in U$ definiert haben. In der Tat könnten wir auch für diese umgekehrte Relation eine zu dem Satz analoge Aussage beweisen, indem wir dort die Reihenfolge aller Verknüpfungen umdrehen. Wir würden dann demzufolge als Äquivalenzklassen also auch nicht die Linksnebenklassen, sondern die so genannten *Rechtsnebenklassen*

$$Ua = \{ua : u \in U\}$$

erhalten. Ist $G$ abelsch, so sind Links- und Rechtsnebenklassen natürlich dasselbe. Im nicht abelschen Fall werden sie im Allgemeinen verschieden sein, wie wir im folgenden Beispiel sehen werden, allerdings wird auch hier später der Fall, in dem Links- und Rechtsnebenklassen übereinstimmen, eine besonders große Rolle spielen. Wir vereinbaren im Folgenden, dass wie in der Definition die Notationen $\overline{a}$ beziehungsweise $G/U$ stets für die Linksnebenklasse $aU$ beziehungsweise die Menge dieser Linksnebenklassen stehen. Wollen wir zwischen Links- und Rechtsnebenklassen unterscheiden, müssen wir sie explizit als $aU$ beziehungsweise $Ua$ schreiben.

- Für jede Untergruppe $U$ einer Gruppe $G$ ist natürlich $U = eU = Ue$ stets sowohl eine Links- als auch eine Rechtsnebenklasse. In der Tat ist dies die einzige Nebenklasse, die eine Untergruppe von $G$ ist, denn die anderen Nebenklassen enthalten ja nicht einmal das neutrale Element $e$.

▶ **Beispiel 133**

- Sind $G = \mathbb{Z}$, $n \in \mathbb{N}$ und $U = n\mathbb{Z}$, so erhalten wir für $k, l \in \mathbb{Z}$, dass genau dann $k \sim l$ gilt, wenn $l - k \in n\mathbb{Z}$ ist und die Äquivalenzklassen, also die Linksnebenklassen, sind

$$\overline{k} = k + n\mathbb{Z} = \{\ldots, k - 2n, k - n, k, k + n, k + 2n, \ldots\},$$

also für $k \in \{0, \ldots, n-1\}$ alle ganzen Zahlen, die bei Division durch $n$ den Rest $k$ lassen. Demzufolge ist die Menge aller Linksnebenklassen gleich

$$\mathbb{Z}/n\mathbb{Z} = \left\{\overline{0}, \overline{1}, \ldots, \overline{n-1}\right\},$$

also die Menge aller möglichen Reste bei Division durch $n$. Beachte, dass wir hier mit $\mathbb{Z}$ statt mit $\mathbb{N}$ begonnen haben, was nötig war, da $\mathbb{N}$ im Gegensatz zu $\mathbb{Z}$ keine Gruppe ist, dass dies aber an den erhaltenen Äquivalenzklassen nichts ändert. Da dieses Beispiel besonders wichtig ist, hat die Menge $\mathbb{Z}/n\mathbb{Z}$ öfter eine besondere Bezeichnung. Man schreibt sie oft als $\mathbb{Z}_n$. Dies kann jedoch später Verwechslung mit den $p$-adischen Zahlen, die ihr vielleicht irgendwann kennenlernt, hervorrufen. Man schreibt auch manchmal $\mathbb{F}_n$, sie ist allerdings meist nur dann üblich, wenn $n$ eine Primzahl $p$ ist, dann schreibt man $\mathbb{F}_p$, da dies dann ein Körper ist. Wir werden hier allerdings keine dieser Schreibweisen nutzen.

- Wir betrachten die Gruppe $G = A_3$ und darin die Teilmenge

$$U = \left\{ \begin{pmatrix} 1\,2\,3 \\ 1\,2\,3 \end{pmatrix}, \begin{pmatrix} 1\,2\,3 \\ 1\,3\,2 \end{pmatrix} \right\},$$

die eine Untergruppe ist. Ist nun $\sigma = \begin{pmatrix} 1\,2\,3 \\ 2\,3\,1 \end{pmatrix}$, so gilt:

$$\sigma \circ U = \left\{ \begin{pmatrix} 1\,2\,3 \\ 2\,3\,1 \end{pmatrix} \circ \begin{pmatrix} 1\,2\,3 \\ 1\,2\,3 \end{pmatrix}, \begin{pmatrix} 1\,2\,3 \\ 2\,3\,1 \end{pmatrix} \circ \begin{pmatrix} 1\,2\,3 \\ 1\,3\,2 \end{pmatrix} \right\}$$

$$= \left\{ \begin{pmatrix} 1\,2\,3 \\ 2\,3\,1 \end{pmatrix}, \begin{pmatrix} 1\,2\,3 \\ 2\,1\,3 \end{pmatrix} \right\},$$

$$U \circ \sigma = \left\{ \begin{pmatrix} 1\,2\,3 \\ 1\,2\,3 \end{pmatrix} \circ \begin{pmatrix} 1\,2\,3 \\ 2\,3\,1 \end{pmatrix}, \begin{pmatrix} 1\,2\,3 \\ 1\,3\,2 \end{pmatrix} \circ \begin{pmatrix} 1\,2\,3 \\ 2\,3\,1 \end{pmatrix} \right\}$$

$$= \left\{ \begin{pmatrix} 1\,2\,3 \\ 2\,3\,1 \end{pmatrix}, \begin{pmatrix} 1\,2\,3 \\ 3\,2\,1 \end{pmatrix} \right\}.$$

Es gilt also $\sigma \circ U \neq U \circ \sigma$, das heißt, Links- und Rechtsnebenklassen sind verschieden. Neben $\sigma \circ U$ ist natürlich auch $U$ selbst eine Linksnebenklasse. Die noch fehlende Linksnebenklasse lautet

$$\begin{pmatrix} 1\,2\,3 \\ 3\,1\,2 \end{pmatrix} \circ U$$

$$= \left\{ \begin{pmatrix} 1\,2\,3 \\ 3\,1\,2 \end{pmatrix} \circ \begin{pmatrix} 1\,2\,3 \\ 1\,2\,3 \end{pmatrix}, \begin{pmatrix} 1\,2\,3 \\ 3\,1\,2 \end{pmatrix} \circ \begin{pmatrix} 1\,2\,3 \\ 1\,3\,2 \end{pmatrix} \right\}$$

$$= \left\{ \begin{pmatrix} 1\,2\,3 \\ 3\,1\,2 \end{pmatrix}, \begin{pmatrix} 1\,2\,3 \\ 3\,2\,1 \end{pmatrix} \right\}.$$

Wir hoffen, ihr habt alles verstanden.                                          ∎

**Erklärungen**

**Zum Satz 12.11 über Faktorstrukturen:** Wir haben zu einer Untergruppe $U$ einer gegebenen Gruppe $G$ die Menge der Linksnebenklassen $G/U$ untersucht und damit bereits einige interessante Resultate erhalten. Eine Menge ist für sich genommen allerdings noch keine besonders interessante Struktur. Wünschenswert wäre es natürlich, wenn wir $G/U$ nicht nur als Menge, sondern ebenfalls wieder als Gruppe auffassen könnten, also wenn wir aus der gegebenen Verknüpfung in $G$ auch eine Verknüpfung in $G/U$ konstruieren könnten. Dafür legt dieser Satz den Grundstein. Bei der Definition von Faktorstrukturen müssen wir uns jedoch Gedanken um die Wohldefiniertheit von Abbildungen machen.

▶ **Beispiel 134 (Wohldefiniertheit)** Es sei $\sim$ eine Äquivalenzrelation auf einer Menge $M$. Will man eine Abbildung $f : M/\sim \to N$ von der Menge der zugehörigen Äquivalenzklassen in eine weitere Menge $N$ definieren, so ist die Idee hierfür in der Regel, dass man eine Abbildung $g : M \to N$ wählt und dann

$$f : M/\sim \to N, f(\overline{a}) := g(a)$$

setzt. Man möchte das Bild einer Äquivalenzklasse unter $f$ also dadurch definieren, dass man einen Repräsentanten dieser Klasse wählt und diesen Repräsentanten dann mit $g$ abbildet. Als einfaches konkretes Beispiel können wir einmal die Abbildung

$$f : \mathbb{Z}/10\mathbb{Z} \to \{0, 1\}, f(\overline{n}) := \begin{cases} 1, & n \text{ gerade} \\ 0, & n \text{ ungerade} \end{cases}$$

betrachten, das heißt, wir wollen die Elemente $\overline{0}, \overline{2}, \overline{4}, \overline{6}$ und $\overline{8}$ auf 1 und die anderen (also $\overline{1}, \overline{3}, \overline{5}, \overline{7}, \overline{9}$) auf 0 abbilden. Beachte, dass wir in dieser Funktionsvorschrift genau die oben beschriebene Situation haben. Um eine Äquivalenzklasse in $\mathbb{Z}/10\mathbb{Z}$ abzubilden, wählen wir einen Repräsentanten $n$ dieser Klasse und bilden diesen mit der Funktion

$$g : \mathbb{Z} \to \{0, 1\}, g(n) := \begin{cases} 1, & n \text{ gerade} \\ 0, & n \text{ ungerade} \end{cases}$$

ab. Offensichtlich ist diese Festlegung so nur dann widerspruchsfrei möglich, wenn der Wert dieser Funktion $g$ nicht von der Wahl des Repräsentanten abhängt. Mit anderen Worten muss

$$g(a) = g(b) \text{ für alle } a, b \in M \text{ mit } \overline{a} = \overline{b}$$

gelten, damit die Definition widerspruchsfrei ist. Statt widerspruchsfrei sagen Mathematiker in diesem Fall in der Regel, dass $f$ durch die Vorschrift dann wohldefiniert ist. Die Wohldefiniertheit einer Funktion muss man also immer dann nachprüfen, wenn der Startbereich der Funktion eine Menge von Äquivalenzklassen ist und die

Funktionsvorschrift Repräsentanten dieser Klassen benutzt. In unserem konkreten Beispiel sieht das so aus. Sind $m, n \in \mathbb{Z}$ mit $\bar{n} = \bar{m} \in \mathbb{Z}/10\mathbb{Z}$, so ist ja $n - m = 10k$ für ein $k \in \mathbb{Z}$. Damit sind $n$ und $m$ also entweder beide gerade oder beide ungerade, und es gilt in jedem Fall $g(n) = g(m)$. Die Funktion $f$ ist also wohldefiniert. Im Gegensatz dazu ist die Vorschrift

$$h : \mathbb{Z}/10\mathbb{Z} \to \{0, 1\}, h(\bar{n}) := \begin{cases} 1, & \text{falls } n \text{ durch 3 teilbar ist} \\ 0, & \text{falls } n \text{ nicht durch 3 teilbar ist} \end{cases} \qquad (12.13)$$

nicht wohldefiniert, sie definiert also keine Funktion auf $\mathbb{Z}/10\mathbb{Z}$, denn es ist zum Beispiel $\bar{6} = \overline{16}$, aber 6 ist durch 3 teilbar und 16 nicht. Der Funktionswert von $h$ auf dieser Äquivalenzklasse ist durch die obige Vorschrift also nicht widerspruchsfrei festgelegt. ∎

---

**Erklärungen**

**Zum Satz 12.12 über Faktorgruppen:** Ist $U$ eine Untergruppe von $G$, so ist es natürlich sehr naheliegend, auf $G/U$ eine Verknüpfung durch

$$\bar{a}\bar{b} := \overline{ab}$$

definieren zu wollen. Um zwei Äquivalenzklassen in $G/U$ miteinander zu verknüpfen, verknüpfen wir einfach zwei zugehörige Repräsentanten in $G$ und nehmen dann vom Ergebnis wieder die Äquivalenzklasse.

▶ **Beispiel 135** Betrachten wir als konkretes Beispiel hierfür wieder die Menge $\mathbb{Z}/10\mathbb{Z}$, so würden wir also die Addition gerne von $\mathbb{Z}$ auf $\mathbb{Z}/10\mathbb{Z}$ übertragen wollen, indem wir zum Beispiel

$$\bar{6} + \bar{8} = \overline{6 + 8} = \overline{14} = \bar{4}$$

rechnen, also genau wie bei einer Addition ohne Übertrag. Nach der Bemerkung müssen wir allerdings noch überprüfen, ob diese neue Verknüpfung auf $G/U$ wirklich wohldefiniert ist. Im Beispiel hätten wir statt der Repräsentanten 6 und 8 ja zum Beispiel auch 36 beziehungsweise 48 wählen können. In der Tat hätten wir dann allerdings ebenfalls wieder dasselbe Endergebnis

$$\bar{6} + \bar{8} = \overline{36 + 48} = \overline{84} = \bar{4} \qquad (12.14)$$

erhalten, in diesem Beispiel scheint die Situation also erst einmal in Ordnung zu sein. ∎

---

In der Tat ist die Verknüpfung in diesem Fall wohldefiniert, wie wir noch sehen werden. Leider ist dies jedoch nicht immer der Fall, wie das folgende Beispiel zeigt.

▶ **Beispiel 136** Wir betrachten noch einmal die Untergruppe

$$U = \left\{ \begin{pmatrix} 1\,2\,3 \\ 1\,2\,3 \end{pmatrix}, \begin{pmatrix} 1\,2\,3 \\ 1\,3\,2 \end{pmatrix} \right\}$$

von $S_3$ mit der Menge der Linksnebenklassen

$$S_3/U = \left\{ \left\{ \begin{pmatrix} 1\,2\,3 \\ 1\,2\,3 \end{pmatrix}, \begin{pmatrix} 1\,2\,3 \\ 1\,3\,2 \end{pmatrix} \right\}, \left\{ \begin{pmatrix} 1\,2\,3 \\ 2\,3\,1 \end{pmatrix}, \begin{pmatrix} 1\,2\,3 \\ 2\,1\,3 \end{pmatrix} \right\}, \right.$$
$$\left. \left\{ \begin{pmatrix} 1\,2\,3 \\ 3\,1\,2 \end{pmatrix}, \begin{pmatrix} 1\,2\,3 \\ 3\,2\,1 \end{pmatrix} \right\} \right\}.$$

Angenommen, wir könnten auch hier die Nebenklassen dadurch miteinander verknüpfen, dass wir einfach Repräsentanten der beiden Klassen miteinander verknüpfen und vom Ergebnis wieder die Nebenklasse nehmen. Um die ersten beiden Klassen miteinander zu verknüpfen, könnten wir also zum Beispiel jeweils den ersten Repräsentanten wählen und

$$\overline{\begin{pmatrix} 1\,2\,3 \\ 1\,2\,3 \end{pmatrix}} \circ \overline{\begin{pmatrix} 1\,2\,3 \\ 2\,3\,1 \end{pmatrix}} = \overline{\begin{pmatrix} 1\,2\,3 \\ 1\,2\,3 \end{pmatrix} \circ \begin{pmatrix} 1\,2\,3 \\ 2\,3\,1 \end{pmatrix}} = \overline{\begin{pmatrix} 1\,2\,3 \\ 2\,3\,1 \end{pmatrix}}$$

rechnen, das heißt, das Ergebnis wäre wieder die zweite Nebenklasse. Hätten wir für die erste Nebenklasse statt $\begin{pmatrix} 1\,2\,3 \\ 2\,3\,1 \end{pmatrix}$ jedoch den anderen Repräsentanten $\begin{pmatrix} 1\,2\,3 \\ 3\,2\,1 \end{pmatrix}$ gewählt, so hätten wir als Ergebnis

$$\overline{\begin{pmatrix} 1\,2\,3 \\ 1\,3\,2 \end{pmatrix}} \circ \overline{\begin{pmatrix} 1\,2\,3 \\ 2\,3\,1 \end{pmatrix}} = \overline{\begin{pmatrix} 1\,2\,3 \\ 1\,3\,2 \end{pmatrix} \circ \begin{pmatrix} 1\,2\,3 \\ 2\,3\,1 \end{pmatrix}} = \overline{\begin{pmatrix} 1\,2\,3 \\ 3\,2\,1 \end{pmatrix}}$$

erhalten, also die dritte Nebenklasse. Die Verknüpfung auf der Menge der Nebenklassen ist hier also nicht wohldefiniert. ∎

Im Satz ist die erste Eigenschaft eines Normalteilers in der Regel diejenige, die man benötigt; unser Ziel war es ja gerade, die Menge $G/U$ zu einer Gruppe zu machen und somit dort insbesondere erst einmal eine Verknüpfung zu definieren. Um nachzuprüfen, ob eine gegebene Untergruppe ein Normalteiler ist, sind die anderen Eigenschaften in der Regel jedoch besser geeignet. Hier sind ein paar einfache Beispiele.

▶ **Beispiel 137**

- Ist $G$ abelsch, so ist jede Untergruppe von $G$ ein Normalteiler, denn die dritte Eigenschaft aus dem Satz ist hier natürlich stets erfüllt.
- Die trivialen Untergruppen $\{e\}$ und $G$ sind immer Normalteiler von $G$, in beiden Fällen ist die zweite Eigenschaft aus dem Satz offensichtlich.

- Die Untergruppe $U = \left\{ \begin{pmatrix} 1 & 2 & 3 \\ 1 & 2 & 3 \end{pmatrix}, \begin{pmatrix} 1 & 2 & 3 \\ 1 & 3 & 2 \end{pmatrix} \right\}$ von $S_3$ ist kein Normalteiler, in der Tat haben wir bereits nachgeprüft, dass die erste und dritte Eigenschaft verletzt ist.

- Ist $f : G \to H$ eine Morphismus, so gilt stets $\ker f \triangleleft G$. Sind nämlich $a \in G$ und $u \in \ker f$, so gilt:

$$f(a \circ u \circ a^{-1}) = f(a) \circ f(u) \circ f(a^{-1}) = f(a) \circ f(a^{-1}) = f(e) = e$$

also $a \circ u \circ a^{-1} \in \ker f$, also ist die zweite Bedingung erfüllt.

- Als spezielles Beispiel hiervon ist für $n \in \mathbb{N}$ die alternierende Gruppe $A_n = \ker(\text{sign})$ ein Normalteiler von $S_n$.                                      ∎

▶ **Beispiel 138** Es sei $n \in \mathbb{N}$. Die Untergruppe $n\mathbb{Z}$ von $\mathbb{Z}$ ist natürlich ein Normalteiler, da $\mathbb{Z}$ abelsch ist. Also ist $(\mathbb{Z}/n\mathbb{Z}, +)$ mit der bekannten Verknüpfung eine abelsche Gruppe. Wir können uns die Verknüpfung dort vorstellen als die gewöhnliche Addition in $\mathbb{Z}$, wobei wir uns bei der Summe aber immer nur den Rest bei Division durch $n$ merken. Die Gruppen $(\mathbb{Z}/n\mathbb{Z}, +)$ sind sicher die am Anfang wichtigsten Beispiele von Faktorgruppen. Für $k, l \in \mathbb{Z}$ schreibt man statt $k = l \mod n\mathbb{Z}$, also $k \equiv l \in \mathbb{Z}/n\mathbb{Z}$, oft auch $k = l \mod n$.                                      ∎

Wir hatten gesehen, dass jeder Kern eines Morphismus ein Normalteiler ist. Nach dem dritten Teil des Satzes gilt hier auch die Umkehrung, jeder Normalteiler kann als Kern eines Morphismus geschrieben werden, nämlich als Kern der Restklassenabbildung.

---

**Erklärungen**

**Zum Isomorphiesatz für Gruppen (Satz 12.13):**

▶ **Beispiel 139**

- Wir betrachten für $n \in \mathbb{N}_{\geq 2}$ den Morphismus $\text{sign} : S_n \to \{1, -1\}$. Der Kern dieser Abbildung ist die alternierende Gruppe $A_n$. Andererseits ist sign natürlich surjektiv, da die Identität das Vorzeichen 1 und jede Transposition das Vorzeichen $-1$ hat. Also folgt aus dem Isomorphiesatz, dass die Gruppen $S_n/A_n$ und $\{1, -1\}$ isomorph sind. Insbesondere haben diese beiden Gruppen also gleichviele Elemente, und wir erhalten mit dem Satz von Lagrange

$$\frac{|S_n|}{|A_n|} = |S_n/A_n| = 2.$$

Da $S_n$ genau $n!$ Elemente besitzt, gilt also $|A_n| = \frac{n!}{2}$.

- Sind $G$ eine beliebige Gruppe und $f = \text{Id} : G \to G$ die Identität, so ist natürlich $\ker f = \{e\}$ und $\text{im } f = G$. Nach dem Isomorphiesatz ist also $G / \{e\} \cong G$ mit der Abbildung $\overline{a} \mapsto a$. Dies ist auch anschaulich klar, wenn man aus $G$ nichts herausteilt, also keine nicht trivialen Identifizierungen von Elementen aus $G$ vornimmt, so ist die resultierende Gruppe immer noch $G$.
- Im anderen Extremfall, dem konstanten Morphismus $f : G \to G, a \mapsto e$, ist umgekehrt $\ker f = G$ und $\text{im } f = \{e\}$. Hier besagt der Isomorphiesatz also $G/G \cong \{e\}$ mit Isomorphismus $a \mapsto e$. Wenn man aus $G$ alles herausteilt, so bleibt nur noch die triviale Gruppe $\{e\}$ übrig. ∎

**Erklärungen**

**Zum Satz 12.16 über Ideale und Faktorringe:** Die naheliegendste Idee zur Konstruktion von Faktorstrukturen für Ringe ist sicher, einen Ring $R$ und darin einen Unterring $S \subset R$ zu betrachten. Beachte, dass $(S, +)$ dann eine Untergruppe von $(R, +)$ ist. Da $(R, +)$ außerdem eine abelsche Gruppe ist, ist $(S, +)$ sogar ein Normalteiler von $(R, +)$. Wir können also in jedem Fall schon einmal die Faktorgruppe $(R/S, +)$ bilden, das heißt, wir haben auf $R/S$ bereits eine wohldefinierte und kommutative Addition. Wir müssen nun also untersuchen, ob sich auch die Multiplikation auf diesen Raum übertragen lässt. Wir müssen also zunächst einmal überprüfen, ob die Vorschrift

$$\overline{a}\overline{b} := \overline{ab}$$

eine wohldefinierte Verknüpfung auf $R/S$ definiert, das heißt ob für alle $a, a', b, b' \in R$ mit $\overline{a} = \overline{a'}$ und $\overline{b} = \overline{b'}$ auch $\overline{ab} = \overline{a'b'}$ gilt. Leider ist dies nicht der Fall, wie das folgende einfache Beispiel zeigt. Es seien $a = a' \in R$ beliebig, $b \in S$ und $b' = 0$. Wegen $b - b' = b \in S$ ist dann also $\overline{b} = \overline{b'}$. Damit müsste auch gelten, dass $\overline{ab} = \overline{a \cdot 0} = \overline{0}$ ist, also $ab \in S$. Wir brauchen für die Wohldefiniertheit der Multiplikation auf $R/S$ also sicher die Eigenschaft, dass für alle $a \in R$ und $b \in S$ auch $ab \in S$ gilt. Dies ist eine gegenüber der Abgeschlossenheit der Multiplikation eines Unterrings stark verschärfte Bedingung, die Multiplikation eines Elements von $S$ mit einem beliebigen Element von $R$ und nicht nur einem von $S$ muss wieder in $S$ liegen. Für einen Unterring ist das aber praktisch nicht erfüllbar, es muss ja auch $1 \in S$ sein, also können wir $b = 1$ einsetzen und erhalten, dass jedes Element $a \in R$ bereits in $S$ liegen muss, das heißt $S$ müsste der ganze Ring $R$ sein. Dieser Fall ist aber natürlich ziemlich langweilig.

Um nicht triviale Faktorstrukturen für Ringe konstruieren zu können, sehen wir also:

- Wir müssen für die herauszuteilende Teilmenge $S$ statt der normalen multiplikativen Abgeschlossenheit die obige stärkere Version fordern, damit sich die Multiplikation wohldefiniert auf $R/S$ überträgt und
- Die 1 sollte nicht notwendigerweise in $S$ liegen müssen, da wir sonst nur den trivialen Fall $S = R$ erhalten.

In der Tat werden wir sehen, dass dies die einzig notwendigen Abänderungen in der Definition eines Unterrings sind, um sicherzustellen, dass der daraus gebildete Faktorraum wieder zu einem Ring wird, und dies ist gerade, wie wir Ideale eingeführt haben.

---

**Zum Satz 12.16 über Ideale und Faktorringe:**

▶ **Beispiel 140** Da $n\mathbb{Z}$ ein Ideal in $\mathbb{Z}$ ist, ist $\mathbb{Z}/n\mathbb{Z}$ ein Ring mit der Multiplikation $\overline{k}\,\overline{l} = \overline{kl}$. In $\mathbb{Z}/10\mathbb{Z}$ ist also zum Beispiel $\overline{46} = \overline{24} = \overline{4}$, das heißt wir haben in $\mathbb{Z}/n\mathbb{Z}$ auch eine Multiplikation, die wir uns als die gewöhnliche Multiplikation in $\mathbb{Z}$ vorstellen können, bei der wir schließlich aber nur den Rest bei Division durch $n$ behalten. Diese Ringe $\mathbb{Z}/n\mathbb{Z}$ sind sicher die mit Abstand wichtigsten Beispiele von Faktorringen. Wir wollen sie daher noch etwas genauer studieren und herausfinden, in welchen Fällen diese Ringe sogar Körper sind. Dies wurde in Satz 12.17 getan. ■

# Symmetriegruppen

# 13

## Inhaltsverzeichnis

Wir wollen uns hier mit abstrakten Symmetriegruppen beschäftigen, wobei Symmetrien das sein werden, was man sich auch anschaulich darunter vorstellt. Dabei werden wir uns bei den wichtigen Sätzen der Einfachheit halber, und auch, weil wir nur diese Aussagen im nächsten Kapitel brauchen, auf den zweidimensionalen Fall beschränken. Wir wollen zunächst einmal einführen, was eine Symmetrie überhaupt ist und dann sehen, dass es im Wesentlichen gar nicht so viele verschiedene Symmetrien gibt. Wir werden sehen, dass die Symmetrien eine Gruppe bilden und am Ende noch kurz die endlichen Untergruppen dieser Gruppe bestimmen.

## 13.1 Definitionen

**Definition 13.1 (Symmetrieoperation)**
Sei $E$ ein euklidischer Vektorraum. Wir identifizieren $E$ mittels einer Basis mit dem $\mathbb{R}^n$. Eine **Symmetrieoperation** auf $E$ ist dann eine Abbildung

$$f : E \to E, f(x) = Ax + b$$

mit $A \in O_n(\mathbb{R})$, $b \in \mathbb{R}^n$ bezüglich der gewählten Basis. Wir bezeichnen mit $\mathrm{Sym}(E)$ die Menge aller Symmetrieoperationen auf $E$.

© Springer-Verlag GmbH Deutschland, ein Teil von Springer Nature 2019
F. Modler und M. Kreh, *Tutorium Analysis 2 und Lineare Algebra 2*,
https://doi.org/10.1007/978-3-662-59226-7_13

**Anmerkung** *Man kann leicht zeigen, dass die definierte Abbildung die Längen und Winkel invariant lässt. Man kann außerdem (mit mehr Aufwand) auch zeigen, dass jede stetige Abbildung, die die Längen und Winkel invariant lässt, sich in der angegebenen Form schreiben lässt. Diese Variante ist auch eine mögliche Definition von Symmetrieoperationen.*

---

**Definition 13.2 (kongruent)**
Zwei Teilmengen $A$, $B$ des $\mathbb{R}^2$ heißen **kongruent** oder deckungsgleich, wenn sie durch eine Symmetrie aufeinander abgebildet werden.

---

**Definition 13.3 (Dieder-Gruppe)**
Seien $n \in \mathbb{N}$, $d = d_{2\pi/n} \in O_2(\mathbb{R})$ die Drehung um den Ursprung mit Winkel $2\pi/n$ und $s \in O_2(\mathbb{R})$ die Spiegelung an der $x_1$-Achse. Wir definieren nun zwei endliche Untergruppen von $O_2(\mathbb{R})$.

i) $C_n := \langle d \rangle = \{1, d, d^2, \ldots, d^{n-1}\}$ und
ii) $D_n := \langle s, d \rangle = \{1, d, \ldots, d^{n-1}, s, sd, \ldots, sd^{n-1}\}$.

Wir nennen $D_n$ die **Dieder-Gruppe** der Ordnung $2n$.

---

## 13.2   Sätze und Beweise

---

**Satz 13.1   Klassifikation orthogonaler Matrizen**
*Sei $A \in O_2(\mathbb{R})$.*

*i) Falls $\det(A) = 1$, so gibt es eine eindeutige reelle Zahl $\alpha \in [0, 2\pi)$, sodass*

$$A = \begin{pmatrix} \cos\alpha & -\sin\alpha \\ \sin\alpha & \cos\alpha \end{pmatrix}.$$

*ii) Falls $\det(A) = -1$, so gibt es eine orthogonale Matrix $S \in O_2(\mathbb{R})$ mit $\det(S) = 1$ und*

$$S^{-1}AS = \begin{pmatrix} 1 & 0 \\ 0 & -1 \end{pmatrix}.$$

▶ **Beweis** Wir schreiben

$$A = \begin{pmatrix} x_1 & y_1 \\ x_2 & y_2 \end{pmatrix} =: (x|y)$$

mit $x := \begin{pmatrix} x_1 \\ x_2 \end{pmatrix}$, $y := \begin{pmatrix} y_1 \\ y_2 \end{pmatrix}$. Dass $A$ orthogonal ist, bedeutet gerade $x \perp y$ und $||x|| = ||y|| = 1$. Die Orthogonalitätsbedingung lautet ausgeschrieben

$$x_1 y_1 + x_2 y_2 = 0.$$

Fasst man diese Gleichung als lineares Gleichungssystem in den Unbestimmten $y_1$ und $y_2$ auf, so hat der Lösungsraum wegen $x \neq 0$ die Dimension 1. Eine Basis des Lösungsraums ist die Lösung $y_1 := -x_2$, $y_2 := x_1$. Es gibt also eine eindeutig bestimmte reelle Zahl $\lambda \neq 0$ mit $y_1 = -\lambda x_2$, $y_2 = \lambda x_1$. Wegen $||x|| = ||y|| = 1$ folgt

$$1 = y_1^2 + y_2^2 = \lambda^2 (x_1^2 + x_2^2) = \lambda^2,$$

also $\lambda = \pm 1$.

i) Zu $\lambda = 1$.
   Hier gilt:

$$A = \begin{pmatrix} x_1 & -x_2 \\ x_2 & x_1 \end{pmatrix}$$

und $\det(A) = x_1^2 + x_2^2 = 1$. Dies bedeutet aber, dass $(x_1, x_2)$ auf dem Einheitskreis liegt. Betrachten wir dies als komplexe Zahl, so sehen wir, dass es genau ein $\alpha \in [0, 2\pi)$ gibt mit $x_1 = \cos\alpha$, $x_2 = \sin\alpha$.

ii) Zu $\lambda = -1$.
    Hier ist also

$$A = \begin{pmatrix} x_1 & x_2 \\ x_2 & -x_1 \end{pmatrix}$$

mit $\det A = -1$ und es gilt:

$$P_A = t^2 - (x_1^2 + x_2^2) = t^2 - 1 = (t-1)(t+1).$$

Also gibt es eine Basis $\mathcal{B} = (v, w)$ des $\mathbb{R}^2$ mit $Av = v$, $Aw = -w$. Wir können hier o.B.d.A. $||v|| = ||w|| = 1$ annehmen. Aus der Orthogonalität von $A$ folgt

$$\langle v, w \rangle = \langle Av, Aw \rangle = \langle v, -w \rangle = -\langle v, w \rangle,$$

also ist $\mathcal{B}$ eine Orthonormalbasis aus Eigenvektoren. Wir setzen nun
$S := (v|w)$. Dann ist $S$ eine orthogonale Matrix und $S^{-1}AS$ ist eine
Diagonalmatrix mit Diagonaleinträgen $1, -1$, und es gilt $\det(S) = \pm 1$.
Ist $\det(S) = -1$, so folgt die Aussage durch Ersetzen von $v$ durch $-v$.

q.e.d.

**Satz 13.2  (Inverse und Komposition von Symmetrien)**
*Das Inverse einer Symmetrie $f(x) = Ax + b$ ist die Symmetrie $f^{-1}(x) = A^{-1}x - A^{-1}b$. Das Produkt von zwei Symmetrien $f_i(x) = A_i x + b_i, i = 1, 2$, ist die Symmetrie $(f_1 \circ f_2)(x) = (A_1 A_2)x + (A_1 b_2 + b_1)$.*

▶   **Beweis** Diese Aufgabe überlassen wir euch als Übung.          q.e.d.

**Satz 13.3  (Klassifikation der Symmetrien)**
*Jede Symmetrie von $\mathbb{R}^2$ ist konjugiert zu genau einer der folgenden Symmetrien.*

i) *Die Identität $\mathrm{Id}_{\mathbb{R}^2}$ (das neutrale Element von $\mathrm{Sym}(\mathbb{R}^2)$).*

ii) *Eine Translation um einen Vektor der Länge $a > 0$ in Richtung der $x_1$-Achse, das heißt*

$$t_a(x) = \begin{pmatrix} x_1 + a \\ x_2 \end{pmatrix}.$$

iii) *Eine Drehung um den Ursprung mit einem Winkel $\alpha \in (0, \pi]$, das heißt*

$$d_\alpha(x) = \begin{pmatrix} \cos\alpha & -\sin\alpha \\ \sin\alpha & \cos\alpha \end{pmatrix}.$$

iv) *Die Spiegelung an der $x_1$-Achse, also*

$$s(x) = \begin{pmatrix} x_1 \\ -x_2 \end{pmatrix}.$$

v) *Eine Gleitspiegelung an der $x_1$-Achse, also die Komposition*

$$s_a(x) = t_a \circ s(x) = \begin{pmatrix} x_1 + a \\ -x_2 \end{pmatrix}$$

*mit $a > 0$.*

▶ **Beweis** Ist $f : \mathbb{R}^2 \to \mathbb{R}^2$ eine Symmetrie, so ist also zu zeigen, dass es ein $\phi \in \mathrm{Sym}(\mathbb{R}^2)$ gibt, sodass $f' = \phi^{-1} \circ f \circ \phi$ von einer der obigen Gestalten ist und dass dieses $f'$ dann eindeutig ist. Ist $f = \mathrm{Id}_{\mathbb{R}^2}$, so gilt für jedes $\phi$ automatisch $f' = \mathrm{Id}_{\mathbb{R}^2}$, dieser Fall ist also fertig. Sei nun $f \neq \mathrm{Id}_{\mathbb{R}^2}$ und $f$ gegeben durch $f = Ax + b$. Wir betrachten nun drei Fälle.

1. $A = E_2$.

   Es gelte also $f(x) = x + b$ mit $b = (b_1, b_2) \in \mathbb{R}^2, b \neq 0$. Wir setzen $a := \|b\|$. Dann gibt es eine eindeutige Drehung $d_\alpha \in \mathrm{Sym}(\mathbb{R}^2)$ mit $d_\alpha(b) = \begin{pmatrix} a \\ 0 \end{pmatrix}$. Dann gilt für alle $x \in \mathbb{R}^2$:

$$(d_\alpha \circ f \circ d_\alpha^{-1})(x) = d_\alpha(d_\alpha^{-1}(x) + b) = x + d_\alpha(b) = x + \begin{pmatrix} a \\ 0 \end{pmatrix}.$$

   Wir setzen also $\phi := d_\alpha^{-1}$.

2. $A \neq E_2, \det(A) = 1$.

   Das bedeutet $A \in SO_2(\mathbb{R})$. Das heißt, es gibt ein eindeutiges $\alpha \in (0, 2\pi)$, sodass

$$A = \begin{pmatrix} \cos\alpha & -\sin\alpha \\ \sin\alpha & \cos\alpha \end{pmatrix}$$

gilt. Wegen

$$(\cos\alpha - 1)^2 + \sin^2\alpha = 2 - 2\cos\alpha \neq 0$$

ist die Matrix $(A - E_2)$ invertierbar, das heißt, das Gleichungssystem

$$(A - E_2)v = -b$$

hat eine eindeutige Lösung $v \in \mathbb{R}^2$. Mit $\phi_1(x) := x + v$ gilt dann:

$$(\phi_1^{-1} \circ f \circ \phi_1)(x) = \phi_1^{-1}(Ax + Av + b) = Ax + \underbrace{Av - v + b}_{=-b} = Ax.$$

Ist nun $\alpha \leq \pi$, so sind wir mit $\phi := \phi_1$ fertig. Andernfalls sei $\phi := \phi_1 \circ s$. Dann erhalten wir wegen

$$s^{-1} \circ d_\alpha \circ s = d_{-\alpha} = d_{2\pi - \alpha},$$

dass $f$ zu $d_{2\pi - \alpha}$ konjugiert ist.

3. $A \neq E_2$, det $A = -1$.

Wegen 13.1 wissen wir, dass ein $S \in O_2(\mathbb{R})$ existiert, sodass

$$A_1 := S^{-1}AS = \begin{pmatrix} 1 & 0 \\ 0 & -1 \end{pmatrix}$$

gilt. Setzen wir $\phi_1(x) := Sx$, so folgt

$$
\begin{aligned}
f_1(x) := \phi_1^{-1} \circ f \circ \phi_1(x) &= \phi_1^{-1}(f(Sx)) \\
&= \phi_1^{-1}(ASx + b) = S^{-1}ASx + S^{-1}b \\
&= A_1 x + S^{-1}b.
\end{aligned}
$$

Mit $S^{-1}b = \begin{pmatrix} a \\ c \end{pmatrix}$ und $v := (0, \frac{c}{2})$ folgt

$$(A_1 - E_2)v + b_1 = \begin{pmatrix} 0 \\ -\frac{c}{2} \end{pmatrix} - \begin{pmatrix} 0 \\ \frac{c}{2} \end{pmatrix} + \begin{pmatrix} a \\ c \end{pmatrix} = \begin{pmatrix} a \\ 0 \end{pmatrix}.$$

Setzen wir $\phi_2(x) := x + v$, so folgt

$$
\begin{aligned}
f_2(x) := (\phi_2^{-1} \circ f_1 \circ \phi_2)(x) &= \phi_2^{-1}(f_1(x + v)) = \phi_2^{-1}(A_1 x + A_1 v + S^{-1}b) \\
&= A_1 x + A_1 v - v + S^{-1}b = A_1 x + \begin{pmatrix} a \\ 0 \end{pmatrix}.
\end{aligned}
$$

Ist $a = 0$, so ist also $f$ konjugiert zu einer Spiegelung, im Fall $a > 0$ zu der gewünschten Gleitspiegelung. Ist $a < 0$, erhalten wir das gewünschte Ergebnis mit $\phi_3(x) = -x$ und $f_3 = \phi_3^{-1} \circ f_2 \circ \phi_3$.

q.e.d.

---

**Satz 13.4 (Klassifikation der endlichen Symmetriegruppen der Ebene)**
*Sei $G \subset O_2(\mathbb{R})$ eine endliche Untergruppe. Dann gelten die folgenden beiden Aussagen.*

i) *Ist $G$ in der Untergruppe $SO_2(\mathbb{R})$ aller Drehungen enthalten, so gilt $G = C_n$, wobei $n = |G|$ die Ordnung von $G$ ist. Insbesondere ist $G$ zyklisch.*
ii) *Enthält $G$ mindestens eine Spiegelung $s' \in O_2(\mathbb{R}) \backslash SO_2(\mathbb{R})$, so gilt $G = \langle s', C_n \rangle$, wobei $n = |G|/2$. Nach Wahl eines geeigneten Koordinatensystems gilt $G = D_n$, wobei $n = |G|/2$.*

---

**Anmerkung** *Da wir hier nur die endlichen Symmetriegruppen betrachten, kann man den Translationsanteil zu Null wählen und sich somit auf $O_2(\mathbb{R})$ beschränken.*

► **Beweis**

i) Wir betrachten den surjektiven Gruppenhomomorphismus

$$\psi : \mathbb{R} \to SO_2(\mathbb{R}), \qquad \alpha \mapsto d_\alpha,$$

der einer reellen Zahl die Drehung um den Ursprung mit entsprechendem Winkel zuordnet. Es ist

$$H := \psi^{-1}(G) = \{\alpha \in \mathbb{R} : d_\alpha \in G\}$$

eine Untergruppe von $\mathbb{R}$, und weil $G$ eine endliche Untergruppe ist, gilt:

- $\ker(\psi) = 2\pi\mathbb{Z} \subset H$,
- $H \cap (0, 2\pi)$ ist eine endliche Menge.

Sei o.B.d.A. $G \neq \{1\}$, das heißt, $H \cap (0, 2\pi)$ ist nichtleer. Wir setzen

$$\alpha_0 := \min\{\alpha \in (0, 2\pi) : d_\alpha \in G\}.$$

Wir behaupten, dass $H = \alpha_0\mathbb{Z}$.
Sei also $\alpha \in H$ beliebig. Dann führen wir Division mit Rest durch und erhalten ein $k \in \mathbb{Z}$ und ein $\beta \in [0, \alpha_0)$ mit

$$\alpha = k\alpha_0 + \beta.$$

Weil $\alpha_0$ und $\alpha$ in $H$ liegen und $H$ eine Untergruppe ist, liegt auch $\beta$ in $H$. Dann muss aber, weil $\alpha_0$ das kleinste positive Element war, $\beta = 0$ gelten, das heißt, $\alpha = k\alpha_0 \in \alpha_0\mathbb{Z}$, und damit ist $\alpha_0$ zyklischer Erzeuger von $H$. Wegen $2\pi \in H$ gibt es also eine natürliche Zahl $n$ mit $\alpha_0 n = 2\pi$, das heißt, $\alpha_0 = \frac{2\pi}{n}$. Die Gruppe $G$ wird also von der Drehung $d_{\frac{2\pi}{n}}$ erzeugt, das heißt, $G = C_n$.

ii) Wir nehmen nach Wahl eines geeigneten Koordinatensystems an, dass die in $G$ enthaltene Spiegelung $s'$ die Spiegelung an der $x_1$-Achse ist, das heißt, $s' = s$. Wir setzen

$$G_0 := G \cap SO_2(\mathbb{R}) \subset G.$$

Dann ist $G_0$ die Untergruppe der in $G$ enthaltenen Drehungen. Nach dem ersten Teil gilt also $G_0 = C_n$ mit $n := |G_0|$. Sei nun $g \in G\backslash G_0$. Dann ist $sg \in G$ das Produkt von zwei Spiegelungen, also von zwei Matrizen mit Determinante $-1$, das heißt eine Drehung, also gilt $sg = h = d^i$ für ein $i \in \{0, \ldots, n-1\}$, und es gilt $g = sh = sd^i$. Damit folgt die Aussage. q.e.d.

## 13.3    Erklärungen zu den Definitionen

**Erklärungen**

**Zur Definition 13.1 der Symmetrieoperation:** Eine Symmetrieoperation ist nun
einfach das, was man sich auch anschaulich unter einer Symmetrie vorstellt, nämlich
eine Abbildung, die Längen und Winkel invariant lässt. Um dies zu veranschaulichen,
zeichnen wir also mal Längen und Winkel, am besten anhand eines Musters. Hat man
ein bestimmtes Muster, wie zum Beispiel in Abb. 13.1, so ist eine Symmetrie also
eine Abbildung, die dieses Muster von der Form her nicht verändert, sondern nur die
Lage ändert, wie etwa in Abb. 13.2.

Oder auch in Abb. 13.3 Es ist also genau so, dass Längen und Winkel gleich blei-
ben. Eine solche Symmetrie ist dann eine Symmetrie des umgebenden Vektorraums,
nicht jedoch eine Symmetrie der betrachteten Figur! Von einer solche Symmetrie
würden wir auch noch fordern, dass sie die Figur als Teilmenge des Vektorraums
invariant lässt, dass heißt dass sich die Lage des Objekts bezüglich des Koordinatensystems nicht ändert.

**Erklärungen**

**Zur Definition 13.3 der Dieder-Gruppe:** Wie bereits angedeutet, kann man auch
die Symmetriegruppe von Objekten betrachten, also die Symmetrien die neben Form
auch die Lage nicht verändern, das heißt das ganze Objekt unverändert lassen. Damit
kommen wir zu der Hauptinterpretationsweise der Dieder-Gruppen $D_n$ und der Gruppen $C_n$. Und zwar ist die Gruppe $D_n$ genau die Menge der Symmetrien, die sowohl
Form als auch Lage eines regelmäßigen $n$-Eckes nicht verändert. Die Gruppen $C_n$

**Abb. 13.1**  Ein „Muster"

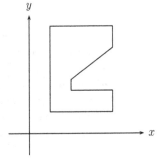

**Abb. 13.2**  Das „Muster"
verschoben

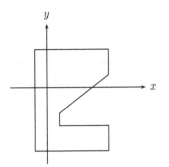

ist die Untergruppe hiervon, die auch noch die „Richtung" der Eckpunkte nicht
verändert. Dazu kurz eine Veranschaulichung für das 5-Eck (siehe Abb. 13.4, 13.5
und 13.6).

**Abb. 13.3** Das „Muster"
verschoben und gedreht

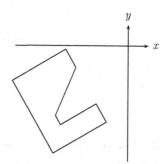

**Abb. 13.4** Das regelmäßige
5-Eck und drei seiner
Symmetrien

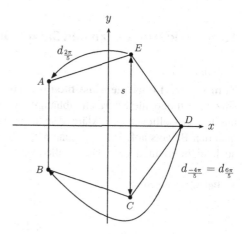

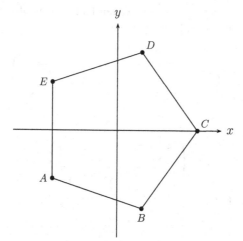

**Abb. 13.5** Die Symmetrie $d_{\frac{2\pi}{5}}$, angewendet auf das regelmäßige 5-Eck

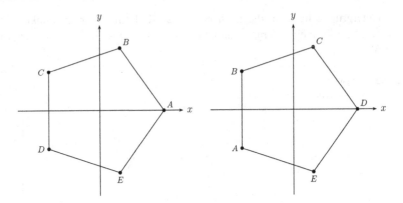

**Abb. 13.6** Die Symmetrien $d_{\frac{6\pi}{5}}$ und $S$, angewendet auf das regelmäßige 5-Eck

## 13.4    Erklärungen zu den Sätzen und Beweisen

**Erklärungen**

**Zum Satz 13.1 über die Klassifikation orthogonaler Matrizen:** Dieser Satz klassifiziert orthogonale Matrizen, abhängig von ihrer Determinante. Sowohl Aussage und Beweis sollten selbsterklärend sein. Wir merken noch kurz an, dass man, indem man den Beweis auf eine gegebene Matrix durchführt, für jede Matrix diese Form auch leicht erhalten kann. Dies wollen wir an einem Beispiel illustrieren.

▶ **Beispiel 141**  Sei

$$A = \frac{1}{\sqrt{2}} \begin{pmatrix} 1 & 1 \\ 1 & -1 \end{pmatrix}.$$

Es ist $\det(A) = -1$, wir sind also im zweiten Fall, suchen also zunächst die normierten Eigenvektoren von $A$. Diese sind gerade

$$v = \begin{pmatrix} \frac{1}{2} \frac{\sqrt{2}}{\sqrt{2-\sqrt{2}}} \\ \frac{1}{2}\sqrt{2-\sqrt{2}} \end{pmatrix}, \quad w = \begin{pmatrix} -\frac{1}{2} \frac{\sqrt{2}}{\sqrt{2+\sqrt{2}}} \\ \frac{1}{2}\sqrt{2+\sqrt{2}} \end{pmatrix}$$

und damit ist

$$S = \begin{pmatrix} \frac{1}{2} \frac{\sqrt{2}}{\sqrt{2-\sqrt{2}}} & -\frac{1}{2} \frac{\sqrt{2}}{\sqrt{2+\sqrt{2}}} \\ \frac{1}{2}\sqrt{2-\sqrt{2}} & \frac{1}{2}\sqrt{2+\sqrt{2}} \end{pmatrix},$$

und es gilt $\det(S) = 1$. Mit

$$S^{-1} = \begin{pmatrix} \frac{1}{2}\sqrt{2+\sqrt{2}} & \frac{1}{2}\frac{\sqrt{2}}{\sqrt{2+\sqrt{2}}} \\ -\frac{1}{2}\sqrt{2-\sqrt{2}} & \frac{1}{2}\frac{\sqrt{2}}{\sqrt{2-\sqrt{2}}} \end{pmatrix}$$

gilt dann $S^{-1}AS = \begin{pmatrix} 1 & 0 \\ 0 & -1 \end{pmatrix}$. ∎

---

**Erklärungen**

**Zum Satz 13.2 über Inverse und Komposition von Symmetrien:** Hier ist nun der Satz von oben neu formuliert für den Fall, dass die Symmetrie in Matrixform gegeben ist. Der Beweis folgt sofort durch Nachrechnen, was wir euch überlassen ;-)

▶ **Beispiel 142** Seien

$$S_1(x) := \begin{pmatrix} \frac{1}{\sqrt{2}} & -\frac{1}{\sqrt{2}} \\ \frac{1}{\sqrt{2}} & \frac{1}{\sqrt{2}} \end{pmatrix} x + \begin{pmatrix} \frac{1}{2} \\ \frac{3}{2} \end{pmatrix}, \qquad S_2(x) := \begin{pmatrix} 1 & 0 \\ 0 & -1 \end{pmatrix} x.$$

Dann sind

$$S_2^{-1}(x) = \begin{pmatrix} 1 & 0 \\ 0 & -1 \end{pmatrix} x, \qquad S_1^{-1}(x) = \begin{pmatrix} \frac{1}{\sqrt{2}} & \frac{1}{\sqrt{2}} \\ -\frac{1}{\sqrt{2}} & \frac{1}{\sqrt{2}} \end{pmatrix} x - \begin{pmatrix} \sqrt{2} \\ \frac{1}{\sqrt{2}} \end{pmatrix}$$

und

$$S_2 \circ S_1(x) = \frac{1}{\sqrt{2}} \begin{pmatrix} 1 & -1 \\ -1 & -1 \end{pmatrix} x + \begin{pmatrix} \frac{1}{2} \\ -\frac{3}{2} \end{pmatrix}.$$

Dies kann man aber auch leicht graphisch einsehen, siehe dazu Abb. 13.7: ∎

---

**Erklärungen**

**Zum Satz 13.3 über die Klassifizierung von Symmetrien:** Dieser Satz klassifiziert nun alle möglichen Symmetrien der Ebene. Wir nennen eine Symmetrie nun eine Translation, Drehung, Spiegelung oder Gleitspiegelung, wenn sie zu der entsprechenden Symmetrie konjugiert ist.

Der Beweis ist konstruktiv, wir gehen ihn an einigen Beispielen durch.

▶ **Beispiel 143** Wir betrachten die 8 Symmetrien $S_i = A_i x + b_i : \mathbb{R}^2 \to \mathbb{R}^2$ mit

$$S_1(x) = x + \begin{pmatrix} 2 \\ 1 \end{pmatrix}, \qquad S_2(x) = x + \begin{pmatrix} -1 \\ 2 \end{pmatrix}, \qquad S_3(x) = \begin{pmatrix} 0 & -1 \\ 1 & 0 \end{pmatrix} x + \begin{pmatrix} 1 \\ 1 \end{pmatrix}$$

$$S_4(x) = \begin{pmatrix} 0 & 1 \\ -1 & 0 \end{pmatrix} x + \begin{pmatrix} 0 \\ -1 \end{pmatrix}, \qquad S_5(x) = \frac{1}{\sqrt{2}} \begin{pmatrix} 1 & -1 \\ 1 & 1 \end{pmatrix} x + \begin{pmatrix} 1 \\ 0 \end{pmatrix},$$

**Abb. 13.7** Darstellung zu $S_2 \circ S_1$

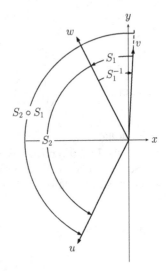

$$S_6(x) = \frac{1}{\sqrt{2}} \begin{pmatrix} 1 & 1 \\ 1 & -1 \end{pmatrix} x, \qquad S_7(x) = \frac{1}{\sqrt{2}} \begin{pmatrix} 1 & 1 \\ 1 & -1 \end{pmatrix} x + \begin{pmatrix} -2 \\ 2 \end{pmatrix},$$

$$S_8(x) = \frac{1}{\sqrt{2}} \begin{pmatrix} 1 & 1 \\ 1 & -1 \end{pmatrix} x + \begin{pmatrix} 0 \\ -2\sqrt{2} \end{pmatrix}.$$

Wir wollen untersuchen, welche Symmetrie jeweils vorliegt, das heißt die Symmetrie aus der Liste finden, die zu der jeweiligen Symmetrie konjugiert ist. Weiterhin wollen wir wissen, ob einige dieser Symmetrien vielleicht sogar konjugiert zueinander sind.

Die ersten beiden Symmetrien sind natürlich beides Translationen. Wegen

$$\left\| \begin{pmatrix} 2 \\ 1 \end{pmatrix} \right\| = \left\| \begin{pmatrix} -1 \\ 2 \end{pmatrix} \right\| = 5$$

sind diese beiden sogar konjugiert, und die entsprechende Symmetrie aus der Liste ist

$$x + \begin{pmatrix} 5 \\ 0 \end{pmatrix}.$$

Als Nächstes sehen wir, dass $\det(A_3) = \det(A_4) = \det(A_5) = 1$ und $\det(A_6) = \det(A_7) = \det(A_8) = -1$. Es können also höchstens $S_3$, $S_4$ und $S_5$ beziehungsweise $S_6$, $S_7$ und $S_8$ zueinander konjugiert sein. Wir betrachten zunächst die ersten drei.

Nach dem Beweis müssen wir als Erstes ein $\alpha_i$ finden, sodass $A_i = \begin{pmatrix} \cos\alpha_i & -\sin\alpha_i \\ \sin\alpha_i & \cos\alpha_i \end{pmatrix}$. Es muss also gelten

$$\cos\alpha_3 = 0, \sin\alpha_3 = 1, \quad \cos\alpha_4 = 0, \sin\alpha_4 = -1, \quad \cos\alpha_5 = \frac{1}{2}\sqrt{2} = \sin\alpha_5.$$

Dies ergibt

$$\alpha_3 = \frac{\pi}{2}, \alpha_4 = \frac{3\pi}{2}, \alpha_5 = \frac{\pi}{4}.$$

Nun ist aber $\alpha_4 > \pi$, deswegen müssen wir stattdessen $\alpha_4^* = 2\pi - \alpha_4 = \frac{\pi}{2}$ nehmen. Also sind $S_3$ und $S_4$ konjugiert zu

$$\begin{pmatrix} 0 & -1 \\ 1 & 0 \end{pmatrix},$$

also auch zueinander, und $S_5$ ist konjugiert zu

$$\frac{1}{\sqrt{2}} \begin{pmatrix} 1 & -1 \\ 1 & 1 \end{pmatrix}.$$

Diese fünf Symmetrien waren noch relativ leicht zu handhaben, aber jetzt wird es ein wenig schwieriger, denn wir müssen als erstes die Matrix $S$ finden, für die

$$S^{-1}AS = \begin{pmatrix} 1 & 0 \\ 0 & -1 \end{pmatrix}$$

gilt. Genauer brauchen wir die Matrix $S^{-1}$. Diese hatten wir aber bereits in Beispiel 141 bestimmt, es gilt:

$$S^{-1} = \begin{pmatrix} \frac{1}{2}\sqrt{2 + \sqrt{2}} & \frac{1}{2}\frac{\sqrt{2}}{\sqrt{2+\sqrt{2}}} \\ -\frac{1}{2}\sqrt{2 - \sqrt{2}} & \frac{1}{2}\frac{\sqrt{2}}{\sqrt{2-\sqrt{2}}} \end{pmatrix}.$$

Wir berechnen nun also $S^{-1}b_i = \begin{pmatrix} a_i \\ c_i \end{pmatrix}$ und erhalten

$$\begin{pmatrix} a_6 \\ c_6 \end{pmatrix} = \begin{pmatrix} 0 \\ 0 \end{pmatrix}, \begin{pmatrix} a_7 \\ c_7 \end{pmatrix} = \begin{pmatrix} \frac{-2}{\sqrt{2+\sqrt{2}}} \\ \frac{2}{\sqrt{2-\sqrt{2}}} \end{pmatrix}, \begin{pmatrix} a_8 \\ c_8 \end{pmatrix} = \begin{pmatrix} \frac{-2}{\sqrt{2+\sqrt{2}}} \\ \frac{-2}{\sqrt{2-\sqrt{2}}} \end{pmatrix}.$$

Damit ist $S_6$ eine Spiegelung und $S_7$, $S_8$ sind Gleitspiegelungen, die zueinander konjugiert sind. ■

### Erklärungen

**Zum Satz 13.4 über die Klassifizierung von endlichen Symmetriegruppen der Ebene:** Dieser Satz sagt nun einfach, dass es bis auf Isomorphie außer den bekannten endlichen Symmetriegruppen $C_n$ und $D_n$ keine weiteren gibt. Wir wollen euch nur auf drei Sachen im Beweis aufmerksam machen, die ihr euch selbst überlegen solltet (bei Fragen schaut ins Forum). Und zwar sollt ihr die beiden Punkte im ersten Beweisteil, das heißt $\ker(\varphi) = 2\pi\mathbb{Z} \subset H$ und die Tatsache, dass $H \cap (0, 2\pi)$ endlich ist, verstehen und euch überlegen, wieso das Minimum in $\alpha_0 = \min\{\alpha \in (0, 2\pi) : d_\alpha \in G\}$ existiert.

# Symmetrische Bilinearformen und Quadriken

**14**

## Inhaltsverzeichnis

Quadriken in der Ebene $E = \mathbb{R}^2$ nennt man auch Kegelschnitte. Unser Ziel ist es nun, die Kongruenzklassen solcher Quadriken zu studieren. Quadriken lassen sich auch im $\mathbb{R}^n$ definieren; wir beschränken uns aber auf den Fall $n = 2$, also auf ebene Quadriken.

Dafür studieren wir zuerst symmetrische Bilinearformen, sei also hier immer $\langle \cdot, \cdot \rangle$ eine symmetrische Bilinearform. Wir haben gesehen, dass durch eine positiv definite Bilinearform ein Skalarprodukt definiert werden kann. Hier geht es nun aber um nicht notwendigerweise positiv definite Bilinearformen.

## 14.1 Definitionen

**Definition 14.1 (isotrop, anisotrop)**
Sei $V$ ein reeller Vektorraum, so nennen wir einen Vektor $v \in V$ **isotrop**, falls $\langle v, v \rangle = 0$ und andernfalls **anisotrop**.

© Springer-Verlag GmbH Deutschland, ein Teil von Springer Nature 2019
F. Modler und M. Kreh, *Tutorium Analysis 2 und Lineare Algebra 2*,
https://doi.org/10.1007/978-3-662-59226-7_14

**Definition 14.2 (Signatur)**
Sei $V$ ein endlichdimensionaler reeller Vektorraum mit Orthogonalbasis $\mathcal{B} = (v_1, \ldots, v_n)$. Wir definieren die **Signatur** der Bilinearform $\langle \cdot, \cdot \rangle$ als das Paar ganzer Zahlen $(p, q)$, wobei $p$ die Anzahl der Basisvektoren $v_i$ bezeichnet mit $\langle v_i, v_i \rangle > 0$ und $q$ die Anzahl der $v_i$ mit $\langle v_i, v_i \rangle < 0$.

**Definition 14.3**
Eine symmetrische Bilinearform auf einem reellen Vektorraum $V$ heißt **nicht-ausgeartet**, wenn

$$V^\perp = \{v \in V : \langle v, w \rangle = 0 \ \forall w \in V\} = \{0\}.$$

Eine symmetrische Matrix $A \in \mathcal{M}_{n,n}(\mathbb{R})$ heißt nichtausgeartet, wenn die zugehörige Bilinearform auf $\mathbb{R}^n$ nichtausgeartet ist.

**Definition 14.4 (quadratische Form)**
Sei $V$ ein Vektorraum über einem Körper $K$, in dem $2 \neq 0$ gilt, und sei $s : V \times V \to K$ eine Bilinearform. Dann ordnen wir dieser die **quadratische Form**

$$q : V \to K, \qquad q(v) := s(v, v)$$

zu.

**Anmerkung** die Forderung $2 \neq 0$ brauchen wir, um durch 2 teilen zu können.

**Definition 14.5 (selbstadjungiert)**
Ein Endomorphismus $\phi : V \to V$ heißt **selbstadjungiert** bezüglich $\langle \cdot, \cdot \rangle$, wenn für alle $v, w \in V$

$$\langle \phi(v), w \rangle = \langle v, \phi(w) \rangle$$

gilt.

**Definition 14.6 (Quadrik)**
Eine **Quadrik** ist die (nichtleere) Lösungsmenge $Q \subset \mathbb{R}^n$ einer quadratischen Gleichung, das heißt einer Gleichung der Form

$$q(x) + l(x) + c = 0,$$

wobei $q : \mathbb{R}^n \to \mathbb{R}$ eine quadratische Form und $l : \mathbb{R}^n \to \mathbb{R}$ eine lineare Funktion ist.

**Definition 14.7 (entartete Quadrik)**
Eine ebene Quadrik $Q \subset E = \mathbb{R}^2$ heißt **entartet**, wenn sie die leere Menge ist oder nur aus einem Punkt, oder aus einer Geraden oder aus zwei Geraden besteht oder die gesamte Ebene ist. Andernfalls heißt $Q$ nichtentartet.

## 14.2 Sätze und Beweise

**Satz 14.1**
*Sei $V$ ein reeller Vektorraum.*
*i) Ist $\langle \cdot, \cdot \rangle$ nicht identisch 0, so gibt es einen anisotropen Vektor.*
*ii) Ist $v$ anisotrop und $U := \langle v \rangle$, so gilt:*

$$V = U \oplus U^{\perp}.$$

▶ **Beweis**
  i) Nach Voraussetzung gibt es $v, w \in V$ mit $\langle v, w \rangle \neq 0$. Ist einer dieser beiden Vektoren anisotrop, so sind wir fertig. Andernfalls setzen wir $u := v + w$. Dann gilt:

$$\langle u, u \rangle = \langle v, v \rangle + 2\langle v, w \rangle + \langle w, w \rangle = 2\langle v, w \rangle \neq 0.$$

  Also ist $u$ anisotrop.
  ii) Wir müssen $U \cap U^{\perp} = \{0\}$ und $V = U + U^{\perp}$ zeigen. Für jedes $u \in U$ gilt $U = \lambda v, \lambda \in \mathbb{R}$. Ist $u$ nun auch in $U^{\perp}$, so muss $\langle u, v \rangle = 0$ gelten, das heißt,

$$0 = \langle u, v \rangle = \lambda \langle v, v \rangle$$

und da $v$ anisotrop ist, muss $\lambda = 0$ und damit $u = 0$ gelten. Also folgt $U \cap U^\perp = \{0\}$. Sei nun $w \in V$ beliebig. Es ist zu zeigen, dass wir $w$ schreiben können als $w = \lambda v + w'$ mit $\langle w', v \rangle = 0$. Dann gilt aber:

$$\langle w', v \rangle = \langle w - \lambda v, v \rangle = \langle w, v \rangle - \lambda \langle v, v \rangle,$$

und da $v$ anisotrop ist, ist diese Gleichung nach $\lambda$ auflösbar und damit ist $w'$ bestimmt.                                    q.e.d.

---

**Satz 14.2**
*Sei V ein endlichdimensionaler reeller Vektorraum. Dann gibt es eine orthogonale Basis $\mathcal{B} = (v_1, \ldots, v_n)$ mit*

$$\langle v_i, v_i \rangle \in \{0, 1, -1\}$$

*Wählt man also die Reihenfolge geeignet, so gilt:*

$$\langle v_i, v_i \rangle = \begin{cases} 1 & , i = 1, \ldots, p, \\ -1 & , i = p+1, \ldots, p+q, \\ 0 & , i = p+q+1, \ldots, n \end{cases}$$

*für geeignete $p, q \geq 0$.*

---

▶ **Beweis** Ist $\langle \cdot, \cdot \rangle = 0$, so ist nichts zu zeigen. Sei also $\langle \cdot, \cdot \rangle \neq 0$. Wir wollen die Aussage durch Induktion über die Dimension von $V$ beweisen. Für $n = 0$ ist ebenfalls nichts zu zeigen. Gelte also die Aussage für $n - 1$ und $\dim V = n$. Dann gibt es einen anisotropen Vektor $v \in V$, damit setzen wir

$$v_1 := \frac{1}{\sqrt{|\langle v, v \rangle|}} v,$$

und es gilt $\langle v_1, v_1 \rangle = \pm 1$. Mit $U := \langle v_1 \rangle$ und $W := U^\perp$ erhalten wir eine Zerlegung $V = U \oplus W$, und es gilt $\dim W = n - 1$. Nach Induktionsannahme existiert für $W$ und die Bilinearform $\langle \cdot, \cdot, \rangle_{|W}$ eine orthogonale Basis $\mathcal{B}' = (v_2, \ldots, v_n)$ mit $\langle v_i, v_i \rangle \in \{0, 1, -1\}$ für $i = 2, \ldots, n$. Wegen $W = U^\perp$ gilt $\langle v_1, v_i \rangle = 0$ für $i = 2, \ldots, n$ und damit erfüllt die Basis $\mathcal{B} = (v_1, \ldots, v_n)$ die gewünschten Eigenschaften.          q.e.d.

**Satz 14.3**
*Seien $\mathcal{B} = (v_1, \ldots, v_n)$ eine orthogonale Basis von $V$ und $(p, q)$ die jeweilige Signatur. Wir nehmen o. B. d. A.*

$$\langle v_i, v_i \rangle = \begin{cases} 1 & , i = 1, \ldots, p, \\ -1 & , i = p+1, \ldots, p+q, \\ 0 & , i = p+q+1, \ldots, n \end{cases}$$

*an. Dann bilden die Vektoren $v_{p+q+1}, \ldots, v_n$ eine Basis des Untervektorraums*

$$V^{\perp} = \{v \in V : \langle v, w \rangle = 0 \quad \forall w \in V\}.$$

*Es gilt also insbesondere* $\dim V^{\perp} = n - p - q.$

▶ **Beweis** Zunächst sind diese Vektoren orthogonal zueinander, also auch insbesondere linear unabhängig. Dass sie in $V^{\perp}$ liegen, folgt ebenfalls sofort. Wir wollen noch zeigen, dass sie ein Erzeugendensystem bilden. Sei dafür $v \in V^{\perp}$ beliebig:

$$v = \sum_{i=1}^{n} \lambda_i v_i.$$

Weil $\mathcal{B}$ Orthogonalbasis ist, folgt wegen $v \in V^{\perp}$

$$0 = \langle v, v_j \rangle = \sum_{i=1}^{n} \lambda_i \langle v_i, v_j \rangle = \lambda_j \langle v_j, v_j \rangle \quad \forall j.$$

Für $j \leq p + q$ folgt nun wegen $\langle v_j, v_j \rangle \neq 0$, dass $\lambda_j = 0$, und damit wird $v$ bereits von den Vektoren $v_{p+q+1}, \ldots, v_n$ erzeugt.                     q.e.d.

**Satz 14.4  (Trägheitssatz von Sylvester)**
*Die Signatur $(p, q)$ einer symmetrischen Bilinearform ist unabhängig von der Wahl der orthogonalen Basis $\mathcal{B}$.*

▶ **Beweis** Seien $\mathcal{B} = (v_1, \ldots, v_n)$ und $\mathcal{B}' = (v_1', \ldots, v_n')$ zwei orthogonale Basen von $V$ und $(p, q)$ beziehungsweise $(p', q')$ die jeweilige Signatur. Wir nehmen o. B. d. A.

$$\langle v_i, v_i \rangle = \begin{cases} 1 & , i = 1, \ldots, p, \\ -1 & , i = p+1, \ldots, p+q, \\ 0 & , i = p+q+1, \ldots, n \end{cases}$$

und

$$\langle v_i', v_i' \rangle = \begin{cases} 1 & , i = 1, \ldots, p', \\ -1 & , i = p'+1, \ldots, p'+q', \\ 0 & , i = p'+q'+1, \ldots, n \end{cases}$$

an. Es ist $p = p'$ und $q = q'$ zu zeigen. Zunächst folgt aus dem vorherigen Lemma sofort $p+q = p'+q'$, da diese Aussage des Lemmas unabhängig von der Basiswahl ist. Nun betrachten wir die $n + p - p'$ Vektoren

$$(\underbrace{v_1, \ldots, v_p}_{p \text{ Vektoren}}, \underbrace{v_{p'+1}', \ldots, v_n'}_{n-p' \text{ Vektoren}}).$$

Wir wollen zeigen, dass diese linear unabhängig sind. Sind diese Vektoren linear abhängig, so erhalten wir durch Umstellen der Gleichung der linearen Abhängigkeit

$$\lambda_1 v_1 + \cdots + \lambda_p v_p = \mu_1 v_{p'+1}' + \cdots + \mu_{n-p'} v_n'$$

mit mindestens einem Skalar ungleich 0. Sei nun

$$v = \lambda_1 v_1 + \cdots + \lambda_p v_p = \mu_1 v_{p'+1}' + \cdots + \mu_{n-p'} v_n'.$$

Dann erhalten wir aufgrund der Voraussetzungen an $\mathcal{B}$ und wegen

$$v = \lambda_1 v_1 + \cdots + \lambda_p v_p$$

die Gleichung

$$\langle v, v \rangle = \lambda_1^2 \langle v_1, v_1 \rangle + \cdots + \lambda_p^2 \langle v_p, v_p \rangle = \lambda_1^2 + \cdots + \lambda_p^2 \geq 0.$$

Benutzen wir die andere definierende Gleichung und die Basis $\mathcal{B}'$, so erhalten wir

$$\langle v, v \rangle = \mu_1^2 \langle v_{p'+1}', v_{p'+1}' \rangle + \cdots + \mu_{n-p'}^2 \langle v_n', v_n' \rangle = -(\mu_1^2 + \cdots + \mu_{q'}^2) \leq 0,$$

und daraus folgt $\langle v, v \rangle = 0$, damit $\lambda_i = 0$ für $i = 1, \ldots, p$ und $\mu_i = 0$ für $i = 1, \ldots, q'$ und daraus wiederum

$$0 = v = \mu_{q'+1} v_{p'+q'+1}' + \cdots + \mu_{n-p'} v_n'.$$

Aber $(v'_{p'+q'+1}, \ldots, v'_n)$ ist Teil der Basis $\mathcal{B}'$ und damit linear unabhängig, es folgt damit $\mu_i = 0$ für alle $i$. Damit sind obige $n + p - p'$ Vektoren linear unabhängig, also gilt $p \leq p'$. Da wir in dem Argument aber auch die Rollen vertauschen können, folgt hier sogar die Gleichheit, das heißt, $p = p'$ und wegen $p + q = p' + q'$ dann auch $q = q'$.     q.e.d.

---

**Satz 14.5 (selbstadjungiert = symmetrisch)**
*Seien $\phi : V \to V$ ein Endomorphismus, $\mathcal{B}$ eine Orthonormalbasis von $V$ und $A \in \mathcal{M}_{n,n}(\mathbb{R})$ die darstellende Matrix von $\phi$ bezüglich $\mathcal{B}$. Dann ist $\phi$ genau dann selbstadjungiert, wenn $A$ symmetrisch ist.*

▶ **Beweis** Wir identifizieren $V$ durch $\mathcal{B}$ mit $\mathbb{R}^n$. Dann ist $\langle x, y \rangle = x^T y$ und $\phi(x) = Ax$, das heißt, es gilt:

$$\langle x, Ay \rangle = x^T A y \qquad \text{und} \qquad \langle Ax, y \rangle = x^T A^T y = x^T A y$$

für alle $x, y \in \mathbb{R}^n$. Daraus folgt die Behauptung.     q.e.d.

---

**Satz 14.6 (selbstadjungierter Endomorphismus hat Eigenvektor)**
*Sei $\phi : V \to V$ ein selbstadjungierter Endomorphismus eines euklidischen Vektorraums der Dimension $n \in \mathbb{N}$. Dann besitzt $\phi$ mindestens einen Eigenvektor.*

▶ **Beweis** Wir fassen $V$ als einen normierten Vektorraum auf. Wir betrachten die Menge

$$S := \{ v \in V : ||v|| = 1 \}.$$

Diese Teilmenge ist beschränkt und abgeschlossen, also kompakt. Wir betrachten nun die quadratische Form

$$q : V \to \mathbb{R}, \qquad v \mapsto q(v) := \langle \phi(v), v \rangle = \langle v, \phi(v) \rangle.$$

Diese Funktion ist stetig, nimmt also auf $S$ ein Maximum an, das heißt, es existiert ein $u \in V$ mit $||u|| = 1$ und $q(u) \geq q(v)$ für alle $v \in S$. Wir behaupten, dass dieses $u$ ein Eigenvektor ist. Dafür betrachten wir $U := \langle u \rangle$. $u$ ist genau dann Eigenvektor von $\phi$, wenn $\phi(u) = \lambda u \in U$. Wir haben eine Zerlegung $V = U \oplus W$ mit $W := U^\perp$, das heißt, $U = W^\perp$. Damit reicht es

$$\langle \phi(u), w \rangle = 0 \forall w \in W$$

zu zeigen, denn dann ist $\phi(u) \in W^\perp = U$. Wir nehmen hier o.B.d.A $||w|| = 1$ für alle zu untersuchenden $w$ an. Für $t \in \mathbb{R}$ sei

$$v := v(t) := \cos(t)u + \sin(t)w.$$

Nun gilt wegen $||u|| = ||w|| = 1$ und $\langle u, w \rangle = 0$

$$||v|| = \cos^2(t)||u||^2 + \sin^2(t)||w||^2 = 1,$$

das heißt, $v \in S$. Mit

$$f : \mathbb{R} \to \mathbb{R}, \qquad f(t) := q(v(t))$$

folgt nun

$$f(t) = q(\cos(t)u+\sin(t)w) = \cos^2(t)q(u)+\sin^2(t)q(w)+2\cos(t)\sin(t)\langle\phi(u), w\rangle,$$

wobei wir hier

$$q(\lambda v) = \lambda^2 q(v), \qquad q(v + w) = q(v) + q(w) + 2s(v, w)$$

für die durch $s$ definierte quadratische Form $q$ (in unserem Fall $s(u, w) = \langle\phi(u), w\rangle$) ausgenutzt haben.
Offensichtlich ist $f$ also differenzierbar, und es gilt:

$$f'(0) = -2\cos(0)\sin(0)q(u) + 2\sin(0)\cos(0)q(w)$$
$$+ 2(-\sin^2(0) + \cos^2(0))\langle\phi(u), w\rangle$$
$$= 2\langle\phi(u), w\rangle$$

Nach Wahl von $u$ gilt aber

$$f(t) = q(v) \le q(u) = f(0),$$

also nimmt $f$ bei 0 ein Maximum an, und es folgt

$$\langle\phi(u), w\rangle = \frac{1}{2}f'(0) = 0,$$

und damit ist der Satz bewiesen.                                    q.e.d.

**Satz 14.7**

*Es seien $\phi : V \to V$ ein selbstadjungierter Endomorphismus und $V = U \oplus W$ eine Zerlegung von $V$ in eine direkte Summe von zwei Untervektorräumen mit $U = W^\perp$. Dann gilt:*

$$\phi(U) \subset U \Leftrightarrow \phi(W) \subset W.$$

▶  **Beweis** Es reicht, eine der zwei Implikationen zu beweisen. Angenommen, es gilt $\phi(U) \subset U$. Dann gilt:

$$\langle u, \phi(w) \rangle = \langle \underbrace{\phi(u)}_{\in U}, \underbrace{w}_{\in U^\perp} \rangle = 0,$$

also wie gewünscht $\phi(w) \in U^\perp = W$.                           q.e.d.

**Satz 14.8  (Spektralsatz)**

*Sei $\phi : V \to V$ ein selbstadjungierter Endomorphismus auf einem euklidischen Vektorraum $V$. Dann besitzt $V$ eine Orthonormalbasis $\mathcal{B} = (v_1, \ldots, v_n)$, die aus Eigenvektoren von $\phi$ besteht. Insbesondere ist jeder selbstadjungierte Endomorphismus von $V$ diagonalisierbar.*

▶  **Beweis** Wir beweisen den Satz durch Induktion über $n = \dim V$. Ist $\dim V = 1$, so ist die Aussage natürlich richtig. Gelte die Aussage also für $n - 1$ und habe $V$ Dimension $n$. Dann wissen wir, dass ein Eigenvektor $v_1 \in V$ existiert, das heißt, $\phi(v_1) = \lambda_1 v_1$. Durch Normieren von $v_1$ nehmen wir $\|v_1\| = 1$ an. Seien nun $U := \langle v_1 \rangle$ und $W := U^\perp$. Dann haben wir eine Zerlegung $V = U \oplus W$, und es gilt offensichtlich $\phi(U) \subset U$. Also folgt auch $\phi(W) \subset W$. Wegen $\dim W = n - 1$ wenden wir die Induktionsannahme auf $W$ und $\phi_{|W}$ an, es existiert also eine Orthonormalbasis $\mathcal{B}' = (v_2, \ldots, v_n)$ von $W$ aus Eigenvektoren von $\phi_{|W}$. Dann ist nach Konstruktion $\mathcal{B} = (v_1, \ldots, v_n)$ eine Orthonormalbasis von $V$, die aus Eigenvektoren von $\phi$ besteht.                           q.e.d.

**Satz 14.9  (Klassifikation ebener Quadriken)**

*Eine nichtentartete ebene Quadrik $Q \subset E = \mathbb{R}^2$ ist kongruent zu genau einer der folgenden Typen:*

i) *Ellipse*

$$a_{1,1}x_1^2 + a_{2,2}x_2^2 - 1 = 0,$$

ii) *Hyperbel*

$$a_{1,1}x_1^2 - a_{2,2}x_2^2 - 1 = 0,$$

iii) *Parabel*

$$a_{1,1}x_1^2 - x_2 = 0,$$

*wobei jeweils $a_{1,1}, a_{2,2} > 0$ sind.*

▶ **Beweis** Sei also $Q$ eine nichtentartete Quadrik. Wir betrachten den quadratischen Anteil

$$q(x) = x^T A x.$$

Dann gibt es eine orthogonale Matrix $S \in O_2(\mathbb{R})$ (das heißt eine Symmetrie), sodass

$$A' := S^T A S = \begin{pmatrix} a_{1,1} & 0 \\ 0 & a_{2,2} \end{pmatrix}$$

eine Diagonalmatrix ist. Setzen wir also $x = Sy$, so gilt $q(x) = q(Sy) = a_{1,1}y_1^2 + a_{2,2}y_2^2$, und die gesamte Quadrik ergibt sich zu

$$Q(y) = a_{1,1}y_1^2 + a_{2,2}y_2^2 + b_1'y_1 + b'2y_2 + c = 0$$

mit Konstanten $b_1'$, $b_2'$, die sich aus der Symmetrieoperation berechnen lassen. Wir unterscheiden nun zwei Fälle. Dabei werden wir im Folgenden immer wieder Transformationen durchführen, die die Koeffizienten $a_{i,i}$ verändern. Da aber zum Beispiel $a_{i,i}'''$ in einer Gleichung unübersichtlich ist, schreiben wir weiterhin für diese Koeffizienten immer $a_{i,i}$, auch wenn sie sich ändern. Die Koeffizienten die man am Ende erhält, sind also *nicht* dieselben wie am Anfang.

- $a_{1,1}, a_{2,2} \neq 0$: In dem Fall können wir durch die weiteren Koordinatenwechsel

$$y_i = z_i - \frac{b_i'}{2a_{i,i}}, \qquad i = 1, 2$$

den linearen Term beseitigen und erhalten dadurch die Form

$$a_{1,1}z_1^2 + a_{2,2}z_2^2 + c' = 0$$

für ein $c' \in \mathbb{R}^2$. Diese Substitution entspricht natürlich gerade der Translation um den Vektor

$$\begin{pmatrix} \frac{b'_1}{2a_{1,1}} \\ \frac{b'_2}{2a_{2,2}} \end{pmatrix}$$

Da wir angenommen hatten, dass die Quadrik nicht entartet ist, muss $c' \neq 0$ gelten, wir können also die Gleichung mit einer Konstanten multiplizieren, um $c'$ auf $-1$ zu normieren und erhalten damit

$$a_{1,1}z_1^2 + a_{2,2}z_2^2 = 1.$$

Wir machen nun wieder eine Fallunterscheidung nach den Vorzeichen der $a_{i,i}$, wobei wir den Fall, dass beide negativ sind, nicht betrachten müssen, da in diesem Falle die Quadrik entartet wäre.

- $a_{1,1}, a_{2,2} > 0$ In dem Fall erhalten wir die Ellipse, also den ersten Fall in unserem Satz. Gilt sogar $a_{1,1} = a_{2,2}$, so erhalten wir als Spezialfall einen Kreis.
- $a_{1,1} \cdot a_{2,2} < 0$ Hier erhalten wir den zweiten Fall unseres Satzes, eine Hyperbel.
- $a_{1,1} = 0$ oder $a_{2,2} = 0$: Der Fall, dass beide Koeffizienten gleich $0$ sind, kann nicht auftreten, da dann die Quadrik entartet wäre. Es reicht nun, einen der beiden möglichen Fälle zu betrachten. Sei also o. B. d. A. $a_{1,1} \neq 0$ und $a_{2,2} = 0$, das heißt, wir sind bei der Gleichung

$$a_{1,1}y_1^2 + b'_1 y_1 + b'_2 y_2 + c' = 0.$$

Wäre nun $b'_2 = 0$, so wäre die Quadrik entartet, da sie nicht mehr von $y_2$ abhängt. Also muss $b'_2 \neq 0$ gelten, und wir beseitigen durch die Substitution

$$y_1 = z_1 - \frac{b'_1}{2a_{1,1}}$$

den Koeffizienten $b'_1$ und durch

$$y_2 = z_2 - \frac{c' - \frac{(b'_1)^2}{4a_{1,1}}}{b'_2}$$

den Term $c'$. Auch hier können wir anschließend die Gleichung so normieren, dass $b'_2 = -1$ gilt und erhalten insgesamt

$$a_{1,1}z_1^2 - z_2 = 0,$$

also für $a_{1,1} > 0$ den dritten Fall, die Parabel. Ist $a_{1,1} < 0$, so drehen wir
durch die Substitution

$$w_1 = z_1, w_2 = -z_2$$

das Vorzeichen um und erhalten auch hier die Parabel.                 q.e.d.

## 14.3   Erklärungen zu den Definitionen

**Erklärungen**

**Zur Definition 14.2 der Signatur:** Dass diese Definition wohldefiniert ist, sagt
uns der Trägheitssatz von Sylvester. Wie bestimmt man aber die Signatur einer
Bilinearform? Ist $V = \mathbb{R}^n$, so lässt sich jede Bilinearform durch eine symmetrische
Matrix $M$ darstellen. Diese ist diagonalisierbar, es gibt also eine Basis $\mathcal{B}'$ (die wir auch
bestimmen können, denn wir können ja noch alle diagonalisieren oder?), für die $M_{\mathcal{B}'}$
eine Diagonalmatrix ist, die aus $p$ positiven Eigenwerten, $q$ negativen Eigenwerten
besteht und der Rest ist Eigenwert 0. Teilen wir nun jeden Basisvektor $v_i'$ aus $\mathcal{B}'$
durch die Wurzel des Betrages des zugehörigen Eigenwertes (so wie es auch im
Beweis des Satzes getan wird), so bilden die Vektoren $v_i$, die man erhält, genau die
gesuchte Basis $\mathcal{B}$.

Ist allgemeiner $A \in \mathcal{M}_{n,n}(\mathbb{R})$ eine symmetrische Matrix mit Signatur $(p, q)$, so
ist $p + q = \text{Rang}(A)$.

**Erklärungen**

**Zur Definition 14.3 einer nichtausgearteten Bilinearform:** Was ist nun eine nicht-
ausgeartete Matrix? Eine Matrix ist nichtausgeartet, wenn für alle $w \in V$ gilt:

$$v^T A w = 0$$

mit einem $v \neq 0$. $v^T A$ ist aber wieder ein Vektor $v'$. Wir wählen nun für $w$ die
$n$ Standardbasisvektoren $e_i$. Dann muss also $v' e_i = 0$ gelten für alle $i$, und damit
folgt $v' = 0$. Dies bedeutet $v \in \ker A$. Also bedeutet in diesem Fall nichtausgeartet
dasselbe wie nicht singulär.

**Erklärungen**

**Zur Definition 14.5 der Selbstadjungiertheit:** Diese Definition liefert uns nun eine
weitere Eigenschaft, die Endomorphismen haben können. Dies erscheint zunächst
einmal neu, Satz 14.5 sagt uns aber, dass dies im Falle reeller Vektorräume nichts
anderes als Symmetrie bedeutet.

## 14.4 Erklärungen zu den Sätzen und Beweisen

---
**Erklärungen**

**Zum Satz 14.1:** Die erste Aussage des Satzes erscheint zunächst sofort richtig. Wenn es Vektoren $v$, $w$ gibt, deren Skalarprodukt nicht 0 ist, so muss es einen anisotropen Vektor geben. Diesen konstruiert man nun leicht aus $v$ und $w$. Den zweiten Teil beweisen wir wieder, indem wir einzeln die beiden Eigenschaften des direkten Produkts zeigen.

---
**Erklärungen**

**Zum Satz 14.2:** Dieser Satz legt die Grundlåge für die Definition der Signatur. Wir beweisen ihn ähnlich wie das Gram-Schmidtsche Orthogonalisierungsverfahren durch Induktion und Normieren der Vektoren. Wir nehmen allerdings immer nur Vektoren dazu, deren Skalarprodukt $\pm 1$ ist. Wieso brauchen wir dann im Satz auch die 0? Schränken wir das Skalarprodukt immer weiter ein, so kann es passieren, dass diese Einschränkung irgendwann 0 wird. Und für $\langle \cdot, \cdot \rangle = 0$ gilt natürlich für den Vektor $v$, der dazugenommen wird, $\langle v, v \rangle = 0$.

Für reelle Vektorräume bedeutet das gerade, dass für eine symmetrische Matrix $A \in \mathcal{M}_{n,n}(\mathbb{R})$ eine invertierbare Matrix $Q \in \mathrm{GL}_n(\mathbb{R})$ existiert, sodass

$$Q^{-1}AQ = \begin{pmatrix} E_p & & \\ & -E_q & \\ & & 0 \end{pmatrix}.$$

---
**Erklärungen**

**Zum Satz 14.3:** Diesen Satz benötigen wir zum Beweis des wichtigen Trägheitssatzes von Sylvester. Die wichtige Aussage hier ist, dass die Zahl $n - p - q$ eine Invariante der Bilinearform, das heißt nicht abhängig von der Wahl der Basis ist.

---
**Erklärungen**

**Zum Trägheitssatz von Sylvester (Satz 14.4):** Dieser Satz zeigt uns, dass die Signatur wohldefiniert ist. Dabei zeigen wir einzeln zunächst, dass die Anzahl der Nullen gleich ist und dann durch ein Dimensionsargument, dass auch die anderen Anzahlen übereinstimmen.

---
**Erklärungen**

**Zum Satz 14.5 (selbstadjungiert = symmetrisch):** Hier wird nun gezeigt, dass im reellen Fall symmetrisch dasselbe wie selbstadjungiert ist. Der Beweis folgt leicht durch Anwenden der Definitionen.

---
**Erklärungen**

**Zum Satz 14.6, dass jeder selbstadjungierte Endomorphismus einen Eigenvektor hat:** Dieser Satz stellt den ersten Schritt für den Beweis des wichtigen Spektralsatzes dar. Dafür verwenden wir Methoden der Analysis, wir betrachten eine

Funktion auf einer kompakten Menge, bestimmen dort das Maximum und es stellt sich heraus, dass wir hieraus leicht einen Eigenvektor erhalten.

Erklärungen

**Zum Spektralsatz (Satz 14.8):** Dieser Satz sagt uns, auf den Fall $V = \mathbb{R}^n$ angewandt, dass es zu jeder reellen symmetrischen Matrix $A$ eine orthogonale Matrix $S$ gibt, sodass

$$S^{-1}AS = \begin{pmatrix} \lambda_1 & & \\ & \ddots & \\ & & \lambda_n \end{pmatrix}$$

eine Diagonalmatrix ist. Insbesondere ist also jede reelle symmetrische Matrix über $\mathbb{R}$ diagonalisierbar.

Für den Beweis verwenden wir einfach die letzten beiden bewiesenen Sätze und machen dann eine vollständige Induktion.

Erklärungen

**Zur Klassifikation der Quadriken (Satz 14.9):** Nun können wir uns endlich dem widmen, wozu das alles gut ist. Dieser Satz macht zunächst klar, warum Quadriken auch Kegelschnitte heißen (siehe Abb. 14.1 und 14.2). Dabei entsteht eine Parabel genau dann, wenn die schneidende Ebene parallel zu einer Mantelfläche ist. Der Beweis beruht darauf, dass jede symmetrische Matrix diagonalisierbar ist. Die weiteren Beweisschritte wollen wir anhand von drei Beispielen nachvollziehen.

**Abb. 14.1** Der Kegelschnitt, der eine Ellipse ergibt, und daneben der Spezialfall des Kreises

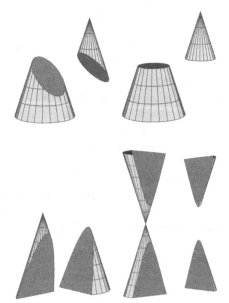

**Abb. 14.2** Die beiden Kegelschnitte, die eine Parabel bzw. eine Hyperbel ergeben. Bei der Parabel (linke Hälfte) ist die schneidende Ebene parallel zu einer Mantellinie

▶ **Beispiel 144**

● Wir betrachten

$$Q := \left\{ (x_1, x_2) \in \mathbb{R}^2 : -2x_1^2 + 3x_1x_2 + 2x_2^2 - 3x_1 + x_2 - 4 = 0 \right\}.$$

Wir müssen zuerst die Matrix $A$ und den linearen Teil $l$ bestimmen.
$-2x_1^2 + 3x_1x_2 + 2x_2^2 - 3x_1 + x_2 - 4 = 0$ lässt sich in der Form

$$(x_1, x_2) \begin{pmatrix} -2 & 3/2 \\ 3/2 & 2 \end{pmatrix} \begin{pmatrix} x_1 \\ x_2 \end{pmatrix} + (-3, 1) \begin{pmatrix} x_1 \\ x_2 \end{pmatrix} - 4 = 0$$

schreiben. Mit

$$A := \begin{pmatrix} -2 & 3/2 \\ 3/2 & 2 \end{pmatrix}, b = \begin{pmatrix} -3 \\ 1 \end{pmatrix}, c = -4$$

erhalten wir

$$Q := \left\{ x = (x_1, x_2)^T \in \mathbb{R}^2 : x^T A x + b^T x + c = 0 \right\}.$$

Als Nächstes müssen wir $A$ diagonalisieren.
Das charakteristische Polynom ist gegeben durch

$$P_A = \det \begin{pmatrix} -2 - \lambda & 3/2 \\ 3/2 & 2 - \lambda \end{pmatrix} = (-2 - \lambda)(2 - \lambda) - \frac{9}{4}.$$

Die Nullstellen des charakteristischen Polynoms sind die Eigenwerte von $A$:

$$(-2 - \lambda)(2 - \lambda) - \frac{9}{4} = 0 \Rightarrow -4 \underbrace{+2\lambda - 2\lambda}_{=0} + \lambda^2 - \frac{9}{4} = 0$$

$$\Leftrightarrow \lambda^2 = \frac{25}{4} \Rightarrow \lambda_{1,2} = \pm \frac{5}{2}.$$

Berechnung der Eigenräume bzw. Eigenvektoren ergibt:

$$\mathrm{Eig}\left(A, -\frac{5}{2}\right) = \ker \begin{pmatrix} -2 + 5/2 & 3/2 \\ 3/2 & 2 + 5/2 \end{pmatrix} = \ker \begin{pmatrix} 1/2 & 3/2 \\ 3/2 & 9/2 \end{pmatrix}$$

$$= \ker \begin{pmatrix} 1/2 & 3/2 \\ 0 & 0 \end{pmatrix} = \left\langle \begin{pmatrix} 3 \\ -1 \end{pmatrix} \right\rangle.$$

$$\mathrm{Eig}\left(A, \frac{5}{2}\right) = \ker \begin{pmatrix} -2 - 5/2 & 3/2 \\ 3/2 & 2 - 5/2 \end{pmatrix} = \ker \begin{pmatrix} -9/2 & 3/2 \\ 3/2 & -1/2 \end{pmatrix}$$

$$= \ker \begin{pmatrix} -9/2 & 3/2 \\ 0 & 0 \end{pmatrix} = \left\langle \begin{pmatrix} 1 \\ 3 \end{pmatrix} \right\rangle,$$

Eine Orthonormalbasis des $\mathbb{R}^2$ ist also gegeben durch

$$\left(\frac{1}{\sqrt{10}}\begin{pmatrix} 3 \\ -1 \end{pmatrix}, \frac{1}{\sqrt{10}}\begin{pmatrix} 1 \\ 3 \end{pmatrix}\right).$$

Demnach ist

$$S := \frac{1}{\sqrt{10}}\begin{pmatrix} 3 & 1 \\ -1 & 3 \end{pmatrix}.$$

Nun müssen wir die Substitution $x = Sy$ durchführen. Es ist

$$(Sy)^T A(Sy) + b^T(Sy) - 4 = y^T \underbrace{S^T A S}_{=D} y + b^T Sy - 4 = y^T Dy + b^T Sy - 4 = 0.$$

Hierbei ist

$$S^{-1}AS = S^T AS = \begin{pmatrix} -5/2 & 0 \\ 0 & 5/2 \end{pmatrix} =: D.$$

Wir erhalten

$$\begin{pmatrix} y_1 & y_2 \end{pmatrix}\begin{pmatrix} -5/2 & 0 \\ 0 & 5/2 \end{pmatrix}\begin{pmatrix} y_1 \\ y_2 \end{pmatrix}$$
$$+ \begin{pmatrix} -3 & 1 \end{pmatrix}\frac{1}{\sqrt{10}}\begin{pmatrix} 3 & 1 \\ -1 & 3 \end{pmatrix}\begin{pmatrix} y_1 \\ y_2 \end{pmatrix} - 4 = 0,$$
$$\begin{pmatrix} y_1 & y_2 \end{pmatrix}\begin{pmatrix} (-5/2)y_1 \\ (5/2)y_2 \end{pmatrix} + \begin{pmatrix} -3 & 1 \end{pmatrix}\frac{1}{\sqrt{10}}\begin{pmatrix} 3y_1 + y_2 \\ -y_1 + 3y_2 \end{pmatrix} - 4 = 0,$$
$$-\frac{5}{2}y_1^2 + \frac{5}{2}y_2^2 - \sqrt{10}y_1 - 4 = 0.$$

Es sind nun beide Koeffizienten vor den $y_i^2$ nicht Null, wir befinden uns also im ersten Fall des Beweises. Die Translation ist also

$$z = \begin{pmatrix} z_1 \\ z_2 \end{pmatrix} = \begin{pmatrix} y_1 + \frac{\sqrt{10}}{5} \\ y_2 \end{pmatrix} = \begin{pmatrix} y_1 \\ y_2 \end{pmatrix} + \begin{pmatrix} \frac{\sqrt{10}}{5} \\ 0 \end{pmatrix}.$$

Dies liefert nun

$$-\frac{5}{2}z_1^2 + \frac{5}{2}z_2^2 - 3 = 0 \Leftrightarrow -\frac{5}{6}z_1^2 + \frac{5}{6}z_2^2 - 1 = 0.$$

**Abb. 14.3** Die Hyperbel
$-\frac{5}{6}z_1^2 + \frac{5}{6}z_2^2 - 1 = 0$

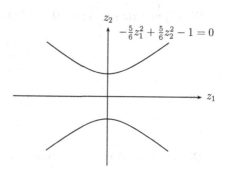

Es ist also eine Hyperbel (siehe Abb. 14.3) gegeben durch

$$Q' := \left\{ z = (z_1, z_2)^T : -\frac{5}{6}z_1^2 + \frac{5}{6}z_2^2 - 1 = 0 \right\}.$$

Wir können nun noch die Symmetrie $f$ angeben, die $Q$ in die Normalform überführt. Wir erhalten

$$x = Sy = S\left(z - \begin{pmatrix} \frac{\sqrt{10}}{5} \\ 0 \end{pmatrix}\right) = Sz - S\begin{pmatrix} \frac{\sqrt{10}}{5} \\ 0 \end{pmatrix} = Sz - \begin{pmatrix} \frac{1}{5} \\ \frac{3}{5} \end{pmatrix}.$$

Für

$$\overline{f} : \mathbb{R}^2 \to \mathbb{R}^2, z \mapsto Sz - \begin{pmatrix} \frac{1}{5} \\ \frac{3}{5} \end{pmatrix}$$

gilt $\overline{f}(Q') = Q$. Daraus folgt: Für

$$f = \overline{f}^{-1} : \mathbb{R}^2 \to \mathbb{R}^2, x \mapsto S^{-1}\left(x + \begin{pmatrix} \frac{1}{5} \\ \frac{3}{5} \end{pmatrix}\right) = S^T\left(x + \begin{pmatrix} \frac{1}{5} \\ \frac{3}{5} \end{pmatrix}\right)$$

$$= S^T x + S^T \begin{pmatrix} \frac{1}{5} \\ \frac{3}{5} \end{pmatrix} = S^T x + \begin{pmatrix} \frac{\sqrt{10}}{5} \\ 0 \end{pmatrix}$$

gilt $f(Q) = Q'$.

- Wir betrachten die Quadrik

$$Q(x) = x_1^2 + 2x_1x_2 + x_2^2 + 2x_1 + 4x_2 - 1 = 0.$$

Hier ist mit

$$A = \begin{pmatrix} 1 & 1 \\ 1 & 1 \end{pmatrix}, b = \begin{pmatrix} 2 \\ 4 \end{pmatrix}, c = -1,$$

$$Q(x) = x^T A x + b^T x + c = 0.$$

Die Eigenwerte von $A$ sind 0 und 2 und mit

$$S := \frac{1}{\sqrt{2}} \begin{pmatrix} 1 & 1 \\ 1 & -1 \end{pmatrix}$$

gilt:

$$S^{-1} A S = \begin{pmatrix} 2 & 0 \\ 0 & 0 \end{pmatrix}.$$

Die Substitution $x = Sy$ führt auf

$$2y_1^2 + 3\sqrt{2}y_1 - \sqrt{2}y_2 - 1 = 0,$$

wir sind also im zweiten Fall des Beweises. Mit

$$y_1 = z_1 - \frac{3}{4}\sqrt{2}, \, y_2 = z_2 - \frac{13}{8}\sqrt{2}$$

ist dann

$$2z_1^2 - \sqrt{2}z_2 = 0$$

und Normieren führt auf

$$\sqrt{2}z_1^2 - z_2 = 0,$$

also eine Parabel (siehe Abb. 14.4). Wir wollen nun wieder die Symmetrie von $f$ mit $f(Q) = Q'$ bestimmen. Es ist

$$x = Sy = S\left(z - \begin{pmatrix} \frac{3}{4}\sqrt{2} \\ \frac{13}{8}\sqrt{2} \end{pmatrix}\right) = Sz + \begin{pmatrix} -\frac{19}{8} \\ \frac{7}{8} \end{pmatrix}.$$

Also ist die gesuchte Symmetrie

$$f : x \mapsto S^{-1}\left(x - \begin{pmatrix} -\frac{19}{8} \\ \frac{7}{8} \end{pmatrix}\right) = S^T x + \begin{pmatrix} \frac{3}{4}\sqrt{2} \\ \frac{13}{8}\sqrt{2} \end{pmatrix}.$$

**Abb. 14.4** Die Parabel
$\sqrt{2}z_1^2 - z_2 = 0$

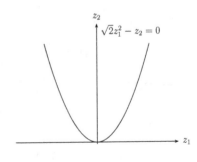

**Abb. 14.5** Die Ellipse
$z_1^2 + 2z_2^2 - 1 = 0$

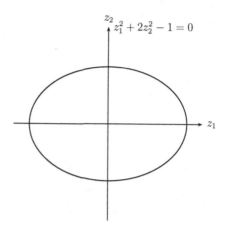

- Sei nun $Q$ die durch die Gleichung

$$3x_1^2 - 2x_1x_2 + 3x_2^2 + 8x_1 - 8x_2 + 6 = 0$$

definierte Quadrik. Die Matrix $A$ ist also

$$A = \begin{pmatrix} 3 & -1 \\ -1 & 3 \end{pmatrix}.$$

Auch hier müssen wir wieder $A$ diagonalisieren, die Durchführung überlassen wir euch. Man erhält dann

$$S^{-1}AS = \begin{pmatrix} 2 & 0 \\ 0 & 4 \end{pmatrix} \text{ mit } S = \frac{1}{\sqrt{2}} \begin{pmatrix} 1 & -1 \\ 1 & 1 \end{pmatrix}.$$

Die Substitution $x = Sy$ in die Gleichung für $Q$ und anschließende Division durch 2 führt uns auf die Gleichung

$$y_1^2 + 2y_2^2 - 4\sqrt{2}y_2 + 3 = 0.$$

Durch die Substitution $y_1 = z_1, y_2 = z_2 + \sqrt{2}$ erhalten wir schließlich eine Gleichung in Normalform

$$z_1^2 + 2z_2^2 - 1 = 0.$$

Die Quadrik $Q$ ist also eine Ellipse (siehe Abb. 14.5). Die Symmetrie, die $Q$ in Normalform überführt, bestimmt man wie in den beiden obigen Fällen, dies solltet ihr zur Übung tun.

■

# Invariante Unterräume

# 15

## Inhaltsverzeichnis

In diesem Kapitel wollen wir die theoretische Grundlage für das nächste Kapitel legen, in dem wir uns (wieder einmal) damit beschäftigen wollen, Matrizen in möglichst einfache Form zu bringen. Wie aus dem ersten Semester schon bekannt, ist ja nicht jede Matrix diagonalisierbar. Aber auch solche nicht diagonalisierbare Matrizen kann man in relativ einfache Form bringen. Dafür müssen wir in gewisser Weise das Konzept des Eigenvektors verallgemeinern. Dadurch erhält man invariante Unterräume, die wir hier studieren wollen. Deshalb gibt es in diesem Kapitel etwas mehr Theorie und entsprechend weniger Beispiele.

In diesem Kapitel sei immer $K$ ein Körper, $V$ ein $K$-Vektorraum, $\phi$ ein Endomorphismus von $V$ und $P_\phi$ dessen charakteristisches Polynom. Wir werden in Sätzen des Öfteren annehmen, dass das charakteristische Polynom über $K$ in Linearfaktoren zerfällt. Nach dem Fundamentalsatz der Algebra ist das immer gegeben, wenn wir über den komplexen Zahlen arbeiten.

## 15.1 Definitionen

**Definition 15.1 ($\phi$-invarianter Unterraum)**
Ein Untervektorraum $U \subset V$ heißt **$\phi$-invariant,** wenn $\phi(U) \subset U$ gilt.

© Springer-Verlag GmbH Deutschland, ein Teil von Springer Nature 2019
F. Modler und M. Kreh, *Tutorium Analysis 2 und Lineare Algebra 2,*
https://doi.org/10.1007/978-3-662-59226-7_15

**Definition 15.2**

Sei $p(x) = a_n x^n + \cdots + a_1 x + a_0$ ein Polynom mit $a_i \in K$. Für eine Abbildung $f : V \to V$ definieren wir die Abbildung $p(f)$ durch

$$p(f) := a_n f^n + \cdots + a_1 f + a_0 \mathrm{Id}_V.$$

Ist $A \in \mathcal{M}_{m,m}(K)$ eine Matrix, so definieren wir die Matrix $p(A)$ durch

$$p(A) := a_n A^n + \cdots + a_1 A + a_0 E_m.$$

**Definition 15.3 (Minimalpolynom)**

Das Minimalpolynom ist das eindeutige normierte Polynom $m_\phi$, das unter allen Polynomen $f$ mit $f(\phi) = 0$ den kleinsten Grad hat.

**Anmerkung** Dass diese Definition Sinn ergibt, sagt uns Satz 15.5.

**Definition 15.4 (Hauptraum, algebraische Vielfachheit)**

Sei $\lambda \in K$ ein Eigenwert von $\phi$. Dann heißt

$$\mu(\phi, \lambda) := \max\{r : (x - \lambda)^r | P_\phi\}$$

die **algebraische** Vielfachheit von $\lambda$. Der Untervektorraum

$$\mathrm{Hau}(\phi, \lambda) := \ker\left((\phi - \lambda \mathrm{Id}_V)^{\mu(\phi, \lambda)}\right) \subset V$$

heißt der **Hauptraum** zum Eigenwert $\lambda$.

## 15.2 Sätze und Beweise

---

**Satz 15.1**
*Angenommen, V lässt sich zerlegen in die direkte Summe von $\phi$-invarianten Unterräumen*

$$V = U_1 \oplus \ldots \oplus U_n.$$

*Weiter sei $\mathcal{B} = \mathcal{B}_1 \cup \ldots \cup \mathcal{B}_n$ eine Basis von V, sodass $\mathcal{B}_i$ eine Basis von $U_i$ ist. Dann gilt mit $A_i := M_{\mathcal{B}_i}(\phi_{|U_i})$*

$$M_{\mathcal{B}}(\phi) = \begin{pmatrix} A_1 & & \\ & \ddots & \\ & & A_n \end{pmatrix}.$$

---

**Satz 15.2**
*Sei $V = U_1 \oplus \ldots \oplus U_n$ eine $\phi$-invariante Zerlegung. Dann gilt*

$$P_\phi = F_1 \cdot \ldots \cdot F_n$$

*mit $F_i := P_{\phi_{|U_i}}$.*

---

▶ **Beweis** Dies folgt direkt aus Satz 15.1 und der Berechnung von Blockdeterminanten. q.e.d.

---

**Satz 15.3 (Trigonalisierung)**
*Angenommen, das charakteristische Polynom von $\phi$ zerfällt in Linearfaktoren, das heißt*

$$P_\phi = (x - \lambda_1) \cdots (x - \lambda_n)$$

*mit $\lambda_1, \ldots, \lambda_n \in K$ (nicht notwendigerweise verschieden). Dann gilt*

*1. Es gibt eine Kette von Untervektorräumen*

$$\{0\} = V_0 \subset V_1 \subset \cdots \subset V_n = V,$$

*sodass $\dim_K V_i = i$, und jedes $V_i$ ist $\phi$-invariant.*

> 2. *Es gibt eine Basis $\mathcal{B}$ von $V$, sodass die Darstellungsmatrix von $\phi$ bezüglich $\mathcal{B}$ obere Dreiecksform hat.*

▶ **Beweis**

1. Wir beweisen dies mit vollständiger Induktion. Für $n = 1$ ist die Aussage natürlich wahr. Sei also $n > 1$.

Sei $\lambda_1 \in K$ eine der Nullstellen des charakteristischen Polynoms $P_\phi$, und sei $v_1 \in V \setminus \{0\}$ ein dazugehöriger Eigenvektor. Wir ergänzen $v_1$ beliebig zu einer Basis $\mathcal{B} = (v_1, w_2, \ldots, w_n)$. Dann gilt

$$M_\mathcal{B}(\phi) = \begin{pmatrix} \lambda_1 & a_{1,2} & \cdots & a_{1,n} \\ 0 & & & \\ \vdots & & B & \\ 0 & & & \end{pmatrix}$$

mit einer Matrix $B$. Die Basis $\mathcal{B}$ definiert eine Zerlegung $V = \langle v_1 \rangle \oplus W$ mit $W = \langle w_2, \ldots, w_n \rangle$. Hier ist $\langle v_1 \rangle$ natürlich $\phi$-invariant (denn $v_1$ ist Eigenvektor), aber $W$ ist nicht notwendigerweise $\phi$-invariant. Wir zerlegen $\phi = \phi_1 + \phi_2$ mit $\phi_1$ und $\phi_2$ definiert durch

$$M_\mathcal{B}(\phi_1) = \begin{pmatrix} \lambda_1 & 0 & \cdots & 0 \\ 0 & & & \\ \vdots & & B & \\ 0 & & & \end{pmatrix}, \qquad M_\mathcal{B}(\phi_2) = \begin{pmatrix} 0 & a_{1,2} & \cdots & a_{1,n} \\ 0 & & & \\ \vdots & & 0 & \\ 0 & & & \end{pmatrix}.$$

Die Zerlegung $V = \langle v_1 \rangle \oplus W$ ist dann $\phi_1$-invariant, und $\phi_{1|W}$ wird durch $B$ dargestellt. Es gilt $P_\phi = (x - \lambda_1) P_B$, und nach Annahme zerfällt auch $P_B$ in Linearfaktoren. Nach Induktionsannahme, angewendet auf $\phi_{1|W}$, erhalten wir eine Kette von $\phi_1$-invarianten Unterräumen

$$\{0\} = W_1 \subset W_2 \subset \cdots \subset W_n = W$$

mit $\dim_K W_i = i - 1$. Sei $V_i := \langle v_1, W_i \rangle$. Dann ist dies eine aufsteigende Kette mit passender Dimension, da $v_1$ in keinem der Untervektorräume $W_i$ liegt (denn $v_1 \notin W$). Außerdem gilt (wie man an der Form der Matrix $M_\mathcal{B}(\phi_2)$ sieht) $\phi_2(W_i) \subset \langle v_1 \rangle$, also sind die $V_i$ $\phi$-invariant.

2. Aus der Kette von Untervektorräumen in 1 wählen wir induktiv eine Folge von Vektoren $v_i \in V_i \setminus V_{i-1}$. Dann hat die Darstellungsmatrix bezüglich der Basis $\{v_1, \ldots, v_n\}$ obere Dreiecksform.                q.e.d.

**Satz 15.4 (Satz von Cayley-Hamilton)**
*Es gilt $P_\phi(\phi) = 0$.*

▶ **Beweis** Wir beweisen die Aussage nur für den Fall, dass $P_\phi$ in Linearfaktoren zerfällt. Dann gibt es wegen Satz 15.3 eine Basis $\mathcal{B} = (v_1, \ldots, v_n)$ von $V$, sodass

$$M_\mathcal{B}(\phi) = \begin{pmatrix} \lambda_1 & * & \cdots & * \\ & \lambda_2 & & \vdots \\ & & \ddots & * \\ & & & \lambda_n \end{pmatrix}$$

gilt. Dabei sind die $\lambda_i$ genau die Nullstellen von $P_\phi$. Sei nun

$$V_i := \langle v_1, \ldots, v_i \rangle.$$

Dann definieren die $V_i$ eine aufsteigende Kette von $\phi$-invarianten Untervektorräumen mit $\dim_K V_i = i$. Aus der Form der Matrix für $\phi$ folgt genauer

$$\phi(v_i) = \lambda_i v_i + w_i, \qquad w_i \in V_{i-1}. \tag{15.1}$$

Sei nun $F_i := (x - \lambda_1) \cdots (x - \lambda_i)$, es gilt also insbesondere $F_n = P_\phi$. Wir setzen $\phi_i := F_i(\phi)$. Wenn wir nun $V_i \subset \ker \phi_i$ zeigen können, sind wir fertig, denn dann gilt $V = V_n \subset \ker \phi_n = P_\phi(\phi)$, also $P_\phi(\phi) = 0$.

Wir zeigen dies mit Induktion. Sei zuerst $i = 1$. Dann sind $V_1 = \langle v_1 \rangle$ und $\phi_1 = (\phi - \lambda_1 \mathrm{Id}_V)$. Aus (15.1) folgt, dass $v_1$ ein Eigenvektor zum Eigenwert $\lambda_1$ ist, also gilt für alle $r \in K$

$$\phi_1(r v_1) = r\phi(v_1) - \lambda_1 r v_1 = 0 \Rightarrow V_1 \subset \ker \phi_1.$$

Sei nun $i > 1$. Dann gilt

$$\phi_i = \phi_{i-1} \circ (\phi - \lambda_i \mathrm{Id}_V).$$

Für $j = 1, \ldots, i - 1$ ist

$$\phi(v_j) - \lambda_i v_j \in V_j \subset V_{i-1},$$

da $V_j$ $\phi$-invariant ist. Mit (15.1) folgt

$$\phi(v_i) - \lambda_i v_i = w_i \in V_{i-1}.$$

Also ist das Bild von $V_i$ unter der Abbildung $(\phi - \lambda_i \mathrm{Id}_V)$ in $V_{i-1}$. Nach Induktionsvoraussetzung ist dies in $\ker \phi_{i-1}$ enthalten. Damit folgt der Satz. 

q.e.d.

**Satz 15.5**
*Das Minimalpolynom ist wohldefiniert, und für jedes Polynom p mit $p(\phi) = 0$
gilt $m_\phi | p$. Außerdem kommt jeder Linearfaktor von $P_\phi$ auch in $m_\phi$ vor, und
$m_\phi$ besitzt keine weiteren Linearfaktoren.*

▶ **Beweis** Wir beweisen nur den ersten Teil, müssen also zeigen, dass es
für jeden Endomorphismus genau ein Minimalpolynom gibt. Aus dem
Satz von Cayley-Hamilton (Satz 15.4) folgt aber $P_\phi(\phi) = 0$, also gibt es
ein Polynom, das die Bedingungen erfüllt. Wir müssen noch zeigen, dass
dieses eindeutig ist. Angenommen, es gibt zwei solche Polynome, dann
müssen beide den gleichen Grad haben, sagen wir $m$, und es seien

$$f(x) = x^m + \cdots + a_0, \qquad g(x) = x^m + \ldots + b_0$$

diese Polynome. Dann ist

$$h(x) := f(x) - g(x) = c_{m-1}x^{m-1} + \ldots + c_0$$

ein Polynom vom Grad höchstens $m - 1$. Hieraus folgt schon die Behauptung, wie ihr euch einmal selbst überlegen solltet.            q.e.d.

**Satz 15.6**
*Es gilt $m_\phi | P_\phi$.*

▶ **Beweis** Dies folgt direkt aus dem Satz von Cayley-Hamilton (Satz 15.4)
und aus Satz 15.5.                                          q.e.d.

**Satz 15.7  (Lemma von Fitting)**
*Sei V ein K-Vektorraum mit Dimension n und*

$$d := \min\{l : \ker\phi^l = \ker\phi^{l+1}\}$$
$$d' := \min\{l : \operatorname{im}\phi^l = \operatorname{im}\phi^{l+1}\}$$
$$r := \mu(\phi, 0).$$

*Dann gilt*

1. $d = d'$.
2. $\ker\phi^{d+i} = \ker\phi^d$, $\operatorname{im}\phi^{d+i} = \operatorname{im}\phi^d$ *für alle* $i \in \mathbb{N}$.
3. *Die Untervektorräume* $U := \ker\phi^d$ *und* $W := \operatorname{im}\phi^d$ *sind* $\phi$-*invariant*.
4. *Es gilt* $(\phi_{|U})^d = 0$ *und* $\phi_{|W}$ *ist ein Isomorphismus*.
5. *Es gilt* $m_{\phi_{|U}} = x^d$.
6. *Es ist* $V = U \oplus W$, $\dim U = r \geq d$, $\dim W = n - r$.

▶ **Beweis** Betrachte das Diagramm

$$
\begin{array}{ccccc}
\ker\phi^l & \subset & V & \xrightarrow{\;\phi^l\;} & \operatorname{im}\phi^l \\
\cap & & \Big\| {\scriptstyle \phi^{l+1}} & & \cup \\
\ker\phi^{l+1} & \subset & V & \xrightarrow{\quad} & \operatorname{im}\phi^{l+1}
\end{array}
$$

1. Aus der Dimensionsformel folgt

$$\dim V = \dim \ker\phi^l + \dim \operatorname{im}\phi^l = \dim \ker\phi^{l+1} + \dim \operatorname{im}\phi^{l+1},$$

also

$$\operatorname{im}\phi^{l+1} = \operatorname{im}\phi^l \Leftrightarrow \dim \operatorname{im}\phi^{l+1} = \dim \operatorname{im}\phi^l$$
$$\Leftrightarrow \dim \ker\phi^{l+1} = \dim \ker\phi^l$$
$$\Leftrightarrow \ker\phi^{l+1} = \ker\phi^l,$$

und damit folgt die erste Aussage (dabei benutzen wir, dass immer $\ker\phi^{i-1} \subset \ker\phi^i$ und $\operatorname{im}\phi^i \subset \operatorname{im}\phi^{i-1}$ gilt, siehe auch Punkt 2 und 3 von Satz 16.5).

2. Wir zeigen die Aussagen mit vollständiger Induktion. Für $i = 1$ sind sie nach Definition richtig. Sei nun $i > 1$.
Ist $v \in \ker\phi^d$, so gilt $\phi^d(v) = 0$. Also gilt auch $\phi^{d+i}(v) = \phi^i(\phi^d(v)) = 0$, also gilt $\ker\phi^d \subset \ker\phi^{d+i}$. Sei nun $v \in \ker\phi^{d+i}$. Dann ist $0 = \phi^{d+i}(v) = \phi^{d+i-1}(\phi(v))$. Also ist

$$v \in \ker\phi^{d+i-1}_{|\operatorname{im}\phi} \subset \ker\phi^{d+i-1} = \ker\phi^d,$$

wobei wir im letzten Schritt die Induktionsannahme verwendet haben. Damit folgt die Aussage für den Kern.

Weiter gilt

$$w \in \operatorname{im}\phi^{d+i} \Leftrightarrow w = \phi(v), v \in \operatorname{im}\phi^{d+i-1}$$

$$\Leftrightarrow w = \phi(v), v \in \operatorname{im}\phi^d \text{ (Nach Induktionsannahme)}$$

$$\Leftrightarrow w = \phi^{d+1}(v), v \in V$$

$$\Leftrightarrow w \in \operatorname{im}\phi^{d+1}$$

$$\Leftrightarrow w \in \operatorname{im}\phi^d,$$

und das zeigt die Aussage auch für das Bild.

3. Sei $w \in W$. Dann ist $\phi(w) = \phi(\phi^d(v))$ für ein $v \in V$, also $\phi(w) = \phi^{d+1}(v) \in \operatorname{im}\phi^{d+1} = \operatorname{im}\phi^d = W$, also ist $W$ $\phi$-invariant. Sei $u \in U$. Zu zeigen ist $\phi(u) \in U$, das heißt $\phi^d(\phi(u)) = \phi^{d+1}(u) = 0$ Es gilt aber $U = \{u \in V : \phi^d = 0\} = \{u \in V : \phi^{d+1}(u) = 0\}$, also ist dies erfüllt.

4. Nach Definition von $U$ gilt $\phi^d(u) = 0$ für $u \in U$. Es ist $\phi_{|W} : \operatorname{im}\phi^d \to \operatorname{im}\phi^{d+1} = \operatorname{im}\phi^d$ surjektiv, aus Dimensionsgründen also auch bijektiv und damit ein Isomorphismus.

5. Nach Teil 4 reicht es zu zeigen, dass $(\phi_{|U})^{d-1} \neq 0$. Angenommen, das wäre falsch. Dann folgt $\ker\phi^d = U \subset \ker\phi^{d-1}$. Aber $\ker\phi^{d-1} \subset \ker\phi^d$, also gilt Gleichheit und das ist ein Widerspruch zur Minimalität von $d$.

6. Wir zeigen zuerst $V = U \oplus W$. Sei $v \in U \cap W$. Dann ist $\phi^d(v) = 0$ und $v = \phi^d(w)$ für ein $w \in V$. Also $\phi^{2d}(w) = 0$, das heißt $w \in \ker\phi^{2d}$. Nach Teil 2 gilt $\ker\phi^{2d} = \ker\phi^d$, also $v = \phi^d(w) = 0$.

Es gilt $\dim U \geq d$ nach Definition von $U$, denn

$$\{0\} \subset \ker\phi \subset \cdots \subset \ker\phi^{d-1} \subset \ker\phi^d$$

ist eine echt aufsteigende Kette von Untervektorräumen (sonst wäre $d$ nicht minimal), das heißt, in jedem Schritt wird die Dimension größer. Es gilt

$$P_\phi(x) = x^r Q(x) = P_{\phi_{|U}}(x) \cdot P_{\phi_{|W}}(x), Q(0) \neq 0.$$

Außerdem ist $P_{\phi_{|U}}(x) = x^m$ mit $m = \dim U$ und $P_{\phi_{|W}}(0) \neq 0$, da $\phi_{|W}$ nach Teil 4 ein Isomorphismus ist, also 0 kein Eigenwert ist. Damit folgt $m = r$. Der Rest folgt mit der Dimensionsformel.                    q.e.d.

---

**Satz 15.8** (Hauptraumzerlegung, Jordan-Chevalley-Zerlegung)
*Angenommen, das charakteristische Polynom von $\phi$ zerfällt in Linearfaktoren, das heißt*

$$P_\phi = (x - \lambda_1)^{n_1} \cdots (x - \lambda_r)^{n_r}$$

mit $\lambda_i \neq \lambda_j$ *für* $i \neq j$ *(es ist also* $n_i = \mu(\phi, \lambda_i)$*). Dann haben wir eine* $\phi$-*invariante Zerlegung*

$$V = Hau(\phi, \lambda_1) \oplus \cdots \oplus Hau(\phi, \lambda_r),$$

*und es gilt* $\phi = \phi_D + \phi_N$ *mit nilpotentem* $\phi_N$*, diagonalisierbarem* $\phi_D$ *und es gilt* $\phi_D \circ \phi_N = \phi_N \circ \phi_D$.

**Anmerkung** An dieser Stelle haben wir noch nicht definiert, was nilpotent bedeutet. Dies werden wir im nächsten Kapitel tun. Für uns ist an diesem Satz auch die Zerlegung von $V$ wichtiger, den Rest werden wir nicht brauchen, daher bringen wir den Satz schon jetzt.

▶ **Beweis** Wir beweisen zunächst die $\phi$-invariante Zerlegung von $V$ durch Induktion über $r$. Der Fall $r = 1$ ist klar. Seien nun $r > 1$ und $g := \phi - \lambda_1 \mathrm{id}_V$. Dann gilt

$$P_g(x - \lambda_1) = P_\phi(x), \text{ also } \mu(g, 0) = \mu(\phi, \lambda_1) = n_1.$$

Nach Satz 15.7 ist $V = \mathrm{Hau}(\phi, \lambda_1) \oplus W$ mit $W = \mathrm{img}^d$ (mit $d$ wie im Satz 15.7). Diese beiden Summanden sind $g$-invariant und damit auch $\phi$-invariant. Weiter gilt

$$P_{\phi_{|W}}(x) = (x - \lambda_2)^{n_2} \cdots (x - \lambda_r)^{n_r},$$

und auf $\phi_{|W}$ können wir die Induktionsannahme anwenden. Damit folgt der erste Teil.

Zeigen wir nun die Zerlegung von $\phi$. Sei dafür $\phi := \phi_{|\mathrm{Hau}(\phi, \lambda_i)}$. Dann gilt $P_{\phi_i} = (x - \lambda_i)^{n_i}$. Nach dem Satz über die Trigonalisierung (Satz 15.3) gibt es eine Basis von $\mathrm{Hau}(\phi, \lambda_i)$, sodass die Darstellungsmatrix von $\phi_i$ dort obere Dreiecksgestalt hat. Durch Vereinigung dieser Basen erhalten wir dann eine Basis von $V$, in der die Darstellungsmatrix von $\phi$ nach Satz 15.1 folgende Form hat:

$$\begin{pmatrix} \lambda_1 E_{n_1} + N_1 & & 0 \\ & \ddots & \\ 0 & & \lambda_r E_{n_r} + N_r \end{pmatrix}.$$

Dabei sind die $N_i$ obere Dreiecksmatrizen mit Nullen auf der Diagonalen, nach Satz 16.3 also nilpotent. Sei

$$D := \begin{pmatrix} \lambda_1 E_{n_1} & & 0 \\ & \ddots & \\ 0 & & \lambda_r E_{n_r} \end{pmatrix}, N := \begin{pmatrix} N_1 & & 0 \\ & \ddots & \\ 0 & & N_r \end{pmatrix}$$

und $\phi_D$ beziehungsweise $\phi_N$ die durch die jeweiligen Matrizen definierten linearen Abbildungen. Dann gelten $\phi = \phi_D + \phi_N$ und

$$DN = \begin{pmatrix} \lambda_1 N_1 & & 0 \\ & \ddots & \\ 0 & & \lambda_r N_r \end{pmatrix} = ND.$$

q.e.d.

## 15.3   Erklärungen zu den Definitionen

**Erklärungen**

**Zur Definition 15.1 des $\phi$-invarianten Unterraums:** Die Definition sollte selbsterklärend sein: Ein Untervektorraum heißt einfach $\phi$-invariant, wenn das Bild jeden Vektors $u \in U$ unter $\phi$ wieder in $U$ liegt. Dazu einige Beispiele.

▶ **Beispiel 145**

- Für jeden Endomorphismus $\phi$ sind die Untervektorräume $\{0\}$ und $V$ $\phi$-invariant.
- Seien $V = \mathbb{R}^{m+n}$, $A$ eine $(m \times m)$-Matrix und $B$ eine $(n \times n)$-Matrix. Dann definiert die Matrix

$$M := \begin{pmatrix} A & 0 \\ 0 & B \end{pmatrix}$$

  einen Endomorphismus $\phi$, der die $\phi$-invarianten Unterräume $\mathbb{R}^m \times \{0\}^n$ und $\{0\}^m \times \mathbb{R}^n$ hat.

- Sei $\alpha \in (0, \pi)$. Dann hat die Matrix $A_\alpha = \begin{pmatrix} \cos\alpha & -\sin\alpha \\ \sin\alpha & \cos\alpha \end{pmatrix}$ außer $\{0\}$ und $\mathbb{R}^2$ keinen invarianten Unterraum. Anschaulich lässt sich das dadurch begründen, dass die Matrix eine Drehung beschreibt, und diese lässt, außer den beiden oben genannten Untervektorräumen, keinen anderen fest.

- Sei $v \in V$ ein Eigenvektor von $\phi$ zum Eigenwert $\lambda$. Dann gilt $\phi(kv) = k\lambda v$. Also ist $\phi(\langle v \rangle) \subset \langle v \rangle$. Daraus folgt, dass der Eigenraum zu einem Eigenvektor immer $\phi$-invariant ist. ∎

Der letzte Punkt des Beispiels zeigt, dass $\phi$-invariante Unterräume in gewissem Sinne Verallgemeinerungen von Eigenräumen sind.

**Erklärungen**

**Zur Definition 15.2:** Auch diese Definition sollte klar sein. Wieder ein Beispiel.

▶ **Beispiel 146** Sei

$$A := \begin{pmatrix} 1 & 2 & 3 \\ 3 & 4 & 5 \\ 5 & 6 & 7 \end{pmatrix}, \quad p(x) = x^2 + x + 2.$$

Dann ist

$$p(A) = A^2 + A + 2E_3 = \begin{pmatrix} 22 & 28 & 34 \\ 40 & 52 & 64 \\ 58 & 76 & 94 \end{pmatrix} + \begin{pmatrix} 1 & 2 & 3 \\ 3 & 4 & 5 \\ 5 & 6 & 7 \end{pmatrix} + \begin{pmatrix} 2 & 0 & 0 \\ 0 & 2 & 0 \\ 0 & 0 & 2 \end{pmatrix}$$

$$= \begin{pmatrix} 25 & 30 & 37 \\ 43 & 58 & 69 \\ 63 & 82 & 103 \end{pmatrix}.$$

■

Ist $\phi$ außerdem linear, also ein Endomorphismus, dann ist für jedes Polynom $p$ auch $p(\phi)$ wieder linear.

Genau genommen haben wir gar nicht definiert, was ein Polynom ist. Das könnt ihr zum Beispiel in [MK19] nachlesen. Hier werden wir das allerdings nicht brauchen, uns reicht die Erkenntnis von Polynomen, die man aus der Schule hat. Wir wollen an dieser Stelle nur kurz etwas zu der Notation $f\,|\,g$ sagen: Wie bei den ganzen Zahlen schreibt man dies für zwei Polynome $f$ und $g$, wenn es ein Polynom $h$ gibt, sodass $f \cdot h = g$.

**Erklärungen**

## Zur Definition 15.3 des Minimalpolynoms

▶ **Beispiel 147** Wir wollen einmal das Minimalpolynom konkret berechnen. Sei $\phi$ gegeben durch die Matrix

$$A := \begin{pmatrix} -1 & 2 & 2 \\ 2 & -1 & -2 \\ -2 & 2 & 3 \end{pmatrix}.$$

Wie können wir nun das Minimalpolynom berechnen? Die Sätze 15.5 und 15.6 geben uns einen kleinen Hinweis: Wir berechnen zunächst das charakteristische Polynom der Matrix. Mit der Regel von Sarrus erhalten wir

$$P_A = (x + 1)(x - 1)^2.$$

(Das solltet ihr natürlich selbst nachrechnen.) Nun gibt es also genau zwei Möglichkeiten für das Minimalpolynom, nämlich

$$M_1 = (x + 1)(x - 1)^2 \quad \text{oder} \quad M_2 = (x + 1)(x - 1) = x^2 - 1.$$

Hier müssen wir jetzt ausprobieren, wir überprüfen immer zuerst das Polynom, das den kleinsten Grad hat. Wir berechnen also

$$A^2 = \begin{pmatrix} -1 & 2 & 2 \\ 2 & -1 & -2 \\ -2 & 2 & 3 \end{pmatrix} \begin{pmatrix} -1 & 2 & 2 \\ 2 & -1 & -2 \\ -2 & 2 & 3 \end{pmatrix} = \begin{pmatrix} 1 & 0 & 0 \\ 0 & 1 & 0 \\ 0 & 0 & 1 \end{pmatrix},$$

also ist $A^2 - E_2 = 0$, und damit ist das Minimalpolynom $m_\phi = x^2 - 1$.  ∎

Besonders einfach ist es damit natürlich, wenn das charakteristische Polynom nur einfache Nullstellen hat. Ist zum Beispiel

$$A := \begin{pmatrix} 1 & 7 & 9 & 5 \\ 0 & 2 & 3 & 2 \\ 0 & 0 & 3 & 1 \\ 0 & 0 & 0 & 4 \end{pmatrix},$$

so ist das charakteristische Polynom

$$P_A = (x - 1)(x - 2)(x - 3)(x - 4),$$

und da das Minimalpolynom ein Teiler von $P_A$ sein muss, der jeden Linearfaktor enthält, folgt hier sofort $m_A = P_A$.

---

Erklärungen

**Zur Definition 15.4 des Hauptraums:** Den Begriff des Hauptraums wollen wir hier nicht weiter vertiefen, konkrete Berechnungen werden noch in Beispielen zur Jordan-Form folgen. Wir erwähnen nur, dass

$$\mathrm{Eig}(\phi, \lambda) = \ker(\phi - \lambda \mathrm{Id}_V) \subset \mathrm{Hau}(\phi, \lambda)$$

gilt, also insbesondere

$$\dim_K \mathrm{Eig}(\phi, \lambda) \leq \mu(\phi, \lambda).$$

$\dim_K \mathrm{Eig}(\phi, \lambda)$ nennen wir die **geometrische Vielfachheit** des Eigenwertes $\lambda$. Dazu ein kurzes Beispiel.

▶ **Beispiel 148** Wir betrachten die Matrix

$$\begin{pmatrix} 1 & 1 \\ 0 & 1 \end{pmatrix}.$$

Das charakteristische Polynom von $A$ ist $P_A(x) = (x - 1)^2$. Also ist die algebraische Vielfachheit von 1 gleich 2. Suchen wir andererseits nach Eigenvektoren zum Eigenwert 1, so sind dies nur alle Vielfachen von $\begin{pmatrix} 1 \\ 0 \end{pmatrix}$. Der Eigenraum ist also eindimensional, und damit ist die geometrische Vielfachheit 1. Dieser Fall, nämlich dass algebraische und geometrische Vielfachheit nicht übereinstimmen, kann nur dann eintreten, wenn $A$ nicht diagonalisierbar ist. ∎

Es ist außerdem dim Hau$(\phi, \lambda) = \mu(\phi, \lambda)$ und $\sum \mu(\phi, \lambda_i) = n$, wobei hier $n =$ dim $V$ ist. Die Dimension in der Summe ist nur endlich oft nicht null (nämlich dann, wenn $\lambda_i$ ein Eigenwert ist).

## 15.4 Erklärungen zu den Sätzen und Beweisen

### Erklärungen

**Zu den Sätzen 15.1 und 15.2:** Diese Sätze sagen uns, dass Darstellungsmatrix und charakteristisches Polynom eine recht einfache Form beziehungsweise Zerlegung haben, wenn wir es mit $\phi$-invarianten Unterräumen zu tun haben.
Wir wollen den Satz 15.1 an einem Beispiel deutlich machen.

▶ **Beispiel 149** Mit $A \in SO_3(\mathbb{R})$ bezeichnen wir eine orthogonale Matrix mit $\det(A) = 1$.
$\phi : V = \mathbb{R}^3 \to V = \mathbb{R}^3$ soll die zugehörige Drehung darstellen.
In jedem Fall finden wir eine Orthonormalbasis $\mathcal{B} = \{v_1, v_2, v_3\}$ von $\mathbb{R}^3$ mit Eigenvektor $v_1$ zum Eigenwert 1, das heißt $\phi(v_1) = v_1$. Es ergibt sich damit eine Zerlegung

$$\mathbb{R}^3 = U \oplus W$$

in $\phi$-invariante Unterräume $U = \langle v_1 \rangle$ und $W := \langle v_2, v_3 \rangle = U^{\perp}$. Mit Satz 15.1 ergibt sich, dass

$$M_{\mathcal{B}}(\phi) = S^{-1} \cdot A \cdot S = \begin{pmatrix} 1 & 0 & 0 \\ 0 & \cos\alpha & -\sin\alpha \\ 0 & \sin\alpha & \cos\alpha \end{pmatrix}, \ \alpha \in [0, 2\pi).$$
∎

### Erklärungen

**Zur Trigonalisierung (Satz 15.3):** Die Aussage hier ist etwas schwächer als bei der Diagonalisierung, dafür sind die Voraussetzungen aber auch wesentlich schwächer. Dort konnte man eine Basis finden, sodass die Matrix Diagonalgestalt hat, das heißt obere und untere Dreiecksmatrix. Dies geht nun im Allgemeinen nicht mehr. Die Diagonalisierung ist also ein Spezialfall der Trigonalisierung. Natürlich stehen auch hier auf der Diagonale die Eigenwerte.

### Erklärungen

**Zum Satz von Cayley-Hamilton (Satz 15.4):** Dieser Satz sagt uns, dass eine Matrix (oder ein Endomorphismus) Nullstelle des eigenen charakteristischen Polynoms ist. Das ist doch erstaunlich!
Der Vektorraum der $(n \times n)$-Matrizen hat bekanntlich Dimension $n^2$. Hat man also mehr als $n^2$ Matrizen zur Verfügung (zum Beispiel $E_n, A, A^2, \ldots, A^{n^2}$), so gibt

es immer eine lineare Abhängigkeit zwischen diesen. Das Besondere am Satz von Cayley-Hamilton ist, dass man nicht $n^2 + 1$ Matrizen, sondern nur $n + 1$, nämlich nur die ersten $n$ Potenzen, braucht, um eine lineare Abhängigkeit zu bekommen.

Man könnte sich denken, dass man den Satz auch viel einfacher beweisen kann, zum Beispiel durch

$$P_\phi(\phi) = \det(\phi \mathrm{Id}_V - \phi) = \det(0_V) = 0.$$

Dieser „Beweis" ist jedoch falsch. Wenn man $\phi$ in das Polynom $P_\phi$ einsetzt, gibt das keinerlei Probleme, wir haben ja in Definition 15.2 definiert, wie das auszusehen hat. Wenn man aber schon in der Bildung der Determinante $\phi$ einsetzt, bekommt man keinen polynomialen Ausdruck. Die 0 auf der rechten Seite der oberen Gleichung ist ja ein Skalar, während die 0 in der Gleichung beim Satz von Cayley-Hamilton die Nullabbildung ist, also etwas ganz anderes.

---

### Erklärungen

**Zur Eindeutigkeit des Minimalpolynoms (Satz 15.5):** Für diejenigen, die den Beweis nicht fertig ausgeführt haben: Es ist natürlich $h(\phi) = f(\phi) - g(\phi)$, und dies ist nach Voraussetzung 0. Also ist $h$ ein Polynom kleineren Grades als $f$ und $g$ mit $h(\phi) = 0$. Falls $h$ nicht das Nullpolynom ist, bedeutet das aber, dass $f$ und $g$ keine Minimalpolynome waren, im Widerspruch zur Annahme. Ist $h$ dagegen das Nullpolynom, so waren $f$ und $g$ identisch, auch das war ausgeschlossen.

Diese Methode ist üblich, wenn man zeigen will, dass es nur ein Element gibt, das eine gewisse Minimalität erfüllt. Hat man nämlich zwei, so kann man daraus meistens ein noch minimaleres Element erzeugen, was ein Widerspruch ist.

Für die zweite Behauptung benötigt man etwas mehr Theorie, genauer Ideale und Hauptidealringe. Dies könnt ihr euch zum Beispiel in [ModlerKreh2013] aneignen.

Die letzte Eigenschaft bedeutet gerade, dass, wenn

$$P_\phi = (x - \lambda_1)^{r_1} \cdots (x - \lambda_n)^{r_n}$$

mit $r_i \geq 1$ gilt, dann

$$m_\phi = (x - \lambda_1)^{t_1} \cdots (x - \lambda_n)^{t_n}$$

mit $1 \leq t_i \leq r_i$ ist.

---

### Erklärungen

**Zum Lemma von Fitting (Satz 15.7):** In diesem recht technischen Lemma werden die Grundlagen für unser Ziel in diesem Kapitel, die Hauptraumzerlegung, gelegt. Dort werden wir vor allem die invariante Zerlegung $U \oplus W$ brauchen, wobei der Kern wichtiger ist als das Bild.

Zuerst könnte man sich ja fragen, warum es die Zahlen $d, d'$ überhaupt gibt, das heißt, wieso das Minimum existiert. Dafür betrachten wir die Untervektorräume $V_i := \ker \phi^i$ und $U_i := \mathrm{im}\, \phi^i$. Dann gilt

$$\{0\} \subset V_1 \subset V_2 \subset \cdots \subset V, \qquad \{0\} \subset \cdots \subset U_2 \subset U_1 \subset V,$$

das heißt, die $V_i$ $(U_i)$ bilden eine aufsteigende (absteigende) Folge von Untervektorräumen, irgendwann gilt also $V_l = V_{l+1}$ und $U_l = U_{l+1}$.

Um den Satz etwas besser zu verstehen zunächst ein Beispiel.

▶ **Beispiel 150** Sei der Endomorphismus $\phi : \mathbb{R}^3 \to \mathbb{R}^3$ definiert durch die Matrix

$$A = \begin{pmatrix} 0 & 1 & 0 \\ 0 & 0 & 1 \\ 0 & 0 & 1 \end{pmatrix}.$$

Dann gilt $P_\phi = x^2(x-1)$ und $m_\phi = x(x-1)$ oder $m_\phi = x^2(x-1)$. Wegen $A(A - E_3) \neq 0$ ist das zweite der Fall, es ist also $r = \mu(\phi, \lambda) = 2$. Weiter gilt

$$A^2 = \begin{pmatrix} 0 & 0 & 1 \\ 0 & 0 & 1 \\ 0 & 0 & 1 \end{pmatrix} = A^n, n \geq 2.$$

Es sind

$$\ker\phi = \left\langle \begin{pmatrix} 1 \\ 0 \\ 0 \end{pmatrix} \right\rangle, \ker\phi^n = \left\langle \begin{pmatrix} 1 \\ 0 \\ 0 \end{pmatrix}, \begin{pmatrix} 0 \\ 1 \\ 0 \end{pmatrix} \right\rangle, n \geq 2$$

und

$$\mathrm{im}\phi = \left\langle \begin{pmatrix} 1 \\ 0 \\ 0 \end{pmatrix}, \begin{pmatrix} 0 \\ 1 \\ 1 \end{pmatrix} \right\rangle, \mathrm{im}\phi^n = \left\langle \begin{pmatrix} 1 \\ 1 \\ 1 \end{pmatrix} \right\rangle, n \geq 2.$$

Es gilt also $d = d' = 2$. Die Untervektorräume $U$ und $W$ sind definiert durch

$$U = \left\langle \begin{pmatrix} 1 \\ 0 \\ 0 \end{pmatrix}, \begin{pmatrix} 0 \\ 1 \\ 0 \end{pmatrix} \right\rangle, W = \left\langle \begin{pmatrix} 1 \\ 1 \\ 1 \end{pmatrix} \right\rangle,$$

und es gilt

$$\phi\left(\begin{pmatrix} 1 \\ 0 \\ 0 \end{pmatrix}\right) = \begin{pmatrix} 0 \\ 0 \\ 0 \end{pmatrix}, \phi\left(\begin{pmatrix} 0 \\ 1 \\ 0 \end{pmatrix}\right) = \begin{pmatrix} 1 \\ 0 \\ 0 \end{pmatrix}, \phi\left(\begin{pmatrix} 1 \\ 1 \\ 1 \end{pmatrix}\right) = \begin{pmatrix} 1 \\ 1 \\ 1 \end{pmatrix}.$$

Also sind $U$ und $W$ $\phi$-invariant. Da $\phi$ den Erzeuger von $W$ auf sich selbst abbildet, ist $\phi_{|W}$ ein Isomorphismus (hier sogar die Identität), und man sieht auch sofort, dass das zweimalige Anwenden von $\phi$ auf Vektoren aus $U$ immer den Nullvektor ergibt. Auch die restlichen Aussagen des Satzes sieht man sofort anhand der Beschreibung von $U$ und $W$ oben. ◼

So technisch der Satz auch ist, der Beweis erfolgt recht geradlinig.

## Erklärungen

**Zur Hauptraumzerlegung (Satz 15.8):** Dieser Satz ist nun das Hauptergebnis dieses Kapitels. Man kann also den Vektorraum $V$ in invariante Unterräume zerlegen, und nicht nur das, diese Unterräume sind gerade die Haupträume. Für einen diagonalisierbaren Endomorphismus lässt sich $V$ in Eigenräume zerlegen, die ja auch invariant sind. Wir haben hier also eine Verallgemeinerung der Diagonalisierung. Dies werden wir nutzen, um im nächsten Kapitel beliebige Matrizen (zumindest wenn man komplexe Zahlen betrachtet) in einfache Form zu bringen.

Im Beweis konstruiert man aus dem Endomorphismus $\phi$ einen neuen Endomorphismus, auf den man dann das Lemma von Fitting anwendet. Dieser neue Endomorphismus ist gerade so gewählt, dass der Kern einer Potenz dieses Endomorphismus ein Hauptraum ist. Somit bekommt man induktiv die $\phi$-invariante Zerlegung in Haupträume.

Beispiele werden wir im nächsten Kapitel betrachten und dann auch gleichzeitig die betrachtete Matrix in eine einfache Form bringen.

# Die Jordan-Normalform

# 16

## Inhaltsverzeichnis

Wir wollen uns nun, wie schon angekündigt, wieder einmal (wie in unserem ersten Buch) damit befassen, Matrizen in „einfache" Form zu bringen. Wir beschränken uns dabei nun aber nicht mehr auf diagonalisierbare Endomorphismen.

Anders als im vorigen Kapitel, in dem es mehr um die Theorie ging, werden wir hier auch wieder einige Beispiele rechnen können. Am Ende werden wir die sogenannte Jordan-Normalform kennenlernen, die in gewissem Sinne die „bestmögliche" Normalform für Matrizen ist.

Es seien hier immer $V$ ein endlichdimensionaler $K$-Vektorraum, $n$ seine Dimension und $\phi$ ein Endomorphismus von $V$ mit charakteristischem Polynom $P_\phi$.

## 16.1 Definitionen

**Definition 16.1 (nilpotent)**

Ein Endomorphismus $\phi : V \to V$ heißt **nilpotent,** wenn es ein $d \in \mathbb{N}$ gibt mit

$$\phi^d = 0.$$

Entsprechend heißt eine quadratische Matrix $M$ nilpotent, wenn es ein $d \in \mathbb{N}$ gibt mit $M^n = 0$.

© Springer-Verlag GmbH Deutschland, ein Teil von Springer Nature 2019
F. Modler und M. Kreh, *Tutorium Analysis 2 und Lineare Algebra 2*,
https://doi.org/10.1007/978-3-662-59226-7_16

**Definition 16.2 (Jordan-Block)**
Für $d, s \in \mathbb{N}, \lambda \in K$ definieren wir

$$J_d(\lambda) := \begin{pmatrix} \lambda & 1 & & & \\ & \lambda & 1 & & \\ & & \ddots & \ddots & \\ & & & \lambda & 1 \\ & & & & \lambda \end{pmatrix} \in \mathcal{M}_{d,d}(K)$$

und

$$J_d^{(s)}(\lambda) := \begin{pmatrix} J_d(\lambda) & & \\ & \ddots & \\ & & J_d(\lambda) \end{pmatrix} \in \mathcal{M}_{ds,ds}(K).$$

Die Matrix $J_d(\lambda)$ heißt ein **Jordan-Block** der Länge $d$ zum Eigenwert $\lambda$.

## 16.2   Sätze und Beweise

**Satz 16.1**
*Seien $V, W$ $K$-Vektorräume, $\{v_1, \ldots, v_n\}$ eine Basis von $V$ und $\phi : V \to W$ eine lineare Abbildung. Setze $w_1 = \phi(v_1), \ldots, w_n = \phi(v_n)$. Dann gilt*

*1. $\phi$ ist injektiv $\Leftrightarrow w_1, \ldots, w_n$ sind linear unabhängig.*
*2. $\phi$ ist surjektiv $\Leftrightarrow w_1, \ldots, w_n$ bilden ein Erzeugendensystem von $W$.*

▶   **Beweis**
1. „$\Rightarrow$"     Angenommen, es gibt $\lambda_i \in K$ mit

$$0 = \lambda_1 w_1 + \cdots + \lambda_n w_n = \phi(\lambda_1 v_1 + \cdots + \lambda_n v_n).$$

Dann gilt $\phi(0) = 0 = \phi(\lambda_1 v_1 + \cdots + \lambda_n v_n)$, also wegen der Injektivität von $\phi$ auch $\lambda_1 v_1 + \cdots + \lambda_n v_n = 0$. Da aber $v_1, \ldots, v_n$ eine Basis bilden, muss $\lambda_i = 0$ für alle $i$ gelten, also sind die $w_i$ linear unabhängig.
„$\Leftarrow$"     Seien $v, v' \in V$ mit $\phi(v) = \phi(v')$. Schreibe $v, v'$ als

$$v = \lambda_1 v_1 + \cdots + \lambda_n v_n, \ v' = \lambda_1' v_1 + \cdots + \lambda_n' v_n.$$

Dann gilt

$$\lambda_1 w_1 + \cdots \lambda_n w_n = \phi(\lambda_1 v_1 + \cdots \lambda_n v_n) = \phi(\lambda_1' v_1 + \cdots \lambda_n' v_n)$$
$$= \lambda_1' w_1 + \cdots \lambda_n' w_n.$$

Da die $w_i$ linear unabhängig sind, folgt $\lambda_i = \lambda_i'$ für alle $i$, also $v = v'$, das heißt, $\phi$ ist injektiv.

2. „$\Rightarrow$"  Sei $w \in W$ beliebig. Dann gibt es ein $v \in V$ mit $\phi(v) = w$. Schreibe $v = \lambda_1 v_1 + \cdots + \lambda_n v_n$. Dann gilt

$$w = \phi(v) = \phi(\lambda_1 v_1 + \cdots + \lambda_n v_n) = \lambda_1 w_1 + \cdots + \lambda_n w_n,$$

also ist $\{w_1, \ldots, w_n\}$ ein Erzeugendensystem von $W$.

„$\Leftarrow$"  Sei $w \in W$ beliebig. Dann gibt es $\lambda_1, \ldots, \lambda_n \in K$ mit $w = \lambda_1 w_1 + \cdots + \lambda_n w_n$. Schreibe $v = \lambda_1 v_1 + \cdots + \lambda_n v_n$. Dann gilt

$$\phi(v) = \lambda_1 \phi(v_1) + \cdots + \lambda_n \phi(v_n) = w,$$

also ist $f$ surjektiv.                                           q.e.d.

---

**Satz 16.2**
*Sei A eine nilpotente Matrix. Dann gelten folgende Aussagen:*

- *Ist B ähnlich zu A, dann ist auch B nilpotent.*
- *0 ist der einzige Eigenwert von A.*

▶  **Beweis** Übung.                                             q.e.d.

---

**Satz 16.3 (nilpotente Endomorphismen)**
*Für einen Endomorphismus $\phi$ sind die folgenden Bedingungen äquivalent:*

*i) Es gibt eine Basis $\mathcal{B}$ von $V$, sodass*

$$M_{\mathcal{B}}(\phi) = \begin{pmatrix} 0 & * & \cdots & * \\ & 0 & & \vdots \\ & & \ddots & * \\ & & & 0 \end{pmatrix}.$$

*ii)* $P_\phi = x^n$.

*iii) Es gilt* $\phi^d = 0$ *für ein d mit* $1 \le d \le n$.

*iv) $\phi$ ist nilpotent.*

▶ **Beweis** Die Richtungen $i) \Rightarrow ii) \Rightarrow iii) \Rightarrow iv)$ sind trivial. Es bleibt zu zeigen, dass aus $iv)$ auch $i)$ folgt.

Ist $\phi$ nilpotent, so wählen wir ein $e$ so, dass $\phi^e = 0$. Dann folgt aus der Definition des Minimalpolynoms und Satz 15.5 $m_\phi | x^e$. Der einzige Linearfaktor von $m_\phi$ ist also das Monom $x$, also kann auch in $P_\phi$ kein anderer Linearfaktor auftreten, also folgt $P_\phi = x^n, m_\phi = x^d$ mit $1 \le d \le n$. Damit folgt die Behauptung dann aus der Trigonalisierung (Satz 15.3).                                                  q.e.d.

**Satz 16.4**

*Die Matrix $J_d(\lambda)$ ist genau dann diagonalisierbar, wenn $d = 1$.*

▶ **Beweis** Für $d = 1$ ist dies eine Skalarmatrix, und jede solche Matrix ist natürlich diagonalisierbar. Sei also $d > 1$. Dann ist $P_J = (x - \lambda)^d$, als einziger Eigenwert kommt also $\lambda$ infrage. Es ist

$$Jv = (\lambda v_1 + v_2, \lambda v_2 + v_3, \dots, \lambda v_{d-1} + v_d, \lambda v_d).$$

Soll dies gleich $\lambda v$ sein, so folgt durch Vergleich der Komponenten $v_2 = \cdots = v_d = 0$. Es ist also $\text{Eig}(J, \lambda) = \langle e_1 \rangle$, der Eigenraum ist eindimensional. Da $d > 1$ ist, gibt es also keine Basis aus Eigenvektoren, also ist $J$ nicht diagonalisierbar.                                         q.e.d.

**Satz 16.5**

*Sei $\phi : V \to V$ ein nilpotenter Endomorphismus mit Minimalpolynom $m_\phi = x^d, d > 0, V_i := \ker\phi^i$ und $U_i := \text{im}\phi^i$ für $i = 1, \dots, d$. Dann gilt*

1. $V_d = V, U_d = \{0\}$.
2. $\phi(V_i) \subset V_{i-1}, V_{i-1} \subset V_i$.
3. $\phi(U_{i-1}) = U_i, U_i \subset U_{i-1}$.
4. *Ist $W \subset V$ ein Untervektorraum mit $W \cap V_1 = \{0\}$, so ist $\phi_{|W} : W \to V$ injektiv.*
5. $V_{i-1} \ne V_i, U_{i-1} \ne U_i$.

6. *Es gibt für $i = 1, \ldots, d$ Untervektorräume* $\ker \phi = W_1, W_2, \ldots, W_d \subset V$
*mit.*
   *a)* $V_i = W_1 \oplus \cdots \oplus W_i$.
   *b)* $\phi(W_i) \subset W_{i-1}$ *(hier sei* $W_0 = \{0\}$).
   *c)* $\phi_{|W_i}$ *ist injektiv für* $i \geq 2$.
   *d)* $W_i \neq \{0\}$.

▶ **Beweis** Die ersten vier Aussagen folgen direkt aus den Annahmen. Wir
zeigen zunächst die fünfte. Angenommen, $U_{i-1} = U_i$. Dann wäre wegen
2 $\phi_i = \phi_{|U_i} : U_i \to U_i$ surjektiv und aus Dimensionsgründen damit ein
Isomorphismus. Dann ist aber für $u \in U_i$ mit $u \neq 0$ auch $\phi^k(u) \neq 0$ für
alle $k$. Das widerspricht der Annahme $\phi_i^d = 0$. Aus der Dimensionsformel
folgt dann die Aussage auch für die $V_i$.
Kommen wir zum letzten Teil.
Sei $W_d$ ein Komplement von $V_{d-1}$ in $V_d$, das heißt $V_d = W_d \oplus V_{d-1}$.
Wegen Teil 5 gilt $V_{d-1} \neq V_d$, also $W_d \neq \{0\}$, nach Teil 2 gilt $\phi(W_d) \subset$
$V_{d-1}$, und nach Teil 4 ist $\phi_{|W_d}$ injektiv. Sei nun $w \in W_d$ so, dass $\phi(w) \in$
$V_{d-2}$. Dann ist $\phi^{d-1}(w) = 0$, also $w \in W \cap V_{d-1} = \{0\}$. Daraus folgt
$\phi(W_d) \cap V_{d-2} = \{0\}$. Also gibt es ein Komplement $W_{d-1}$ von $V_{d-2}$ in
$V_{d-1}$ mit $\phi(W_d) \subset W_{d-1}$, es gilt also $V = V_d = W_d \oplus W_{d-1} \oplus V_{d-2}$. Wie
vorher folgt $W_{d-1} \neq \{0\}$, und $\phi_{|W_{d-1}}$ ist injektiv. Dies führen wir induktiv
weiter und kommen zu $V = W_d \oplus W_{d-1} \oplus \cdots \oplus W_2 \oplus V_1$, und wegen
$V_1 = \ker \phi$ folgt die Aussage.                         q.e.d.

**Satz 16.6**
*Sei* $\phi : V \to V$ *ein nilpotenter Endomorphismus mit Minimalpolynom*
$m_\phi = x^d$. *Dann existieren eindeutig bestimmte, nicht negative ganze Zahlen* $s_1, \ldots, s_d \geq 0$ *mit* $s_d \geq 1$ *und*

$$n = s_1 + 2s_2 + \cdots + ds_d$$

*und eine Basis $\mathcal{B}$ von $V$, sodass*

$$M_{\mathcal{B}}(\phi) = \begin{pmatrix} J_1^{(s_1)} & & \\ & \ddots & \\ & & J_d^{(s_d)} \end{pmatrix}.$$

▶ **Beweis** Sei o. B. d. A. $\phi \neq 0$, das heißt $d > 0$. Seien $W_i \subset V$ Untervektorräume wie in Satz 16.5, $s_d := \dim_K W_d$ und $\mathcal{B}_d := (w_1^{(d)}, \ldots, w_{s_d}^{(d)})$ eine Basis von $W_d$. Dann gilt wegen Satz 16.5, Teil 6, b), dass $\phi(w_i^{(d)}) \in W_{d-1}$ für $i = 1, \ldots, s_d$. Wegen Satz 16.5, Teil 6, c) und Satz 16.1 sind diese Vektoren sogar linear unabhängig, sie können also zu einer Basis

$$\mathcal{B}_{d-1} = (\phi(w_1^{(d)}), \ldots, \phi(w_{s_d}^{(d)}), w_1^{(d-1)}, \ldots, w_{s_{d-1}}^{(d-1)})$$

ergänzt werden. Induktiv ergibt das Vektoren $w_j^{(i)} \in W_i, i = 1, \ldots, d,$ $j = 1, \ldots, s_i$, sodass

$$\mathcal{B}_i = (\phi^k(w_j^{(i+k)}) : k = 0, \ldots, d - i, j = 1, \ldots, s_{i+k})$$

eine Basis von $W_i$ ist. Wegen Satz 16.5, Teil 6, a) ist $\mathcal{B} = \bigcup_i \mathcal{B}_i$ eine Basis von $V$. Bis auf die Reihenfolge ist dies die gesuchte Basis. Für festes $i, j$ entsprechen die $d - i + 1$ Vektoren $\phi^{d-i}(w_j^{(i)}), \ldots, \phi(w_j^{(i)}), w_j^{(i)}$ dem Jordanblock $J_{d-i+1}$. Die Eindeutigkeit der Zahlen $s_i$ folgt induktiv aus

$$\dim_K(\ker\phi^i) - \dim_K(\ker\phi^{i-1}) = s_i + \cdots + s_d.$$

$$\text{q.e.d.}$$

**Satz 16.7  (Jordan-Normalform)**
*Seien $V$ ein $K$-Vektorraum der Dimension $n$ und $\phi : V \to V$ ein Endomorphismus, dessen charakteristisches Polynom in Linearfaktoren zerfällt,*

$$P_\phi = (x - \lambda_1)^{n_1} \cdots (x - \lambda_r)^{n_r}$$

*mit $\lambda_i \neq \lambda_j$ für $i \neq j$ und $n_i \geq 1$. Sei*

$$m_\phi = (x - \lambda_1)^{d_1} \cdots (x - \lambda_r)^{d_r}$$

*das Minimalpolynom. Dann gibt es eindeutig bestimmte, nicht negative ganze Zahlen*

$$s_1^{(i)}, \ldots, s_{d_i}^{(i)}, \quad i = 1, \ldots, r$$

*mit*

$$s_1^{(i)} + 2s_2^{(i)} + \cdots + d_i s_{d_i}^{(i)} = n_i, \quad s_{d_i}^{(i)} > 0$$

*und eine Basis $\mathcal{B}$ von $V$, sodass*

$$M_\mathcal{B}(\phi) = \begin{pmatrix} A_1 & & \\ & \ddots & \\ & & A_r \end{pmatrix}$$

*mit*

$$A_i = \begin{pmatrix} J_1^{(s_1^{(i)})}(\lambda_i) & & \\ & \ddots & \\ & & J_{d_i}^{(s_{d_i}^{(i)})}(\lambda_i) \end{pmatrix}.$$

▶ **Beweis** Wir setzen $U_i := \mathrm{Hau}(\phi, \lambda_i)$. Dann gilt $\dim_K U_i = n_i$, und nach dem Satz 15.8 über die Hauptraumzerlegung gilt

$$V = U_1 \oplus \cdots \oplus U_n.$$

Da diese Zerlegung $\phi$-invariant ist, folgt, dass $\phi_i := \phi_{|U_i}$ wieder ein Endomorphismus von $U_i$ ist. Dieser hat natürlich das charakteristische Polynom $P_{\phi_i} = (x - \lambda_i)^{n_i}$. Nach dem Satz von Caley-Hamilton (Satz 15.4) gilt

$$P_{\phi_i}(\phi_i) = (\phi_i - \lambda_i \mathrm{id}_{U_i})^{n_i} = 0.$$

Also ist der Endomorphismus $\phi_i - \lambda_i \mathrm{id}_{U_i}$ nilpotent. Nach Satz 16.6 gibt es also Zahlen $s_j^{(i)}$ mit

$$n_i = s_1^{(i)} + \cdots + d_i s_d^{(i)}$$

und eine Basis $\mathcal{B}_i$ von $U_i$, sodass die Matrix $B_i := M_{\mathcal{B}_i}(\phi_i - \lambda_i)$ die Form

$$M_{\mathcal{B}}(\phi) = \begin{pmatrix} J_1^{(s_1^{(i)})} & & \\ & \ddots & \\ & & J_{d_i}^{(s_{d_i}^{(i)})} \end{pmatrix}$$

hat. Das bedeutet aber gerade, dass die Matrizen $A_i := M_{\mathcal{B}_i}(\phi_i)$ die gewünschte Form haben. Die Aussage folgt dann, indem wir als Basis die Vereinigung der einzelnen Basen wählen, das heißt

$$\mathcal{B} := \bigcup_i \mathcal{B}_i.$$

q.e.d.

**Satz 16.8** (Diagonalisierbarkeitskriterien)
*Die folgenden Aussagen sind äquivalent:*

*1. $\phi$ ist diagonalisierbar.*
*2. Für $i = 1, \ldots, r$ gilt:*

$$\mathrm{Eig}(\phi, \lambda_i) = \mathrm{Hau}(\phi, \lambda_i).$$

*3. Für $i = 1, \ldots, r$ gilt:*

$$\dim_K \mathrm{Eig}(\phi, \lambda_i) = \mu(\phi, \lambda_i).$$

*4. $m_\phi = (x - \lambda_1) \cdots (x - \lambda_r)$.*

▶ **Beweis**

2. ⇔ 3.　Dies ist klar, denn es ist $\mu(\phi, \lambda) = \dim \mathrm{Hau}(\phi, \lambda)$ und $\mathrm{Eig}(\phi, \lambda)$
　　　　　$\subset \mathrm{Hau}(\phi, \lambda)$.

1. ⇔ 3.　$\phi$ ist genau dann diagonalisierbar, wenn es eine Basis aus
　　　　　Eigenvektoren von $\phi$ gibt. Dies ist genau dann der Fall, wenn
　　　　　$\sum \dim \mathrm{Eig}(\phi, \lambda) = n$ gilt. Wegen $\sum \mu(\phi, \lambda) = n$ und dim
　　　　　$\mathrm{Eig}(\phi, \lambda) \leq \mu(\phi, \lambda)$ gilt das aber genau dann, wenn für jedes
　　　　　$i = 1, \ldots, n$

$$\dim \mathrm{Eig}(\phi, \lambda) = \mu(\phi, \lambda)$$

　　　　　gilt. Damit folgt diese Äquivalenz.

1. ⇔ 4.　$\phi$ ist genau dann diagonalisierbar, wenn die Matrix $M_B(\phi)$
　　　　　aus Satz 16.7 diagonalisierbar ist. Dies gilt genau dann, wenn
　　　　　jede der Matrizen $A_i$ aus Satz 16.7 diagonalisierbar ist, und
　　　　　dies wiederum gilt genau dann, wenn jede der darin auftau-
　　　　　chenden Matrizen $J_k^{(s_k^{(i)})}(\lambda_i)$ diagonalisierbar ist. Und dies gilt
　　　　　schließlich genau dann, wenn die darin auftauchenden Matri-
　　　　　zen $J_k(\lambda)$ diagonalisierbar sind. Nach Satz 16.4 sind diese aber
　　　　　genau dann diagonalisierbar, wenn $k = 1$. Also gilt

$$\phi \text{ ist diagonalisierbar} \Leftrightarrow A_i = J_1^{n_i}(\lambda_i)$$
$$\Leftrightarrow d_1 = 1 \,\forall i$$
$$\Leftrightarrow m_\phi = (x - \lambda_1) \cdots (x - \lambda_r).$$

　　　　　　　　　　　　　　　　　　　　　　　　　q.e.d.

**Satz 16.9 (Exponentialabbildung von Matrizen)**
*Seien $A \in \mathcal{M}_n(\mathbb{R})$ und $J$ die Jordan-Normalform mit $J = T^{-1}AT$. Dann gelten:*

*i) Sind $J_i$ quadratische Matrizen mit*

$$J = \begin{pmatrix} J_1 & & \\ & \ddots & \\ & & J_r \end{pmatrix},$$

*dann ist*

$$e^{tJ} = \begin{pmatrix} e^{tJ_1} & & \\ & \ddots & \\ & & e^{tJ_r} \end{pmatrix}.$$

*ii) Für $\lambda \in \mathbb{C}$ gilt:*

$$e^{(\lambda E_n + B)t} = e^{\lambda t} e^{Bt}.$$

*iii) Es gilt:*

$$\exp\left( t \begin{pmatrix} 0 & 1 & 0 & \cdots & 0 \\ \vdots & \ddots & \ddots & \ddots & \vdots \\ \vdots & & \ddots & \ddots & 0 \\ \vdots & & & \ddots & 1 \\ 0 & \cdots & \cdots & \cdots & 0 \end{pmatrix} \right) = \begin{pmatrix} 1 & t & \frac{t^2}{2} & \cdots & \frac{t^k}{k!} \\ 0 & 1 & t & \ddots & \vdots \\ \vdots & & \ddots & \ddots & \frac{t^2}{2} \\ \vdots & & & \ddots & t \\ 0 & \cdots & \cdots & \cdots & 1 \end{pmatrix}.$$

*iv) Es ist*

$$e^{tA} = e^{(TJT^{-1})t} = T e^{tJ} T^{-1}.$$

**Anmerkung** Für die Definition von $e^A$ für eine Matrix $A$ siehe Definition 1.29.

## 16.3 Erklärungen zu den Definitionen

**Erklärungen**

**Zur Definition 16.1 von nilpotent:** Ein Endomorphismus heißt also nilpotent, wenn er jedes Element, so lange man ihn nur oft genug anwendet, auf die 0 schickt. Hierzu ein Beispiel:

▶ **Beispiel 151**  Seien $K = \mathbb{R}$ und $V$ der Vektorraum der Polynome von Grad $< n$, also $V = \mathbb{R}[x]_{<n}$. Als Endomorphismus betrachten wir die Ableitung nach $x$, das heißt

$$\phi : V \to V, V \ni f \mapsto f'.$$

Da die Ableitung linear ist, das heißt $(\lambda f + g)' = \lambda f' + g'$, ist dies tatsächlich ein Endomorphismus. Wir behaupten, dass er nilpotent ist. Dafür betrachten wir, was mit dem Grad eines Polynoms passiert, wenn wir es ableiten. Dieser verringert sich natürlich um 1. Starten wir also mit einem Polynom vom Grad $k < n$ und leiten es $k$ mal ab, so erhalten wir eine Konstante, $f^{(k)} = c$ für ein $c \in \mathbb{R}$. Leiten wir dies noch einmal ab, so ergibt sich 0. Es gilt also auf jeden Fall $\phi^n = 0$. ∎

Das $d$ in der Definition kann also in diesem Fall als die Dimension von $V$ gewählt werden. Allgemeiner lässt sich bei nilpotenten Endomorphismen immer ein $d$ finden, das höchstens dim $V$ ist, siehe Satz 16.3.

**Erklärungen**

**Zu Definition 16.2 des Jordan-Blocks:**  Ein Spezialfall dieser Matrizen sind

$$J_d := \begin{pmatrix} 0 & 1 & & & \\ & 0 & 1 & & \\ & & \ddots & \ddots & \\ & & & 0 & 1 \\ & & & & 0 \end{pmatrix} \in \mathcal{M}_{d,d}(K)$$

und

$$J_d^{(s)} := \begin{pmatrix} J_d & & \\ & \ddots & \\ & & J_d \end{pmatrix} \in \mathcal{M}_{ds,ds}(K).$$

Die Form dieser Matrizen scheint zunächst einmal vom Himmel zu fallen. Betrachten wir allerdings die Matrix aus Satz 16.3, so fallen gewisse Ähnlichkeiten zu den Matrizen $J_d$ auf, nämlich dass auf und unter der Diagonalen nur Nullen stehen. Die Matrizen $J_d^{(s)}$ werden wir nutzen, um Darstellungsmatrizen nilpotenter Endomorphismen in eine schöne Gestalt zu bringen, siehe Satz 16.6.

Da wir jedoch nicht nur an nilpotenten Endomorphismen interessiert sind, benötigen wir noch die Matrizen $J_d^{(s)}(\lambda)$. Genauere Erklärungen findet ihr bei den Erklärungen zum Satz 16.7.

## 16.4   Erklärungen zu den Sätzen und Beweisen

**Zum Satz 16.3 über nilpotente Endomorphismen:** Dieser Satz gibt uns nun einige Eigenschaften, mit denen wir feststellen können, ob ein Endomorphismus nilpotent ist. Dazu wollen wir wieder ein Beispiel durchrechnen.

▶ **Beispiel 152**  Wir schließen an Beispiel 151 an. Wir haben bereits gesehen, dass die Ableitung nilpotent ist und tatsächlich das $d$ kleiner gleich (in diesem Fall sogar gleich) der Dimension von $V$ ist. Wir wollen zeigen, dass die beiden anderen Bedingungen auch gelten. Zuerst wollen wir bezüglich einer geeigneten Basis die Darstellungsmatrix bestimmen. Wir nehmen die übliche Basis $\mathcal{B} = \{1, x, x^2, \ldots, x^{n-1}\}$. Dann gilt:

$$\phi(1) = 0, \quad \phi(x) = 1, \quad \phi(x^2) = 2x, \quad \phi(x^3) = 3x^2, \ldots, \quad \phi(x^{n-1}) = (n-1)x^{n-2}.$$

Wir erhalten also die Darstellungsmatrix

$$M_{\mathcal{B}}(\phi) = \begin{pmatrix} 0 & 1 & & & & \\ & 0 & 0 & 2 & & \\ & 0 & 0 & 0 & 3 & \\ & \vdots & \vdots & \vdots & \ddots & \ddots \\ & 0 & 0 & 0 & \cdots & 0 & n-1 \end{pmatrix}.$$

Also hat die Matrix die gewünschte Form.

Daraus würde auch sofort folgen, dass $P_\phi = x^n$ gilt. Dies wollen wir aber unabhängig von der Wahl einer Basis nochmal zeigen. Sei $\lambda$ ein Eigenwert von $\phi$, es gelte also $f' = \lambda f$. Dies ist eine Differentialgleichung (vergleiche Kap. 6), die Lösung ist gegeben durch

$$f = e^{\lambda x}.$$

Nun muss aber $f$ ein Polynom sein. Dies ist natürlich nur für $\lambda = 0$ erfüllt, der einzige Eigenwert ist also 0. Und das einzige charakteristische Polynom, das zu einem solchen Endomorphismus gehört, ist $P_\phi = x^n$. ∎

**Zum Satz 16.5:** Dieser recht technische Satz (vor allem der letzte Teil) wird im nächsten Beweis gebraucht, um nilpotente Endomorphismen in einfacher Form darzustellen. Wir wollen ihn hier an einem Beispiel illustrieren.

▶ **Beispiel 153**

Sei $\phi$ definiert durch die Matrix

$$A = \begin{pmatrix} 0 & 1 & 0 \\ 0 & 0 & 1 \\ 0 & 0 & 0 \end{pmatrix},$$

das heißt $\phi(v_1, v_2, v_3) = (v_2, v_3, 0)$. Dann ist

$$A^2 = \begin{pmatrix} 0 & 0 & 1 \\ 0 & 0 & 0 \\ 0 & 0 & 0 \end{pmatrix}, A^3 = 0, m_\phi = x^3.$$

Es ist

$$V_1 = \ker(\phi) = \left\langle \begin{pmatrix} 1 \\ 0 \\ 0 \end{pmatrix} \right\rangle, V_2 = \ker(\phi^2) = \left\langle \begin{pmatrix} 1 \\ 0 \\ 0 \end{pmatrix}, \begin{pmatrix} 0 \\ 1 \\ 0 \end{pmatrix} \right\rangle, V_3 = \ker(\phi^3) = \mathbb{R}^3$$

und

$$U_1 = \mathrm{im}(\phi) = \left\langle \begin{pmatrix} 1 \\ 0 \\ 0 \end{pmatrix}, \begin{pmatrix} 0 \\ 1 \\ 0 \end{pmatrix} \right\rangle, U_2 = \mathrm{im}(\phi^2) = \left\langle \begin{pmatrix} 1 \\ 0 \\ 0 \end{pmatrix} \right\rangle, U_3 = \mathrm{im}(\phi^3) = \{0\}.$$

Damit sieht man sofort, dass die erste und die fünfte Aussage gelten. Es ist

$$\phi(V_3) = \mathrm{im}\,\phi = U_1 = V_2, \phi(V_2) = \left\langle \begin{pmatrix} 1 \\ 0 \\ 0 \end{pmatrix} \right\rangle = V_1,$$

$$\phi(U_1) = \left\langle \begin{pmatrix} 1 \\ 0 \\ 0 \end{pmatrix} \right\rangle = U_2, \phi(U_2) = \{0\} = U_3,$$

also gelten hier auch die zweite und dritte Aussage. Auch die vierte Aussage stimmt, denn

$$\phi_{|W} \text{ ist injektiv} \iff W \subset \left\langle \begin{pmatrix} 0 \\ 1 \\ 0 \end{pmatrix}, \begin{pmatrix} 0 \\ 0 \\ 1 \end{pmatrix} \right\rangle \iff W \cap V_1 = \{0\}.$$

Betrachten wir noch den kompliziertesten (und wichtigsten) Teil, den letzten. Dabei gehen wir vor wie im Beweis. Es sei $W_3$ ein Komplement von $V_2 =$

$$\left\langle \begin{pmatrix} 1 \\ 0 \\ 0 \end{pmatrix}, \begin{pmatrix} 0 \\ 1 \\ 0 \end{pmatrix} \right\rangle \text{ in } \mathbb{R}^3, \text{ also } W_3 = \left\langle \begin{pmatrix} 0 \\ 0 \\ 1 \end{pmatrix} \right\rangle.$$ Sei weiter $W_2$ ein Komplement von

$$V_1 = \left\langle \begin{pmatrix} 1 \\ 0 \\ 0 \end{pmatrix} \right\rangle \text{ in } V_2 = \left\langle \begin{pmatrix} 1 \\ 0 \\ 0 \end{pmatrix}, \begin{pmatrix} 0 \\ 1 \\ 0 \end{pmatrix} \right\rangle, \text{ also } W_2 = \left\langle \begin{pmatrix} 0 \\ 1 \\ 0 \end{pmatrix} \right\rangle.$$ Dann gilt

$$\phi(W_3) = \left\langle \begin{pmatrix} 0 \\ 1 \\ 0 \end{pmatrix} \right\rangle = W_2, \phi(W_2) = \left\langle \begin{pmatrix} 1 \\ 0 \\ 0 \end{pmatrix} \right\rangle = \ker(\phi) = W_1, \phi(W_1) = \{0\}.$$

Die Einschränkung von $\phi$ auf die Untervektorräume $W_1$ ist definiert durch

$$\phi_{|W_3} : \begin{pmatrix} 0 \\ 0 \\ 1 \end{pmatrix} \mapsto \begin{pmatrix} 0 \\ 1 \\ 0 \end{pmatrix}, \phi_{|W_2} : \begin{pmatrix} 0 \\ 1 \\ 0 \end{pmatrix} \mapsto \begin{pmatrix} 1 \\ 0 \\ 0 \end{pmatrix}.$$

Da der Erzeuger der Urbildräume auf den Erzeuger der Bildräume abgebildet wird, sind diese Einschränkungen aus Dimensionsgründen tatsächlich injektiv.
Schließlich gilt

$$\mathbb{R}^3 = \left\langle \begin{pmatrix} 1 \\ 0 \\ 0 \end{pmatrix} \right\rangle \oplus \left\langle \begin{pmatrix} 0 \\ 1 \\ 0 \end{pmatrix} \right\rangle \oplus \left\langle \begin{pmatrix} 0 \\ 0 \\ 1 \end{pmatrix} \right\rangle = \ker \phi \oplus W_2 \oplus W_3.$$ ∎

---

### Erklärungen

**Zum Satz 16.6:**  Haben wir einen nilpotenten Endomorphismus mit gegebenem Minimalpolynom, so können wir eine Basis finden, sodass die Darstellungsmatrix eine sehr einfache Form hat. Ist zum Beispiel $n = 10$ und $d = 4$, so könnte beispielsweise

$$s_4 = s_3 = s_2 = s_1 = 1 \text{ oder auch } s_4 = 1, s_2 = 3$$

gelten. Im ersten Fall enthielte die Matrix $M_B(\phi)$ die 4 Matrizen $J_1, J_2, J_3, J_4$, es wäre also

$$M_B(\phi) = \begin{pmatrix} 0 & 0 & & & & & & & & \\ & 0 & 1 & & & & & & & \\ & & 0 & 0 & & & & & & \\ & & & 0 & 1 & & & & & \\ & & & & 0 & 1 & & & & \\ & & & & & 0 & 0 & & & \\ & & & & & & 0 & 1 & & \\ & & & & & & & 0 & 1 & \\ & & & & & & & & 0 & 1 \\ & & & & & & & & & 0 \end{pmatrix}.$$

Im zweiten Fall wäre

$$M_{\mathcal{B}}(\phi) = \begin{pmatrix} 0 & 1 & & & & & & & \\ & 0 & 0 & & & & & & \\ & & 0 & 1 & & & & & \\ & & & 0 & 0 & & & & \\ & & & & 0 & 1 & & & \\ & & & & & 0 & 0 & & \\ & & & & & & 0 & 1 & \\ & & & & & & & 0 & 1 \\ & & & & & & & & 0 \end{pmatrix}.$$

▶ **Beispiel 154** Wir wollen nun einmal Basis und Matrix für den Endomorphismus aus Beispiel 151 beziehungsweise Beispiel 152 bestimmen. Zunächst müssen wir das Minimalpolynom berechnen. Wir wissen bereits $P_\phi = x^n$, also kommt für das Minimalpolynom nur noch $x^d$, $1 \le d \le n$ infrage, das bedeutet $\phi^d = 0$. Dies wiederum heißt nichts anderes, als dass $\phi^d$ angewendet auf jedes Element des Vektorraums 0 ergeben muss. Wir betrachten nun das Element $x^{n-1} \in V$ und schauen, was passiert, wenn wir dieses $d$-mal mit $d < n$ ableiten:

$$x^{n-1} \mapsto (n-1)x^{n-2} \mapsto (x-1)(x-2)x^{n-3} \mapsto \cdots \mapsto (n-1)\cdots(n-d)x^{n-1-d}$$

$$= \frac{(n-1)!}{(n-1-d)!}x^{n-1-d}.$$

Es gilt also für $d < n$:

$$\phi^d(x^{n-1}) = \frac{(n-1)!}{(n-1-d)!}x^{n-1-d}.$$

Nun ist aber $x^{n-1-d}$ für $x \neq 0$ auch $\neq 0$, deshalb kann für $d < n$ nicht $\phi^d = 0$ gelten. Also muss $x^n$ das Minimalpolynom sein. Als einzige Zerlegung

$$n = s_1 + \cdots + d s_d$$

bleibt wegen $d = n$ und $s_n \ge 1$ nur $n = 1 \cdot n$ übrig, also finden wir eine Basis $\mathcal{B}$, sodass

$$M_{\mathcal{B}}(\phi) = \begin{pmatrix} 0 & 1 & & & \\ & 0 & 1 & & \\ & & \ddots & \ddots & \\ & & & 0 & 1 \\ & & & & 0 \end{pmatrix}.$$

Dies hatten wir in Beispiel 151 schon fast geschafft, es stimmen nur die Werte der Elemente über den Diagonalen nicht. Wir wollen also unsere dortige Basis nur leicht modifizieren und machen den Ansatz

$$\mathcal{B} = \{c_0, c_1 x, c_2 x^2, \dots, c_{n-1} x^{n-1}\}$$

mit $c_j \in \mathbb{R}$. Dann stimmt auf jeden Fall die Form überein, wir müssen nur dafür sorgen, die $c_j$ so zu wählen, dass die Werte über der Diagonalen stimmen. Damit dort überall 1 steht, muss aber einfach nach Definition der Darstellungsmatrix

$$(c_j x^j)' = c_{j-1} x^{j-1}$$

gelten. Wegen $(c_j x^j)' = c_j j x^{j-1}$ führt dies auf die Rekursion

$$c_j = \frac{c_{j-1}}{j},$$

und da in Beispiel 152 der erste Eintrag schon gestimmt hatte, können wir $c_0 = 1$ wählen. Wir erhalten dann

$$c_0 = 1, c_1 = 1, c_2 = \frac{1}{2}, c_3 = \frac{1}{6}, \dots, c_j = \frac{1}{j!}.$$

Also ist die Basis $\mathcal{B}$, bezüglich der der Endomorphismus $\phi$ die obige Matrixgestalt hat,

$$\mathcal{B} = \{1, x, \frac{1}{2} x^2, \frac{1}{6} x^3, \dots, \frac{1}{(n-1)!} x^{n-1}\}.$$

∎

Wie man eine solche Basis oder die Zerlegung von $n$ im Allgemeinen findet, wollen wir hier nicht besprechen, dies werden wir in der nächsten Erklärung in einem allgemeineren Fall tun.

### Erklärungen

**Zum Satz 16.7 über die Jordan-Normalform:** Dieser Satz stellt nun das Hauptergebnis dieses Abschnitts dar. Im für uns wichtigen Fall, das heißt $K = \mathbb{C}$, zerfällt natürlich jedes Polynom in Linearfaktoren, das heißt, jede Matrix besitzt eine Jordan-Normalform. Wir wollen uns nun damit beschäftigen, sie zu berechnen.

▶ **Beispiel 155** In einem Beispiel des ersten Bandes haben wir die Matrix

$$A = \begin{pmatrix} -3 & -2 & -2 \\ 2 & 3 & 2 \\ -2 & -2 & -1 \end{pmatrix}$$

untersucht. Wir haben gesehen, dass das charakteristische Polynom durch $(x-1)^2(x+3)$ gegeben war, und die Matrix war nicht diagonalisierbar. Diese Informationen genügen uns, um die Jordan-Normalform anzugeben, denn für das charakteristische Polynom $(x-1)^2(x+3)$ gibt es als Jordan-Normalform nur die beiden Möglichkeiten

$$
\begin{pmatrix} 1 & 0 & 0 \\ 0 & 1 & 0 \\ 0 & 0 & -3 \end{pmatrix}, \quad \begin{pmatrix} 1 & 1 & 0 \\ 0 & 1 & 0 \\ 0 & 0 & -3 \end{pmatrix},
$$

und da $A$ nicht diagonalisierbar ist, ist die Jordan-Normalform

$$
\begin{pmatrix} 1 & 1 & 0 \\ 0 & 1 & 0 \\ 0 & 0 & -3 \end{pmatrix}.
$$

∎

Nun wollen wir aber auch noch eine Basis mit den gewünschten Eigenschaften beziehungsweise eine Basiswechselmatrix $T$ mit $J = T^{-1}AT$ finden. Hierbei bezeichne $J$ die Jordan-Normalform von $A$. Der Beweis gibt uns schon eine Hilfe, wir müssen Haupträume bestimmen. Dies wollen wir zunächst an einem Beispiel tun.

▶ **Beispiel 156** Wir betrachten die Matrix

$$
A = \begin{pmatrix} -1 & -6 & 0 & 0 \\ 0 & 2 & 0 & 0 \\ 0 & 0 & -3 & 2 \\ 1 & 2 & -2 & 1 \end{pmatrix} \in M_{4,4}(\mathbb{R})
$$

und wollen eine Jordan-Form $J$ von $A$ und eine Matrix $T \in GL_{4,4}(\mathbb{R})$ mit $T^{-1}AT = J$ bestimmen.

Wir berechnen zunächst die Eigenwerte von $A$. Das charakteristische Polynom ist gegeben durch

$$
P_A = \det \begin{pmatrix} x+1 & 6 & 0 & 0 \\ 0 & x-2 & 0 & 0 \\ 0 & 0 & x+3 & -2 \\ -1 & -2 & 2 & x-1 \end{pmatrix} = (x+1)^3(x-2).
$$

Wir betrachten jetzt den Eigenwert $x = -1$. Es gilt:

$$
\mathrm{Eig}(A,-1) = \ker(A+E) = \ker \begin{pmatrix} 0 & -6 & 0 & 0 \\ 0 & 3 & 0 & 0 \\ 0 & 0 & -2 & 2 \\ 1 & 2 & -2 & 2 \end{pmatrix} = \left\langle \begin{pmatrix} 0 \\ 0 \\ 1 \\ 1 \end{pmatrix} \right\rangle.
$$

Somit gibt es $\dim(\ker(A + E)) = 1$ Jordan-Kästchen zum Eigenwert $-1$ (notwendigerweise der Ordnung 3). Wir berechnen die Kerne von $(A+E)^2$ und $(A+E)^3$:

$$\ker(A + E)^2 = \ker \begin{pmatrix} 0 & -18 & 0 & 0 \\ 0 & 9 & 0 & 0 \\ 2 & 4 & 0 & 0 \\ 2 & 4 & 0 & 0 \end{pmatrix} = \left\langle \begin{pmatrix} 0 \\ 0 \\ 1 \\ 0 \end{pmatrix}, \begin{pmatrix} 0 \\ 0 \\ 1 \\ 1 \end{pmatrix} \right\rangle.$$

$$\ker(A + E)^3 = \ker \begin{pmatrix} 0 & -54 & 0 & 0 \\ 0 & 27 & 0 & 0 \\ 0 & 0 & 0 & 0 \\ 0 & 0 & 0 & 0 \end{pmatrix} = \left\langle \begin{pmatrix} 1 \\ 0 \\ 0 \\ 0 \end{pmatrix}, \begin{pmatrix} 0 \\ 0 \\ 1 \\ 0 \end{pmatrix}, \begin{pmatrix} 0 \\ 0 \\ 0 \\ 1 \end{pmatrix} \right\rangle.$$

Setze

$$v_1 = \begin{pmatrix} 1 \\ 0 \\ 0 \\ 0 \end{pmatrix} \in \ker(A + E)^3 \setminus \ker(A + E)^2,$$

$$v_2 = (A + E) \begin{pmatrix} 1 \\ 0 \\ 0 \\ 0 \end{pmatrix} = \begin{pmatrix} 0 \\ 0 \\ 0 \\ 1 \end{pmatrix},$$

$$v_3 = (A + E)^2 \begin{pmatrix} 1 \\ 0 \\ 0 \\ 0 \end{pmatrix} = \begin{pmatrix} 0 \\ 0 \\ 2 \\ 2 \end{pmatrix}.$$

Der Eigenwert $x = 2$ ist einfach. Das zugehörige Jordan-Kästchen ist also von der Ordnung 1. Es gilt:

$$\mathrm{Eig}(A, 2) = \ker(A - 2E) = \ker \begin{pmatrix} -3 & -6 & 0 & 0 \\ 0 & 0 & 0 & 0 \\ 0 & 0 & -5 & 2 \\ 1 & 2 & -2 & -1 \end{pmatrix} = \left\langle \begin{pmatrix} -2 \\ 1 \\ 0 \\ 0 \end{pmatrix} \right\rangle.$$

Wir setzen $v_4 = \begin{pmatrix} -2 \\ 1 \\ 0 \\ 0 \end{pmatrix}$. Die Matrix $T := (v_3, v_2, v_1, v_4)$ erfüllt dann

$$J := \begin{pmatrix} -1 & 1 & 0 & 0 \\ 0 & -1 & 1 & 0 \\ 0 & 0 & -1 & 0 \\ 0 & 0 & 0 & 2 \end{pmatrix} = T^{-1}AT.$$

■

Was haben wir also getan? Zuerst müssen wir natürlich das charakteristische Polynom berechnen und daraus die Eigenwerte ablesen. Dann bestimmen wir, wie schon beim Diagonalisieren, die Kerne der zugehörigen Matrizen. Kommt ein Eigenwert nur einfach vor, so sind wir damit fertig. Erhalten wir von einem mehrfach vorkommenden Eigenwert weniger Eigenvektoren, so müssen wir auch noch die Kerne höherer Potenzen berechnen, und zwar so lange, bis wir so viele Vektoren haben, wie der Eigenwert vorkommt. Für jeden Vektor $v$, der dann im zuletzt berechneten Kern, aber nicht in dem davor liegt, berechnen wir sukzessive die Vektoren $(A - \lambda E)v$, das Ganze so lange, bis ein Vektor herauskommt, der im ersten Kern liegt. Erhalten wir so nicht alle Vektoren, die wir berechnet haben, müssen wir mit Elementen voriger Kerne weitermachen. Genauer:

Angenommen, wir haben eine $(5 \times 5)$-Matrix mit charakteristischem Polynom $(x - 1)^5$. Weiter angenommen, wir erhalten

$$\ker(A + E) = \langle v_1, v_2 \rangle, \ker(A + E)^2 = \langle v_1, v_2, v_3, v_4 \rangle, \ker(A + E)^3$$
$$= \langle v_1, v_2, v_3, v_4, v_5 \rangle.$$

Wir wählen den Vektor $v_5$ und berechnen $(A + E)v_5$. Dies ergebe nun $v_4$. Dann berechnen wir $(A + E)^2 v_5 = (A + E)v_4$. Sei dies $v_1$. Dann ist $(A + E)^3 v_5 = (A + E)v_1 = 0$. Wir haben also die drei Vektoren $v_1, v_4, v_5$ erhalten. Diese korrespondieren zu einem Jordan-Block der Länge 3. Wir haben aber noch nicht genug Vektoren erhalten. Wir wählen also als Nächstes $v_3$ und berechnen $(A + E)v_3$. Dies ergibt nun $v_2$ und liefert noch einen Jordan-Block der Länge 2. Nun erhalten wir die Matrix $T$ durch spaltenweises Schreiben der gefundenen Vektoren.

Die ganze Prozedur nochmal in Kurzform:

1. Charakteristisches Polynom bestimmen und Eigenwerte ablesen.
2. Kerne bestimmen.
3. Vektoren berechnen und dadurch Jordan-Blöcke bestimmen.
4. Jordan-Blöcke zur Jordan-Normalform und Vektoren zur Matrix $T$ zusammenfügen.

Hierzu ein weiteres, leicht modifiziertes Beispiel.

▶ **Beispiel 157** Der Endomorphismus $f$ des $\mathbb{R}^4$ sei gegeben durch

$$M_E^E(f) = \begin{pmatrix} -2 & 0 & 0 & 1 \\ -1 & 0 & 0 & 1 \\ 0 & 0 & 0 & 0 \\ 0 & 0 & 0 & 0 \end{pmatrix}$$

mit Standardbasis $E$ des $\mathbb{R}^4$. Wir wollen eine Jordan-Basis $\mathcal{B}$ des $\mathbb{R}^4$ zu $f$ sowie die zugehörige Matrix $M_{\mathcal{B}}^{\mathcal{B}}(f)$ bestimmen. Hier müssen wir analog zu oben verfahren, denn die Matrix $T$ ist ja im Grunde ein Basiswechsel.

Man sieht sofort, dass $P_A = x^3(x + 2)$.

$(A + 2E)x = 0$ liefert den Eigenraum

$$\text{Eig}(A, -2) = \text{span}\{(2, 1, 0, 0)^T\}.$$

Ferner sieht man

$$\text{Eig}(A, 0) = \text{span}\{e_2, e_3\}.$$

Damit ist der Hauptraum von $A$ zum Eigenwert 0 der Lösungsraum $A^3 x = 0$. Von $A^3$ benötigen wir nur die zweite Zeile, die sich zu $(-4\ 0\ 0\ 2)$ berechnet. Dies liefert sofort

$$\text{Hau}(A, 0) = \text{span}\{e_2, e_3, (1, 0, 0, 2)^T\}.$$

Mit

$$A \begin{pmatrix} 1 \\ 0 \\ 0 \\ 2 \end{pmatrix} = \begin{pmatrix} 0 \\ 1 \\ 0 \\ 0 \end{pmatrix}$$

folgt die Jordan-Basis

$$\mathcal{B} = \left\{ \begin{pmatrix} 0 \\ 1 \\ 0 \\ 0 \end{pmatrix}, \begin{pmatrix} 1 \\ 0 \\ 0 \\ 2 \end{pmatrix}, \begin{pmatrix} 0 \\ 0 \\ 1 \\ 0 \end{pmatrix}, \begin{pmatrix} 2 \\ 1 \\ 0 \\ 0 \end{pmatrix} \right\}$$

und

$$M_{\mathcal{B}}^{\mathcal{B}}(f) = \begin{pmatrix} 0 & 1 & 0 & 0 \\ 0 & 0 & 0 & 0 \\ 0 & 0 & 0 & 0 \\ 0 & 0 & 0 & -2 \end{pmatrix}.$$

∎

Das Prinzip ist also jedes Mal dasselbe. Zum Abschluss noch zwei Beispiele.

▶ **Beispiel 158** Es seien $V$ ein vierdimensionaler Vektorraum und $P_\phi = (x - 1)(x + 1)^3$ das charakteristische Polynom des Endomorphismus $\phi$. Wir wollen untersuchen, welche Fälle auftreten können.

Da der Eigenwert $\lambda = 1$ mit Multiplizität 1 auftritt, gilt $\text{Eig}(\phi, 1) = \text{Hau}(\phi, 1)$. Der zweite Hauptraum $\text{Hau}(\phi, -1)$ ist dreidimensional. Für die Dimension des zugehörigen Eigenraums gibt es also genau drei Möglichkeiten, $\dim_K \text{Eig}(\phi, -1) \in \{1, 2, 3\}$.

Angenommen, $\dim_K \text{Eig}(\phi, -1) = 3$. Dann gilt:

$$\text{Eig}(\phi, -1) = \text{Hau}(\phi, -1),$$

und $\phi$ ist diagonalisierbar, das heißt, es gibt eine Basis $\mathcal{B}$ mit

$$M_{\mathcal{B}}(\phi) = \begin{pmatrix} 1 & & & \\ & -1 & & \\ & & -1 & \\ & & & -1 \end{pmatrix}.$$

Im Fall $\dim_K \text{Eig}(\phi, -1) < 3$ ist $\phi$ nicht diagonalisierbar. Die Jordan-Normalform von $\phi$ ist durch Zahlen $d$ und $s_1, \ldots, s_d$ mit

$$1 \le d \le 3, s_1, \ldots, s_{d-1} \ge 0, s_d > 0, s_1 + \cdots + ds_d = 3$$

bestimmt.

Der Fall $d = 1, s_1 = 3$ entspricht dem schon behandelten Fall, dass $\phi$ diagonalisierbar ist. Im Fall $d = 2$ gibt es nur eine Möglichkeit, nämlich $s_1 = s_2 = 1$. Die Jordan-Normalform von $\phi$ ist dann

$$M_{\mathcal{B}}(\phi) = \begin{pmatrix} 1 & & & \\ & -1 & & \\ & & -1 & 1 \\ & & & -1 \end{pmatrix}.$$

In diesem Fall gilt $\dim_K \text{Eig}(\phi, -1) = 2$.

Im letzten Fall gilt $d = 3$ und dann notwendigerweise $s_1 = s_2 = 0, s_3 = 1$. Die Jordan-Normalform von $\phi$ ist

$$M_{\mathcal{B}}(\phi) = \begin{pmatrix} 1 & & & \\ & -1 & 1 & \\ & & -1 & 1 \\ & & & -1 \end{pmatrix},$$

und es gilt $\dim_K \text{Eig}(\phi, -1) = 1$.  ∎

An diesem Beispiel sehen wir, dass wir, um die Jordan-Normalform zu berechnen, die Eigenvektoren nicht brauchen. Wir wollen unsere Überlegungen auf eine gegebene Matrix anwenden.

▶ **Beispiel 159** Wir betrachten die Matrix

$$A = \begin{pmatrix} -1 & 0 & 1 & 0 \\ -1 & 0 & 1 & 1 \\ 1 & 1 & 0 & -1 \\ 0 & 2 & 3 & -1 \end{pmatrix}.$$

Das charakteristische Polynom von $A$ ist

$$P_A = (x - 1)(x + 1)^3.$$

Wir sind also in der Situation von oben. Wir bestimmen

$$\dim_K \mathrm{Eig}(A, -1) = 4 - \mathrm{rang}(A + 1) = 4 - 3 = 1.$$

Also können wir jetzt schon die Jordan-Normalform angeben. Sie lautet

$$M_{\mathcal{B}}(\phi) = \begin{pmatrix} 1 & & & \\ & -1 & 1 & \\ & & -1 & 1 \\ & & & -1 \end{pmatrix}.$$

Wir sehen also, dass wir, wie schon beim Diagonalisieren, keine Eigenvektoren brauchen, um die Jordan-Form zu berechnen. Diese brauchen wir, um die Basiswechselmatrix zu finden. Das wollen wir noch ein letztes Mal kurz tun.

Zunächst bestimmen wir einen Eigenvektor zum Eigenwert $\lambda = 1$. Es ist

$$v_1 := \begin{pmatrix} 0 \\ 1 \\ 0 \\ 1 \end{pmatrix}, \mathrm{Eig}(A, 1) = \langle v_1 \rangle.$$

Nun wählen wir uns einen Vektor $v_4 \in \ker(A + 1)^3 \setminus \ker(A + 1)^2$. Diese Kerne muss man dafür natürlich zuerst berechnen ;-). Wir geben gleich einen passenden Vektor an:

$$v_4 := \begin{pmatrix} 1 \\ 0 \\ 0 \\ 0 \end{pmatrix}.$$

Nun erhalten wir

$$v_3 := (A + 1)v_4 = \begin{pmatrix} 0 \\ -1 \\ 1 \\ 0 \end{pmatrix}, v_2 := (A + 1)v_3 = \begin{pmatrix} 1 \\ 0 \\ 0 \\ 1 \end{pmatrix},$$

und die Basis, bezüglich der $A$ die Jordan-Form hat, ist

$$\mathcal{B} = \{v_1, v_2, v_3, v_4\}. \qquad \blacksquare$$

Aber wir könnten hier so viele Beispiele geben, wie wir wollen, das Wichtigste ist, dass ihr es einmal selbst probiert, und zwar an so vielen Beispielen, bis ihr es im Schlaf könnt ;-). Eine Anleitung habt ihr ja jetzt.

Erklärungen

**Zu den Diagonalisierbarkeitskriterien (Satz 16.8):** Hier ist wichtig sich zu merken, dass ein Endomorphismus genau dann diagonalisierbar ist, wenn die Dimension des Hauptraumes eines Eigenwertes mit der Dimension des Eigenraums des gleichen Eigenwertes übereinstimmt. Kennen wir also bereits eine dieser äquivalenten Eigenschaften, so können wir die andere daraus ableiten und auch einfach das Minimalpolynom bestimmen. Ist andererseits das Minimalpolynom gegeben, so können wir daraus auf die Diagonalisierbarkeit schließen.

▶ **Beispiel 160** Wir hatten bereits als Minimalpolynom von

$$A := \begin{pmatrix} -1 & 2 & 2 \\ 2 & -1 & -2 \\ -2 & 2 & 3 \end{pmatrix}$$

das Polynom $m_A = (x - 1)(x + 1)$ erhalten. Wir bekommen nun also aus dem Satz sofort, dass $A$ diagonalisierbar ist. ∎

Mit diesem Satz können wir nun auch noch näher erläutern, was es bedeutet, dass die Jordan-Normalform die bestmögliche Normalform ist. Jede reelle Matrix $M$ lässt sich über den komplexen Zahlen in Jordan-Normalform bringen. Ist $M$ diagonalisierbar, so erhält man dadurch auch gleichzeitig die Diagonalform. Ist $M$ nicht diagonalisierbar, haben wir immerhin noch fast eine Diagonalform.

Erklärungen

**Zum Satz 16.9 über die Exponentialabbildung bei Matrizen:** In Definition 1.29 hatten wir die Exponentialabbildung für Matrizen definiert. Mithilfe der Jordan-Normalform kann man diese nun leicht berechnen. Die Anleitung hierfür gibt der Satz. Wir betrachten dafür ein Beispiel.

▶ **Beispiel 161** Sei

$$A = \begin{pmatrix} -8 & 47 & -8 \\ -4 & 18 & -2 \\ -8 & 39 & -5 \end{pmatrix}.$$

Hiervon müssen wir zunächst die Jordan-Normalform und die Matrix $T$ mit $J = T^{-1}AT$ berechnen. Dies wollen wir als Übung für euch lassen, nutzt dies am besten auch gleich ;-) Als Ergebnis solltet ihr dann

$$J = \begin{pmatrix} 1 & 0 & 0 \\ 0 & 2 & 1 \\ 0 & 0 & 2 \end{pmatrix}$$

erhalten. Als Nächstes unterteilen wir die Matrix $J$ in quadratische Matrizen, das heißt in die einzelnen Jordan-Blöcke. Hier ist $J = J_1 + J_2$ mit

$$J_1 = \begin{pmatrix} 1 \end{pmatrix}, \qquad J_2 = \begin{pmatrix} 2 & 1 \\ 0 & 2 \end{pmatrix}.$$

Nun zerteilen wir jede dieser Matrizen in zwei Anteile, der eine besteht aus der Einheitsmatrix, der zweite ist eine nilpotente Matrix. Es ist

$$J_1 = E_1, \qquad J_2 = 2E_2 + N, \qquad N := \begin{pmatrix} 0 & 1 \\ 0 & 0 \end{pmatrix}.$$

Für jede dieser Matrizen berechnen wir nun einzeln (für die nilpotente Matrix mithilfe des Satzes) die Exponentialabbildung. Man erhält

$$e^{E_1 t} = e^t, \qquad e^{2E_2 t} = e^{2t}, \qquad e^N = \begin{pmatrix} 1 & t \\ 0 & 1 \end{pmatrix}.$$

Nun fügen wir dies alles zusammen. Es ist

$$e^{J_1 t} = e E_1 t = e^t, \qquad e^{J_2 t} = e^{2E_2 t} e^N = e^{2t} \begin{pmatrix} 1 & t \\ 0 & 1 \end{pmatrix},$$

und damit ist

$$e^{Jt} = \begin{pmatrix} e^t & & \\ & e^{2t} & t e^{2t} \\ & & e^{2t} \end{pmatrix}.$$

Nun berechnen wir noch

$$T e^{Jt} = \begin{pmatrix} 6e^t & 17e^{2t} & -4e^{2t} + 17te^{2t} \\ 2e^t & 6e^{2t} & -e^{2t} + 6te^{2t} \\ 5e^t & 14e^{2t} & -3e^{2t} + 14te^{2t} \end{pmatrix},$$

und schließlich ist

$$e^A = T e^{Jt} T^{-1} = \begin{pmatrix} 6e^t & 17e^{2t} & -4e^{2t} + 17te^{2t} \\ 2e^t & 6e^{2t} & -e^{2t} + 6te^{2t} \\ 5e^t & 14e^{2t} & -3e^{2t} + 14te^{2t} \end{pmatrix} \begin{pmatrix} -4 & -5 & 7 \\ 1 & 2 & -2 \\ -2 & 1 & 2 \end{pmatrix}$$

$$= \begin{pmatrix} -24e^t + 25e^{2t} - 34te^{2t} & -30e^t + 30e^{2t} + 17te^{2t} & 42e^t - 42e^{2t} + 34te^{2t} \\ -8e^t + 8e^{2t} - 12te^{2t} & -10e^t + 11e^{2t} + 6te^{2t} & 14e^t - 14e^{2t} + 12te^{2t} \\ -20e^t + 20e^{2t} - 28te^{2t} & -25e^t + 25e^{2t} + 14te^{2t} & 35e^t - 34e^{2t} + 28te^{2t} \end{pmatrix}.$$

Unschön, aber so ist das nun mal ;-)  ∎

Wir wollen nun noch einmal die Schritte zusammenfassen, die nötig sind, um aus einer Matrix $A$ die Matrix $e^A$ zu bestimmen.

1. Bestimme die Jordan-Normalform $J$ und die Matrix $T$ mit $J = T^{-1}AT$. Berechne $T^{-1}$.

2. Unterteile $J$ in die quadratischen Anteile (das heißt in die Jordan-Blöcke) $J_1, \ldots, J_r$.

3. Zerteile jeden Jordan-Block $J_i$ in $J_i = \lambda_i E_{j_i} + N_i$, das heißt in eine Summe aus dem Vielfachen einer Einheitsmatrix und einer nilpotenten Matrix.

4. Berechne für jedes $N_i$ mit dem Satz die Matrix $e^{tN_i}$. Bestimme außerdem $e^{t\lambda_i E_{j_i}}$.

5. Berechne $e^{tJ_i}$ durch $e^{tJ_i} = e^{t\lambda_i E_{j_i}} e^{tN_i}$.

6. Füge die Matrizen $e^{tJ_i}$ zusammen, um die Matrix $e^{Jt}$ zu erhalten.

7. Berechne $e^A = Te^{Jt}T^{-1}$.

Abgesehen davon, dass es natürlich an sich schon nützlich ist, $e^A$ bestimmen zu können, werden wir dieses beim Lösen von linearen Differentialgleichungen in mehreren Dimensionen gut gebrauchen können.

# Tensoren und Tensorprodukt

17

## Inhaltsverzeichnis

Wir wollen uns nun kurz mit dem Begriff des Tensors und des Tensorprodukts beschäftigen. Dabei wollen wir hier nicht tief in die Theorie eindringen.

Je nach Interesse kann man dies noch sehr stark ausweiten, vor allem in der Algebra, der Differentialgeometrie oder auch in der Physik. Dann kann man zum Beispiel Tensorprodukte von Körpern und Ringen betrachten oder Tensorfelder, das heißt Abbildungen, die jedem Punkt in einem Raum einen anderen Tensor zuordnen. Oft interessiert man sich auch für das Transformationsverhalten von Tensoren, das heißt für das Verhalten bei Basiswechseln. Dies findet man dann in der entsprechenden weiterführenden Literatur.

In diesem Kapitel seien $V, W, V_1, \ldots, V_p, W_1, \ldots, W_q$ stets reelle endlichdimensionale Vektorräume. Dies kann man auch auf Vektorräume über beliebigen Körpern verallgemeinern, werden wir hier aber nicht tun.

## 17.1   Definitionen

---

**Definition 17.1 (p-Linearform, Tensoren)**

Eine Abbildung $\phi : V_1 \times \cdots \times V_p \to \mathbb{R}$, die in jedem Argument linear ist, nennen wir $p$-**Linearform** oder auch **Multilinearform** der Ordnung $p$ auf $V_1, \ldots, V_p$. Den Raum der $p$-Linearformen bezeichnen wir mit $\mathrm{Mult}(V_1, \ldots, V_p)$.

---

© Springer-Verlag GmbH Deutschland, ein Teil von Springer Nature 2019
F. Modler und M. Kreh, *Tutorium Analysis 2 und Lineare Algebra 2,*
https://doi.org/10.1007/978-3-662-59226-7_17

Elemente $\phi \in \mathrm{Mult}(V_1, \ldots, V_p)$ nennt man auch **Tensoren** der Ordnung $p$. Oft nennt man Tensoren auch $p$-**Tensor** oder **Tensor** $p$-**ter Stufe.**

**Definition 17.2 (Tensorprodukt von Abbildungen)**
Seien $\phi \in \mathrm{Mult}(V_1, \ldots, V_p)$, $\psi \in \mathrm{Mult}(W_1, \ldots, W_p)$. Dann definieren wir $\phi \otimes \psi \in \mathrm{Mult}(V_1, \ldots, V_p, W_1, \ldots, W_q)$ durch

$$(\phi \otimes \psi)(v_1, \ldots, v_p, w_1, \ldots, w_q) = \phi(v_1, \ldots, v_p)\psi(w_1, \ldots, w_q).$$

Wir nennen $\phi \otimes \psi$ das **Tensorprodukt** von $\phi$ und $\psi$.

**Definition 17.3 (Tensorprodukt von Vektorräumen)**
Wir schreiben $V^* \otimes W^*$ für $\mathrm{Mult}(V, W)$ (dabei bezeichnet $V^*$ wieder den Dualraum) und nennen dies das Tensorprodukt von $V^*$ und $W^*$. Analog erhält man das Tensorprodukt von $V_1^*, \ldots, V_p^*$ beziehungsweise $V_1, \ldots, V_p$ als

$$V_1^* \otimes \cdots \otimes V_p^* := \mathrm{Mult}(V_1, \ldots, V_p)$$

und

$$V_1 \otimes \cdots \otimes V_p := \mathrm{Mult}(V_1^*, \ldots, V_p^*).$$

**Definition 17.4**
Wir schreiben

$$\bigotimes^p V^* := \underbrace{V^* \otimes \cdots \otimes V^*}_{p-\mathrm{mal}}.$$

**Definition 17.5 (symmetrisch, alternierend)**

- Seien $\phi \in \bigotimes^p V^*$ ein $p$-Tensor und $\sigma \in S_p$ eine Permutation. Dann setzen wir

$$\phi_\sigma(v_1, \ldots, v_p) := \phi(v_{\sigma(1)}, \ldots, v_{\sigma(p)}) \quad \forall v_1, \ldots, v_p \in V.$$

- Ein Tensor $\phi \in \overset{p}{\bigotimes} V^*$ heißt **symmetrisch**, wenn

$$\phi_\sigma = \phi \quad \forall \sigma \in S_p.$$

Den Raum der symmetrischen $p$-Linearformen auf $V$ bezeichnen wir mit $\bigvee^p V^*$. Weiter sei $\bigvee^0 V^* := \mathbb{R}$.

- Ein Tensor $\phi \in \overset{p}{\bigotimes} V^*$ heißt **schiefsymmetrisch** oder **alternierend**, wenn

$$\phi_\sigma = \text{sign}(\sigma)\phi \quad \forall \sigma \in S_p.$$

Den Raum der alternierenden $p$-Linearformen auf $V$ bezeichnen wir mit $\bigwedge^p V^*$. Weiter sei $\bigwedge^0 V^* := \mathbb{R}$.

Wir definieren zwei Operatoren durch

$$\text{Sym}_p : \overset{p}{\bigotimes} V^* \to \overset{p}{\bigotimes} V^*, \text{Sym}_p(\phi) := \frac{1}{p!} \sum_{\sigma \in S_p} \phi_\sigma,$$

$$\text{Alt}_p : \overset{p}{\bigotimes} V^* \to \overset{p}{\bigotimes} V^*, \text{Alt}_p(\phi) := \frac{1}{p!} \sum_{\sigma \in S_p} \text{sign}(\sigma)\phi_\sigma.$$

**Anmerkung** Dass $\text{Sym}_p(\phi)$ und $\text{Alt}_p(\phi)$ wieder Tensoren sind, folgt direkt aus Satz 17.1.

**Definition 17.6 (symmetrisches Produkt, Dachprodukt)**
- Die Abbildung

$$\wedge : \overset{p}{\bigwedge} V^* \times \overset{q}{\bigwedge} V^* \to \overset{p+q}{\bigwedge} V^*, (\phi, \psi) \mapsto \phi \wedge \psi := \frac{(p+q)!}{p!q!} \text{Alt}_{p+q}(\phi \otimes \psi)$$

heißt das **äußere Produkt** oder **Dachprodukt** von $\phi$ und $\psi$.
- Die Abbildung

$$\vee : \overset{p}{\bigvee} V^* \times \overset{q}{\bigvee} V^* \to \overset{p+q}{\bigvee} V^*, (\phi, \psi) \mapsto \phi \vee \psi := \frac{(p+q)!}{p!q!} \text{Sym}_{p+q}(\phi \otimes \psi)$$

heißt das **symmetrische Produkt** von $\phi$ und $\psi$.

**Anmerkung** Dass die Wertebereiche der beiden Abbildungen wirklich stimmen, folgt aus Satz 17.4.

## 17.2   Sätze und Beweise

**Satz 17.1   (Vektorraum der Multilinearformen)**
$\text{Mult}(V_1, \dots, V_p)$, *versehen mit der Operation*

$$(\lambda\phi_1 + \mu\phi_2)(v_1, \dots, v_p) := \lambda\phi_1(v_1, \dots, v_p) + \mu\phi_2(v_1, \dots, v_p), \ \lambda, \mu \in \mathbb{R},$$

*ist ein reeller Vektorraum.*

▶   **Beweis** Übung.                                                        q.e.d.

**Satz 17.2   (Dimension des Vektorraums der Multilinearformen)**
*Sei* $m_i = \dim(V_i)$, $i = 1, \dots, p$. *Dann hat* $\text{Mult}(V_1, \dots, V_p)$ *die Dimension* $\prod_{i=1}^{p} m_i$. *Insbesondere gilt also* $\dim\left(\bigotimes^p V^*\right) = m^p$, *wenn* $V$ *die Dimension* $p$ *hat.*

▶   **Beweis** Seien $\{e_{i_1}, \dots, e_{i_{m_i}}\}$, $i = 1, \dots, p$ Basen für $V_i$. Für beliebige

$$v_i = \sum_{j=1}^{m_i} x_i^j e_{i_j} \in V_i, i = 1, \dots, p$$

ist dann

$$\phi(v_1, \dots, v_p) = \sum_{j_1, \dots, j_p}^{m_i} x_1^{j_1} \cdots x_p^{j_p} \phi(e_{1_{j_1}}, \dots, e_{p_{j_p}}).$$

(Achtung: Hierbei bedeuten die hochgestellten $j$ keine Potenzen, sondern Indizes.) Das bedeutet, dass der Wert von $\phi$ schon eindeutig durch den Wert von $\phi$ auf den Basiselementen $e_{1_{j_1}}, \dots, e_{p_{j_p}}$ festgelegt ist. Da es von diesen genau $\prod_{i=1}^{p} m_i$ gibt, kann die Dimension von $\text{Mult}(V_1, \dots, V_p)$ höchstens $\prod_{i=1}^{p} m_i$ sein.

Nehmen wir nun aber beliebige $a_{j_1}, \ldots, a_{j_p} \in \mathbb{R}$ (das sind genau $\prod_{i=1}^{p} m_i$), so definiert

$$\phi(v_1, \ldots, v_p) := \sum_{j_1, \ldots, j_p} x_1^{j_1} \cdots x_p^{j_p} a_{j_1} \cdots a_{j_p}$$

eine $p$-Linearform. Das bedeutet, dass es mindestens $\prod_{i=1}^{p} m_i$ Multilinearformen gibt. Da diese linear unabhängig sind, folgt insgesamt der Satz.

q.e.d.

**Satz 17.3 (Eigenschaften des Tensorproduktes)**
*Für das Tensorprodukt gilt:*

- *Distributivität:*

$$(\lambda_1 \phi_1 + \lambda_2 \phi_2) \otimes \psi = \lambda_1 \phi_1 \otimes \psi + \lambda_2 \phi_2 \otimes \psi,$$
$$\phi \otimes (\lambda_1 \psi_1 + \lambda_2 \psi_2) = \lambda_1 \phi \otimes \psi_1 + \lambda_2 \phi \otimes \psi_2.$$

- *Assoziativität:*

$$(\phi \otimes \psi) \otimes \sigma = \phi \otimes (\psi \otimes \sigma).$$

- *Ist $(\phi_i)_{i=1,\ldots,m}$ eine Basis von $V_1^* \otimes \cdots \otimes V_p^*$ und $(\psi_j)_{j=1,\ldots,n}$ eine Basis von $W_1^* \otimes \cdots \otimes W_q^*$, dann ist $(\phi_i \otimes \psi_j)_{\substack{i=1,\ldots,m \\ j=1,\ldots,n}}$ eine Basis von $V_1^* \otimes \cdots \otimes V_p^* \otimes W_1^* \otimes \cdots \otimes W_q^*$.*

▶ **Beweis** Übung. q.e.d.

**Satz 17.4 (Eigenschaften symmetrischer und alternierender Tensoren)**
*1. Ist $\phi \in \bigotimes^p V^*$, so ist $\mathrm{Alt}_p(\phi) \in \bigwedge^p V^*$.*
*2. Ist $\phi \in \bigwedge^p V^*$, so ist $\mathrm{Alt}_p(\phi) = \phi$.*
*3. Ist $\phi \in \bigotimes^p V^*$, so ist $\mathrm{Alt}_p(\mathrm{Alt}_p(\phi)) = \mathrm{Alt}_p(\phi)$.*
*4. Ist $\phi \in \bigotimes^p V^*$, so ist $\mathrm{Sym}_p(\phi) \in \bigvee^p V^*$.*
*5. Ist $\phi \in \bigvee^p V^*$, so ist $\mathrm{Sym}_p(\phi) = \phi$.*
*6. Ist $\phi \in \bigotimes^p V^*$, so ist $\mathrm{Sym}_p(\mathrm{Sym}_p(\phi)) = \mathrm{Sym}_p(\phi)$.*
*7. $\phi$ ist genau dann symmetrisch, wenn $\mathrm{Sym}_p \phi = \phi$, und genau dann alternierend, wenn $\mathrm{Alt}_p \phi = \phi$.*
*8. Es gilt $\mathrm{Sym}_p \left( \bigotimes^p V^* \right) = \bigvee^p V^*$ und $\mathrm{Alt}_p \left( \bigotimes^p V^* \right) = \bigwedge^p V^*$.*

▶ **Beweis** Wir zeigen hier nur einen Teil der Aussagen, der Rest ist eine Übung für euch.

1. Sei $\sigma \in S_p$. Wenn dann $\tau$ ganz $S_p$ durchläuft, so gilt das auch für $\tau \circ \sigma$, also gilt

$$\mathrm{Alt}(\phi)(v_{\sigma(1)}, \ldots, v_{\sigma(p)}) = \frac{1}{p!} \sum_{\tau \in S_p} \mathrm{sign}(\tau)\phi(v_{\tau(\sigma(1))}, \ldots, v_{\tau(\sigma(p))})$$

$$= \mathrm{sign}(\sigma)\frac{1}{p!}$$

$$\sum_{\tau\sigma \in S_p} \mathrm{sign}(\tau \circ \sigma)\phi(v_{(\tau\circ\sigma)(1)}, \ldots, v_{(\tau\circ\sigma)(p)})$$

$$= \mathrm{sign}(\sigma)\mathrm{Alt}(\phi)(v_1, \ldots, v_p)$$

und damit $\mathrm{Alt}_p(\phi) \in \bigwedge^p V^*$.

2. Dies folgt aus

$$\mathrm{Alt}(\phi)(v_1, \ldots, v_p) = \frac{1}{p!} \sum_{\sigma \in S_p} \mathrm{sign}(\sigma)\phi(v_{\sigma(1)}, \ldots, v_{\sigma(p)})$$

$$= \frac{1}{p!} \sum_{\sigma \in S_p} (\mathrm{sign}(\sigma))^2 \phi(v_1, \ldots, v_p)$$

$$= \phi(v_1, \ldots, v_p).$$

3. Folgt aus 1. und 2., denn ist $\phi \in \bigotimes^p V^*$, so ist $\psi = \mathrm{Alt}_p(\phi)$ nach Teil 1 in $\bigwedge^p V^*$, also gilt nach Teil 2

$$\mathrm{Alt}_p(\mathrm{Alt}_p(\phi)) = \mathrm{Alt}_p(\psi) = \psi = \mathrm{Alt}_p(\phi).$$

q.e.d.

---

**Satz 17.5 (Eigenschaften des Dachproduktes und des symmetrischen Produktes)**
*1. Für das Dachprodukt gilt: (für alle $\phi, \phi_1, \phi_2 \in \bigwedge^p V^*$, $\psi \in \bigwedge^q V^*$, $\eta \in \bigwedge^r V^*$)*

$$(\phi_1 + \phi_2) \wedge \psi = \phi_1 \wedge \psi + \phi_2 \wedge \psi,$$

$$\psi \wedge (\phi_1 + \phi_2) = \psi \wedge \phi_1 + \psi \wedge \phi_2,$$

$$(\lambda\phi) \wedge \psi = \phi \wedge (\lambda\psi) = \lambda(\phi \wedge \psi),$$

$$\phi \wedge \psi = (-1)^{pq} \psi \wedge \phi,$$

$$(\phi \wedge \psi) \wedge \eta = \phi \wedge (\psi \wedge \eta) = \frac{(p+q+r)!}{p!q!r!} \mathrm{Alt}_{p+q+r}(\phi \otimes \psi \otimes \eta).$$

$$(17.1)$$

2. *Für das symmetrische Produkt gilt: (für alle $\phi, \phi_1, \phi_2 \in \bigvee^p V^*, \psi \in \bigvee^q V^*, \eta \in \bigvee^r V^*$)*

$$(\phi_1 + \phi_2) \vee \psi = \phi_1 \vee \psi + \phi_2 \vee \psi,$$

$$\psi \vee (\phi_1 + \phi_2) = \psi \vee \phi_1 + \psi \vee \phi_2,$$

$$(\lambda\phi) \vee \psi = \phi \vee (\lambda\psi) = \lambda(\phi \vee \psi),$$

$$\phi \vee \psi = \psi \vee \phi,$$

$$(\phi \vee \psi) \vee \eta = \phi \vee (\psi \vee \eta).$$

▶ **Beweis** Die jeweils ersten vier dieser Aussagen sind eine Übung für euch und folgen fast direkt aus den Definitionen. Auf einen Beweis der jeweils fünften Aussage (diese sind etwas schwieriger) verzichten wir hier. q.e.d.

**Satz 17.6 (Dimension des Raums der alternierenden/symmetrischen Tensoren)**
*Sei V ein Vektorraum der Dimension m.*

- *Für $p > m$ ist $\bigwedge^p V^* = \{0\}$. Ist $p \le m$ und $\{\eta_1, \ldots, \eta_m\}$ eine Basis von $V^*$, so ist*

$$\{\eta_{i_1} \wedge \cdots \wedge \eta_{i_p} : 1 \le i_1 < \ldots < i_p \le m\}$$

*eine Basis von $\bigwedge^p V^*$. Insbesondere ist $\dim(\bigwedge^p V^*) = \binom{m}{p}$.*

- *Ist $\{\eta_1, \ldots, \eta_m\}$ eine Basis von $V^*$, so ist*

$$\{\eta_{i_1} \vee \cdots \vee \eta_{i_p} : 1 \le i_1 \le \ldots \le i_p \le m\}$$

*eine Basis von $\bigvee^p V^*$. Insbesondere ist $\dim(\bigvee^p V^*) = \binom{m+p-1}{p}$.*

▶ **Beweis** Wir beweisen nur die erste Aussage.
Sei $e_1, \ldots, e_m$ eine Basis von $V$. Für $p > m$ ist für jedes $\phi \in \bigwedge^p V^*$ schon $\phi(e_{i_1}, \ldots, e_{i_p}) = 0$, da mindestens zwei der Vektoren $(e_{i_k})_{k=1,\ldots,p}$ gleich sind.
Für $p \le m$ sei $(\eta_1, \ldots, \eta_m)$ die duale Basis zu $(e_1, \ldots, e_m)$. Aus Satz 17.3 wissen wir, dass $(\eta_{i_1} \otimes \ldots \otimes \eta_{i_p})_{\substack{i_k \in \{1,\ldots,m\} \\ \forall k=1,\ldots p}}$ eine Basis von $\bigotimes^p V^*$ ist. Da wir aus Satz 17.4 weiterhin $\mathrm{Alt}_p(\bigotimes^p V^*) = \bigwedge^p V^*$ wissen, spannt also

das Bild von $(\eta_{i_1} \otimes \ldots \otimes \eta_{i_p})_{\substack{i_k \in \{1,\ldots,m\} \\ \forall k = 1,\ldots p}}$ unter $\mathrm{Alt}_p$ den Raum $\bigwedge^p V^*$ auf.

Nun ist (dies folgt induktiv aus Gl. (17.1))

$$\mathrm{Alt}_p(\eta_{i_1} \otimes \ldots \otimes \eta_{i_p}) = \frac{1}{p!} \eta_{i_1} \wedge \ldots \wedge \eta_{i_p}.$$

Da hier aber die rechte Seite bis auf das Vorzeichen nicht von der Reihenfolge der Vektoren abhängt (Satz 17.5), spannen schon die $\binom{m}{p}$ Elemente $\eta_{i_1} \wedge \ldots \wedge \eta_{i_p}$, $1 \leq i_1 < \ldots < i_p \leq m$ den Raum $\bigwedge^p V^*$ auf.

Wir müssen noch die lineare Unabhängigkeit zeigen. Seien dafür $\mathbb{R} \ni a_{i_1,\ldots,i_p}$, $1 \leq i_1 < \cdots < i_p \leq m$ und

$$\sum_{\substack{m \\ i_1 < \cdots < i_p}} a_{i_1,\ldots,i_p} \eta_{i_1} \wedge \cdots \wedge \eta_{i_p} = 0,$$

wobei die $0$ auf der rechten Seite die Nullabbildung ist. Wenden wir nun beide Seiten auf $(e_{j_1}, \ldots, e_{j_p})$, mit $j_1 < \cdots < j_p$ fest, an, so erhalten wir

$$\begin{aligned}
0 &= 0(e_{j_1}, \ldots, e_{j_p}) \\
&= \sum_{\substack{m \\ i_1 < \cdots < i_p}} a_{i_1,\ldots,i_p} (\eta_{i_1} \wedge \cdots \wedge \eta_{i_p})(e_{j_1}, \ldots, e_{j_p}) \\
&= \sum_{\substack{m \\ i_1 < \cdots < i_p}} a_{i_1,\ldots,i_p} \sum_\sigma \mathrm{sign}(\sigma)(\eta_{i_1} \otimes \cdots \otimes \eta_{i_p})_\sigma(e_{j_1}, \ldots, e_{j_p}) \\
&= \sum_{\substack{m \\ i_1 < \cdots < i_p}} a_{i_1,\ldots,i_p} \sum_\sigma \mathrm{sign}(\sigma)(\eta_{i_{\sigma(1)}} \otimes \cdots \otimes \eta_{i_{\sigma(p)}})(e_{j_1}, \ldots, e_{j_p}).
\end{aligned}$$

Da $j_1 < \cdots < j_p$ gilt und $(\eta_1, \ldots, \eta_m)$ die duale Basis zu $(e_1, \ldots, e_m)$ ist, muss auch $i_{\sigma(1)} < \cdots < i_{\sigma(p)}$ gelten, damit der Beitrag dieses Summanden ungleich $0$ ist. Dies ist nur der Fall für $\sigma = \mathrm{id}$. Es folgt

$$\begin{aligned}
0 &= \sum_{\substack{m \\ i_1 < \cdots < i_p}} a_{i_1,\ldots,i_p} (\eta_{i_1} \otimes \cdots \otimes \eta_{i_p})(e_{j_1}, \ldots, e_{j_p}) \\
&= a_{j_1,\ldots,j_p} (\eta_{j_1} \otimes \cdots \otimes \eta_{j_p})(e_{j_1}, \ldots, e_{j_p}) \\
&= a_{j_1,\ldots,j_p},
\end{aligned}$$

und dies gilt für alle $j_1 < \cdots < j_p$. Das beweist den Satz.          q.e.d.

> **Satz 17.7** (Eindeutigkeit der Determinante)
> *Die Determinante einer $(n \times n)$-Matrix ist durch die drei Forderungen*
>
> - det *ist in jeder Zeile linear (das heißt, multilinear),*
> - *vertauscht man zwei Zeilen, so ändert sich das Vorzeichen (das heißt,* det *ist alternierend),*
> - $\det(E_n) = 1$
>
> *eindeutig bestimmt.*

## 17.3 Erklärungen zu den Definitionen

Erklärungen

**Zur Definition 17.1 der $p$-Linearformen:** Ein Tensor ist also einfach eine Abbildung, die in allen ihren Argumenten linear ist. Dies versteht man am besten anhand einiger schon bekannter Beispiele.

▶ **Beispiel 162**

- Für $p = 1$ ist $\mathrm{Mult}(V) = V^*$ natürlich einfach der Dualraum von $V$, denn $\mathrm{Mult}(V)$ besteht ja, genauso wie $V^*$, gerade aus allen Linearformen $V \to \mathbb{R}$.
- Wir betrachten die Determinante von $(n \times n)$-Matrizen. Diese ist linear in jeder Zeile, aber an sich erst einmal keine Multilinearform. Fassen wir jedoch eine Matrix als einen Vektor von Vektoren auf, das heißt

$$A = \begin{pmatrix} v_1 \\ \vdots \\ v_n \end{pmatrix}$$

mit $v_i \in \mathbb{R}^n = V$, so ist die Determinante eine Abbildung

$$\det : \mathbb{R}^n \times \cdots \times \mathbb{R}^n \to \mathbb{R},$$

die in jedem Argument linear ist. Also ist die Determinante einer $(n \times n)$-Matrix ein $n$-Tensor. Das Besondere an diesem Tensor sieht man in Satz 17.7.
- Wir betrachten nun das anschaulich wichtigste Beispiel.
Ist $\phi : V \times V \to W$ eine Bilinearform, so ist, wie der Name schon sagt, $\phi$ ja bilinear. Also ist $\phi$ ein 2-Tensor. Nun haben wir gesehen, dass sich bezüglich einer gewählten Basis jede Bilinearform als Matrix schreiben lässt. Die Matrizen

**Abb. 17.1**  Ein 3-Tensor

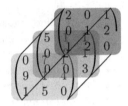

sind also gerade die 2-Tensoren (nach Wahl einer Basis). In gewissem Sinne kann man also Tensoren als Verallgemeinerung von Matrizen (oder genauer: der von Matrizen induzierten Abbildungen) ansehen (siehe dazu auch Satz 17.2 und die Erklärungen dazu).
So wäre dies in Abb. 17.1 zum Beispiel die Darstellung eines 3-Tensors.  ∎

Auch wenn sich Tensor nun erst einmal kompliziert anhört, haben wir also gesehen, dass sich dahinter eigentlich nur eine Verallgemeinerung von schon Bekanntem versteckt.
Wir werden dann im Weiteren aufgrund von Satz 17.2 Tensoren immer als $p$-dimensionale Matrizen schreiben.

---

**Erklärungen**

**Zur Definition 17.2 des Tensorprodukts von Abbildungen:** Das Tensorprodukt von Abbildungen dient im Grunde genommen dazu, aus zwei Abbildungen, die linear in jedem Argument sind, eine einzige zu erhalten, die dann in jedem Argument, das heißt in denen der ersten und zweiten Abbildung, wieder linear ist. Hierzu ein Beispiel.

▶ **Beispiel 163** Wir wollen einen einfachen Fall betrachten und berechnen das Tensorprodukt für $V_1 = V_2 = W_1 = \mathbb{R}^3$. Es seien also $\phi$ eine $(3 \times 3)$-Matrix und $\psi$ ein Element des Raums $(\mathbb{R}^3)^*$. Seien zum Beispiel $\phi$ gegeben durch die Matrix

$$A = \begin{pmatrix} 2 & 1 & 3 \\ 2 & 2 & 2 \\ 3 & 0 & 1 \end{pmatrix}$$

und $\psi$ die Abbildung

$$\begin{pmatrix} x_1 \\ x_2 \\ x_3 \end{pmatrix} \mapsto x_1 + x_2 + x_3.$$

Dann ist

$$(\phi \otimes \psi)(v, w, x) = (v^T A w)(\psi(x))$$

$$= \begin{pmatrix} 2v_1 + 2v_2 + 3v_3 \\ v_1 + 2v_2 \\ 3v_1 + 2v_2 + v_3 \end{pmatrix}^T \begin{pmatrix} w_1 \\ w_2 \\ w_3 \end{pmatrix} \cdot (x_1 + x_2 + x_2)$$

$$= ((2v_1 + 2v_2 + 3v_3)w_1 + (v_1 + 2v_2)w_2 + (3v_1 + 2v_2 + v_3)w_3)$$

$$\cdot (x_1 + x_2 + x_3).$$

Es ist also zum Beispiel

$$(\phi \otimes \psi)\left( \begin{pmatrix} 1 \\ 2 \\ 3 \end{pmatrix}, \begin{pmatrix} 2 \\ 0 \\ 2 \end{pmatrix}, \begin{pmatrix} 1 \\ 1 \\ 1 \end{pmatrix} \right) = (30 + 0 + 20)3 = 150,$$

aber es ist

$$(\psi \otimes \phi)\left( \begin{pmatrix} 1 \\ 2 \\ 3 \end{pmatrix}, \begin{pmatrix} 2 \\ 0 \\ 2 \end{pmatrix}, \begin{pmatrix} 1 \\ 1 \\ 1 \end{pmatrix} \right) = \phi \otimes \psi \left( \begin{pmatrix} 2 \\ 0 \\ 2 \end{pmatrix}, \begin{pmatrix} 1 \\ 1 \\ 1 \end{pmatrix}, \begin{pmatrix} 1 \\ 2 \\ 3 \end{pmatrix} \right) = 120.$$

Also ist das Tensorprodukt nicht kommutativ. ∎

Das Tensorprodukt ist natürlich per Definition selbst eine bilineare Abbildung.

---

**Erklärungen**

**Zur Definition 17.3 des Tensorprodukts von Vektorräumen:** Diese Notation ist einfach eine Verallgemeinerung des Falles $p = 1$, denn es gilt ja $V^* = \text{Mult}(V)$. Da im Endlichdimensionalen $(V^*)^* \cong V$ gilt, ist auch die zweite Definition sinnvoll.

Nun, da wir mithilfe des Tensorprodukts von Abbildungen aus zwei Multilinearformen eine neue erhalten haben, wollen wir etwas über den Vektorraum erfahren, in dem die neue Linearform lebt. Dies ist gerade das Tensorprodukt $V \otimes W$ der beiden ursprünglichen Vektorräume. Das Tensorprodukt zweier Vektorräume hat nun eine sehr schöne Eigenschaft.

Haben wir eine bilineare Abbildung $\phi : V \times W \to \mathbb{R}$, so gibt es genau eine lineare Abbildung $\tilde{\phi} \in V \otimes W$ mit

$$\phi = \tilde{\phi} \circ \otimes,$$

das heißt, das folgende Diagramm kommutiert:

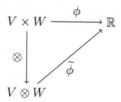

Dies ist übrigens eine weitere Möglichkeit, das Tensorprodukt zu definieren.
Man kann also sagen, dass das Tensorprodukt aus Multilinearformen einfach nur
Linearformen macht (über einem anderen Vektorraum).

**Erklärungen**

**Zur Definition 17.4:** Besonders wichtig bei Tensoren ist der Fall, dass alle betrachteten Vektorräume übereinstimmen. Das liegt daran, dass man dann untersuchen
kann, was passiert, wenn man die Argumente eines Tensors vertauscht, das heißt,
wenn man $\phi(w, v)$ statt $\phi(v, w)$ betrachtet. Dies führt dann auf symmetrische und
alternierende Tensoren, siehe Definition 17.5.

**Erklärungen**

**Zur Definition 17.5 von symmetrischen und alternierenden Tensoren:** Die Definition an sich sollte klar sein. Fragen könnte man sich, wozu das dienen soll. Dies
kann hier noch nicht klar werden, da man dafür tiefer in die Theorie einsteigen muss.
Zwei kleine Gründe können wir aber nennen. Zunächst einmal haben wir gesehen,
dass Tensoren als Verallgemeinerung von Matrizen angesehen werden können, und
auch dort spielen symmetrische und schiefsymmetrische Tensoren eine besondere
Rolle. Der zweite Grund wird sich später, nach Definition des symmetrischen Produkts und des Dachprodukts, zeigen.
Wir wollen uns zuerst mit dem Konstrukt $\phi_\sigma$ beschäftigen.

▶ **Beispiel 164**

- Sei zunächst einmal $p = 1$. Dann gibt es nur eine Permutation in $S_1$, nämlich die
  Identität. Was bedeutet das nun? Hier ist natürlich $\phi = \phi_\sigma = \text{sign}(\sigma)\phi_\sigma$ für alle
  $\sigma \in S_1$. Jeder 1-Tensor ist also symmetrisch und alternierend.

- Sei $p = 2$. Dann gibt es die beiden Permutationen $\sigma = \text{Id}$ und $\sigma = (12)$. Hier ist
  natürlich nur die zweite interessant. Wir wollen nun überlegen, was $\phi_{(12)}$ ist. Sei
  also $\phi$ ein 2-Tensor, das heißt eine Bilinearform. Dann ist also $\phi(v, w) = v^T A w$
  für eine Matrix $A$ (siehe Satz 11.2). Da dies eine reelle Zahl ist, gilt $(\phi(w, v))^T =
  \phi(w, v)$, also

$$\phi_{(12)}(v, w) = \phi(w, v) = (\phi(v, w))^T = (w^T A v)^T = v^T A^T w = \phi^T(v, w),$$

wobei $\phi^T$ dem Tensor entspricht, der durch die Matrix $A^T$ gegeben ist. Für $p = 2$
gilt also $\phi_\sigma = \phi$, falls $\sigma = \text{id}$ und $\phi_\sigma = \phi^T$, falls $\sigma = (12)$. ∎

Kommen wir nun zu den symmetrischen und alternierenden Tensoren.

▶ **Beispiel 165** Wir betrachten 2-Tensoren auf dem $\mathbb{R}^4$.

- Sei $\phi = \begin{pmatrix} 1 & 2 & 3 & 4 \\ 2 & 0 & 2 & 1 \\ 3 & 2 & 3 & 2 \\ 4 & 1 & 2 & 1 \end{pmatrix}$. Nach Beispiel 164 ist $\phi_{(12)} = \phi^T = \phi$, denn $\phi$ ist eine

symmetrische Matrix. Es gilt also $\mathrm{Sym}_2(\phi) = \phi$, $\mathrm{Alt}_2(\phi) = 0$, und $\phi$ ist ein symmetrischer Tensor.

- Sei $\psi = \begin{pmatrix} 0 & 0 & -1 & -3 \\ 0 & 0 & 2 & -1 \\ 1 & -2 & 0 & 2 \\ 3 & 1 & -2 & 0 \end{pmatrix}$. Dann ist $\psi_{(12)} = -\psi = \mathrm{sign}(12)$, also ist $\psi$ alter-

nierend. Es gilt $\mathrm{Sym}_2(\psi) = 0$ und $\mathrm{Alt}_2(\psi) = \psi$.

- Sei $\eta = \begin{pmatrix} 1 & 2 & 4 & 1 \\ 1 & 2 & 4 & 2 \\ 1 & 3 & 3 & 3 \\ 3 & 4 & 2 & 4 \end{pmatrix}$. Hier sind $\eta_{(12)} = \begin{pmatrix} 1 & 1 & 1 & 3 \\ 2 & 2 & 3 & 4 \\ 4 & 4 & 3 & 2 \\ 1 & 2 & 3 & 4 \end{pmatrix}$ und

$$\mathrm{Sym}_2(\eta) = \frac{1}{2}\begin{pmatrix} 2 & 3 & 5 & 4 \\ 3 & 4 & 7 & 6 \\ 5 & 7 & 6 & 5 \\ 4 & 6 & 5 & 8 \end{pmatrix}, \qquad \mathrm{Alt}_2(\eta) = \frac{1}{2}\begin{pmatrix} 0 & 1 & 3 & -2 \\ -1 & 0 & 1 & -2 \\ -3 & -1 & 0 & 1 \\ 2 & 2 & -1 & 0 \end{pmatrix}.$$

Hier sind $\mathrm{Sym}_2(\eta)$ symmetrisch und $\mathrm{Alt}_2(\eta)$ alternierend. Dass dies kein Zufall ist, sagt uns Satz 17.4. Weiterhin fällt auf, dass hier $\mathrm{Sym}_2(\eta) + \mathrm{Alt}_2(\eta) = \eta$ gilt. Darauf werden wir gleich nach dem Beispiel nochmal eingehen.

- Die Determinante det ist ein alternierender Tensor. Ist nämlich $\sigma$ eine beliebige Permutation in $S_n$, dann schreiben wir $\sigma$ als Produkt von Transpositionen, also $\sigma = \tau_1 \circ \cdots \circ \tau_k$. Es gilt dann $\mathrm{sign}(\sigma) = (-1)^k$. Eine Transposition entspricht dann genau dem Vertauschen zweier Zeilen der Matrix, von der wir die Determinante berechnen. Da sich bei einem solchen Vertauschen das Vorzeichen der Determinante ändert und wir genau $k$-mal vertauschen, gilt also

$$\det_\sigma(A) = \det_{\tau_1 \circ \cdots \circ \tau_k}(A) = (-1)^k \det(A) = \mathrm{sign}(\sigma)\det(A).$$

- Ihr solltet einfach einmal zur Übung die beiden Tensoren aus Beispiel 163 betrachten. Wenn ihr euch nicht verrechnet, dann seht ihr, dass $\phi$ weder symmetrisch noch alternierend und $\psi$ symmetrisch ist. ■

Insgesamt kann man sich merken, dass ein 2-Tensor genau dann symmetrisch ist, wenn die dazugehörige Matrix symmetrisch ist, und genau dann alternierend, wenn die dazugehörige Matrix antisymmetrisch ist.

Weiterhin gilt für 2-Tensoren $\phi$ allgemein, was wir im dritten Punkt von Beispiel 165 schon gesehen haben:

$$\mathrm{Sym}_2(\phi) + \mathrm{Alt}_2(\phi) = \frac{1}{2}(\phi + \phi^T) + \frac{1}{2}(\phi - \phi^T) = \phi.$$

Stellt man sich wieder 2-Tensoren als Matrizen vor, bedeutet das nichts anderes, als dass man jede Matrix als Summe einer symmetrischen und einer antisymmetrischen Matrix schreiben kann.

---

**Erklärungen**

**Zur Definition 17.6 des symmetrischen und des Dachprodukts:** Auch hier sollte die Definition klar sein. Leider macht es hier (bis auf einen Fall) wenig Sinn, Beispiele zu betrachten. Sieht man nämlich einmal vom Fall $p = 1$ ab, so ist das Ergebnis des Dachproduktes oder des symmetrischen Produktes mindestens ein 4-Tensor, also eine vierdimensionale Matrix. Diese können wir hier leider aus Platzgründen nicht zeigen ;-). Man könnte natürlich die Abbildungsvorschrift bestimmen, dafür müsste man aber alle $n!$ Permutationen (also mindestens 24) betrachten. Das ergibt dann eine noch viel kompliziertere Vorschrift als in Beispiel 163.

Betrachten wir deswegen nur ein Beispiel:

▶ **Beispiel 166** Seien $\phi$ und $\psi$ 1-Tensoren im $\mathbb{R}^3$. Dann ist $\phi \wedge \psi = \phi \otimes \psi - \psi \otimes \phi$. Wir wollen uns hier nun die Koeffizienten anschauen. Es gilt $(\phi \wedge \psi)_{i,j} = \phi_i \otimes \psi_j - \psi_j \otimes \phi_i$, also

$$
\phi \wedge \psi = \begin{pmatrix} 0 & \phi_1\psi_2 - \phi_2\psi_1 & \phi_1\psi_3 - \phi_3\psi_1 \\ \phi_2\psi_1 - \phi_1\psi_2 & 0 & \phi_2\psi_3 - \phi_3\psi_2 \\ \phi_3\psi_1 - \phi_1\psi_3 & \phi_3\psi_2 - \phi_2\psi_3 & 0 \end{pmatrix}
$$
$$
= \begin{pmatrix} 0 & (\phi \times \psi)_3 & -(\phi \times \psi)_2 \\ -(\phi \times \psi)_3 & 0 & (\phi \times \psi)_1 \\ (\phi \times \psi)_2 & -(\phi \times \psi)_1 & 0 \end{pmatrix},
$$

wobei hier $\times$ das normale Kreuzprodukt von Vektoren im $\mathbb{R}^3$ ist. Das Dachprodukt kann also (zumindest im dreidimensionalen Raum) mit dem Kreuzprodukt in Verbindung gebracht werden. ∎

Eine Anmerkung noch zum Faktor $\frac{(p+q)!}{p!q!}$. Dieser Faktor ist nützlich, um eine schöne Formel für das Dachprodukt von mehr als nur 2 Tensoren zu erhalten, siehe Satz 17.5.

## 17.4    Erklärungen zu den Sätzen und Beweisen

---
**Erklärungen**
---

**Zum Satz 17.1 über den Vektorraum der Multilinearformen:** Dieser Satz sagt uns, dass man durch Addition zweier Tensoren und durch skalare Multiplikation wieder Tensoren erhält. Dies folgt direkt aus der Definition.

---
**Erklärungen**
---

**Zum Satz 17.2 über die Dimension des Vektorraums der Multilinearformen:** Nach diesem Satz können schon aus Dimensionsgründen $V \times W$ und $V \otimes W$ in der Regel nicht isomorph sein. Der Beweis verläuft einfach, indem man aus den Basen der Vektorräume eine Basis des Raums der Multilinearformen beziehungsweise des Tensorprodukts konstruiert.

Wichtig ist dieser Satz vor allem für $p$-Tensoren $\psi \in \bigotimes^p V^*$, denn wir können nach Wahl von Basen von $V$ $p$-Tensoren als „$p$-dimensionale Matrizen" darstellen.

Für $p = 0$ haben wir dann 0-dimensionale Matrizen, also Skalare, für $p = 1$ erhalten wir 1-dimensionale Matrizen, also Vektoren, und für $p = 2$ den Raum der Matrizen mit Dimension $n^2$, falls dim $V = n$.

---
**Erklärungen**
---

**Zum Satz 17.3 über die Eigenschaften des Tensorprodukts:** Die ersten beiden Eigenschaften hier folgen alle sofort, da wir es nur mit Linearformen zu tun haben. Hier sei nochmal gesagt, dass das Tensorprodukt im Allgemeinen nicht kommutativ ist. Zur Übung könnt ihr die Eigenschaften einmal direkt für drei Tensoren nachweisen. Nehmt zum Beispiel die Tensoren $\phi$ und $\psi$ aus Beispiel 163 und dazu noch eine weitere $(3 \times 3)$-Matrix.

Die dritte Eigenschaft kann man beweisen, indem man aus der eindeutigen Darstellung von Tensoren in $V_1^* \otimes \cdots \otimes V_p^*$ durch die Basiselemente $(\phi_i)_{i=1,\ldots,m}$ und die eindeutige Darstellung von Tensoren in $W_1^* \otimes \cdots \otimes W_q^*$ durch $(\psi_j)_{j=1,\ldots,n}$ eine eindeutige Darstellung von Tensoren in $V_1^* \otimes \cdots \otimes V_p^* \otimes W_1^* \otimes \cdots \otimes W_q^*$ durch die Elemente $(\phi_i \otimes \psi_j)_{\substack{i=1,\ldots,m \\ j=1,\ldots,n}}$ konstruiert.

---
**Erklärungen**
---

**Zum Satz 17.4 über die Eigenschaften symmetrischer und alternierender Tensoren:** Dieser Satz gibt uns eine schöne Charakterisierung von symmetrischen und alternierenden Tensoren. Er bietet außerdem eine sehr gute Übung für euch, die Aussagen zu beweisen.

Die Aussagen des Satzes lassen sich sehr schön mithilfe des Beispieles 165 nachvollziehen.

**Zum Satz 17.5 über die Eigenschaften des Dachprodukts und des symmetrischen Produkts:** Hier haben wir nun noch einmal die Eigenschaften des Dachprodukts und die des symmetrischen Produkts zusammengefasst. Auch hier solltet ihr euch wieder an einem Beweis versuchen.

Wir erkennen also, dass das Dachprodukt „fast" kommutativ ist. Und dies ist der zweite kleine Grund für die Einführung dieser neuen Objekte, denn das Tensorprodukt war gar nicht kommutativ.

Auch hier verzichten wir, aus demselben Grund wie bei Definition 17.6, auf Beispiele.

**Zum Satz 17.6 über die Dimension des Raums der alternierenden Tensoren:** Wie weiter oben schon für den Raum der Multilinearformen sagen wir nun noch etwas über die Dimension des Raums der alternierenden und den der symmetrischen Tensoren aus. Dabei benutzen wir im Beweis als Trick die Charakterisierung der alternierenden/symmetrischen Tensoren aus Satz 17.4 und deren Eigenschaften aus Satz 17.5.

In der Erklärung zu Definition 17.5 hatten wir schon gesehen, dass man jeden 2-Tensor als Summe eines symmetrischen und eines alternierenden 2-Tensors schreiben kann. Setzen wir in Satz 17.6 $p = 2$, so erhalten wir, dass die Dimension des Raumes der alternierenden 2-Tensoren genau $\frac{m}{2}(m-1)$ und die Dimension des Raumes der symmetrischen 2-Tensoren $\frac{m}{2}(m+1)$ ist. Die Summe hiervon ist genau $m^2$, also genau die Dimension des Raumes der 2-Tensoren. Dies zeigt uns, dass man jeden 2-Tensor sogar als direkte Summe eines symmetrischen und eines alternierenden 2-Tensors schreiben kann. Für $p > 2$ gilt das nicht mehr.

An diesem Satz sehen wir auch nochmal, dass jeder 1-Tensor symmetrisch und alternierend ist, denn

$$\dim \bigotimes^{1} V^* = m = \binom{m}{1} = \binom{m+1-1}{1}.$$

**Zum Satz 17.7 über die Eindeutigkeit der Determinante:** Wir hatten schon gesehen, dass die Determinante ein $n$-Tensor ist. Die Determinante ist ja definiert als eine alternierende, multilineare Abbildung, deren Wert bei der Einheitsmatrix 1 ist. Mit diesem Satz erhalten wir nun das wichtige Resultat, dass die Determinante dadurch schon eindeutig definiert ist. Der Beweis hiervon ist gar nicht schwer, probiert es also lieber erstmal selbst, bevor ihr weiterlest ;-).

Zunächst einmal ist die Determinante ein alternierender $n$-Tensor auf einem $n$-dimensionalen Vektorraum. Die Dimension des Raumes solcher alternierender $n$-Tensoren ist nach Satz 17.6 gerade $\binom{n}{n} = 1$. Ein alternierender $n$-Tensor ist also durch Vorgabe eines (Nichtnull-)Wertes eindeutig bestimmt. Genau dies erreicht man durch die Vorgabe $\det(E_n) = 1$.

# Probeklausur Lineare Algebra

# 18

## Inhaltsverzeichnis

Im Folgenden haben wir für euch eine Probeklausur für Lineare Algebra 2 vorbereitet, damit ihr einmal selbst testen könnt, ob ihr den Stoff auch verinnerlicht habt. Die Klausur und die anschließende Musterlösung schreiben wir im üblichen Unistil, wundert euch also nicht, wenn die Texte dort von unserem Stil etwas abweichen. Insbesondere werden wir euch dort zum ersten Mal siezen, denn das werdet ihr in echten Klausuren schließlich auch ;-). Bevor ihr euch mit der Klausur beschäftigt, solltet ihr unbedingt alles Störende (Handy usw.) beiseite legen und auch keine Anrufe annehmen. Am besten hilft eine Probeklausur immer dann, wenn man wirklich prüfungsähnliche Bedingungen schafft, gebt euch also auch nur so viel Zeit wie von uns unten beschrieben. Bevor ihr mit der Klausur beginnt, beachtet bitte die allgemeinen Hinweise zu Probeklausuren, die wir euch vor der Probeklausur Analysis (Kap. 9) geben haben (diese gelten hier natürlich ebenso) sowieso die speziellen Hinweise unten für unsere Probeklausur.

## 18.1 Hinweise

Soo… bevor es dann auf der nächsten Seite losgeht, hier noch die spezifischen Hinweise für die folgende Klausur:

- Es sind keine Hilfsmittel erlaubt (kein Taschenrechner, kein Formelzettel).
- Ihr habt 120 min Zeit.
- Es gibt 62 Punkte zu erreichen, ab 31 Punkten ist die Klausur bestanden.

Viel Erfolg!

© Springer-Verlag GmbH Deutschland, ein Teil von Springer Nature 2019
F. Modler und M. Kreh, *Tutorium Analysis 2 und Lineare Algebra 2*,
https://doi.org/10.1007/978-3-662-59226-7_18

## 18.2   Klausur

**Aufgabe 1**  (6 + 4 + 4 Punkte)

Bestimmen Sie die Minimalpolynome der folgenden Matrizen:

a) $A := \begin{pmatrix} 0 & 1 & 0 & 0 \\ 0 & 0 & 1 & 0 \\ 0 & 0 & 0 & 1 \\ 0 & 0 & 0 & 0 \end{pmatrix}$

b) $B := \begin{pmatrix} 1 & 7 & 9 & 5 \\ 0 & 2 & 3 & 2 \\ 0 & 0 & 3 & 1 \\ 0 & 0 & 0 & 4 \end{pmatrix}$

c) $C := \begin{pmatrix} 1 & 1 & 0 & 0 & 0 \\ 0 & 2 & 0 & 0 & 0 \\ -1 & 2 & 1 & -1 & -1 \\ 3 & -3 & 1 & 3 & 1 \\ -1 & 1 & 0 & 0 & 2 \end{pmatrix}$

**Aufgabe 2**  (8 Punkte)

Es sei die Quadrik

$$Q := \left\{ (x_1, x_2) \in \mathbb{R}^2 : -3x_1^2 + 8x_1x_2 + 3x_2^2 - 8x_1 + x_2 = 0 \right\}$$

gegeben.

a) Bestimmen Sie die affine Normalform der Quadrik.

b) Geben Sie eine Abbildung $f$ an, sodass $f(Q)$ in Normalform ist.

**Aufgabe 3**  (6 Punkte)

Sei $S$ eine Spiegelungsmatrix. Wie lautet das Minimalpolynom von $S$?

**Aufgabe 4**  (6 Punkte)

Zeigen Sie, dass die Einheitsmatrix die einzige Matrix ist, die orthogonal, symmetrisch und positiv definit zugleich ist.

**Aufgabe 5** (7 Punkte)

Gegeben sei die Matrix

$$A = \begin{pmatrix} -1 & -6 & 0 & 0 \\ 0 & 2 & 0 & 0 \\ 0 & 0 & -3 & 2 \\ 1 & 2 & -2 & 1 \end{pmatrix}.$$

Bestimmen Sie eine Jordan-Normalform $J$ von $A$ und eine Matrix $T \in GL_{4,4}(\mathbb{R})$ mit $T^{-1}AT = J$.

**Aufgabe 6** (7 Punkte)

Der Endomorphismus $f$ des $\mathbb{R}^4$ sei gegeben durch

$$M_E^E(f) = \begin{pmatrix} -2 & 0 & 0 & 1 \\ -1 & 0 & 0 & 1 \\ 0 & 0 & 0 & 0 \\ 0 & 0 & 0 & 0 \end{pmatrix}$$

mit der Standardbasis $E$ des $\mathbb{R}^4$. Bestimmen Sie eine Jordanbasis $B$ des $\mathbb{R}^4$ zu $f$, sowie die zugehörige Matrix $M_B^B(f)$.

**Aufgabe 7** (4 + 3 Punkte)

Lösen Sie die folgenden Aufgaben:

a) Sei $\varphi \in (\mathbb{R}^2)^*$ gegeben durch $\varphi = 2b_1^* + b_2^*$, wobei $B^* := \{b_1^*, b_2^*\}$ die zu $B = \{b_1, b_2\}$ duale Basis ist mit $b_1 = (1, 1)^T, b_2 = (1, 0)^T$. Geben Sie $\varphi$ in der Form $\varphi((x, y)^T) = ax + by$ an.

b) Sei $f : \mathbb{R}^3 \to \mathbb{R}^2$ gegeben durch

$$f(\vec{x}) = \begin{pmatrix} 1 & 2 & -1 \\ 3 & 1 & 2 \end{pmatrix} \vec{x}.$$

Berechnen Sie $f^*\varphi$ (wobei $\varphi$ wie in a) definiert ist) und $M_{E^*}^{B^*}(f)$ (hier sei $E^*$ die zur Standardbasis duale Basis und $B^*$ sei wie in a)).

**Aufgabe 8** (2 + 2 + 3 Punkte)

Entscheiden Sie, ob die folgenden Implikationen gelten und begründen Sie die Antworten kurz:

a) $A, B$ unitär $\Rightarrow A + B$ unitär.

b) $A, B$ selbstadjungiert $\Rightarrow A + B$ selbstadjungiert.

c) $A$ selbstadjungiert $\Rightarrow \det(A) \in \mathbb{R}$.

## 18.3   Musterlösung

**Aufgabe 1**

a) Wir betrachten die Matrix $A := \begin{pmatrix} 0 & 1 & 0 & 0 \\ 0 & 0 & 1 & 0 \\ 0 & 0 & 0 & 1 \\ 0 & 0 & 0 & 0 \end{pmatrix}$. Das charakteristische Polynom kann

man direkt zu $P_A = \det(A - x E_4) = x^4$ angeben. Es gilt also entweder

$$m_A = x,\, m_A = x^2,\, m_A = x^3 \text{ oder } m_A = x^4.$$

$m_A = x$ scheidet aus, denn $A \neq 0$. Außerdem ist

$$A^2 = AA = \begin{pmatrix} 0 & 0 & 1 & 0 \\ 0 & 0 & 0 & 1 \\ 0 & 0 & 0 & 0 \\ 0 & 0 & 0 & 0 \end{pmatrix} \neq 0 \text{ und } A^3 = \begin{pmatrix} 0 & 0 & 0 & 1 \\ 0 & 0 & 0 & 0 \\ 0 & 0 & 0 & 0 \\ 0 & 0 & 0 & 0 \end{pmatrix} \neq 0.$$

Also ist das Minimalpolynom gegeben durch $m_A = x^4$.

b) Sei nun $B := \begin{pmatrix} 1 & 7 & 9 & 5 \\ 0 & 2 & 3 & 2 \\ 0 & 0 & 3 & 1 \\ 0 & 0 & 0 & 4 \end{pmatrix}$. Das charakteristische Polynom ist aufgrund der ganzen

Nullen unterhalb der Diagonalen gegeben durch

$$P_B = (1 - x)(2 - x)(3 - x)(4 - x).$$

Es folgt sofort, dass dies auch das Minimalpolynom sein muss.

c) Zum Schluss dieser Aufgabe betrachten wir die Matrix

$$C := \begin{pmatrix} 1 & 1 & 0 & 0 & 0 \\ 0 & 2 & 0 & 0 & 0 \\ -1 & 2 & 1 & -1 & -1 \\ 3 & -3 & 1 & 3 & 1 \\ -1 & 1 & 0 & 0 & 2 \end{pmatrix}.$$

Es gilt

$$P_C = \det(C - x E_5) = \det \begin{pmatrix} 1-x & 1 & 0 & 0 & 0 \\ 0 & 2-x & 0 & 0 & 0 \\ -1 & 2 & 1-x & -1 & -1 \\ 3 & -3 & 1 & 3-x & 1 \\ -1 & 1 & 0 & 0 & 2-x \end{pmatrix}.$$

Wir entwickeln nach dem Schachbrettmuster $\begin{pmatrix} + & - & + & - & + \\ - & + & - & + & - \\ + & - & + & - & + \\ - & + & - & + & - \\ + & - & + & - & + \end{pmatrix}$. Dies liefert sofort

$$P_C = (2 - x) \det \begin{pmatrix} 1-x & 0 & 0 & 0 \\ -1 & 1-x & -1 & -1 \\ 3 & 1 & 3-x & 1 \\ -1 & 0 & 0 & 2-x \end{pmatrix}.$$

Nochmaliges Entwickeln nach dem Schema $\begin{pmatrix} + & - & + & - \\ - & + & - & + \\ + & - & + & - \\ - & + & - & + \end{pmatrix}$ ergibt jetzt (und dann

sind wir auch fast fertig):

$$P_C = (2-x)(1-x) \det \begin{pmatrix} 1-x & -1 & -1 \\ 1 & 3-x & 1 \\ 0 & 0 & 2-x \end{pmatrix}.$$

Jetzt wenden wir entweder die Regel von Sarrus an oder entwickeln noch einmal. Entwickeln liefert

$$P_C = (2-x)^2(1-x) \det \begin{pmatrix} 1-x & -1 \\ 1 & 3-x \end{pmatrix}.$$

Also ist

$$\begin{aligned} P_C &= (2-x)^2(1-x)\left((1-x)(3-x)+1\right) \\ &= (2-x)^2(1-x)(3+4x+x^2+1) \\ &= (1-x)(2-x)^4. \end{aligned}$$

Das Minimalpolynom ist also gegeben durch $m_C(x) = (1-x)(2-x)^k$ für ein $k \in \{1, 2, 3, 4\}$. Wir rechnen nun nach: Es gilt

$$(E_5 - C)(2E_5 - C) = \begin{pmatrix} 0 & 0 & 0 & 0 & 0 \\ 0 & 0 & 0 & 0 & 0 \\ -1 & 1 & -1 & -1 & -1 \\ 1 & 0 & 1 & 1 & 1 \\ 0 & 0 & 0 & 0 & 0 \end{pmatrix},$$

$$(E_5 - C)(2E_5 - C)^2 = \begin{pmatrix} 0 & 0 & 0 & 0 & 0 \\ 0 & 0 & 0 & 0 & 0 \\ 0 & 1 & 0 & 0 & 0 \\ 0 & -1 & 0 & 0 & 0 \\ 0 & 0 & 0 & 0 & 0 \end{pmatrix},$$

$$(E_5 - C)(2E_5 - C)^3 = \begin{pmatrix} 0\,0\,0\,0\,0 \\ 0\,0\,0\,0\,0 \\ 0\,0\,0\,0\,0 \\ 0\,0\,0\,0\,0 \\ 0\,0\,0\,0\,0 \end{pmatrix},$$

also ist das Minimalpolynom gegeben durch $(1 - x)(2 - x)^3$.

**Aufgabe 2**

a)  Wir gehen bei dieser Aufgabe schrittweise vor.

1. Schritt: **Umschreiben in die Form $x^T A x + bx - a = 0$:**
$-3x_1^2 + 8x_1x_2 + 3x_2^2 - 8x_1 + x_2 = 0$ lässt sich in der Form

$$(x_1, x_2)^T \begin{pmatrix} -3 & 8/2 \\ 8/2 & 3 \end{pmatrix} \begin{pmatrix} x_1 \\ x_2 \end{pmatrix} + (-8, 1)^T \begin{pmatrix} x_1 \\ x_2 \end{pmatrix} = 0$$

schreiben. Mit

$$A := \begin{pmatrix} -3 & 4 \\ 4 & 3 \end{pmatrix}, b = \begin{pmatrix} -8 \\ 1 \end{pmatrix}, a = 0$$

erhalten wir

$$Q := \left\{ x = (x_1, x_2)^T \in \mathbb{R}^2 : x^T A x + bx = 0 \right\}.$$

2. Schritt: **Diagonalisiere die Matrix $A$:**
Das charakteristische Polynom ist gegeben durch

$$P_A = \det \begin{pmatrix} -3 - \lambda & 4 \\ 4 & 3 - \lambda \end{pmatrix} = (-3 - \lambda)(3 - \lambda) - 16.$$

Die Nullstellen des charakteristischen Polynoms sind die Eigenwerte von $A$:

$$(-3 - \lambda)(23\lambda) - 16 = 0 \Rightarrow -9 \underbrace{+3\lambda - 3\lambda}_{=0} + \lambda^2 - 16 = 0$$

$$\Leftrightarrow \lambda^2 = 25 \Rightarrow \lambda_{1,2} = \pm 5.$$

Berechnung der Eigenräume bzw. Eigenvektoren ergibt:

$$\mathrm{Eig}\,(A, 5) = \ker \begin{pmatrix} -3 - 5 & 4 \\ 4 & 3 - 5 \end{pmatrix} = \ker \begin{pmatrix} -8 & 4 \\ 4 & -2 \end{pmatrix}$$

$$= \ker \begin{pmatrix} -8 & 4 \\ 0 & 0 \end{pmatrix} = \left\langle \begin{pmatrix} 1 \\ 2 \end{pmatrix} \right\rangle$$

$$\mathrm{Eig}\,(A,5) = \ker \begin{pmatrix} -3+5 & 4 \\ 4 & 3+5 \end{pmatrix} = \ker \begin{pmatrix} 2 & 4 \\ 4 & 8 \end{pmatrix}$$

$$= \ker \begin{pmatrix} 2 & 4 \\ 0 & 0 \end{pmatrix} = \left\langle \begin{pmatrix} 2 \\ -1 \end{pmatrix} \right\rangle$$

*Alternativ:* Sei $\mathrm{Eig}(A,-5) = \left\langle \begin{pmatrix} 2 \\ -1 \end{pmatrix} \right\rangle$ beispielsweise schon berechnet. Der andere Eigenraum $\mathrm{Eig}(A,5)$ können wir über die Bildung des orthogonalen Komplements bilden. Dies liefert

$$\mathrm{Eig}\,(A,5) = \left\langle \begin{pmatrix} 2 \\ -1 \end{pmatrix}^{\perp} \right\rangle = \left\langle \begin{pmatrix} 1 \\ 2 \end{pmatrix} \right\rangle,$$

denn $\begin{pmatrix} 2 \\ -1 \end{pmatrix}$ und $\begin{pmatrix} 1 \\ 2 \end{pmatrix}$ sind orthogonal, da das Skalarprodukt $(2\ -1)^T \begin{pmatrix} 1 \\ 2 \end{pmatrix} = 0$ ist.

Eine Orthonormalbasis des $\mathbb{R}^2$ ist also gegeben durch $\left( \frac{1}{\sqrt{5}} \begin{pmatrix} 1 \\ 2 \end{pmatrix}, \frac{1}{\sqrt{5}} \begin{pmatrix} 2 \\ -1 \end{pmatrix} \right)$. Demnach ist

$$S := \frac{1}{\sqrt{5}} \begin{pmatrix} 1 & 2 \\ 2 & -1 \end{pmatrix}.$$

3. Schritt: **Substitution**
Sei $\vec{x} = S\vec{y}$ mit $\vec{x} := (x_1, x_2)^T$ und $\vec{y} := (y_1, y_2)^T$. Die Rechnung kann nun verkürzt werden, wenn man bedenkt, dass $x = Sy$ die Gleichung $x^T A x + bx = 0$ überführt wird in

$$(Sy)^T A(Sy) + b(Sy) = y^T \underbrace{S^T A S}_{=D} y + bSy = y^T D y + bSy = 0.$$

Hierbei ist

$$S^{-1} A S = S^T A S = \begin{pmatrix} -5 & 0 \\ 0 & 5 \end{pmatrix} =: D.$$

Wir erhalten

$$\left(y_1\ y_2\right)^T \begin{pmatrix} -5 & 0 \\ 0 & 5 \end{pmatrix} \begin{pmatrix} y_1 \\ y_2 \end{pmatrix}^T + (-2\ 1)^T \frac{1}{\sqrt{5}} \begin{pmatrix} 1 & 2 \\ 2 & -1 \end{pmatrix} \begin{pmatrix} y_1 \\ y_2 \end{pmatrix} = 0$$

$$\left(y_1\ y_2\right)^T \begin{pmatrix} -5y_1 \\ 5y_2 \end{pmatrix} + (-2\ 1)^T \frac{1}{\sqrt{5}} \begin{pmatrix} y_1 + 2y_2 \\ 2y_1 - y_2 \end{pmatrix} = 0$$

$$-5y_1^2 + 5y_2^2 - \sqrt{5}y_1 = 0$$

4. Schritt: **Quadratische Ergänzung**
Wir führen eine quadratische Ergänzung durch, um auf die Normalform
zu kommen.

$$-5y_1^2 + 5y_2^2 - \sqrt{5}y_1 = 0$$

$$-5\left(y_1^2 + \frac{\sqrt{5}}{5}y_1\right) + 5y_2^2 = 0$$

$$-5\left(\left(y_1 + \frac{\sqrt{5}}{10}\right)^2 - \frac{1}{20}\right) + 5y_2^2 = 0$$

$$-5\left(y_1 + \frac{\sqrt{5}}{10}\right)^2 + 5y_2^2 + \frac{1}{4} = 0$$

5. Schritt: **Weitere Substitution und zum Ende kommen...**
Um auf die Normalform zu gelangen, führen wir eine weitere Substitution durch, die geometrisch einer Translation entspricht.

$$z = \begin{pmatrix} z_1 \\ z_2 \end{pmatrix} = \begin{pmatrix} y_1 + \frac{\sqrt{5}}{10} \\ y_2 \end{pmatrix} = \begin{pmatrix} y_1 \\ y_2 \end{pmatrix} + \begin{pmatrix} \frac{\sqrt{5}}{10} \\ 0 \end{pmatrix}.$$

Dies liefert nun

$$-5z_1^2 + 5z_2^2 + \frac{1}{4} = 0 \Leftrightarrow 20z_1^2 - 20z_2^2 - 1 = 0.$$

Es ist also eine **Hyperbel** gegeben durch:

$$Q' := \left\{ z = (z_1, z_2)^T : 20z_1^2 - 20z_2^2 - 1 = 0 \right\}.$$

b) Wir erhalten

$$x = Sy = S\left(z - \begin{pmatrix} \frac{\sqrt{5}}{19} \\ 0 \end{pmatrix}\right) = Sz - S\begin{pmatrix} \frac{\sqrt{5}}{10} \\ 0 \end{pmatrix} = Sz + \begin{pmatrix} \frac{1}{10} \\ \frac{1}{5} \end{pmatrix}.$$

Für

$$\overline{f} : \mathbb{R}^2 \to \mathbb{R}^2, z \mapsto Sz + \begin{pmatrix} \frac{1}{10} \\ \frac{1}{5} \end{pmatrix}$$

gilt $\overline{f}(Q') = Q$. Daraus folgt: Für

$$f = \overline{f}^{-1} : \mathbb{R}^2 \to \mathbb{R}^2, \ x \mapsto S^{-1}\left(x - \begin{pmatrix} \frac{1}{10} \\ \frac{1}{5} \end{pmatrix}\right) = S^T\left(x + \begin{pmatrix} -\frac{1}{10} \\ -\frac{1}{5} \end{pmatrix}\right)$$

$$= S^T x + S^T \begin{pmatrix} -\frac{1}{10} \\ -\frac{1}{5} \end{pmatrix} = S^T x + \begin{pmatrix} -\frac{3}{10} \\ 0 \end{pmatrix}$$

gilt $f(Q) = Q'$.

**Aufgabe 3** Für eine Spiegelungsmatrix gilt

$$S^2 = E \Leftrightarrow S^2 - E = 0.$$

Man sagt auch, sie ist selbstinvers. Das Minimalpolynom ist damit gegeben durch $m_S = x^2 - 1 = (x - 1)(x + 1)$. Außerdem besitzt eine Spiegelung die Eigenwerte $-1$ und $1$, also $m_S = x^2 - 1 = (x - 1)(x + 1)$.

**Aufgabe 4** Es ist klar, dass die Einheitsmatrix orthogonal ($E^T = E^{-1}$), symmetrisch ($E^T = E$) und positiv definit ($x^T A x > 0 \; \forall x$) ist. Es muss jetzt noch gezeigt werden, dass keine weitere Matrix als die Einheitsmatrix existiert, die diese Eigenschaften erfüllt:

Sei $A$ eine weitere orthogonale, symmetrische und positiv definite Matrix. Wir zeigen, dass dann $A = E$ gilt.

$A$ symmetrisch $\Rightarrow A$ ist reell diagonalisierbar

$A$ orthogonal $\Rightarrow$ Eigenwerte von A haben Betrag 1

$\Rightarrow A$ hat Eigenwerte 1 oder $-1$

$A$ positiv definit $\Rightarrow A$ besitzt nur positive Eigenwerte

$\Rightarrow A$ hat nur den Eigenwert 1

$$\Rightarrow \exists S \in GL_n(\mathbb{R}) : S^{-1} A S = \begin{pmatrix} 1 & 0 & 0 \\ 0 & \ddots & 0 \\ 0 & 0 & 1 \end{pmatrix} = E$$

$$\Rightarrow A = S E S^{-1} = S S^{-1} = E.$$

Folglich erfüllt nur die Einheitsmatrix die oben genannten Eigenschaften.

**Aufgabe 5** Wir berechnen zunächst die Eigenwerte von $A$. Das charakteristische Polynom ist gegeben durch

$$\begin{aligned} P_A &= \det \begin{pmatrix} x+1 & 6 & 0 & 0 \\ 0 & x-2 & 0 & 0 \\ 0 & 0 & x+3 & -2 \\ -1 & -2 & 2 & x-1 \end{pmatrix} \\ &= \det \begin{pmatrix} x+1 & 6 \\ 0 & x-2 \end{pmatrix} \det \begin{pmatrix} x+3 & -2 \\ 2 & x-1 \end{pmatrix} \\ &= (x+1)(x-2)(x^2+2x-3+4) = (x+1)^3(x-2) \end{aligned}$$

Dies folgte aus der Blockdeterminantenformel.

Wir betrachten jetzt den Eigenwert $x = -1$. Es gilt

$$\text{Eig}(A, -1) = \ker(A + E) = \ker \begin{pmatrix} 0 & -6 & 0 & 0 \\ 0 & 3 & 0 & 0 \\ 0 & 0 & -2 & 2 \\ 1 & 2 & -2 & 2 \end{pmatrix} = \left\langle \begin{pmatrix} 0 \\ 0 \\ 1 \\ 1 \end{pmatrix} \right\rangle.$$

Somit gibt es $\dim \ker(A + E) = 1$ Jordankästchen zum Eigenwert $-1$ (notwendigerweise von Ordnung 3). Wir berechnen die Kerne von $(A + E)^2$ und $(A + E)^3$. Klar ist bereits, dass $\dim \ker(A + E)^2 = 2$ und $\dim \ker(A + E)^3 = 3$.

$$\ker(A + E)^2 = \ker \begin{pmatrix} 0 & -18 & 0 & 0 \\ 0 & 9 & 0 & 0 \\ 2 & 4 & 0 & 0 \\ 2 & 4 & 0 & 0 \end{pmatrix} = \left\langle \begin{pmatrix} 0 \\ 0 \\ 1 \\ 0 \end{pmatrix}, \begin{pmatrix} 0 \\ 0 \\ 1 \\ 1 \end{pmatrix} \right\rangle.$$

$$\ker(A + E)^3 = \ker \begin{pmatrix} 0 & -54 & 0 & 0 \\ 0 & 27 & 0 & 0 \\ 0 & 0 & 0 & 0 \\ 0 & 0 & 0 & 0 \end{pmatrix} = \left\langle \begin{pmatrix} 1 \\ 0 \\ 0 \\ 0 \end{pmatrix}, \begin{pmatrix} 0 \\ 0 \\ 1 \\ 0 \end{pmatrix}, \begin{pmatrix} 0 \\ 0 \\ 0 \\ 1 \end{pmatrix} \right\rangle.$$

Setze

$$v_1 = \begin{pmatrix} 1 \\ 0 \\ 0 \\ 0 \end{pmatrix} \in \ker(A + E)^3 \setminus \ker(A + E)^2,$$

$$v_2 = (A + E) \begin{pmatrix} 1 \\ 0 \\ 0 \\ 0 \end{pmatrix} = \begin{pmatrix} 0 \\ 0 \\ 0 \\ 1 \end{pmatrix},$$

$$v_3 = (A + E)^2 \begin{pmatrix} 1 \\ 0 \\ 0 \\ 0 \end{pmatrix} = \begin{pmatrix} 0 \\ 0 \\ 0 \\ 2 \end{pmatrix}.$$

Der Eigenwert $x = 2$ ist einfach. Das zugehörige Jordankästchen ist also von Ordnung 1. Es gilt

$$\text{Eig}(A, 2) = \ker(A - 2E) = \ker \begin{pmatrix} -3 & -6 & 0 & 0 \\ 0 & 0 & 0 & 0 \\ 0 & 0 & -5 & -2 \\ 1 & 2 & -2 & -1 \end{pmatrix} = \left\langle \begin{pmatrix} -2 \\ 1 \\ 0 \\ 0 \end{pmatrix} \right\rangle.$$

Wir setzen $v_4 = \begin{pmatrix} -2 \\ 1 \\ 0 \\ 0 \end{pmatrix}$. Die Matrix $T := (v_3, v_2, v_1, v_4)$ erfüllt dann

$$J := \begin{pmatrix} -1 & 1 & 0 & 0 \\ 0 & -1 & 1 & 0 \\ 0 & 0 & -1 & 0 \\ 0 & 0 & 0 & 2 \end{pmatrix} = T^{-1}AT.$$

**Aufgabe 6** Mit Hilfe des Laplace Entwicklungssatz (Vieles fällt weg! Entwickeln Sie beispielsweise nach der dritten oder vierten Zeile, denn dort sind viele Nullen enthalten, was sehr viel Rechenaufwand spart.) ergibt sich das charakteristische Polynom zu $P_A = x^4 + 2x^3 = x^3(x+2)$. $(A + 2E)x = 0$ liefert den Eigenraum

$$\text{Eig}(A, -2) = \text{span}\{(2, 1, 0, 0)^T\}.$$

Ferner sieht man

$$\text{Eig}(A, 0) = \text{span}\{e_2, e_3\}.$$

Damit ist der Hauptraum von $A$ zum Eigenwert 0 der Lösungsraum $A^2 x = 0$. Von $A^2$ benötigen wir nur die erste Zeile, die sich zu $\begin{pmatrix} 4 & 0 & 0 & -2 \end{pmatrix}$ berechnet. Dies liefert sofort

$$\text{Hau}(A, 0) = \text{span}\{e_2, e_3, (1, 0, 0, 2)^T\}.$$

Mit

$$A \begin{pmatrix} 1 \\ 0 \\ 0 \\ 2 \end{pmatrix} = \begin{pmatrix} 0 \\ 1 \\ 0 \\ 0 \end{pmatrix}$$

folgt die Jordan-Basis

$$B = \left\{ \begin{pmatrix} 0 \\ 1 \\ 0 \\ 0 \end{pmatrix}, \begin{pmatrix} 1 \\ 0 \\ 0 \\ 2 \end{pmatrix}, \begin{pmatrix} 0 \\ 0 \\ 1 \\ 0 \end{pmatrix}, \begin{pmatrix} 2 \\ 1 \\ 0 \\ 0 \end{pmatrix} \right\}$$

und

$$M_B^B(f) = \begin{pmatrix} 0 & 1 & 0 & 0 \\ 0 & 0 & 0 & 0 \\ 0 & 0 & 0 & 0 \\ 0 & 0 & 0 & -2 \end{pmatrix}.$$

**Aufgabe 7**

a) Wir wissen $\varphi((1, 1)^T) = 2$ und $\varphi((1, 0)^T) = 1$. Dies ergibt

$$\varphi\left(\begin{pmatrix} 0 \\ 1 \end{pmatrix}\right) = \varphi\left(\begin{pmatrix} 1 \\ 1 \end{pmatrix}\right) - \varphi\left(\begin{pmatrix} 1 \\ 0 \end{pmatrix}\right) = 2 - 1 = 1$$

und damit

$$\varphi\left(\begin{pmatrix} x \\ y \end{pmatrix}\right) = x + y.$$

b) Bekannt ist $A := M_{E_2}^{E_3}(f) = \begin{pmatrix} 1 & 2 & -1 \\ 3 & 1 & 2 \end{pmatrix}$. Dies liefert

$$M_B^{E_3}(f) = M_B^{E_2}(\mathrm{Id}) \cdot M_{E_2}^{E_3}(f) = \begin{pmatrix} 1 & 1 \\ 0 & 0 \end{pmatrix}^{-1} \cdot \begin{pmatrix} 1 & 2 & -1 \\ 3 & 1 & 2 \end{pmatrix}$$

$$= \begin{pmatrix} 0 & 1 \\ 1 & -1 \end{pmatrix} \cdot \begin{pmatrix} 1 & 2 & -1 \\ 3 & 1 & 2 \end{pmatrix}$$

$$= \begin{pmatrix} 3 & 1 & 2 \\ -2 & 1 & -3 \end{pmatrix}.$$

Demnach ist $M_{E^*}^{B^*}(f) = \begin{pmatrix} 3 & -2 \\ 1 & 1 \\ 2 & -3 \end{pmatrix}$.

$f^* \varphi$ ist in $E^*$ gegeben durch

$$\begin{pmatrix} 3 & -2 \\ 1 & 1 \\ 2 & -3 \end{pmatrix} \cdot \begin{pmatrix} 2 \\ 1 \end{pmatrix} = \begin{pmatrix} 4 \\ 3 \\ 1 \end{pmatrix},$$

das heißt $f^* \varphi = 4e_1^* + 3e_2^* + e_3^*$ oder ausgeschrieben $f^* \varphi(x_1, x_2, x_3) = 4x_1 + 3x_2 + x_3$.

**Aufgabe 8**

a) Falsch, denn $E, -E \in U_n$, aber $-E + E = 0 \notin U_n$.

b) Richtig, denn $(A + B)^* = A^* + B^* = A + B$.

c) $A$ ist selbstadjungiert, das heißt $A^* = \overline{A}^T = A$. Insbesondere ist $A$ normal, denn $A^* \cdot A = A \cdot A^* = A^2$.

$$\Rightarrow A \text{ ist unitär diagonalisierbar}$$

$$\Rightarrow \exists S \in U_n : S^{-1} A S = \begin{pmatrix} \lambda_1 & 0 & 0 \\ 0 & \ddots & 0 \\ 0 & 0 & \lambda_n \end{pmatrix}, \lambda_1, \ldots, \lambda_n \in \mathbb{R}$$

$$\Rightarrow \det(A) = \prod_{i=1}^{n} \lambda_n \in \mathbb{R}.$$

# Symbolverzeichnis

| | |
|---|---|
| $:=$ | ist definiert als |
| $\binom{n}{k}$ | Binomialkoeffizient |
| $\cap$ | Durchschnitt |
| $\cup$ | Vereinigung |
| $\delta_{ij}$ | Kronecker-Delta |
| $\dot{\cup}$ | disjunkte Vereinigung |
| $\exists$ | es existiert |
| $\exists!$ | es existiert genau ein |
| $\forall$ | für alle |
| $\frac{\partial f}{\partial x_i}$ | partielle Ableitung von $f$ nach der Variablen $x_i$ |
| $\inf(A)$ | Infimum von $A$ |
| $\int_a^b f(x)\mathrm{d}x$ | Integral der Funktion $f$ über das Intervall $[a, b]$ |
| $\langle \cdot, \cdot \rangle$ | Skalarprodukt |
| $\lim\inf$ | Limes inferior |
| $\lim\sup$ | Limes superior |
| $\mathbb{C}$ | Menge der komplexen Zahlen |
| $\mathbb{N}$ | Menge der natürlichen Zahlen ohne die Null |
| $\mathbb{N}_0$ | Menge der natürlichen Zahlen mit der Null |
| $\mathbb{Q}$ | Menge der rationalen Zahlen |
| $\mathbb{R}$ | Menge der reellen Zahlen |
| $\mathbb{Z}$ | Menge der ganzen Zahlen |
| $\mathcal{O}$ | bezeichnet eine Topologie |
| $\mathring{A}$ | Innere einer Menge $A$ |
| $\otimes$ | Tensorprodukt |
| $\overline{A}$ | Abschluss einer Menge $A$ |
| $\overline{a}$ | Restklasse von $a$ |
| $\overline{z}$ | konjugiert komplexe Zahl zu $z$ |
| $\partial A$ | Rand der Menge $A$ |
| $\prod$ | Produktzeichen |
| $\text{sign}$ | Vorzeichenfunktion |

© Springer-Verlag GmbH Deutschland, ein Teil von Springer Nature 2019
F. Modler und M. Kreh, *Tutorium Analysis 2 und Lineare Algebra 2*,
https://doi.org/10.1007/978-3-662-59226-7

| | |
|---|---|
| $\subset$ | Teilmenge von |
| $\sum$ | Summenzeichen |
| $\sup(A)$ | Supremum von $A$ |
| $\operatorname{grad} f(x_0) = \nabla f(x_0)$ | Gradient von $f$ im Punkt $x_0$ |
| $\operatorname{im}(f)$ | Bild von $f$ |
| $\operatorname{Im}(z)$ | Imaginärteil von $z$ |
| $\ker(f)$ | Kern von $f$ |
| $\operatorname{ord} a$ | Ordnung von $a$ |
| $\operatorname{Re}(z)$ | Realteil von $z$ |
| $\vee$ | Das logische „Oder" |
| $\wedge$ | Dachprodukt |
| $\wedge$ | Das logische „Und" |
| $A^*$ | adjungierte Matrix |
| $B(x_0, r)$ | abgeschlossene Kugel mit Zentrum $x_0$ |
| $D_n$ | Dieder-Gruppe |
| $f'$ | Ableitung von $f$ |
| $J_d(\lambda)$ | Jordan-Block |
| $J_f(x)$ | Jacobi-Matrix von $f$ im Punkt $x$ |
| $n!$ | Fakultät |
| $U(x_0, r)$ | offene Kugel mit Zentrum $x_0$ |
| Korollar | ist eine Folgerung aus einem Satz |
| Lemma | ist ein Hilfssatz, den man zum Beweis eines anderen Satzes benötigt |
| O.B.d.A. | Ohne Beschränkung der Allgemeinheit |

# Literatur

[AE06]   H. Amann und J. Escher. *Analysis II (Grundstudium Mathematik)*. 2. Aufl. Birkhäuser, März 2006.

[Ama95]  H. Amann. *Gewöhnliche Differentialgleichungen*. 2. Aufl. de Gruyter Lehrbuch, März 1995.

[App09]  J. Appell. *Analysis in Beispielen und Gegenbeispielen*. 1. Aufl. Springer, März 2009.

[Art98]  M. Artin. *Algebra*. 1. Aufl. Birkhäuser, Mai 1998.

[AZ03]   M. Aigner und G. M. Ziegler. *Das Buch der Beweise: Buch über die Beweise für mathematische Sätze, z.B. Bertrandsches Postulat, Zwei-Quadrate-Satz von Fermat, Starrheitssatz von Cauchy, Borsuk- Vermutung, Satz von Turan*. 2. Aufl. Springer, Sep. 2003.

[Bär00]  C. Bär. *Elementare Differentialgeometrie*. 1. Aufl. de Gruyter, März 2000.

[Bar07]  Rene Bartsch. *Allgemeine Topologie I*. 1. Aufl. Oldenbourg Verlag, Sep. 2007.

[Beh07]  E. Behrends. *Analysis Band 2: Ein Lernbuch für den sanften Wechsel von der Schule zur Uni*. 2. Aufl. Vieweg+Teubner, Apr. 2007.

[Beu09a] A. Beutelspacher. *"Das ist o.B.d.A. trivial!": Eine Gebrauchsanleitung zur Formulierung mathematischer Gedanken mit vielen praktischen Tipps für Studierende der Mathematik und Informatik*. 9. überarb. Auflage. Vieweg+Teubner, Sep. 2009.

[Beu09b] A. Beutelspacher. *Lineare Algebra: Eine Einführung in die Wissenschaft der Vektoren, Abbildungen und Matrizen. Mit liebevollen Erklärungen, einleuchtenden Beispielen ... Nutzen der Studierenden der ersten Semester*. 7. Aufl. Vieweg+Teubner, Nov. 2009.

[Bos08]  A. Bosch. *Lineare Algebra*. 4. überarbeitete Auflage. Springer, März 2008.

[DP97]   C. T. J. Dodson und T. Poston. *Tensor Geometry: The Geometric Viewpoint and Its Uses*. 2. Aufl. Springer, Okt. 1997.

[Fis09]  G. Fischer. *Lineare Algebra: Eine Einführung für Studienanfänger*. 17. überarb. u. erw. Auflage. Vieweg+Teubner, Okt. 2009.

[For11]  O. Forster. *Analysis 2: Differentialrechnung im* $\mathbb{R}^n$, *gewöhnliche Differentialgleichungen*. 9. überarbeitete Auflage. Vieweg+Teubner, März 2011.

[Fri06]  K. Fritzsche. *Grundkurs Analysis 2: Differentiation und Integration in einer Veränderlichen*. 1. Aufl. Spektrum Akademischer Verlag, Apr. 2006.

[FS11]   O. Forster und T. Szymczak. *Übungsbuch zur Analysis 2*. 7. Aufl. Vieweg+Teubner, Apr. 2011.

[Fur95a] P. Furlan. *Das Gelbe Rechenbuch 1: für Ingenieure, Naturwissenschaftler und Mathematiker: Bd 1*. Verlag Martina Furlan, Sep. 1995.

© Springer-Verlag GmbH Deutschland, ein Teil von Springer Nature 2019                    417
F. Modler und M. Kreh, *Tutorium Analysis 2 und Lineare Algebra 2*,
https://doi.org/10.1007/978-3-662-59226-7

[Fur95b]  P. Furlan. *Das Gelbe Rechenbuch 2: für Ingenieure, Naturwissenschaftler und Mathematiker: Bd 2.* Verlag Martina Furlan, Sep. 1995.

[Fur95c]  P. Furlan. *Das Gelbe Rechenbuch 3: für Ingenieure, Naturwissenschaftler und Mathematiker: Bd 3.* Verlag Martina Furlan, Sep. 1995.

[Her07]  N. Herrmann. *Mathematik ist überall.* 3. korr. Auflage. Oldenbourg, Jan. 2007.

[Heu08]  H. Heuser. *Lehrbuch der Analysis. Teil 2.* 14. durchges. Auflage. Vieweg+Teubner, Mai 2008.

[Hol]  A. Hölzle. *Metrische, normierte und topologische Räume.* URL: http://www.mathering. de/pdf/SkalNormMetrTopo.pdf (besucht am 01. 11. 2010).

[KM08]  C. Karpfinger und K. Meyberg. *Algebra.* 1. Aufl. Spektrum Akademischer Verlag, Okt. 2008.

[Kön09]  K. Königsberger. *Analysis 2.* 5. Aufl. Springer, Juni 2009.

[MK18]  F. Modler und M. Kreh. *Tutorium Analysis 1 und Lineare Algebra 1.* 4. Aufl. Spektrum Akademischer Verlag, 2018.

[MK19]  F. Modler und M. Kreh. *Tutorium Algebra.* 3. Aufl. Springer Spektrum, 2019.

[MW10]  Merziger und Wirth. *Repetitorium der höheren Mathematik.* 6. Aufl. Binomi Verlag, Jan. 2010.

[Sch]  S. Schlesi. *Extrema reellwertiger Funktionen mehrerer Veränderlicher.* URL: http:// www.matheplanet.com/matheplanet/nuke/html/article.php?sid=1104 (besucht am 01. 11. 2010).

[Sin00]  S. Singh. *Fermats letzter Satz: Die abenteuerliche Geschichte eines mathematischen Rätsels.* 2. Aufl. Deutscher Taschenbuch Verlag, März 2000.

[Tim97]  S. Timmann. *Repetitorium der Analysis Teil 2.* 2. Aufl. Binomi Verlag, Juni 1997.

[Wil98]  D. Wille. *Repetitorium der Linearen Algebra Teil 2.* 2. Aufl. Binomi Verlag, Jan. 1998.

[Woh]  M. (alias matroid) Wohlgemuth. *Lineare Algebra für Dummies.* URL: http://www.matheonline.at/materialien/matroid/files/lafd1.pdf (besucht am 01. 11. 2010).

[Woh09]  M. Wohlgemuth, Hrsg. *Mathematisch für Anfänger,* Spektrum Akademischer Verlag, Okt. 2009.

[Woh10]  M. Wohlgemuth, Hrsg. *Mathematisch für fortgeschrittene Anfänger,* Spektrum Akademischer Verlag, Okt. 2010.

# Stichwortverzeichnis

© Springer-Verlag GmbH Deutschland, ein Teil von Springer Nature 2019
F. Modler und M. Kreh, *Tutorium Analysis 2 und Lineare Algebra 2*,
https://doi.org/10.1007/978-3-662-59226-7

Springer

springer.com

# Willkommen zu den Springer Alerts

**Jetzt anmelden!**

● Unser Neuerscheinungs-Service für Sie:
aktuell \*\*\* kostenlos \*\*\* passgenau \*\*\* flexibel

Springer veröffentlicht mehr als 5.500 wissenschaftliche Bücher jährlich in gedruckter Form. Mehr als 2.200 englischsprachige Zeitschriften und mehr als 120.000 eBooks und Referenzwerke sind auf unserer Online Plattform SpringerLink verfügbar. Seit seiner Gründung 1842 arbeitet Springer weltweit mit den hervorragendsten und anerkanntesten Wissenschaftlern zusammen, eine Partnerschaft, die auf Offenheit und gegenseitigem Vertrauen beruht.

Die SpringerAlerts sind der beste Weg, um über Neuentwicklungen im eigenen Fachgebiet auf dem Laufenden zu sein. Sie sind der/die Erste, der/die über neu erschienene Bücher informiert ist oder das Inhalts-verzeichnis des neuesten Zeitschriftenheftes erhält. Unser Service ist kostenlos, schnell und vor allem flexibel. Passen Sie die SpringerAlerts genau an Ihre Interessen und Ihren Bedarf an, um nur diejenigen Informa-tion zu erhalten, die Sie wirklich benötigen.

Mehr Infos unter: springer.com/alert

A14445 | Image: Tashatuvango/iStock

Printed in the United States
By Bookmasters

Printed in the United States
By Bookmasters